Regina Richter unter Mitarbeit von: Eberhard Kiesche, Ina Riechert, Peter R. Horak, Wolfhard Kohte

Das Betriebliche Eingliederungsmanagement

25 Praxisbeispiele
3. aktualisierte und erweiterte Auflage

ein Geschäftsbereich der
wbv Media GmbH & Co. KG, Bielefeld

Gesamtherstellung:
wbv Media GmbH & Co. KG, Bielefeld
wbv.de

Umschlaggestaltung:
Marion Schnepf, www.lokbase.com

Umschlagfoto:
Shutterstock/pattyphotoart

Satz:
Christiane Zay, Bielefeld

Best.-Nr. 6004180b
ISBN Print: 978-3-7639-7154-1
ISBN E-Book: 978-3-7639-7173-2

Bibliografische Information der Deutschen Nationalbibliothek

Die Deutsche Nationalbibliothek verzeichnet diese Publikation in der Deutschen Nationalbibliografie; detaillierte bibliografische Daten sind im Internet über http://dnb.d-nb.de abrufbar.

INHALT

ABKÜRZUNGEN

ABR	Registerzeichen: wird beim Bundesarbeitsgericht für allgemeine Rechtsbeschwerdeverfahren verwendet
AoB	Autor- Firmenname: „Arbeitnehmerorientierte Beratung“
ArbGG	Arbeitsgerichtsgesetz
ArbSchG	Arbeitsschutzgesetz
ArbStättV	Arbeitsstättenverordnung
ASA	Arbeitssicherheitsausschuss
ASiG	Arbeitssicherheitsgesetz
AU	Arbeitsunfähigkeit
AZR	Registerzeichen: Wird beim Bundesarbeitsgericht für Revisionsverfahren verwendet
BA	Bundesagentur für Arbeit
BAG	Bundesarbeitsgericht
BaS Hamburg	Autor-Firmenname: Büro für analytische Sozialforschung
BBG	Bundesbeamtengesetz
BDSG	Bundesdatenschutzgesetz
BEM	Betriebliches Eingliederungsmanagement
BEM-BV	BEM-Betriebsvereinbarung
BetrVG	Betriebsverfassungsgesetz
BGM	betriebliches Gesundheitsmanagement
BMAS	Bundesministerium für Arbeit und Soziales
BR	Betriebsrat
BTHG	Bundesteilhabegesetz
BU	Berufsunfähigkeit
BV	Betriebsvereinbarung
BVerwG	Bundesverwaltungsgericht
CDMP	Certified Disability Management Professional – Zertifizierung für Disability-Manager, vergeben von der Deutschen Gesetzlichen Unfallversicherung
DGUV	Deutsche Gesetzliche Unfallversicherung
DRV	Deutsche Rentenversicherung
DSGVO	Datenschutzgrundverordnung
ebd.	ebenda
EFZG	Entgeltfortzahlungsgesetz
EU	Erwerbsunfähigkeit
GdB	Grad der Behinderung
GKV	gesetzlichen Krankenversicherung
GM	Gesundheitsmanagement
GRV	gesetzliche Rentenversicherung

IFD	Integrationsfachdienst
ipeco	Autorin- Firmenname: Institut für Personalentwicklung, Bildung und Beratung
IQPR	Institut für Qualitätssicherung in Prävention und Rehabilitation GmbH
KfzHV	Kraftfahrzeughilfe-Verordnung
MAV	Mitarbeitervertretung (Interessenvertretungen in Kirchen und soziale Einrichtungen)
MdE	Minderung der Erwerbsfähigkeit
NPK	Nationale Präventionskonferenz
NZA	Neue Zeitschrift für Arbeitsrecht
PKW	Personenkraftwagen
PR	Personalrat (Interessenvertretungen im öffentlichen Dienst)
PrävG	Gesetz zur Stärkung der Gesundheitsförderung und der Prävention
QM	Qualitätsmanagement
Reha	Rehabilitation
Rehadat	Eine Datenbank im Netz: www.rehadat.de
SchwbAV	Schwerbehinderten-Ausgleichsabgabeverordnung
SGB	Sozialgesetzbuch
STWE	stufenweise Wiedereingliederung (Hamburger Modell)
SVT	Sozialversicherungsträger
THSG	Teilhabestärkungsgesetz
Vgl.	Vergleiche (Quellenangabe)
ZB	Zeitschrift: Behinderte Menschen im Beruf

DANK

Wir bedanken uns herzlich bei den BEM-berechtigten „Fallgebern" für ihr Vertrauen! Wir danken den BEM-Verantwortlichen aus den Unternehmen für den Besuch unserer Veranstaltungen und Seminare. Dort findet immer auch ein reger Erfahrungsaustausch statt. Ohne diesen Austausch verfügten wir nicht annähernd über den heutigen Wissensschatz aus der BEM-Praxis. So jedoch können wir diese Erfahrungen hier weitergeben.

Unser Dank geht an Christine Zumbeck vom DGB-Bildungswerk Bund. Sie hat als Leitung im Projekt RE-BEM und den Veröffentlichungen dazu mit wesentlichen Erkenntnissen dieses Buch bereichert.

In diesem Kontext richtet sich unser Dank auch an Peter R. Horak, der neben einem Artikel in diesem Buch auch die digitale Umfrage im Projekt RE-BEM mit begleitet und ausgewertet hat. Diese Erkenntnisse fließen indirekt ebenfalls in das aktuelle Wissen zur BEM-Praxis ein.

Ein großes Dankeschön an Prof. Dr. jur. Wolfhard Kohte und Prof. Dr. jur. Katja Nebe für deren wertvolle Expertisen: Sie halten uns stets mit den neuesten juristischen Entwicklungen und Diskussionen (Reha-Recht.de) auf dem Laufenden – auch in diesem Buch.

Herzlichen Dank an Dr. Eberhard Kiesche, er ist einerseits hier Co-Autor, steht uns darüber hinaus aber auch unermüdlich als Datenschutzexperte zur Seite. Er ist mit großem Engagement unser „BEMologe"!

Mit einem großen Dankeschön wenden wir uns zudem an Ina Riechert, die als Psychologin, psychologische Psychotherapeutin und CDMP unser Team bereichert und mit ihren Erfahrungen im BEM-Fallmanagement bei Menschen mit psychischen Störungen und Beeinträchtigungen unersetzlich ist.

Wir danken herzlich Judith Linneweber von wbv für ihre Geduld und Freundlichkeit!

Dr. Regina Richter, 21.02.2022

Katja Nebe

VORWORT 1

Das Betriebliche Eingliederungsmanagement (BEM) genießt seit seiner Einführung im Jahr 2004 anhaltend hohe Aufmerksamkeit. Und obwohl die Regelung zum BEM selbst durch das Bundesteilhabegesetz (BTHG) nicht inhaltlich geändert worden ist, hat der BTHG-Gesetzgeber das BEM dennoch im Ranking der Normen sehr weit nach vorn, quasi in die „Top Ten" des Teilhaberechts gezogen: Zwei zentrale „Einweisungsnormen", § 3 und § 10 SGB IX, verweisen auf das BEM in § 167 SGB IX und heben dessen zentrale Bedeutung für Gesundheitsprävention jetzt noch deutlicher heraus.

Der wichtige Grundsatz „Prävention vor Reha vor Rente" galt schon bisher und viel ist erreicht worden seit 2004. Dazu haben Bücher wie das hier nun in dritter Auflage vorliegende und die in ihm zu Wort kommenden Expertinnen und Experten beigetragen. Die Zahlen über Arbeitsunfähigkeitszeiten, Erwerbsminderungsrenten und gesundheitsbedingten Arbeitsplatzverlust verdeutlichen allerdings, dass weitere Anstrengungen nötig sind. Die Arbeitswelt wandelt sich – demografisch, technologisch und klimapolitisch bedingt – und mit ihr ändern sich die Anforderungen an die Beschäftigten. Das BEM muss hierauf antworten und vor allem in der praktischen Anwendung noch weiter gestärkt werden. Der Gesetzgeber hat sein dahingehendes Ziel in der Gesetzesbegründung zum BTHG deutlich gemacht:

> *„Die Zusammenarbeit mit den Arbeitgebern nach § 167 SGB IX erhält durch die Erwähnung in der allgemeinen Einweisungsvorschrift des § 3 eine hervorgehobene Bedeutung für die Rehabilitationsträger und die Integrationsämter. Schwerpunkt dieser Zusammenarbeit ist das betriebliche Eingliederungsmanagement, welches die Rehabilitationsträger nach § 167 SGB IX mit eigenen Förderangeboten unterstützen können." (BT-Drs. 18/9522, S. 228).*

In diesem Buch wird das BEM aus allen Blickwinkeln und mit der fachlichen Vielfalt, die ein solcher betrieblicher Managementprozess braucht, analysiert. Die Leser*innen werden auch in der dritten Auflage auf viele Fragen Antworten und vor allem praktisch umsetzbare Gestaltungsempfehlungen finden.

Der Gesetzgeber hat sich bislang noch nicht dazu durchringen können, Verstöße gegen die gesetzliche Verpflichtung zum BEM klar zu sanktionieren. Auch die Rechtsprechung hat die sich schon jetzt aus dem Antidiskriminierungsrecht ergebenden Sanktionsmöglichkeiten noch nicht ausgeschöpft.

Damit muss der Rückenwind des BTHG für das BEM fürs Erste reichen. Diese Neuauflage ist ein wichtiges Zeichen, die gegebenen Spielräume sinnvoll gestalten zu können. Zu wünschen ist dem Werk, dass alle Verantwortlichen darin Erkenntnis suchen.

Halle, Januar 2022

Prof. Dr. Katja Nebe,

Professorin für Bürgerliches Recht, Arbeitsrecht und Recht der Sozialen Sicherheit an der Martin-Luther-Universität Halle-Wittenberg

Angela Hopmann

VORWORT 2

Das Betriebliche Eingliederungsmanagement (BEM) ist ein vom Gesetzgeber seit 2004 vorgeschriebenes strukturiertes Verfahren zur Wiedereingliederung langzeitig oder häufig kurzzeitig erkrankter Mitarbeiter*innen.

Doch auch nach so vielen Jahren steckt das BEM in nicht wenigen Betrieben noch „in den Kinderschuhen". Es gibt immer noch viele Vorbehalte. Dabei rechnet sich das BEM für Arbeitgebende nicht nur, weil es die Gesundheit und Leistungsfähigkeit der Beschäftigten fördert. Von gesunden und integrierten Mitarbeitenden profitiert jedes Unternehmen langfristig, und in Zeiten des Fachkräftemangels ist es darüber hinaus ein wichtiges Instrument, um das krankheitsbedingte Ausscheiden von Mitarbeitenden zu verhindern.

Die Betroffenen selbst sollen vor Arbeitslosigkeit oder Frühverrentung geschützt werden und oftmals reichen schon kleine Stellschrauben, um Belastungen zu mindern oder aufzulösen.

Die nicht festgelegten Strukturen lassen viel Handlungsspielraum bei der Umsetzung des BEM-Verfahrens. Aber Fakt ist: Das BEM kann nur gelingen, wenn die Betroffenen den beteiligten Personen und dem Verfahren vertrauen. Deshalb ist es wichtig, das Datenschutzkonzept glaubwürdig zu vermitteln. Die betrieblichen Ansprechpartner*innen müssen Empathie und Einfühlungsvermögen mitbringen und auch in der Lage sein, Führungskräfte von den gefundenen betrieblichen Lösungen zu überzeugen.

All diese Themen werden im vorliegenden Buch angesprochen.

Der Praxisleitfaden ist ein exzellenter Ratgeber für alle Akteurinnen und Akteure im BEM.

Arbeitgebende, Betriebsräte und Schwerbehindertenvertretungen erhalten praxisnahe Beispiele aus vielen verschiedenen Bereichen.

Hier werden Lösungen aufgezeigt: sehr gut verständlich und einfach nachvollziehbar in den Umsetzungsmöglichkeiten.

Darüber hinaus erfährt man alles Wichtige zum BEM: von A bis Z.

Dieser Praxisleitfaden ist ein Buch für den Einstieg und Fortgeschrittene.

Januar, 2022
Angela Hopmann – Beratungsstelle handicap Hamburg

Teil 1

Das Betriebliche Eingliederungsmanagement in der Praxis – Grundlagen

EINLEITUNG – HANDHABUNG DES BUCHES

Der Text im Gesetz zum Betrieblichen Eingliederungsmanagement (BEM) ist mit „Prävention" überschrieben (§ 84.2. SGB IX; ab 1.1.2018: § 167.2 SGB IX, so hier im Folgenden) wird im Mai 2022 achtzehn Jahre alt – volljährig und doch noch in der Pubertät? Einerseits sind 18 Jahre historisch nicht besonders lang um Neuerungen in alten Strukturen umzusetzen. Andererseits ist schon viel passiert, das zeigen auch die neuesten Forschungsergebnisse (u. a. aus dem Projekt:RE-BEM) Zu einem großen Teil ist es in den Unternehmen angekommen jedoch in vielen klein- und mittelständischen Unternehmen ist es entweder noch immer nicht bekannt oder es fehlen nach wie vor die Kapazitäten und Ressourcen zur geregelten Umsetzung. Es soll also noch viel passieren. Als Berater*innen und Praktiker*innen des BEM, deren Alltag in den Unternehmen und Institutionen vor Ort stattfindet, geht es uns in diesem Leitfaden vor allem um die betriebliche Umsetzung gesundheitsfördernder und arbeitserleichternder Rahmenbedingungen für erkrankte oder schwerbehinderte Beschäftigte. Kurz, der Erhalt der Arbeitsfähigkeit liegt uns aus unterschiedlichen Perspektiven am Herzen. Vor dem Hintergrund des demografischen Wandels und der damit inzwischen deutlich erkennbaren älter werdenden Belegschaft – inklusive der flankierenden Auswirkungen wie Nachwuchs- und Fachkräftemangel – wird der Druck weiter wachsen, die Menschen im Betrieb zufrieden, gesund und leistungsfähig zu erhalten. Es sind geeignete Instrumente zu schaffen, die diese Ziele unterstützen. Das Betriebliche Eingliederungsmanagement (im Folgenden kurz BEM genannt) ist dazu eines der wirksamsten Instrumente und bietet, neben dem Arbeits- und Gesundheitsschutz und der betrieblichen Gesundheitsförderung, eine gute (auch rechtliche) Grundlage.[1]

Wir stellen die Chancen, die das BEM für alle Beteiligten bietet, in den Mittelpunkt. Der Hintergrund und das Wissen dieses handlungsorientierten Leitfadens speisen sich vor allem aus unseren Erfahrungen. Unsere Forschungsarbeiten, die Beratungen und Seminare (zur Einführung des BEM und zur konkreten Umsetzung im Fallmanagement) sowie unser (externes) Fallmanagement für große und kleine Unternehmen, bilden das Fundament unserer Empfehlungen. Dabei plädieren wir ausdrücklich für ein (gut umgesetztes!) BEM und stellen die vielfältigen Handlungs- und Unterstützungsmöglichkeiten für alle Beteiligten in den Vordergrund – dies im Kontext der aktuellen Rechtsprechung und mit sensiblem Blick für den gebotenen Datenschutz.

---

[1] Laut aktuellem Koalitionsvertrag vom 24.11.2021 will die neue Bundesregierung „das BEM stärker etablieren" und es „nach einheitlichen Qualitätsstandards flächendeckend verbindlich machen". Das wird auch auf den Grundlagen hier bereits formulierter Standards juristischer Expertisen (Wolfhard Kohte) und deren Rezeptionen und Weiterentwicklungen (Eberhard Kiesche) passieren.

Zur konkreten Ausgestaltung des BEM und zur Durchführung eines „ordnungsgemäßen BEM-Verfahrens“ gehört neben den gesetzlichen Grundlagen, dem schrittweisen formellen und informellen Vorgehen und der sorgsamen Handhabung sensibler Daten auch der umsichtige (professionelle) Umgang mit Beteiligten und Betroffenen in der BEM-Kommunikation. Gegenstand sind hier daher auch Grundlagen und praxisorientierte Anregungen und Beispiele zur Gesprächsführung.

Bei der Darstellung der Fälle und der Auswahl der Handlungsmöglichkeiten bewegen wir uns abwägend zwischen Verständlichkeit einerseits und Präzision und Komplexität andererseits. Wir wollen verstanden werden und bleiben möglichst klar, übersichtlich und praxisnah in den Darstellungen. Wir hoffen, damit viele der mit dem Thema befassten Menschen zu erreichen. Die Beispiele sind in der Regel aus der Sicht von BEM-Beauftragten bzw. von Fallmanager*innen beschrieben, also aus der Sicht verantwortlich handelnder Akteurinnen und Akteure im BEM. Aber auch die BEM-Berechtigten selbst möchten wir erreichen. Es geht uns um Aufklärung rund um das Thema BEM. Wenn am Ende alle Beteiligten wissen, dass sie ein Recht auf Unterstützung im BEM haben, wenn dieses Wissen ihnen so selbstverständlich ist, wie der Anspruch auf Krankengeld nach sechs Wochen Arbeitsunfähigkeit, dann haben wir unser Ziel erreicht.

Neu in dieser Auflage

Neben den bewährten Fallschilderungen und beschriebenen Handlungsmöglichkeiten von **Edeltrud Habib**, **Ina Riechert** und **Regina Richter** sind in dieser Auflage drei neue Kapitel eingeführt:

Neu als Autor dabei ist der Datenschutzbetriebswirt **Eberhard Kiesche** und seine große Expertise zum Arbeits- und Gesundheitsschutz, zu den sich ständig verändernden Gesetzeslagen und der Rechtsprechung sowie zum Datenschutz im BEM.

Der Datenschutz spielt in dieser dritten Auflage eine besondere Rolle, denn es gibt seit Mai 2018 die Verpflichtung in den Unternehmen, die neue europäische Datenschutzgrundverordnung (DSGVO) umzusetzen, mit erheblichen Folgen für die Rahmenbedingungen im BEM. Aus diesen veränderten Anforderungen an die datenschutzkonforme Begleitung des BEM ergeben sich ggf. Anpassungen an die BEM-Betriebs- bzw. -Dienstvereinbarungen, an die Dokumentation und an die das BEM begleitenden Formblätter. In dem hier neuen Datenschutzkapitel und in den überarbeiteten Anlagen finden sich diese notwendigen Anpassungen wieder. Wir widmen also dem Datenschutz große Aufmerksamkeit.

Außerdem verändern sich durch die aktuelle Rechtsprechung auch bestimmte Rahmenbedingungen im BEM. Das betrifft sowohl ein „ordnungsgemäßes

BEM“, die Mitbestimmungsrechte darin und Auswirkungen auf Arbeitnehmerrechte wie der Kündigungsschutz. Eberhard Kiesche beschreibt auf der wissenschaftlich-rechtlichen Ebene den aktuellen Stand. Er stellt darüber hinaus eine Liste der wichtigsten BEM-Urteile der vergangenen Jahre zur Verfügung. Diese Kapitel richten sich vor allem an BEM-Expertinnen und -Experten. Alle datenschutzkonformen (BV-)Muster-Formulare im Teil 3 sind entweder von ihm oder in Zusammenarbeit mit ihm entstanden. Ausnahme ist die zweite Version eines Einladungsschreibens.

Bisher in den zwei Auflagen dieses Buches häufig zitiert und nun mit einem aktuellen Beitrag dabei ist **Wolfhard Kohte**. Er nimmt eine Neuerung aus dem Juni 2021 im Teilhabestärkungsgesetz (THSG) auf, die sich deutlich auf das BEM-Verfahren auswirken kann. Nach der Lektüre dieses Beitrags wird ein kleiner Satz zur „Vertrauensperson“ und seine Auswirkungen auf das BEM-Verfahren sehr viel klarer.

Die Neuerungen im Datenschutz betreffen auch die Falladministration und Dokumentation sowie Ergebnisanalysen im BEM. Beleuchtet werden sie von dem Sozialwissenschaftler und BEMdok®-Entwickler **Peter R. Horak**, der in einem aktualisierten Kapitel zu den Dokumentationen im BEM datenschutzkonforme Anregungen gibt. Er stellt, als Anregung für die jeweilige Praxis, Kriterien und Auswertungsmöglichkeiten in der BEM-Dokumentation und -Analyse vor, die dann in ein betriebliches Qualitätsmanagement eingehen können.

Darüber hinaus berücksichtigen wir die steigende Anzahl von psychischen Erkrankungen im BEM, indem wir ein eigenes Kapitel von der Psychologin **Ina Riechert** zu diesem Thema aufnehmen. Sie beschreibt typische Abläufe von psychischen Erkrankungen im BEM und schildert dazu beispielhafte Fälle. Beleuchtet wird insbesondere eine der wichtigsten und gleichzeitig erfolgreichsten Maßnahmen im BEM: die stufenweise Wiedereingliederung (STWE), insbesondere die Wiedereingliederung von psychisch erkrankten BEM-Berechtigen. Ina Riechert stellt einen wertvollen Ablaufplan zur STWE als eine Maßnahme bei psychisch beeinträchtigten Mitarbeiter*innen zur Verfügung.

Alles andere zum Verfahren, zur Kommunikation und das aktualisierte Drumherum beschreibt **Regina Richter**. Es geht um neue Entwicklungen, Abläufe, Ressourcen und neue Paragrafen – alles nach neuesten wissenschaftlichen, rechtlichen und praktischen Erkenntnissen sowie neuen Erfahrungen und Positionen innerhalb des BEM.

Positionierung und Abgrenzungen

Das BEM ist im Idealfall ein lebendiges Instrument innerhalb von Unternehmen und Institutionen, das sich verändert. Im BEM-Verfahren sind Vielfalt und Kreativität gefragt. Wir stellen die Fälle und die Prozesse so dar, wie sie tatsächlich abliefen.

Sollte unsere Leserschaft andere Möglichkeiten kennen, freuen wir uns, wenn sie uns ihre jeweiligen Erfahrungen mitteilen. Wir teilen, diskutieren und ergänzen unsere Erfahrungen laufend.

Allgemeine Informationen zur Einführung und Umsetzung des BEM werden hier lediglich referiert, soweit sie zur Verständlichkeit der Umsetzung in den Einzelfällen notwendig sind. Allerdings positionieren wir uns insoweit, als wir bestimmte Regeln zu Verfahrensweisen im BEM für sinnvoll und notwendig halten. Dabei orientieren wir uns an der aktuellen Rechtsprechung zum BEM (siehe auch Literaturhinweise) und an den Qualitätsstandards, wie sie zum Beispiel im Rahmen der Ausbildung zum Disability-Management vermittelt und zertifiziert werden (*Certified Disability Management Professional* – CDMP), initiiert von der Deutschen Gesetzlichen Unfallversicherung (DGUV).

Unsere praktischen Erfahrungen ergänzen zum Beispiel die eher theoretischen, aber sehr durchdachten BEM-Entwicklungen im „Manual" (ein Praxisleitfaden) im Rahmen des „Eibe-Projektes" (2008) des Instituts für Qualitätssicherung in Prävention und Rehabilitation – IQPR – und ebenso sind die Ergebnisse im *Werkzeugkasten BEM 2010* im Rahmen eines Projektes der IG Metall handlungsleitend sowie die wissenschaftlichen und praktischen Erkenntnisse aus dem Projekt RE-BEM, im Zeitraum von 2016 bis 2018, das von uns (ipeco) begleitend als Kooperationspartner*innen des DGB-Bildungswerkes BUND durchgeführt wurde (viele aktuelle Infos: **www.re-bem.de**).

Die meisten Leitlinien, Projekte und Praxishilfen beschäftigen sich grundsätzlich und detailliert mit der Umsetzung des BEM und berücksichtigen vor allem die Perspektiven von Großunternehmen, in denen systematische BEM-Strukturen gut einzuführen sind. Das Projekt RE-BEM hingegen hatte das Ziel, insbesondere die BEM-Praxis von Kleinunternehmen (bis 100 Beschäftigte) in den Blick zu nehmen. So können wir hier auf alle Unternehmensgrößen reflektieren. Die meisten unserer „Fälle" kamen aus Strukturen in klein- und mittelständischen Betrieben. Sie finden im Anhang viele Literaturhinweise und Links, die das Thema „Einführung und Umsetzung des BEM" umfassend behandeln. Hier stehen konkrete Handlungsmöglichkeiten im Einzelfall im Vordergrund – die sind für alle BEM-Beteiligte jeder Unternehmensgröße relevant.

Unser Fokus ist auf kommunikativ-konstruktives und kreatives Handeln gerichtet, mit dem Ziel einer guten Zusammenarbeit aller beteiligten betrieblichen Handelnden und externen Netzwerkpartnerschaften im Sinne der Betroffenen.

Medizinische Diagnosen, Sichtweisen und Hintergründe werden hier nicht thematisiert (Ausnahme: psychische Beeinträchtigungen, die durch die fachlich-fundierte Expertise von Ina Riechert gesichert sind). Wir reflektieren keine wie auch immer gearteten medizinischen Aspekte. Wenn in dem einen oder anderen Fall eine Erkrankung benannt ist, dient es dem Wiedererkennen und der Verstehbarkeit des beschriebenen Prozesses. Ansonsten gilt hier der Grundsatz, dass weder Diagnosen noch Therapien im Vordergrund der BEM-Verfahren stehen. Wir verweisen auf Fachliteratur, die sich explizit aus medizinischer Perspektive mit der Umsetzung des BEM auseinandersetzt.[2] Die medizinischen und rechtlichen Verknüpfungen im BEM in den unterschiedlichen Institutionen sind weitere Themen, die an anderer Stelle zu diskutieren sind.

Unser Vorgehen

Nach einer Einführung in das Thema und die allgemeinen Rechts- und Handlungsgrundlagen folgen Anmerkungen und grundsätzliche Hinweise zur Gesprächsführung im BEM. Die Auswahl der „Fälle" richtet sich nach der Relevanz für die Zielgruppe und Nutzende des Ratgebers, wie wir sie aus unserer Praxis beurteilen. Dabei reicht die Bandbreite über die Beantragung eines Hörgerätes oder einer ergonomischen Gestaltung des Arbeitsplatzes zur Skelettentlastung über Umschulungsmöglichkeiten, Wiedereingliederungen und Rentenbeantragungen bis zur Umrüstung von Kraftfahrzeugen oder Arbeitsplätzen. Es werden Fälle dargestellt, bei denen mit verblüffend geringem Aufwand große positive Wirkungen erzielt werden können – etwa durch eine Änderung in der Arbeitsplatzgestaltung oder durch kleine technische Umrüstungen. Andere Fälle verlangen aufwendige Maßnahmen und die Reichweite ist dennoch begrenzt.

Schnell das Gewünschte finden: Die Stichworte zum jeweiligen Fall (im 2. Teil) finden sich in den Überschriften wieder. Das Geschehen wird vorgestellt, der Kontext und die einzelnen Schritte und Vorgehensweisen werden geschildert. Dabei werden insbesondere auch Schlüsselbegriffe berücksichtigt, die sich in der Antragstellung und für Stellungnahmen bewährt haben. Ein kurzes Fazit schließt die Fallbeschreibung ab. Zum Schluss werden die einzelnen Schritte noch einmal zusammenfassend aufgezählt, sodass eine Übersicht über das Vorgehen und die eingeleiteten Schritte vorhanden ist.

---

[2] Vgl. Mehrhoff, Friedrich; Schian, Marcus (Hrsg.), 2009: Zurück in den Beruf. Betriebliche Eingliederung richtig managen. Berlin/New York.

Praxishilfen und Muster etwa für eine Einladung zum BEM, datenschutzrechtliche Erklärung und Schweigepflichtentbindung, Checklisten und Leitfaden zur Gesprächsführung, in den Fällen angesprochene rechtliche Grundlagen sowie Hinweise auf hilfreiche Broschüren und Links befinden sich im ersten Teil direkt hinter den erklärenden Texten oder im Anhang, Teil 3. Um die gute Lesbarkeit des Textes zu erhöhen, verwenden wir überwiegend die weibliche Form. Hintergrund dafür ist, dass mit der praktischen BEM-Umsetzung überwiegend Frauen befasst sind. Gemeint sind selbstverständlich jeweils Frauen und Männer (Mitarbeiterinnen und Mitarbeiter).

Regina Richter

RECHTLICHE GRUNDLAGEN UND AKTUELLE RECHTSPRECHUNG

Das Gesetz zur Prävention stellt die Grundlage für das BEM-Verfahren dar:

§ 167 SGB IX Prävention

(1) Der Arbeitgeber schaltet bei Eintreten von personen-, verhaltens- oder betriebsbedingten Schwierigkeiten im Arbeits- oder sonstigen Beschäftigungsverhältnis, die zur Gefährdung dieses Verhältnisses führen können, möglichst frühzeitig die Schwerbehindertenvertretung und die in § 176 genannten Vertretungen sowie das Integrationsamt ein, um mit ihnen alle Möglichkeiten und alle zur Verfügung stehenden Hilfen zur Beratung und mögliche finanzielle Leistungen zu erörtern, mit denen die Schwierigkeiten beseitigt werden können und das Arbeits- oder sonstige Beschäftigungsverhältnis möglichst dauerhaft fortgesetzt werden kann.

(2) Sind Beschäftigte innerhalb eines Jahres länger als sechs Wochen ununterbrochen oder wiederholt arbeitsunfähig, klärt der Arbeitgeber mit der zuständigen Interessenvertretung im Sinne des § 176, bei schwerbehinderten Menschen außerdem mit der Schwerbehindertenvertretung, mit Zustimmung und Beteiligung der betroffenen Person die Möglichkeiten, wie die Arbeitsunfähigkeit möglichst überwunden werden und mit welchen Leistungen oder Hilfen erneuter Arbeitsunfähigkeit vorgebeugt und der Arbeitsplatz erhalten werden kann (betriebliches Eingliederungsmanagement). Soweit erforderlich, wird der Werks- oder Betriebsarzt hinzugezogen. Die betroffene Person oder ihr gesetzlicher Vertreter ist zuvor auf die Ziele des betrieblichen Eingliederungsmanagements sowie auf Art und Umfang der hierfür erhobenen und verwendeten Daten hinzuweisen. Kommen Leistungen zur Teilhabe oder begleitende Hilfen im Arbeitsleben in Betracht, werden vom Arbeitgeber die Rehabilitationsträger oder bei schwerbehinderten Beschäftigten das Integrationsamt hinzugezogen. Diese wirken darauf hin, dass die erforderlichen Leistungen oder Hilfen unverzüglich beantragt und innerhalb der Frist des § 14 Abs. 2 Satz 2 erbracht werden. Die zuständige Interessenvertretung im Sinne des § 176, bei schwerbehinderten Menschen außerdem die Schwerbehindertenvertretung, können die Klärung verlangen. Sie wachen darüber, dass der Arbeitgeber die ihm nach dieser Vorschrift obliegenden Verpflichtungen erfüllt.

(3) Die Rehabilitationsträger und die Integrationsämter können Arbeitgeber, die ein betriebliches Eingliederungsmanagement einführen, durch Prämien oder einen Bonus fördern.

Hintergründe des Gesetzes zur Prävention

Der § 167 (früher § 84) SGB IX …
- … ist im Jahr 2004 die Reaktion des Gesetzgebers auf den steigenden Altersdurchschnitt in der Bevölkerung.
- … ist eine politische Maßnahme, um auf betrieblicher und volkswirtschaftlicher Ebene für den demografischen Wandel gerüstet zu sein.

Denn: Der Einsatz von gesundheitlich eingeschränkten Mitarbeitenden auf einen für sie geeigneten Arbeitsplatz wird immer wichtiger, **um die Teilhabe am Arbeitsleben zu sichern!**
- Das BEM soll den Beteiligten (vor allem den Arbeitnehmenden) die Chance geben, möglichst frühzeitig Hilfe in Anspruch zu nehmen und erfolgreiche Hilfs- und Unterstützungsmaßnahmen durchzuführen.
- Es soll aktiv in den Reha-Prozess eingegriffen werden und der BEM-Berechtigten ermöglicht werden, sich wieder in den Arbeitsprozess zu integrieren und sich zu erproben (stufenweise Wiedereingliederung).
- U. a. soll auch der Drohung der „Aussteuerung" (Zeitpunkt des Wegfalls der Krankengeldzahlung) entgegengewirkt werden.

Das BEM umfasst alle Maßnahmen, die dazu dienen, Beschäftigte mit gesundheitlichen Problemen oder (drohender) Behinderung dauerhaft an einem geeigneten Arbeitsplatz einzusetzen.

Relevante Gesetze und Entwicklungen[3]

Seit 2014 gab es vielfältige Rechtsänderungen und Initiativen mit indirekten Auswirkungen auf das BEM-Geschehen in den Betrieben. Diese neuen Einflussfaktoren sollen an dieser Stelle im Rahmen eines Überblicks dargestellt werden.[4]

Zunächst sei das am 25. Juli 2015 in Kraft getretene Gesetz zur Stärkung der Gesundheitsförderung und der Prävention (PrävG) genannt. Dieses Gesetz ist richtungsweisend und es steht mit verschiedenen nachfolgenden Gesetzes- und Verordnungsinitiativen aus den Themenbereichen präventive Arbeitsgestaltung,

---

[3] Gemeint ist der Zeitraum seit 2014, dem Erscheinungsjahr der zweiten Auflage dieses Buches.

[4] Vgl. den nicht veröffentlichten Text im Projekt:RE-BEM, 2018, Christine Zumbeck, DGB Bildungswerk e. V.

Teilhabe von Menschen mit Behinderung und Flexibilisierung des Rentenübergangs in Verbindung.

Präventive Arbeitsgestaltung

Das PrävG fördert die zielgerichtete Zusammenarbeit der verschiedenen Agierenden in Fragen der Gesundheitsförderung und Prävention. Am 19. Februar 2016 hat die Nationale Präventionskonferenz (NPK) erstmals bundeseinheitliche, trägerübergreifende Bundesrahmenempfehlungen zur Gesundheitsförderung in Lebenswelten und Betrieben verabschiedet, in der „gesund aufwachsen", „gesund leben und arbeiten" und „gesund im Alter" als gemeinsame Ziele definiert und entsprechende Handlungsfelder, jeweilige Beiträge der Sozialversicherungsträger und konkrete Maßnahmen vereinbart wurden. Die Krankenkassen werden künftig deutlich mehr Mittel für Prävention und Gesundheitsförderung in den Betrieben aufwenden.

Inzwischen haben die Deutsche Rentenversicherung Bund und DGUV eine konkrete Zusammenarbeit bei der Unterstützung der Betriebe zum BEM vereinbart, die auch auf die Bereiche Prävention und Gesundheitsförderung erweitert werden kann.

Gemäß dem PrävG ist außerdem vorgesehen, bei Gesundheitsuntersuchungen stärker die individuellen Belastungen und Risikofaktoren in Augenschein zu nehmen und dem ärztlichen Fachpersonal die Möglichkeit zu geben, auch Präventionsempfehlungen auszustellen, die dann bei einer Bewilligung von Maßnahmen durch die Sozialversicherungsträger deutlich mehr Gewicht haben sollen, als in der Vergangenheit.

An die Regelungen des PrävG knüpft das Flexirentengesetz mit seinen Neuregelungen zur Stärkung von Prävention und Rehabilitation im Erwerbsleben an. Auch dieses ist Bestandteil der nationalen Präventionsstrategie. Die im SGB VI verankerten Leistungen zur Teilhabe am Arbeitsleben werden danach um Präventions- und Nachsorgeleistungen erweitert. Präventionsleistungen sind zu erbringen, wenn Versicherte erste gesundheitliche Beeinträchtigungen aufweisen, die die ausgeübte Beschäftigung gefährden. Nachsorgeleistungen werden erbracht, wenn sie erforderlich sind, um den Erfolg der vorangegangenen Leistung zur Teilhabe abzusichern. Die Leistungen sind als gesetzliche Pflichtleistungen ausgestaltet, die bei Vorliegen der Voraussetzungen unabhängig von der Haushaltslage zwingend zu erbringen sind.

Geändert wurde Ende 2016 auch die Arbeitsstättenverordnung (ArbStättV). Künftig müssen danach auch psychische Belastungen bei der Gefährdungsbeurteilung berücksichtigt werden. Dies wurde bereits im Jahr 2013 grundsätzlich im Arbeitsschutzgesetz (ArbSchG)und auch in der nachgelagerten DGUV Vorschrift 1 vorgeschrieben. Für Arbeitsstätten wird es jetzt mit der ArbStättV konkretisiert und betrifft zum Beispiel Belastungen und Beeinträchtigungen der Beschäftigten durch störende Geräusche oder Lärm, ungeeignete Beleuchtung oder ergonomische Mängel am Arbeitsplatz.

Hinsichtlich des Präventionsgedankens unterstützend kann die mit dem Versorgungsstärkungsgesetz der gesetzlichen Krankenversicherung (GKV) neu in das SGB V eingefügte Regelung des § 44 Abs. 4 SGB V wirken. Danach haben Versicherte Anspruch auf individuelle Beratung und Hilfestellung durch die Krankenkasse, wenn Leistungen und unterstützende Angebote zur Wiederherstellung der Arbeitsfähigkeit erforderlich sind. Die Inanspruchnahme ist freiwillig und eine Ablehnung hat keine leistungsrechtlichen Konsequenzen.

Teilhabe von Menschen mit Behinderung

Regelungen zur Teilhabe von Menschen mit Behinderung haben direkten Einfluss auf die Wiedereingliederung von BEM-Berechtigten, die aus diesem Personenkreis kommen oder infolge ihrer Krankheit hineinwachsen.

Das BTHG verpflichtet die Träger von Reha-Maßnahmen, frühzeitig drohende Behinderungen zu erkennen, gezielt Prävention noch vor Eintritt der Rehabilitation zu ermöglichen und die Erwerbsfähigkeit zu erhalten. Zur Unterstützung dieser gesetzlichen Pflicht wird der Bund auf fünf Jahre befristete Modellvorhaben mit den Jobcentern und der gesetzlichen Rentenversicherung in Höhe von rund 200 Mio. Euro fördern.

Ein weiterer wichtiger Bestandteil des BTHG sind die Änderungen bei der Regelung zur Inklusionsvereinbarung aus § 166 SGB IX. Bei Differenzen zwischen den Betriebsparteien hinsichtlich bestimmter Inklusionsziele erhält das Integrationsamt – und damit eine externe Instanz – die Aufgabe, als Moderator vermittelnd tätig zu werden und auf eine Einigung hinzuwirken. Es gibt also zwischen Interessenvertretungen und Arbeitgebenden nach wie vor keinen Einigungszwang, wie er in der Mitbestimmung des Betriebsrats vorgesehen ist, dennoch bleibt die Differenz nicht mehr wie bisher ohne jede Konsequenz. Zudem *„ist die gleichberechtigte Teilhabe schwerbehinderter Menschen am Arbeitsleben bei der Gestaltung von Arbeitsprozessen und Rahmenbedingungen von Anfang an zu berücksichtigen."* In einer ergänzenden Regelung wurde klargestellt, dass zukünftig Kündigungen von Schwerbehinderten und Gleichgestellten ohne Beteiligung der Schwerbehindertenvertretung unwirksam sind. Die Verletzung des bestehenden Unterrichtungs- und Anhörungsrechts der Schwerbehindertenvertretung ist für Arbeitgebende nun nicht mehr ohne rechtliche Folgen.

Nicht zuletzt verbessert das BTHG auch die Arbeitsfähigkeit der Schwerbehindertenvertretungen durch günstigere Vertretungs-, Freistellungs- und Schulungsregelungen.

Die novellierte ArbStättV greift die in § 3a Abs. 2 der alten Fassung bereits festgeschriebene Gestaltung der Arbeitsstätte im Hinblick auf die besonderen Belange der Beschäftigten mit Behinderungen auf. Sie ergänzt die Regelung auf die barrierefreie Gestaltung von Arbeitsplätzen, Sanitär-, Pausen- und Bereitschaftsräumen, Kantinen, Erste-Hilfe-Räumen und Unterkünften sowie den zugehörigen Türen, Verkehrswegen, Fluchtwegen, Notausgängen, Treppen und Orientierungssystemen, die von den Beschäftigten mit Behinderungen benutzt werden.

Flexibilisierung der Rentenübergänge

Letztlich beeinflussen auch die Regelungen aus dem Flexirentengesetz den Hintergrund der BEM-Aktivitäten. Denn eine schwerwiegende, chronische Erkrankung kann in die Erwerbsminderung führen oder bei entsprechendem Alter Beschäftigte in die vorgezogene Rente treiben – ein Szenario, welches mit der Durchführung des BEM möglichst vermieden werden soll. Dennoch mag man in den BEM-Gesprächen dazu kommen, dass in Einzelfällen eine gut ausgestaltete Teilrente mit Hinzuverdienstmöglichkeit eine akzeptable oder zumindest bessere Lösung ist als ein Übergang in eine vorgezogene Vollrente, die mit erheblichen Abschlägen behaftet ist.

Die neue Flexirente verbessert die bisher sehr starre Kombination von Teilrente und Hinzuverdienstmöglichkeit, die in der Vergangenheit nur für wenige eine Übergangslösung darstellte. Sie ist mit einem abgewandelten Berechnungsmodus auch bei Bezug einer Erwerbsminderungsrente möglich und ergänzt die aus dem Rentenpaket von 2014 neu geregelten und verbesserten Zurechnungszeiten.

Datenschutz im BEM

Am 25. Mai 2018 tritt die DSGVO in Kraft. Gleichzeitig wurde das Bundesdatenschutzgesetz (BDSG) an die neuen Richtlinien angepasst. Mit diesen Richtlinien sollten

1) Vereinheitlichungen im europäischen Datenschutz erreicht und
2) der Schutz von personenbezogenen Daten deutlich gestärkt werden.

Daraus ergaben sich erhebliche Anpassungen an die Datenschutzkonzepte im BEM. Diese Anpassungen werden im „Kapitel Datenschutz im BEM nach § 167 Abs. 2 SGB IX“ von Eberhard Kiesche ausführlich beschrieben.

Vertrauensperson im BEM

Seit dem 10. Juni 2021 gilt:

„Beschäftigte können zusätzlich eine Vertrauensperson eigener Wahl (zum BEM-Gespräch, Anm. RR) hinzuziehen“. Dieser Satz wurde durch das Teilhabestärkungsgesetz als Satz 2 in § 167 Abs. 2 SGB IX eingefügt.[5] Er wird von Wolfhard Kohte in diesem Buch genau erörtert (ab S. 36), damit sich die weit reichende Bedeutung dieses einfachen Satzes erschließt. Er wird dort in die Systematik des Betrieblichen Eingliederungsmanagements (BEM) eingeordnet und durch einige Fallbeispiele konkretisiert.

---

[5] BGBl. I v. 9.6.2021, S. 1387, 1395.

Eberhard Kiesche

MITBESTIMMUNG, KÜNDIGUNGSSCHUTZ UND DATENSCHUTZ IM BEM

Wir vertiefen die Rechtsgrundlagen systematisch mit der aktuellen Rechtsprechung im BEM (Stand: 6. September 2021). Denn die gesetzlichen Rahmenbedingungen sind handlungsleitend für die Umsetzung des BEM. Eberhard Kiesche konzentriert sich dabei auf drei Themen

- betriebliche Mitbestimmung,
- Auswirkungen des BEM auf das Kündigungsschutzrecht und
- Datenschutz im BEM.

Zudem stellt Eberhard Kiesche eine Übersicht aktueller BEM-Urteile im Teil 3 zur Verfügung:

Ausgewählte aktuelle Entscheidungen zum BEM gemäß § 167 Abs. 2 SGB IX!

Den Schwerpunkt bildet hier das „ordnungsgemäße BEM". Die Sammlung wird regelmäßig ausgebaut, zuletzt auf Basis des Handbuchs: Stein, Jürgen vom; Rothe, Isabel; Schlegel, Rainer (Hrsg.), 2021: Gesundheitsmanagement und Krankheit im Arbeitsverhältnis. Handbuch, 2. Auflage. München, § 21. Anregungen und Hinweise sind jederzeit willkommen. Bitte entsprechende E-Mails an Dr. Eberhard Kiesche, eberhard.kiesche@t-online.de.

Betriebliche Mitbestimmung beim BEM: zum aktuellen Stand der Rechtsprechung

§ 167 Abs. 2 SGB IX gibt den zuständigen Interessenvertretungen den Auftrag, zu überwachen, dass Arbeitgeber*innen ihre Verpflichtungen im BEM nach der Norm erfüllen. Zu den zuständigen Interessenvertretungen gehören u. a. Betriebs- und Personalrätinnen und die Schwerbehindertenvertretungen. Den Interessen- und Schwerbehindertenvertretungen steht nach § 167 Abs. 2 S. 6 SGB IX ein Antragsrecht zu. Sie können die Einleitung des Verfahrens für einen BEM-Berechtigten verlangen, falls das BEM von dem/der Arbeitgeber*in nach dem Vorliegen der rechtlichen Voraussetzungen nicht eingeleitet wird. Streitigkeiten sind im arbeitsgerichtlichen Beschlussverfahren (§ 2a ArbGG) zu verfolgen.

Betriebsräte überwachen die Einhaltung des BEM gemäß § 167 Abs. 2 SGB IX auch nach § 80 Abs. 1 Nr. 1 BetrVG, die Schwerbehindertenvertretung nach § 178

Abs. 1 Nr. 1 SGB IX. Der/Die Arbeitgeber*in hat den Betriebsrat nach § 80 Abs. 2 S. 1 BetrVG darüber zu informieren, bei welchen Beschäftigten die gesetzlichen Voraussetzungen für die Durchführung eines BEM vorliegen (Bundesarbeitsgericht [BAG] 7.2.2012 – 1 ABR 46/10, NZA 2012, S. 744). Das bezieht sich auch auf Mitarbeiter*innen, die dem BEM nicht zugestimmt haben. Durch die Namensnennung erleiden sie keine Nachteile bzw. Einschränkung ihrer Persönlichkeitsrechte. Die Beteiligungsrechte der Interessenvertretungen (Kollektivrechte) stehen neben den Rechten der BEM-Betroffenen (Individualrechte).

Das Bundesverwaltungsgericht (BVerwG) in den Jahren 2010/2012 und das BAG in den Jahren 2016/2019 haben ausgeführt, dass aus Gründen der informationellen Selbstbestimmung der/die BEM-Betroffene das Recht hat, der Mitwirkung der jeweiligen Interessenvertretung, Betriebs- bzw. Personalrat oder Mitarbeitervertretung, im BEM-Einzelfallmanagement zu widersprechen. Die Betriebsparteien müssen auf dieses Recht des Mitwirkungswiderspruchs der BEM-Betroffenen bereits im Erst-/Unterrichtungsanschreiben hinweisen. Die Beteiligung der Interessenvertretungen im BEM-Einzelfallmanagement ist nur mit Zustimmung der BEM-Betroffenen möglich (BAG 22.3.2016, NZA 2016, S. 1283, Rn. 31). Eine verpflichtende Hinzuziehung des Betriebsrats zu Gesprächen mit dem/der Arbeitgeber*in gegen den Willen des/der Beschäftigten kann von den Betriebsparteien nicht vereinbart werden (BAG 22.3.2016 – 1 ABR 14/14, NZA 2016, S. 1283; Beck NZA 2017, S. 81). „Das in einem betrieblichen Eingliederungsmanagement formulierte Recht des betroffenen Arbeitnehmers, zwischen der Durchführung eines betrieblichen Eingliederungsmanagements mit und ohne Beteiligung der Interessenvertretungen zu wählen, sowie ein Hinweis darauf, entspricht einem regelkonformen betrieblichen Eingliederungsmanagement." (BAG, Beschl. v. 19.11.2019 – 1 ABR 36/18).

Damit die präventive Wirkung des BEM nicht durch einen Widerspruch zur Beteiligung des Betriebsrats zu sehr geschwächt wird, ist dem betroffenen Beschäftigten in der Rückantwort zu ermöglichen, ein Betriebsratsmitglied seines Vertrauens zum Erstgespräch hinzuziehen. Aus folgt § 82 Abs. 2 S. 2 BetrVG folgt, dass es im BEM um die berufliche Entwicklung des betroffenen Beschäftigen im Unternehmen oder in der Dienststelle geht. Darauf ist bereits im Erstanschreiben hinzuweisen. Seit dem 10. Juni 2021 hat der BEM-Betroffene das gesetzliche Recht, eine Person seines Vertrauens eigener Wahl hinzuziehen (neu: § 167 Abs. 2 S. 2 SGB IX). Das kann ein Mitglied des Betriebsrats sein. Für das vom Beschäftigten gewählten Betriebsratsmitglied gilt gegenüber dem Betriebsratgremium selbstredend die Verschwiegenheitspflicht.

Das BAG hat bereits in seinem Beschluss vom 13. März 2012– 1 AZR 14/14 klargestellt, dass die Einführung und Durchführung/Organisation eines BEM Regelungsfragen aufwirft, die der Mitbestimmung des Betriebsrats unterliegen können. Bei der Ausgestaltung des BEM sei für jede einzelne Regelung zu prüfen, ob ein Mitbestimmungsrecht bestehe. Ein solches könne sich bei allgemeinen Verfahrensfragen aus § 87 Abs. 1 Nr. 1 BetrVG, in Bezug auf die Verarbeitung von Gesundheitsdaten aus § 87 Abs. 1 Nr. 6 BetrVG und hinsichtlich der Ausgestaltung des Gesundheitsschutzes aus § 87 Abs. 1 Nr. 7 BetrVG ergeben. Das BAG sieht also **keinen ausdrücklichen und umfassenden Mitbestimmungstatbestand** „Ausgestaltung des BEM" vor.

§ 87 Abs. 1 Nr. 6 BetrVG ist im BEM einschlägig, weil ein Einsatz elektronischer Datenverarbeitung im BEM-Einzelfallmanagement die Regel ist und Gesundheitsdaten verarbeitet werden, so zum Beispiel die Arbeitsunfähigkeitszeiten aller Beschäftigten. BEM-Regelungen betreffen stets das Ordnungsverhalten der Beschäftigten. Insoweit trifft § 87 Abs. 1 Nr. 1 BetrVG zum Schutze der Beschäftigten im BEM zu. Es erfasst die allgemeine betriebliche Ordnung und das Verhalten der Arbeitnehmer*innen, soweit deren Zusammenleben und Zusammenwirken berührt wird und damit ein Bezug zur betrieblichen Ordnung besteht. Die BEM-Verfahrensordnung ist Teil der betrieblichen Ordnung und berührt offenkundig nicht das **Arbeitsverhalten der Beschäftigten**. Die Mitbestimmung bezieht sich auf die erforderlichen Anlagen zur BEM-Verfahrensordnung wie zum Beispiel das Erstanschreiben (BAG, Beschl. v. 19.11.2019 – 1 ABR 36/18, NZA 2020, S. 389). BEM ist Bestandteil des betrieblichen Gesundheitsmanagements (BGM). Bei § 167 Abs. 2 SGB IX handelt es sich um eine öffentlich-rechtliche Rahmenvorschrift, die jedenfalls mittelbar dem Gesundheitsschutz dient und bei deren Ausfüllung dem Arbeitgeber ein Handlungsspielraum bleibt. Von daher liegt hier eine ausfüllungsbedürftige Rahmenvorschrift im Sinne von § 87 Abs. 1 Nr. 7 BetrVG vor, die der Betriebsrat mitbestimmt. Auch das BVerwG kommt zu dem Ergebnis, dass Aktivitäten im Rahmen des BGM, zu denen insbesondere das BEM zählt, der Mitbestimmung des Personalrats nach § 75 Abs. 3 Nr. 11 BetrVG unterliegen (BVerwG 14.2.2013 – 6 PB 1/13).

Dem Betriebsrat gewährt § 87 Abs. 1 Nr. 7 BetrVG zudem ein Initiativrecht für die Ausgestaltung des BEM durch Einführung genereller Verfahrensregeln für die Ausgestaltung des organisierten und kooperativen Suchprozesses. Das Initiativrecht gilt ebenso für Personalräte. § 167 Abs. 2 SGB IX ist eine ausfüllungsbedürftige Rahmenregelung und deshalb ist eine Einigungsstelle zum Thema „BEM-Verfahrensregeln" nicht offensichtlich unzuständig (siehe § 100 Arbeitsgerichtsgesetz [ArbGG]). Das BAG hat 2016 anerkannt und 2019 (BAG, Beschl. v. 19.11.2019 – 1 ABR 36/18) bestätigt, dass der Betriebsrat grundsätzlich ein Mitbestimmungsrecht bei der Aufstellung einer Verfahrensordnung für das BEM hat und die Einigungsstelle hierfür nicht offensichtlich unzuständig ist. Er kann eine Betriebsvereinbarung nach § 87 Abs. 7 BetrVG erzwingen, weil § 167 Abs. 2 SGB IX eine Rahmenvorschrift im Sinne von § 87 Abs. 1 Nr. 7 BetrVG darstellt (BAG v. 22.3.2016 – 1 ABR 14/14, NZA 2016, S. 1283, Rn. 9, 10; BAG v. 19.11.2019, NZA 2020, S. 391, Rn. 19).

Die Mitbestimmung des Betriebsrats bezieht sich nicht auf die Umsetzung konkreter Maßnahmen. Es besteht somit kein Mitbestimmungsrecht bei der Entscheidung über die Durchführung von Maßnahmen, die im BEM-Einzelfallmanagement vereinbart werden. Die anschließende **Umsetzung oder Überprüfung der Maßnahmen** hat allein der Arbeitgeber vorzunehmen (BAG 22.2.2016 – 1 ABR 14/14, NZA 2016, S. 1283). Der Arbeitgeber entscheidet. Bei kontroversen Maßnahmenvorschlägen im BEM-Team bleibt es beim Dissens, weil der kollektive Bezug fehlt.

Der Betriebsrat hat des Weiteren bei den Einleitungsvoraussetzungen des § 167 SGB Abs. 2 SGB IX nicht mitzubestimmen. § 167 Abs. 2 S. 1 SGB IX gibt hierfür den Begriff der Arbeitsunfähigkeit in Anlehnung an § 3 Abs. 1 Entgeltfortzahlungsgesetz (EFZG) und § 5 Abs. 1 EFZG **zwingend** vor. Dieser ist deshalb der Ausgestaltung durch die Betriebsparteien entzogen (BAG 13.3.2012 – 1 ABR 78/10, NZA 2012, S. 748).[6]

Im BEM-Einzelfallmanagement sollte aber keinesfalls verkannt werden, dass es spätestens dann, wenn es um die Umsetzung von arbeitsvertraglichen Maßnahmen wie zum Beispiel Änderung der Arbeitsaufgaben und -organisation, Versetzung oder Teilzeitarbeit geht, wiederum die allgemeinen Bestimmungen des Arbeitsrechts gelten. Dann ist der Betriebsrat als Gremium mit seinen Beteiligungsrechten, zum Beispiel nach § 99 BetrVG bei personellen Einzelmaßnahmen, im BEM-Einzelfall wieder gefordert.

Eine Einigungsstelle kann die Mitwirkung des Betriebsrats nicht einem sogenannten Integrationsteam übertragen. Das ist wegen § 28 Abs. 2 BetrVG nur über den Weg einer freiwilligen Übereinkunft möglich (BAG 22.3.2016 – 1 ABR 14/14, NZA 2016, S. 1283). Ein BEM-Team mit Letztentscheidungsrechten ist nicht durch den Betriebsrat erzwingbar. In der Praxis gibt es jedoch ein BEM-Team oder das Integrationsteam nach wie vor. Zu bedenken ist, dass eine Betriebsvereinbarung neben erzwingbaren immer auch freiwillige Regelungen enthalten kann, so auch Regelungen zum BEM-Team. Die Rechte des Betriebsrats in Bezug auf die Überwachung des BEM-Verfahrens insgesamt können nicht von den von BEM betroffenen Beschäftigten außer Kraft gesetzt werden, da das Einzelfallmanagement immer auch kollektivrechtliche Interessen berührt.

---

[6] Vgl. auch Richtlinien des Gemeinsamen Bundesausschusses über die Beurteilung der Arbeitsunfähigkeit und die Maßnahmen zur stufenweisen Wiedereingliederung nach § 92 Abs. 1 Satz 2 Nr. 7 SGB V (Arbeitsunfähigkeits-Richtlinien) in der Fassung vom 1. Dezember 2003, veröffentlicht im Bundesanzeiger 2004 Nr. 61 (S. 6 501), zuletzt geändert am 18. April 2013, veröffentlicht im Bundesanzeiger AT 2. Juli 2013 B4, in Kraft getreten am 3. Juli 2013.

Auswirkungen des BEM auf das Kündigungsschutzrecht

Seit der gesetzlich verpflichtenden Einführung des BEM im April 2004 sind die Sorgen bei den Beschäftigten und den Interessenvertretungen groß. Die Befürchtung ist, dass ein offizielles Eingliederungsmanagement vom Arbeitgeber zu einem **Ausgliederungsmanagement** (für eine krankheitsbedingte Kündigung) missbraucht werden kann. Die Ängste können dazu führen, dass Beschäftigte ein BEM-Angebot ablehnen. Diese Befürchtung hat sich jedoch nicht bewahrheitet. Die Akzeptanz des BEM bei den Beschäftigten und den Interessenvertretungen hat in den letzten Jahren deutlich zugenommen, auch aufgrund der Rechtsprechung der Arbeitsgerichte zum ordnungsgemäßen BEM im Zusammenhang mit einer krankheitsbedingten Kündigung. Denn erstens ist die Ablehnung eines BEM seitens der Beschäftigten nicht zu empfehlen. Der Großteil der Arbeitgeber ist zudem daran interessiert, die Mitarbeiter*innen im Unternehmen zu halten. Die BEM-Berechtigten werden in der Regel im Sinne von Gesundheitsprävention gut unterstützt. Zweitens stärkt die Rechtsprechung zum ordnungsgemäßen BEM als präventiver „Kündigungsschutz" effektiv die Beschäftigten vor einem Arbeitsplatzverlust.[7] Krankheitsbedingte Kündigungen sind deshalb in den letzten Jahren zurückgegangen. Die Gründe dafür werden im Folgenden dargestellt.

Schon in seiner ersten Entscheidung zum BEM (BAG v. 12.7.2007 – 2 AZR 716/06, NZA 2008, S. 173) hatte das BAG festgestellt, dass die Vorschrift nach § 84 Abs. 2 SGB IX alt (jetzt § 167 Abs. 2 SGB IX) eine Konkretisierung des dem ganzen Kündigungsschutzrecht innewohnenden **Verhältnismäßigkeitsgrundsatzes** darstelle. Mithilfe des BEM-Verfahrens können geeignete, mildere und zumutbare Mittel als die Kündigung erkannt und entwickelt werden (LAG Nürnberg, Urt. v. 18.2.2020 – 7 Sa 124/19, Rn. 83). Insofern ist das BEM die wesentliche Voraussetzung für eine krankheitsbedingte Kündigung. Wird ein BEM **unterlassen oder fehlerhaft** durchgeführt, hat das für den Arbeitgeber erhebliche Auswirkungen auf den Kündigungsschutzprozess.

1. Darlegungs- und Beweislast bei einem unterlassenen BEM

Das BAG hat bereits 2007 festgestellt, dass die Durchführung eines betrieblichen Eingliederungsmanagements keine formelle Wirksamkeitsvoraussetzung für eine krankheitsbedingte Kündigung ist. Aber die Anforderungen an den Arbeitgeber und seine **Darlegungs- und Beweispflichten** vor dem Arbeitsgericht sind hoch, wenn er das BEM unterlässt oder ein fehlerhaftes bzw. nicht ordnungsgemäßes BEM durchführt. Nur wenn auch die Durchführung eines

[7] Vgl. ausführlich Kiesche, Eberhard, 2021: Mindeststandards für „ordnungsgemäßes BEM": Ein Update. In: sicher ist sicher 3/2021, S. 127–132, hier S. 127 ff.

BEM-Verfahrens keine positiven Ergebnisse hätte erbringen können, ist das Unterbleiben des BEM aus seiner Sicht unschädlich. Ansonsten liegt bei dem Arbeitgebenden eine erweiterte Darlegungs- und Beweislast. So muss er, wenn er kein BEM durchführt, die „objektive Nutzlosigkeit" eines konkreten BEM-Verfahrens darlegen und beweisen.

Das BAG (u. a. v. 13.5.2015 – 2 AZR 565/14, NZA 2015, S. 1249, Rn. 32) führt dazu aus: „Er hat von sich aus alle denkbaren oder vom Arbeitnehmer ggf. außergerichtlich genannten Alternativen zu würdigen und im Einzelnen darzulegen, aus welchen Gründen weder eine Anpassung des bisherigen Arbeitsplatzes an dem Arbeitnehmer zuträgliche Arbeitsbedingungen noch die Beschäftigung auf einem anderen – leidensgerechten – Arbeitsplatz in Betracht kommt." Der Arbeitgeber muss also beweisen, dass ein BEM in keinem Fall dazu hätte beitragen können, neuerlichen Arbeitsunfähigkeitszeiten bzw. der Fortdauer der Arbeitsunfähigkeit entgegenzuwirken und das Arbeitsverhältnis langfristig zu erhalten. Das wird Arbeitgebern in der Regel nicht gelingen, wenn sie kein BEM durchführen oder wenigstens ein BEM versuchen ordnungsgemäß durchzuführen. Der Arbeitgeber muss zudem nachweisen, dass künftige Fehlzeiten der Beschäftigten nicht durch die gesetzlich vorgesehenen Hilfen oder Leistungen der Rehabilitationsträger hätten vermieden werden können (siehe auch BAG v. 20.11 2014 – 2 AZR 755/13, NZA 2015, S. 612).

2. Kein BEM wegen fehlender Zustimmung des Beschäftigten

Stimmt der Beschäftigte allerdings dem BEM nicht zu, widerruft er seine Zustimmung bzw. seine datenschutzrechtliche Einwilligung oder bricht das BEM vorzeitig ab, so ist dieses kündigungsneutral und hat keine Auswirkungen auf die Beweis- und Darlegungslast der Streitparteien vor Gericht. Es bleibt bei der üblichen abgestuften Darlegungs- und Beweislast, sodass der Beschäftigte nach dem Bestreiten des Arbeitgebers beweisen muss, dass es alternative Beschäftigungsmöglichkeiten im Unternehmen gibt. Der Beschäftigte kann sich zudem nicht darauf berufen, dass kein BEM stattgefunden hat.

3. Darlegungs- und Beweislast bei einem nicht ordnungsgemäßen BEM

Diese beschriebene intensivierte Vortrags- und Beweislast des Arbeitgebers vor Gericht besteht nicht nur dann, wenn der Arbeitgeber kein BEM-Verfahren durchgeführt hat. Sie tritt auch dann ein, wenn er ein BEM-Verfahren durchgeführt hat, das nicht den gesetzlichen Mindestanforderungen des § 167 Abs. 2 SGB IX genügt. Das fehlerhafte BEM ist gleichbedeutend mit einem unterlassenen BEM. Verstößt der Arbeitgeber im BEM gegen die Mindestanforderungen des ordnungsgemäßen BEM, zum Beispiel durch ein unzureichendes Einladungsschreiben oder eine mangelhafte Unterrichtung der betroffenen Beschäftigten, so wird der Arbeitgeber im Kündigungsschutzprozess so gestellt, als habe er das BEM-Verfahren nicht durchgeführt. Das heißt, er trägt wieder eine erweiterte Beweis- und Darlegungslast, dass es in diesem Fall keine milderen Mittel als Alternative zur krankheitsbedingten Kündigung gibt. Das BEM wird stets vom Arbeitsgericht überprüft, ob es ordnungsgemäß bzw. rechtskonform durchgeführt worden ist, vor allem dann, wenn der/die Beschäftigte in seiner/ihrer Klage auf Mängel und Unzulänglichkeiten im BEM-Prozess hinweist.

4. Keine Zweckänderung der BEM-Gesundheitsdaten

In der Literatur wird diskutiert, ob der Arbeitgeber BEM-Gesundheitsdaten auch für Zwecke der krankheitsbedingten Kündigung nutzen darf.[8] Das ist datenschutzrechtlich zu verneinen. Können Arbeitgeber rechtskonform auch Gesundheitsdaten im Sinne von Art. 9 Abs. 1 DSGVO in den Kündigungsschutzprozess einbringen, die im Suchprozess des BEM-Verfahrens erörtert worden sind? Eine solche Nutzung von im BEM-Suchprozess offenbarten medizinischen Daten (zum Beispiel Diagnosen, ärztliche Atteste, Heilbehandlungen, Krankheitsursachen) stellt eine unzulässige Zweckänderung der Datenverarbeitung dar. Für die Aufhebung der Zweckbindung gibt es keine gesetzliche Erlaubnis im BDSG. Es fehlt an der **Erforderlichkeit der Datennutzung**. Die Darlegungslast bei der Gesundheitsprognose für eine krankheitsbedingte Kündigung ist für den Arbeitgeber bereits grundsätzlich erleichtert.[9] Hier überwiegen zudem die Interessen der betroffenen Person im BEM. Die gewollte Zweckänderung ist unverhältnismäßig, unzulässig und verstößt gegen das BDSG und die DSGVO. Die Zweckbindung der BEM-Gesundheitsdaten kann nicht außer Kraft gesetzt werden. Die datenschutzrechtliche Einwilligung der/des Beschäftigten und ihre/seine Zustimmung zum BEM beziehen sich auf die gesetzlichen BEM-Ziele und den Umgang mit ihren/seinen Gesundheitsdaten ausschließlich zum Erhalt der Beschäftigungsfähigkeit.

Datenschutz im BEM nach § 167 Abs. 2 SGB IX

Das BEM gemäß § 167 Abs. 2 SGB IX soll Vertrauen aufbauen. Das geht nicht ohne Einhaltung und Umsetzung eines präventiven Datenschutzes. Für einen hohen Datenschutzstandard beim BEM empfehlen wir die folgenden Eckpunkte und betrieblichen Regelungen, die am besten in einer Betriebs- bzw. Dienstvereinbarung auszuformulieren sind.[10]

---

[8] Siehe grundlegend Stein, Jürgen vom, 2020: Die krankheitsbedingte Kündigung im Licht des betrieblichen Eingliederungsmanagements. In: NZA 2020, S. 753.
[9] Vgl. Stein, NZA 2020, S. 755; siehe auch Vossen, DB 2016, S. 1814, 189, Oberthür ArbR 2018, S. 301, 303.
[10] Vgl. dazu auch „Eckpunkte einer BEM-BV" im Anhang.

1. Verpflichtung auf Vertraulichkeit gemäß Art. 5 Abs. 1 Buchstabe f DSGVO[11]

Alle Mitglieder des BEM-Gremiums bzw. Beteiligten am BEM-Prozess sind zur Wahrung des Datenschutzes verpflichtet, unterliegen der Schweigepflicht und unterschreiben eine Verpflichtung auf Vertraulichkeit, nachdem sie vom betrieblichen Datenschutzbeauftragten, soweit vorhanden, zum Datenschutz im BEM **fachkundig** geschult worden sind.

2. Im BEM geht es um Gesundheitsdaten: Datenschutzmaßnahmen nachweisbar umsetzen

Im BEM-Verfahren sind Gesundheitsdaten relevant. Die BEM-Beauftragten dürfen im Rahmen des BEM ausschließlich die für den jeweiligen Eingliederungsprozess **erforderlichen Daten** verarbeiten. Die Betriebsparteien müssen in einer Anlage zu einer BEM-Betriebsvereinbarung die sensiblen personenbezogenen Daten (Gesundheitsdaten gemäß Art. 4 Nr. 15 DSGVO) festlegen.

Für eine automatisierte Datenverarbeitung im BEM-Verfahren, das heißt vor allem für die elektronische BEM-Akte, ist ein Datensicherheitskonzept nach Art. 24, 32 DSGVO zu erstellen. Gesundheitsdaten im BEM müssen besonders geschützt werden. Für die Entwicklung von Schutzmaßnahmen nach § 22 Abs. 2 BDSG ist eine Datenschutzfolgenabschätzung für das BEM nach Art. 35 DSGVO vorab zu erstellen. Schutzmaßnahmen sind zum Beispiel Verschlüsselung, Zugangskontrollen, Protokollierung oder die Hinzuziehung des betrieblichen Datenschutzbeauftragten (Art. 37–39 DSGVO).

3. Daten der BEM-Betroffenen unterliegen der Zweckbindung

Eine Verarbeitung von personenbezogenen Daten der betroffenen Beschäftigten erfolgt nur in dem Umfang, der für den Zweck und die Ziele des BEM gemäß § 26 Abs. 1 S. 1 und § 26 Abs. 3 BDSG erforderlich ist **(Zweckbindung)**. Eine Zweckänderung der Daten zum Beispiel. für eine krankheitsbedingte Kündigung ist unzulässig und unwirksam. Die Daten unterliegen in einem Kündigungsschutzprozess einem Vortragsverwertungsverbot.[12] Die Datenverarbeitung im BEM sollte, zum Beispiel durch ein Zugriffsberechtigungskonzept, von der Personalabteilung abgeschottet werden. Es gilt ein striktes Trennungsgebot. Ansonsten kann die Akzeptanz bei Beschäftigten bzw. der Datenschutz nicht gewahrt bleiben.

---

[11] Alle hier erwähnten BEM-Datenschutzformulare stellen wir als „Muster“ im Anhang zur Verfügung.

[12] Es darf also vor Gericht nicht als Nachweis/Beweis vorgetragen bzw. nicht verwertet werden.

4. Leistungs- und Verhaltenskontrollen mit Daten im BEM unzulässig

Eine Verarbeitung der BEM-Daten für Leistungs- und Verhaltenskontrollen durch den Arbeitgeber ist rechtsunwirksam und unterliegt aufgrund des Verstoßes gegen die Zweckbindung gemäß Art. 5 Abs. 1 Buchstabe b DSGVO einem Vortrags- und Beweisverwertungsverbot.

5. BEM nicht ohne datenschutzrechtliche Einwilligung

Das Verarbeiten personenbezogener Daten (Art. 4 Nr. 2 DSGVO) im Rahmen des BEM erfordert neben der Zustimmung die schriftliche, informierte und freiwillige Einwilligung der betroffenen Beschäftigten in die BEM-Datenverarbeitung (Art. 4 Nr. 11, Art. 7 DSGVO und § 26, Abs. 2, 3 BDSG). Diese kann jederzeit für die Zukunft widerrufen werden. Darüber ist der BEM-Berechtigte zum Beispiel in einem Erstgespräch oder bereits im Erst-/Unterrichtungsanschreiben zu informieren. Bei einem Widerruf durch den/die BEM-Betroffene/n sind von den BEM-Akteur*innen die nicht mehr erforderlichen Daten unverzüglich, das heißt ohne schuldhaftes Zögern, zu löschen.

6. Medizinische Daten nur in der Patientenakte

Im Rahmen des BEM ggf. bei Erforderlichkeit erfasste Unterlagen, Gutachten und Stellungnahmen mit medizinischen Daten und sonstige sensible Gesundheitsdaten werden ausschließlich in einer von der Personalakte getrennten Patientenakte von der Betriebsärztin/dem Betriebsarzt aufbewahrt, sofern eine Betriebsärztin/ein Betriebsarzt benannt ist. Der/Die Beschäftigte hat der Aufnahme medizinischer Unterlagen, Informationen und Daten in die Patientenakte in jedem Einzelfall zuzustimmen. BEM-Betroffene sind nicht verpflichtet, Diagnosen zu offenbaren. Darüber sind sie zu informieren.

Der/Die betroffene Beschäftigte wird vorher von der Betriebsärztin über die betriebsärztliche **Schweigepflicht** aufgeklärt. Die Betriebsärztin darf dem BEM-Team oder dem Arbeitgebenden keine medizinischen Daten offenbaren, sondern nur körperliche Fähigkeiten und Leistungseinschränkungen des/der Beschäftigten und deren Auswirkungen auf den konkreten Arbeitsplatz darlegen. Medizinische Daten gehören jedenfalls weder in eine BEM-Akte und schon gar nicht in eine Personalakte (siehe unten). Findet keine betriebsärztliche Betreuung statt, werden medizinische Unterlagen von den BEM-Berechtigten selbst aufbewahrt.

7. BEM-Akte getrennt von Personalakte aufbewahren

Alle nicht medizinischen und nicht sensiblen Unterlagen, Informationen und Daten werden in einer BEM-Akte von dem/der zuständigen Fallmanager*in geführt. In den Jahren der Aufbewahrung nach Abschluss des BEM ist die

BEM-Akte in einem verschlossenen Schrank von dem/der Fallmanager*in aufzubewahren und jede Einsichtnahme zu protokollieren. Jeder Zugriff auf die BEM-Akte erfolgt mit Zustimmung des/der Betroffenen nach dem Vieraugenprinzip, das heißt unter Einbeziehung des Fallmanagers/der Fallmanagerin, und muss dokumentiert werden. Dies gilt im übertragenen Sinne auch für die automatisierte Verarbeitung der Daten im BEM-Einzelfallmanagement. Hier muss der Zugriffsschutz gewährleistet werden, ein Berechtigungskonzept entwickelt und Protokollierung möglich sein. Auch das Vieraugenprinzip lässt sich technisch umsetzen.

8. Erforderliche Daten in der Personalakte

In der Personalakte dürfen ausschließlich Daten aufbewahrt werden, die zum Nachweis eines ordnungsgemäß durchgeführten BEM-Verfahrens erforderlich sind. Das sind:

- Hinweis auf die BEM-Nebenakte
- Datum: BEM-Erstkontakt/Beginn des BEM
- Zustimmung zum BEM
- ggf. Antrag auf Teilnahme am BEM
- Kopie/ Durchschrift der datenschutzrechtlichen Einwilligung
- Nichtzustandekommen, Unterbrechung, Widerruf der Zustimmung/ Einwilligung, Abbruch/Beendigung: ohne Angaben von Gründen, ggf. Hinzufügung einer Darstellung des/der Beschäftigten
- Abschluss/Beendigung des BEM
- Ergebnisse der Eingliederung (umgesetzte BEM-Maßnahmen, die die Mitwirkung des Arbeitgebers und des Betriebsrats erforderten).

9. Aktive Kommunikation nach dem Grundsatz „Datenschutz geht vor"

Bei der Einleitung des BEM ist der BEM-Berechtigte umfassend und verständlich gemäß § 167 Abs. 2 SGB IX über das BEM aufzuklären. U. a. hat der Arbeitgeber Hinweise zum BEM zu geben, die die Rechtsprechung in den letzten Jahren festgelegt hat. Hierzu gehören aus Datenschutzsicht u. a. eine ausführlichere Beschreibung der Ziele des BEM-Verfahrens, der Zweck der Datenverarbeitung, die strikte Zweckbindung der verarbeiteten Daten und der beschränkte Zugang des Arbeitgebers und der Personalabteilung zu den Daten. Entscheidend ist die Information über Art und Umfang der zu verarbeitenden personenbezogenen Daten und der Nachweis der Rechtmäßigkeit der Verarbeitung (Rechtsgrundlage der Datenverarbeitung). Ganz wichtig ist die Aufklärung über die Rechte der BEM-Berechtigten. Die/Der Beschäftigte hat ein Einsichtsrecht in ihre/seine BEM-Akte und Patientenakte und kann jederzeit eine Darstellung zur Personalakte und zu ihrer/seiner BEM-Akte hinzufügen lassen. Sie/ Er kann ihre/seine Rechte u. a. auf Auskunft, Löschung und Transparenz wahrnehmen, ohne berufliche Nachteile zu erfahren.

10. BEM-Daten in der BEM-Akte und in der Personalakte sind entweder fristgerecht zu löschen, dem BEM-Berechtigten auszuhändigen oder zu vernichten!

Die BEM-Akte wird längstens drei Jahre nach Beendigung des BEM-Prozesses datenschutzgerecht in einem verschlossenen Schrank aufbewahrt. Die Unterlagen sind dem betroffenen Beschäftigten, soweit gewünscht, anschließend im Original zu übergeben bzw. datenschutzgerecht zu entsorgen. Digitalisierte Daten, als Ergänzung der BEM-Akte, sind ebenfalls spätestens nach drei Jahren rückstandsfrei zu löschen. Sie können ggf. als nicht personenbezogen rückführbar, das heißt als aggregierte und anonymisierte Daten, für Unternehmensstatistiken genutzt werden. Im Falle einer Beendigung des Arbeitsverhältnisses wird die BEM-Akte der/dem betroffenen Beschäftigten auf Wunsch ausgehändigt. Die BEM-Daten in der Personalakte sind längstens vier Jahre nach Abschluss des BEM zu löschen (im öffentlichen Bereich nach fünf Jahren – § 113 Abs. 2 BBG [Bundesbeamtengesetz]).

11. Fachkundigen Rat einbeziehen

Die betroffenen Beschäftigten und die BEM-Akteur*innen können sich jederzeit an die betrieblichen Datenschutzbeauftragten und/oder an die zuständige Datenschutzaufsichtsbehörde wenden. Die Kontaktdaten werden in der betrieblichen Mitarbeiterinformation über den Datenschutz im Beschäftigungsverhältnis veröffentlicht.

Thesen zum Änderungsbedarf in BEM-Betriebsvereinbarungen

1) In bestehenden BEM-Betriebsvereinbarungen (BEM-BV) gibt es offensichtlich Änderungsbedarf, der sich aus der neuen Datenschutzrechtslage (DSGVO, BDSG 2018), der BAG-Rechtsprechung (1. Senat 22.3.2016) und der ausufernden Rechtsprechung zum ordnungsgemäßen BEM ergibt.
2) Damit die BEM-BV als rechtliche Erlaubnis zur Verarbeitung der Daten der Betroffenen im BEM gelten kann, müssen Anforderungen aus der DSGVO (zum Beispiel Art. 5, Art. 88 Abs. 2 DSGVO) und § 26 BDSG umgesetzt werden. Insbesondere ist das Recht der Beschäftigten auf Datenschutz (Recht auf informationelle Selbstbestimmung, Persönlichkeitsrechte) bei der Verarbeitung von Gesundheitsdaten der betroffenen Beschäftigten zu gewährleisten.
3) Ziel von Betriebsparteien ist es oftmals, im Konsens so viele Änderungen in der vorhandenen BEM-BV wie nötig und so wenig Änderungen wie möglich vorzunehmen. Angesichts der Entscheidung des BAG vom 22.3.2016 ist zudem aus meiner Sicht ein konsensorientierter Weg unerlässlich.

4) Insgesamt muss der Text einer BEM-BV samt der erforderlichen Anlagen möglichst klar, einfach, verständlich und eindeutig formuliert werden, da auch die BV zur notwendigen, im Gesetz und durch die Rechtsprechung geforderten umfassenden Aufklärung der Betroffenen über die Ziele des BEM und die Datenverarbeitung (Art und Umfang) gehört. In der Regel ist der BEM-BV-Text nicht rechtsklar und an manchen Stellen nicht verständlich formuliert. Die Belehrung der betroffenen Beschäftigten ist oftmals nicht ausreichend geregelt, da zum Beispiel die Information über mögliche Nachteile bei Nichtzustimmung oder Abbruch eines BEM fehlt.
5) Es fehlen zudem immer wieder wichtige Anlagen, die zu einem ordnungsgemäßen BEM hinzugehören, so zum Beispiel die datenschutzrechtliche Einwilligung (nach Art. 7 DSGVO, § 26 Abs. 2 BDSG), die erforderlichen Datenblätter, eine Beendigungserklärung, die Verpflichtung der BEM-Akteur*innen auf Vertraulichkeit oder auch zwei notwendige Erinnerungsschreiben. Hierfür habe ich Vorschläge entwickelt und der neuen Datenschutzrechtslage (DSGVO, BDSG 2018), der aktuellen Rechtsprechung und der neuesten Literatur angepasst.
6) Vorhandene Anlagen in bestehenden Betriebsvereinbarungen wie zum Beispiel das Anschreiben und die dazugehörige Rückantwort mit den Spiegelstrichen sind besser zu überarbeiten, damit wichtige Datenschutzgrundsätze aus Art. 5 Abs. 1 Buchstabe a–f DSGVO umgesetzt werden (zum Beispiel Datenminimierung, Transparenz, Vertraulichkeit).
7) Der Umgang mit medizinischen Daten im BEM-Prozess (oftmals gibt es eine „pauschale" Schweigepflichtentbindung in der BEM-BV) ist auf jeden Fall kritisch zu bedenken. Aufsichtsbehörden für den Datenschutz (NRW, BW – Stefan Brink) haben wiederholt den Zwang zur Offenlegung von Diagnosen im BEM kritisiert und dementsprechende Betriebsvereinbarungen für unrechtmäßig erklärt.
8) Die Rechte der Beschäftigten wie zum Beispiel das Widerrufsrecht und Datenschutzvorkehrungen bei der Verarbeitung von Gesundheitsdaten, wie sie u. a. von § 22 Abs. 2 BDSG gefordert werden, sollten als Schutzrechte der betroffenen Beschäftigten in die BEM-BV eingearbeitet werden. Damit können Datenschutzverletzungen (im Sinne von Art. 33 DSGVO) vermieden und die BEM-BV rechtssicher und datenschutzkonform gestaltet werden.
9) Es ist zu empfehlen, eine Datenschutzfolgenabschätzung nach Art. 35 DSGVO vorzunehmen und zudem das BEM exemplarisch als Verarbeitungstätigkeit gemäß Art. 30 DSGVO zu beschreiben. Sie ist m. E. unerlässlich und von Art. 35 DSGVO gefordert, auch wenn sie nicht in den Blacklists der Aufsichtsbehörden auftaucht. BEM ist auch als Verarbeitungstätigkeit in das Verarbeitungsverzeichnis nach Art. 30 DSGVO aufzunehmen.
10) Ebenso ist anzuraten, alle BEM-Akteur*innen zu sensibilisieren und sie wiederholt zu schulen, um sie umfassend auch in ihrer Tätigkeit im BEM-Prozess zu schützen.

Wolfhard Kohte

DIE ROLLE NEUER VERTRAUENSPERSONEN IM KOMMUNIKATIVEN SUCHPROZESS DES BEM

„Beschäftigte können zusätzlich eine Vertrauensperson eigener Wahl hinzuziehen". Dieser Satz wurde durch das Teilhabestärkungsgesetz als Satz 2 in § 167 Abs. 2 SGB IX eingefügt.[13] Er gilt seit dem 10. Juni 2021. Um die weitreichende Bedeutung dieses einfachen Satzes zu erschließen, soll er in die Systematik des Betrieblichen Eingliederungsmanagements (BEM) eingeordnet und durch einige Fallbeispiele konkretisiert werden.

Das BEM ist eine politische und juristische Innovation, denn sie verlangt eine betriebliche, nicht- direktive Kommunikation zu Gesundheitsfragen mit dem Ziel, das Beschäftigungsverhältnis zu stabilisieren. Vor allem vor 2004 gab es in der Praxis dazu Krankenrückkehrgespräche, mit denen in erster Linie Druck ausgeübt wurde, bald zurückzukehren oder einem Aufhebungsvertrag zuzustimmen. Das BAG (BAG) hat sie daher nicht der Mitbestimmung beim Gesundheitsschutz, sondern der Mitbestimmung beim betrieblichen Ordnungsverhalten zugeordnet.[14] Das ist ein deutlich anderes Ziel,[15] das in der Regel auch auf einer Kontrollkommunikation beruht.

Außerdem gab es schon seit vielen Jahren nicht formalisierte Gespräche zwischen Personalleitung und Beschäftigten, teilweise unter Beteiligung der Interessenvertretung, mit denen Kündigungen vorbereitet wurden. Im Mittelpunkt stand die Planung des Arbeitgebers, dass eine Kündigung ausgesprochen werden sollte, die in Einzelfällen auch zu einem Aufhebungsvertrag führen konnte. Typischerweise sind auch diese Gespräche durch eine starke Druckausübung und ein hohes Ungleichgewicht geprägt.

Das BEM unterscheidet sich nach dem gesetzlichen Ziel deutlich, denn es soll den gesundheitlich eingeschränkten Beschäftigten eine weitere gesundheitsgerechte Beschäftigung ermöglichen. Deshalb wird es vom BAG seit vielen Jahren der Mitbestimmung im Gesundheitsschutz (§ 87 Abs. 1 Nr. 7 BetrVG) zugeord-

---

[13] BGBl. I v. 9.6.2021, S. 1387, 1395.

[14] BAG 8.11.1994 – 1 ABR 22/94, NZA 1995, S. 857.

[15] Kiesche, Eberhard, 2021: Krankenrückkehrgespräche und Betriebliches Eingliederungsmanagement. In: Feldes, Werner; Niehaus, Mathilde; Faber, Ulrich (Hrsg.), Werkbuch BEM – Betriebliches Eingliederungsmanagement. Strategien für Betriebs- und Personalräte, 2., überarb. Auflage. Frankfurt/Main, S. 91–104.

net.[16] Mit diesem Ziel verbunden ist die Notwendigkeit einer anderen Kommunikation.

Das BAG verlangt daher einen verlaufs- und ergebnisoffenen Suchprozess,[17] der in einer aktuellen Entscheidung als „kollektiv-kooperativer Suchprozess“ bezeichnet wird.[18] Mit einem solchen Prozess sollen die Bedingungen der Beschäftigung konkret und betriebsnah geklärt werden zu einem Zeitpunkt (sechs Wochen Arbeitsunfähigkeit im Jahr), in dem regelmäßig eine Kündigung sozialwidrig wäre. Es geht also zum Beispiel um Änderungen am Arbeitsplatz, die bisher nicht erwogen worden waren. Damit muss sich die Kommunikationsstruktur verändern. Eine Druckausübung wäre kontraproduktiv, notwendig ist die gemeinsame Suche nach Lösungen zur Stabilisierung der Beschäftigung. Dies ist für Beschäftigte, die gerade bei intensiver Arbeitsunfähigkeit ihre Abhängigkeit und ihre Angewiesenheit auf den Arbeitsplatz deutlich erleben, besonders schwierig.

Daher benötigen sie hier eine Unterstützung. Eine mögliche Unterstützung ist die im Gesetz vorgeschriebene Beteiligung des Betriebs- oder Personalrates, sowie der Schwerbehindertenvertretung. Diese befinden sich hier nicht selten in Interessenkonflikten, weil die Umorganisation der Arbeit auch gewisse Belastungen für andere Beschäftigte bedeuten können und weil vor allem bestimmte betriebliche Routinen zu korrigieren sind. Dies gelingt einem Teil der Interessenvertretungen, ist jedoch für alle eine große Herausforderung, weil es um Gestaltung geht und Beteiligungslogik notwendig ist, die sich von der klassischen Stellvertretungslogik unterscheidet.[19] Das BEM ist daher auch für Betriebs- und Personalrät*innen ein spezifischer Suchprozess nach der für sie geeigneten Rolle.[20]

Mit dem neuen Satz § 167 Abs. 2 S. 2 SGB IX kommt jetzt ein neues Element in das BEM-Verfahren, das nicht gegen die Interessenvertretungen gerichtet ist, diese jedoch deutlich ergänzt. In der Vergangenheit war die Heranziehung vor allem externer Personen zum BEM umstritten. In einzelnen Fällen haben Gerichte entschieden, dass dazu kein Anspruch besteht, weil dies im Gesetz nicht vorgesehen sei.[21] Das ist durch die Neuregelung korrigiert worden. In der juristischen Literatur ist die rigide Ablehnung externen Beistands in den letzten Jahren kritisiert worden.[22] In den letzten Jahren gab es aber auch positive Bei-

---

[16] BAG 13.3.2012 – 1 ABR 78/10, NZA 2012, S. 748.

[17] BAG 20.11.2014 – 2 AZR 755/13, NZA 2015, S. 652; dazu bereits Kohte DB 2008, 582, 586.

[18] BAG 19.11.2019 – 1 ABR 36/18, NZA 2020, S. 389.

[19] Vgl. dazu Breit, Heiko; Feldes, Werner, 2021: Auf das Team kommt es an: Anmerkungen zur betrieblichen Gründungs- und Entwicklungsdynamik des Betrieblichen Eingliederungsmanagements. In: Feldes; Niehaus; Faber: Werkbuch BEM, S. 154–163, hier S. 156.

[20] Kohte WSI-Mitteilungen 2010, S. 374 ff.

[21] LAG Rheinland-Pfalz v. 18.12.2014 – 5 Sa 378/14, ZTR 2015, 154.

[22] Giese **reha-recht.de**, Beitrag B 8/2015, begründet den Beistand mit Hinweis auf die depressive Erkrankung der Klägerin und das offen artikulierte Interesse der Beklagten an einer Vertragsbeendigung.

spiele, wie durch externen Beistand BEM-Verfahren zu konstruktiven Lösungen geführt werden können. Einige Beispiele darf ich hier vorstellen:[23]

Beispiel 1:

Für einen wegen schwerer Bandscheibenschäden lang erkrankten Metallarbeiter sollte es auch künftig, so einhellig beim BEM-Gespräch Betriebsleiter und Betriebsrat (ein Schichtführer, wie häufig in der betrieblichen Praxis), notwendig sein, am Arbeitsplatz regelmäßig 20 Kilogramm schwere Behälter zu bewegen. Die anwesende Integrationsfachkraft brachte einen Wechsel des Arbeitsplatzes ins Lager ins Gespräch. Dies wurde wegen des Fehlens eines freien Platzes wiederum von Arbeitgeber und Betriebsrat abgelehnt, auch wegen der dort schlechteren Bezahlung vom Arbeitnehmer ungern erwogen. Hier bedurfte es der intensiven Intervention der anwaltlichen Bevollmächtigten, der Nachfrage nach einer Gefährdungsbeurteilung, die nicht vorhanden war, sowie des Hinweises auf die Lasthandhabungsverordnung, die ersichtlich nicht eingehalten wurde, bevor alle Beteiligten sich schließlich darauf einigen konnten, zum einen kleinere und damit leichtere Behälter künftig für alle zu verwenden und zum anderen den technischen Dienst des Integrationsamtes einzuschalten und diesen um einen Vorschlag für hydraulische Hebevorrichtungen zu bitten. Hier konnte der Arbeitnehmer mit gesundheitsangepassten technischen Arbeitsbedingungen wieder dauerhaft und ohne erhebliche weitere Arbeitsunfähigkeitszeiten tätig sein.

Beispiel 2:

Der 55-jährige – schwerbehinderte – Schweißmeister wollte nach einem folgenschweren Motorradunfall mit einem nahezu gelähmten rechten Arm seine Arbeit wieder aufnehmen. Erst ein BEM (nach positiver Kündigungsschutzklage) konnte den Arbeitsplatz erhalten. Die Tätigkeit des Arbeitnehmers bestand schon früher im Wesentlichen in mündlichen Hinweisen und Anordnungen zum Schweißen und der Dokumentation. Letztere konnte nun ohnehin besser als mit der Hand mithilfe eines Laptops erledigt werden, während das praktische Vorschweißen, das ohnehin nur einen ganz kleinen Teil der Arbeit ausgemacht hatte, umverteilt werden konnte. Dies war aber nur in intensiver Überzeugungsarbeit der Bevollmächtigten mit dem Vorschlag zu Betriebs- und Arbeitsplatzbesichtigung zu erreichen, bei welchen auch ganz anschaulich auf die Möglichkeit hingewiesen werden konnte, dass der alte Arbeitsplatz bei kleinen technischen Hilfen und geänderter Arbeitsorganisation weiter ausgefüllt werden konnte.

---

[23] Sie sind entnommen dem Beitrag von Bode, Malin; Dornieden, Michael; Gerson, Harry, 2016: Das BEM – und der subjektive Faktor im Suchprozess. In: Faber, Ulrich; Feldhoff, Kerstin; Nebe, Katja; Schmidt, Kristina; Waßer, Ursula (Hrsg.): Gesellschaftliche Bewegungen – Recht unter Beobachtung und in Aktion. Festschrift für Wolfhard Kohte, Baden-Baden, S. 401–416.

Beispiel 3:

Auch die 48-jährige Krankenschwester, die aufgrund einer schweren psychischen Erkrankung nur in einem ganz starren Zeitkorsett fünf Tage wöchentlich montags bis freitags vier Stunden von 8 bis 12 Uhr arbeiten kann, zu anderen Zeiten aber nicht, hätte ohne anwaltlichen Beistand kaum das BEM erfolgreich überstehen können, bei dem alle betrieblichen Beteiligten es in Anbetracht des Schichtsystems, das nur Schichten von mindestens fünfstündiger Dauer vorsah, für unmöglich hielten, einen solchen Arbeitseinsatz einzuplanen. Nur durch die Kenntnis der Bevollmächtigten von speziellen, gerade für Krankenhäuser entwickelten Arbeitszeitprogrammen, die auch ausgefallenste individuelle Arbeitszeitwünsche in ein Schichtsystem zu integrieren in der Lage sind, gelang es – auch vor dem Hintergrund der von der Bevollmächtigten ins Feld geführten Rechtsprechung des BAG[24] *–, eine solche Arbeitszeitgestaltung durchzusetzen, deren praktische Umsetzung sich seit nunmehr sechs Jahren als möglich und allen Beteiligten gerecht werdend erwiesen hat.*

Diese Beispiele zeigen die Chancen externer Personen, die nicht in der betrieblichen Routineorganisation befangen sind, sodass neue Lösungen für Arbeitszeit und Arbeitsorganisation teils individuell und teils für die gesamte Arbeitsgruppe gefunden werden konnten. Besonders dringlich ist ein externer Beistand bei psychischen Krankheiten bzw. Behinderungen, weil im betrieblichen Sozialsystem die Belange dieses Personenkreises bisher oft nicht hinreichend beachtet werden. Die Beispiele zeigen aber auch, dass die strukturelle Unterlegenheit kompensiert werden kann, wenn die Bevollmächtigten arbeitswissenschaftliche bzw. arbeitsrechtliche Kenntnisse einbringen, die allerdings vorrangig nicht das Kündigungsrecht, sondern die Anforderungen des Arbeitsschutzes und der behinderungsgerechten Arbeitsgestaltung betreffen. Gerade hier liegen einerseits betriebliche Defizite und zum anderen Chancen bei der Gestaltung des BEM-Verfahrens.[25]

Dies entspricht der Begründung, die der zuständige Bundestagsausschuss für den neuen Satz 2 gab:[26] *„Die Teilnahme einer Vertrauensperson auf Seiten der Betroffenen kann erheblich zum Erfolg des BEM-Verfahrens beitragen. Insbesondere auch in Betrieben ohne Interessenvertretung soll den Beschäftigten die Möglichkeit nach weiterer Unterstützung im BEM eingeräumt werden. Aus diesem Grund wird § 167 Absatz 2 SGB IX dahingehend ergänzt, dass auf Wunsch der Beschäftigten zusätzlich auch eine Vertrauensperson eigener Wahl hinzugezogen werden kann. Den Beschäftigten steht es frei, selbst zu wählen, wer als Vertrauensperson am BEM-Verfahren teilnehmen soll. Dabei kann es sich um ein Mitglied der Interessenvertretung, eine Person aus dem Betrieb oder um eine Person außerhalb des Betriebes handeln. Die Entscheidung ob und*

---

[24] BAG 14.10.2003 – 9 AZR 100/03, EzA § 81 SGB IX Nr. 3.

[25] Nebe, K., 2021: Arbeitsschutz und Betriebliches Eingliederungsmanagement. In: Feldes; Niehaus; Faber: Werkbuch BEM, S. 212–223; Szymanski, Hans; Lange, Andrea; Kolbe, Georg, 2021: Arbeitsgestaltung im Betrieblichen Eingliederungsmanagement. In: ebd., S. 224–242.

[26] BT-Drs. 19/28834, S. 57.

gegebenenfalls wer hinzugezogen wird, liegt alleine bei den BEM-Berechtigten. Die Arbeitgeber informieren die Beschäftigten über die Möglichkeit, eine Vertrauensperson hinzuzuziehen".

Die für das Gesetzgebungsverfahren zuständige Abteilungsleiterin im Bundesministerium für Arbeit und Soziales (BMAS) hat in einer aktuellen Veröffentlichung[27] ausdrücklich bestätigt, dass die Vertrauensperson allein von den Beschäftigten bestimmt wird. Es gibt insoweit keine Einschränkungen, sowohl interne als auch externe Personen kommen dafür in Betracht. Entscheidend ist allein das Vertrauen der Beschäftigten und deren Erklärung.

Es mag sein, dass in manchen Betrieben noch auf die alten restriktiven Urteile verwiesen wird. Dies ist jedoch hilflos, denn in Kenntnis dieser Urteile ist die Rechtslage bewusst geändert worden. Dies ist in der parlamentarischen Demokratie die vorrangige Aufgabe des Parlaments, das daher auch Gerichtsurteile wieder korrigieren kann.

In der Praxis ergeben sich jetzt verschiedene Möglichkeiten, welche Personen in Betracht kommen. Aus meiner Sicht stehen Anwälte und Anwältinnen nicht an erster Stelle; sie sind – wie unsere Beispiele zeigen – dann besonders geeignet, wenn sie arbeitsschutzrechtliche bzw. arbeitspolitische Kenntnisse haben. Es geht im BEM nicht um ein Vorverfahren für einen Kündigungsschutzprozess, sondern um Gestaltung der Arbeit. Geeignet sind daher vor allem Integrationsfachdienste;[28] es wird in der Praxis zu klären sein, dass und wie diese nach § 192 SGB IX zügig beauftragt werden. Bei Schwerbehinderten ist für die Erteilung eines solchen Auftrags auch das jeweilige Integrationsamt zuständig.

Bei Menschen mit markanten psychischen Problemen kommen natürlich auch Selbsthilfegruppen, Betreuende bzw. Familienangehörige in Betracht, um diese Gruppe zu unterstützen. Natürlich gibt es auch innerbetriebliche Möglichkeiten, sodass Beschäftigte von ihrem Auswahlrecht nach § 82 BetrVG Gebrauch machen und ein Betriebsratsmitglied ihres Vertrauens auswählen können. Bei Schwerbehinderten sind unabhängig von einer Vertrauensperson in jedem Fall die Schwerbehindertenvertretungen hinzuzuziehen. Auch Beschäftigte, die nicht schwerbehindert sind, können die SBV-Vertrauensperson oder ein stellvertretendes SBV-Mitglied heranziehen. Dieses ist dafür von der Arbeit freizustellen.

Auf diese Weise hat die Einfügung eines Satzes in § 167 SGB IX zahlreiche Möglichkeiten eröffnet, mit denen das BEM-Verfahren gestärkt und die be-

---

[27] NZS 2021, S. 665, 674.

[28] Zur niedrigschwelligen Unterstützung durch Integrationsfachdienste in der betrieblichen Gesundheitspolitik vgl. Kohte, Wolfhard; Kaufmann, Susanne, 2021: Lotsen und Netzwerke in der betrieblichen Gesundheitspolitik. Praxisbeispiele für eine inklusive Gesundheitspolitik in kleinen und mittleren Unternehmen (Working Paper Forschungsförderung 206, Hans-Böckler-Stiftung). Düsseldorf, S. 77 ff.

triebliche Kommunikationskultur entwickelt werden kann. Diese Stärkung im Verfahren ist auch wichtig, weil das BAG völlig kontraproduktiv ein Recht der Beschäftigten auf Durchführung eines BEM-Verfahrens abgelehnt hat[29]. Dies ist erst recht ein Anstoß für die Interessenvertretungen, den ihnen zustehenden Anspruch auf Durchführung eines BEM-Verfahrens (§ 167 Abs. 2 S. 7 SGB IX) geltend zu machen.

In der betrieblichen Praxis ist jetzt umzusetzen, dass und wie die vom Gesetz vorgeschriebene Information der Berechtigten über ihr neues Beistandsrecht informiert werden. Soweit die beteiligten Betriebsräte und Vertrauenspersonen nicht bereits die Entgeltfortzahlung für Teilnahme am BEM-Verfahren nach §§ 37 Abs. 2, 179 Abs. 4 SGB IX erhalten, kann die Freistellung und Entgeltfortzahlung der im Betrieb tätigen „Person des Vertrauens" in einer Inklusionsvereinbarung (§ 166 SGB IX) geregelt werden.

[29] BAG 7.9.2021 – 9 AZR 571/20

Regina Richter

DAS BEM-VERFAHREN. HILFREICHE RAHMENBEDINGUNGEN UND BETRIEBLICHE RESSOURCEN ZUR EINFÜHRUNG DES BEM

Wir haben nun die umfassenden Grundlagen und rechtlichen Rahmenbedingungen zum BEM mit Bezug auf die BEM-Praxis in den Unternehmen geklärt. Auf die erforderlichen, erwähnten Formulare kommen wir im dritten Teil zurück. Sie finden dort Muster, die auf die jeweiligen Betriebe – ob groß oder klein – anzupassen sind.

Schauen wir uns nun das BEM-Verfahren in der betrieblichen Umsetzung genauer an.

Erster Schritt: Bestandsaufnahme

Bevor das BEM systematisch eingeführt wird, sind gründliche Vorüberlegungen zu treffen. Wie ist der Stand der Dinge im Unternehmen?

- Ist eine BEM-Betriebsvereinbarung vorhanden? Wenn ja: Ist die noch praxiskonform? Was muss angepasst werden?
- Wenn nein: Warum nicht? Gibt es andere Vereinbarungen oder Vorgaben vom Arbeitgeber?
- Was gibt es schon im Unternehmen, woran knüpft das BEM an (zum Beispiel im Rahmen eines Gesundheitsmanagements, Sozialberatung, Präventionsangebote wie „Rohkost und Rückenschule")?
- Was brauchen wir noch (zum Beispiel Gefährdungsbeurteilung)?
- Wer sind die handelnden Personen?
- Wer wird direkt einbezogen (Integrationsteam)?

Das Integrations- bzw. BEM-Team: Konstituierung, Aufgaben und Zusammenarbeit

Fragen, die am Anfang zu beantworten sind:

- Was ist zu tun? Welche Aufgaben kommen auf uns zu?
- Sind die benötigten Ressourcen vorhanden (Raum, Zeit, Materialien, Knowhow, vgl. „Ressourcen-Check" am Ende dieses Kapitels)?
- Wer hat welche Stärken und Möglichkeiten im Team?
- Zeitplan aufstellen: Wer macht was, bis wann?

Wer ist an einem BEM-Verfahren beteiligt?

Am Anfang stellen sich die Fragen danach, wer eigentlich das BEM in den Betrieben einführen und durchführen soll. Es ist sinnvoll, ein internes Projekt daraus zu machen. Ein Team sollte zusammengestellt werden. Die Beteiligten bilden zum Beispiel später dann das Integrations- oder auch BEM-Team. Das ist jedoch nicht zwingend. So könnte in der Einführungsphase die/der betriebliche Datenschutzbeauftragte und/oder die Fachkraft für Arbeitssicherheit stärker beteiligt werden, als ihr Aufgabenbereich dann später in der Umsetzung ist. BEM-Teammitglieder sollen vom Arbeitgeber schriftlich bestätigt werden.

Die handelnden Personen im BEM – Einbindung und Koordination betrieblicher Akteurinnen

beteiligte Akteurinnen an einem BEM-Verfahren	Aufgaben im BEM-Verfahren
Arbeitgeber, Beauftragte	Das BEM ist Aufgabe der Arbeitgeber. Sie sind verantwortlich für die Einführung des BEM in den Betrieb und die Einleitung des BEM-Verfahrens im Einzelfall. Sie analysieren die Daten und machen das erste Gesprächsangebot oder sie delegieren diese Aufgaben an ein BEM-Team oder an die BEM-Beauftragten.
betroffene Beschäftigte	Von ihnen sind die Einwilligung zum BEM und die Bereitschaft, daran mitzuwirken, notwendig. Die Beschäftigten sind zu jeder Zeit Souverän des Verfahrens und können das BEM abbrechen. Ob Maßnahmen durchgeführt werden oder nicht, entscheiden letztlich die BEM-Berechtigten. Zu bedenken ist dabei, dass die betroffenen Beschäftigten auf der Grundlage ihrer Arbeitsverträge, eine Mitwirkungspflicht zum Erhalt ihrer Arbeitsfähigkeit haben.
betriebliche Interessenvertretung (Betriebsrat/Personalrat/Mitarbeitervertretung)	Vom Arbeitgeber wird die betriebliche Interessenvertretung über den Ablauf des BEM-Verfahrens informiert. Er bekommt regelmäßig eine Liste der zum BEM-Verfahren eingeladenen Beschäftigten. Auf Wunsch der jeweils betroffenen Beschäftigten sind sie an den BEM-Gesprächen zu beteiligen. Die Interessenvertretung hat die Aufgabe, die BEM-Prozesse mitzugestalten und deren Einhaltung zu überwachen.
Schwerbehindertenvertrauenspersonen	Die Schwerbehindertenvertretung ist idealerweise Mitglied im BEM-Team (soweit vorhanden). Sie wird auf alle Fälle bei schwerbehinderten oder gleichgestellten Menschen zum BEM-Verfahren hinzugezogen.
Frauen- oder Gleichstellungsbeauftragte	Sie kann von den Betroffenen hinzugezogen werden.
betriebsärztlicher Dienst	Er ist die Vertrauensinstanz in medizinischen Fragen, klärt die gesundheitliche Leistungsfähigkeit ab und begleitet die Betroffenen medizinisch (zum Beispiel bei einer STWE).
Führungskräfte	Sie sollen möglichst frühzeitig in das BEM-Verfahren eingebunden sein, denn sie sind – neben der Interessenvertretung – oft erste Ansprechpartnerinnen der Betroffenen. Genaue Kenntnisse zum Ablauf des BEM-Verfahrens und zum Datenschutz sind erforderlich. Hohe soziale Kompetenzen der Führungskräfte und eine positive Einstellung zum BEM-Verfahren unterstützen ein erfolgreiches BEM.
BEM-Team (Integrationsteam) oder eine BEM-Beauftragte	Es setzt sich aus den oben genannten Akteurinnen zusammen. Es gestaltet das BEM-Verfahren in der Praxis und passt ggf. das Verfahren an die betrieblichen Erfordernisse an. Es erarbeitet zusammen mit der/dem Betroffenen individuelle Handlungs- und Maßnahmenpläne und organisiert und begleitet deren Umsetzung.

Die Übersicht eines Kernprozesses zum Ablauf eines BEM haben wir dem aktuellen BEM-Leitfaden der Hans-Böckler-Stiftung entnommen:

Abbildung 1: Betriebliche Rahmenbedingungen

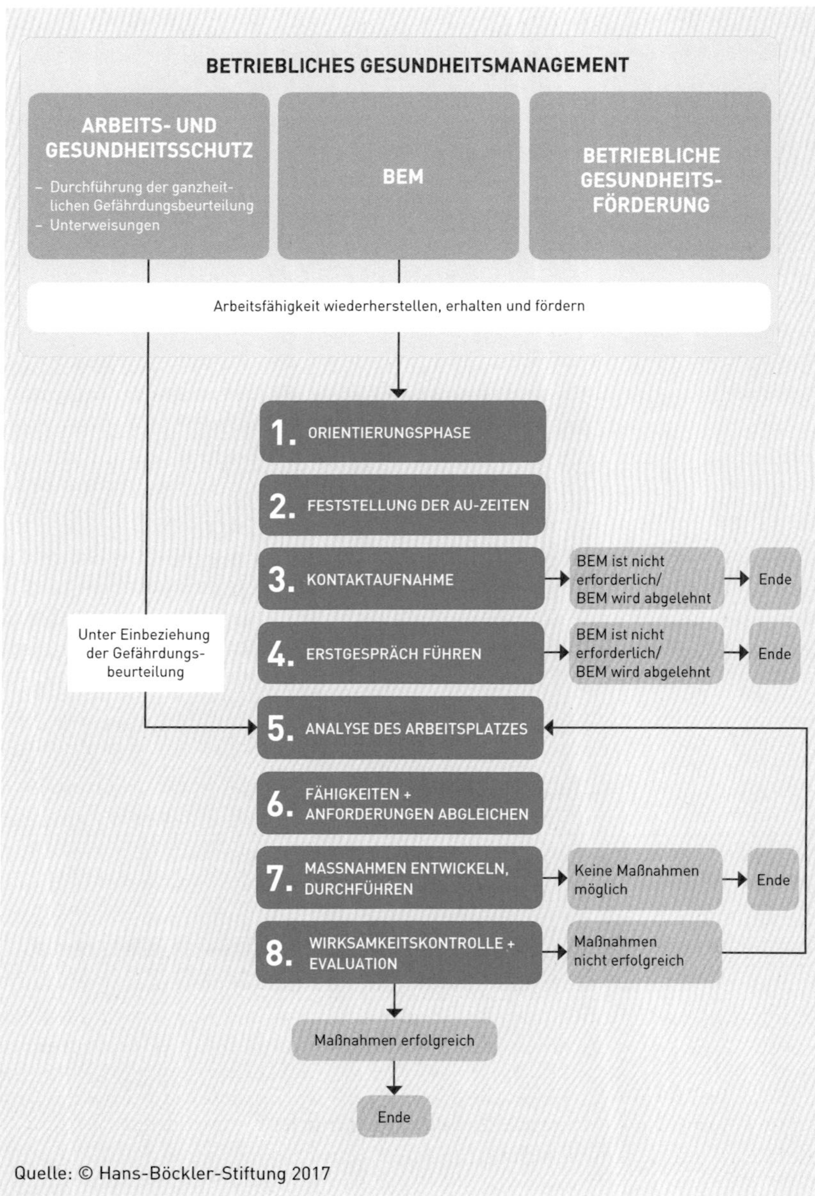

Quelle: © Hans-Böckler-Stiftung 2017

Kernprozess sicherstellen

Der Kernprozess ist der Ablauf, um ein einheitliches, systematisches BEM sicherzustellen. Er dient der Transparenz für die BEM-Berechtigten, aller Beschäftigten und aller beteiligten betrieblichen Akteurinnen. Außerdem ist die Umsetzung dieser Prozesskette gleichzeitig notwendiger Nachweis, um ggf. die Boni- und Anreizsysteme zum BEM in Anspruch nehmen zu können (vgl. § 167.3 SGB IV).

✓ Ist sichergestellt, dass die Informationen aus der Personalabteilung über die AU-Tage der BEM-Berechtigten systematisch an das Integrationsteam gelangen?

✓ Wer schreibt die BEM-Berechtigten an?

✓ Wer gestaltet das Einladungsschreiben?

✓ Sind alle erforderlichen Dokumente, zum Beispiel Protokollvordruck, Gesprächsleitfaden, datenschutzrechtliche Erklärung, Verpflichtung zur Vertraulichkeit (der BEM-Beraterinnen), Schweigepflichtentbindung, bei den „BEM-Unterlagen" vorhanden? Siehe Ressourcencheckliste am Ende des Kapitels.

i

Öffentlichkeitsarbeit im Unternehmen

Auch das gehört zu den Aufgaben bei der BEM-Einführung: Informieren Sie alle Beschäftigten und Beteiligten:

- Sensibilisierung der Beschäftigten – Vertrauen aufbauen, informieren, überzeugen
- Führungskräfte informieren und ggf. schulen
- Informationsblatt oder Flyer entwickeln (und zum Beispiel der Gehaltsabrechnung beifügen), schwarzes Brett, Betriebsversammlung, Intranet …
- Ab wann startet das BEM?

Gestaltungsbeispiele für Infoblätter sind etwa in den ZB-Infos der Integrationsämter und bei allen Sozialversicherungsträgern zu finden. Sie halten umfangreiche Informationen vor.

Den Kernprozess eines BEM begleiten organisatorische Aufgaben, einige datenschutzkonforme Formulare und zwischenmenschliche Kompetenzen. Das sind Aufgaben, die nicht zu unterschätzen sind.

Zusammengefasst: zehn praktische Tipps zur BEM-Einführung

Aus unseren Erfahrungen und im Austausch mit anderen lassen sich Tipps ableiten, die für alle Unternehmen, unabhängig von ihrer Tradition, Größe oder Branche, Geltung haben dürften:

1) Stellen Sie ein Team aus verantwortlichen Agierenden zusammen und definieren Sie die Aufgaben der einzelnen Mitglieder. Wählen Sie aus dem Team eine verantwortliche Ansprechperson.
2) Legen Sie konkrete und erreichbare Ziele innerhalb bestimmter Zeitetappen im Team fest!
3) Entwickeln Sie im Team einen vertrauensvollen, konsensbasierten Prozess unter Beachtung des Datenschutzes.
4) Soweit möglich, halten Sie die Regelungen in einer Prozessbeschreibung und diese ggf. in einer vorläufigen Dienst- oder Betriebsvereinbarung fest; vorläufig deshalb, weil in der Regel die Abläufe an die tatsächlich gelebte BEM-Praxis in Ihrem Betrieb angepasst werden müssen. Starten Sie einfach erst einmal und sammeln Sie Erfahrungen.
5) Sorgen Sie für Transparenz! Informieren Sie die Belegschaft über das BEM, das Team, den Prozess etc.
6) Stellen Sie die entsprechenden Kompetenzen zur Verfügung, und schulen Sie sowohl das Team als auch die Führungskräfte und weitere Handelnde, die im Rahmen des BEM eine Rolle spielen könnten.
7) Sorgen Sie für Vertrauen! Versuchen Sie, die praktische Eingliederungsarbeit zu Beginn mit potenziell erfolgreichen Praxisbeispielen zu beginnen, und machen Sie diese im Unternehmen bekannt!
8) Stellen Sie Ihr Unternehmen zum Beispiel in Form eines Tags der offenen Tür auch externen Partnerinnen und Partnern sowie Trägerinnen und Trägern von Prävention und Rehabilitation, Verbänden, Kommunen etc. vor, und nutzen Sie deren Möglichkeiten der Unterstützung Ihrer Gesundheitsstrategien. Binden Sie die Integrationsämter und Integrationsfachdienste ein, und fordern Sie die gemeinsamen Servicestellen in allen Fragen zum BEM und zu Leistungen zur Teilhabe am Arbeitsleben heraus.
9) Zögern Sie nicht, externe Hilfe in Anspruch zu nehmen, und profitieren Sie von den Erfahrungen kompetenter Beraterinnen zum Beispiel in Form eines Workshops zur Einführung eines BEM. Er führt wichtige betriebliche Agierende zusammen, mit denen unternehmensindividuelle Abläufe und Prozesse entwickelt werden. Dieser Workshop fördert als rechtliche Grundlage die Bereitschaft der Interessensparteien zum Abschluss einer Betriebsvereinbarung. Auch die Schulung von Führungskräften, die die Bedeutung von betrieblicher Gesundheit als Teil einer gesunden Unternehmenskultur ins Rampenlicht stellt, ist ein wichtiges Puzzleteil. Nur wenige Stunden und geringe Investitionen haben sich so als äußerst effizient erwiesen – in allen Unternehmen, unabhängig von ihrer Tradition, Branche oder Größe.

10) Nutzen Sie die Möglichkeiten des § 167 Abs. 3 SGB IX, sofern Sie die Punkte 1 bis 9 professionell und erfolgreich umgesetzt haben. Es winken Ihnen möglicherweise Prämien, die Sie wiederum zur Verbesserung der Beschäftigungsfähigkeit nutzen können.[30]

Ressourcencheckliste

Ressourcen-Check zum BEM-Prozess

Grundlagen/Struktur	**ja**	**nein**
Steht ausreichend Zeit zur Verfügung, um die BEM-Aufgaben zu bewältigen?	☐	☐
Steht ein ungestörter Raum für Gespräche zur Verfügung?	☐	☐
Gibt es einen abschließbaren Schrank (und/oder und einen datenschutzkonformer PC) für BEM-Akten/BEM-Daten?	☐	☐
Sind die Zuständigkeiten für die einzelnen Aufgaben im BEM geklärt?	☐	☐
Sind die BEM-Aktiven ausreichend geschult?	☐	☐
Gibt es ein „BEM-Budget"?	☐	☐
Ist der systematische Datenfluss zwischen Personalabteilung und BEM-Team gewährleistet Arbeitsunfähigkeits-Tage (AU-Tage)?	☐	☐
betriebliche Rahmenbedingungen	**ja**	**nein**
Gibt es eine BEM-Betriebsvereinbarung (BV)	☐	☐
Gibt es ein durchdachtes Datenschutzkonzept?	☐	☐
Gibt es weitere unterstützende Vereinbarungen (z. B. Gefährdungsbeurteilung, Arbeitszeitmodelle) und Angebote (interne oder externe Beratungsangebote, Sportangebote, Rückenschule)?	☐	☐
Besteht eine Anbindung an das betriebliche Gesundheitsmanagement (GM)?	☐	☐
Taucht das BEM im Qualitätsmanagement (QM) auf?	☐	☐

[30] Die Angaben stammen in modifizierter Form aus dem EIBE-Projekt. Dieses beschäftigte sich in einem mehrjährigen Prozess im Auftrag des BMAS mit der Umsetzung des BEM. Die Ergebnisse wurden 2007 veröffentlicht (www.eibe-projekt.de).

Instrumente/Unterlagen für den BEM-Prozess	ja	nein
Einladungsschreiben mit Rückantwort	☐	☐
datenschutzrechtliche Einwilligung zur Erhebung von Daten	☐	☐
Verpflichtung auf Vertraulichkeit (BEM-Verantwortliche, Beratende)	☐	☐
Stammdatenbogen	☐	☐
Gesprächsleitfaden	☐	☐
Dokumentation und Maßnahmenblatt (Protokoll)	☐	☐
Einwilligung zur Übermittlung der Daten ins Integrationsteam	☐	☐
Einwilligung zur Datenweitergabe an Dritte (Schweigepflichtentbindung)	☐	☐
Beendigung des BEM	☐	☐
Evaluation/Fragebogen	☐	☐
betriebliche BEM-Öffentlichkeit	**ja**	**nein**
Merkblatt/Flyer zum BEM	☐	☐
Infos im Intranet/innerbetriebliche Verteiler/schwarzes Brett	☐	☐
BEM-Vortrag (Power-Point) für Betriebsversammlung oder Infoveranstaltung	☐	☐
Sind alle potenziellen Beteiligten informiert und einbezogen (ASA, Betriebsarzt, GM, QM)?	☐	☐
Gibt es eine offizielle Start- oder Informations-Veranstaltung?	☐	☐

Kommunikation und Gesprächsführung

Geglückte Kommunikation

Der Erfolg in einem BEM-Verfahren steht und fällt mit der Kommunikation. Es kommt entscheidend darauf an, wie die Ansprache auf die Beschäftigten wirkt. Am Anfang steht das Wissen darum, dass es das BEM im Betrieb gibt und dass es zum betrieblichen Alltag gehört. Wer sechs Wochen innerhalb eines Jahres krank ist oder war, wird zu einem Gespräch eingeladen – ohne Ansehen der Person. Dies sollten alle im Betrieb wissen. Wenn es für alle Beschäftigten völlig klar ist, ist zum Beispiel eine Einladung zu einem BEM-Gespräch normal und löst keine Ängste aus. Es hat nicht spezifisch mit derjenigen Person zu tun. Es gehört zur Unternehmenskultur und ist im Alltag verankert. Genauso wichtig ist, dass von Anfang an Vertrauen aufgebaut wird. Ein BEM-Verfahren ist dazu da, die einzelnen Beschäftigten zu unterstützen – nicht, sie/ihn zu bestrafen! Ein

BEM-Gespräch ist kein Krankenrückkehrgespräch und erst recht kein Fehlzeitengespräch. Ein BEM-Gespräch gehört zu den Arten von Unterstützungsgesprächen, die sich um die Fürsorge für die Beschäftigten drehen. Ein BEM-Gespräch beginnt mit dem Selbstverständnis im BEM-Team: „Was können wir für dich Arbeitnehmerin tun, damit du gut, produktiv und nachhaltig gesunderhaltend arbeiten kannst?!" Diese Herangehensweise sollte im Bewusstsein aller Beteiligten verankert sein – bei den Beschäftigten, den Arbeitgebern und vor allem auch bei den Beraterinnen im im BEM-Team.

Vertrauen aufbauen – von Anfang an

Wie wird das BEM zu einem erfolgreichen Instrument zur Gesundheitsförderung für alle im Unternehmen Beschäftigten? Wie wird die Belegschaft aufgeklärt und angesprochen? Nach der deutlichen Aufklärung zum BEM im Betrieb, die alle Beschäftigten erreicht hat (siehe oben: schwarzes Brett, Info-Beipackzettel zur Gehaltsabrechnung, Betriebsversammlung, Intranet, Unternehmenszeitung, Betriebsratsinfo etc.), ist die nächste Herausforderung die Einladung zum BEM-Verfahren und zum ersten Gespräch. Dazu eine Praxiserfahrung: Der Hauptverantwortliche des BEM-Teams einer der größten Hamburger Arbeitgeber im öffentlichen Dienst berichtete kürzlich davon, dass das Team auch nach vielen Jahren der BEM-Einführung immer noch die Formulierung des Einladungstextes bearbeitet. Dies ist so, weil in den regelmäßig durchgeführten Evaluationen zum BEM stets herauskommt, dass die Angesprochenen (sprachlich) nicht erreicht werden, es ihnen zu leicht gemacht wird (oder sogar nahegelegt wird), nicht zu reagieren oder abzusagen, oder weil sie völlig beunruhigt und eingeschüchtert zum ersten Gesprächstermin erscheinen. Die Wirkung eines offiziellen Schreibens, was die BEM-Einladung ja ist, darf nicht unterschätzt werden.

Einladung zum BEM-Gespräch

Das oben angesprochene Beispiel ist kein Einzelfall: Wir kennen viele Unternehmen, die immer noch das Anschreiben umformulieren, damit die BEM-Berechtigten sich eingeladen und nicht vorgeladen fühlen. Wie das Schreiben bei den Adressierten ankommt, erfahren die Verantwortlichen durch Nachfragen und über die Zustimmung zu BEM-Einladungen. Wenn viele Beschäftigte eingeladen werden, aber kaum jemand die Möglichkeit zu einem BEM-Gespräch wahrnimmt, kann es an der Ansprache (Aufklärung, Einladung) liegen. In unserem Beispielunternehmen wird bei unterschiedlichen Beschäftigten nachgefragt, wie das Schreiben auf sie wirkt (siehe Muster in der Anlage). Die Einladung zum BEM setzt einen hochsensiblen Anfang im BEM-Verfahren. Es geht darum, Vertrauen aufzubauen. Der Erfolg eines BEM steht und fällt mit der systematischen Aufklärung zum BEM und mit der Herangehensweise und dem Selbstverständnis der BEM-Akteurinnen, die es umsetzen.

Sie finden zwei Mustereinladungen im Anhang. Warum zwei? Einladungsschreiben richten sich nach der Zielgruppe, also danach, **wer** die Beschäftigten sind. Eine Werbeagentur und ein Straßenbauunternehmen haben unterschiedliche Unternehmenskulturen und ein anderes Betriebsklima. Achten Sie darauf, dass die Beschäftigten das Geschriebene auch verstehen! Haben Sie im Unternehmen größere Gruppen Beschäftigte mit Migrationshintergrund oder sind Sie international/ global aufgestellt? Dann übersetzen Sie ggf. die Einladung und die BEM-Informationen für die Beschäftigten in deren Heimatsprache bzw. in mehrere Sprachen. Gibt es eine ausgeprägte „Duzkultur" im Unternehmen? Dann verwenden Sie das vertraute „Du" auch in der Einladung.

Unternehmen, die sich (ex- oder intern) juristisch zum BEM beraten lassen, werden hören, dass bestimmte Informationen vorhanden sein müssen, damit es eine juristisch korrekte BEM-Einladung wird, die einer etwaigen arbeitsrechtlichen Auseinandersetzung standhalten würde. Das stimmt.

Aber wägen Sie ab, ob es in Ihrem Betrieb wichtiger ist, dass Sie juristisch korrekt bleiben (das bleiben Sie in jedem Fall, wenn Sie zum Beispiel die juristisch relevanten Bestandteile in einem separaten Informationsschreiben mitschicken), oder ob Sie den BEM-Berechtigten positiv-motivierend für ein Gespräch erreichen.

Gespräche vorbereiten und führen

Teilnehmende an einem BEM-Gespräch sind (siehe auch oben E. Kiesche „ordnungsgemäßes BEM"):

- **Arbeitgeberbeauftragte**
- **die betroffene Beschäftigte**
- **Interessenvertretung (Betriebsrat/Personalrat/Mitarbeitervertretung)**
- Schwerbehindertenvertrauensperson (bei Schwerbehinderung und Gleichstellung)
- optional: Betriebsärztin oder externe Beraterinnen/Partnerinnen

Achten Sie bitte darauf, dass der „BEM-Gesprächskreis" nicht zu groß ist und zu einer Vorführung des BEM-Berechtigten mit Tribunal-Charakter wird.

Was ist (BEM-)Beratung?

Es gibt unterschiedliche Beratungssituationen und unterschiedliche Auffassungen der Beratenden selbst. Die Autoren Schwarzer und Buchwald[31] definieren die Ziele einer Beratung so: Es soll ein als problematisch erlebter Zustand geklärt werden und eine aktuelle Entscheidungsunsicherheit soll reduziert werden. Daneben kann eine Zielsetzung auch darin liegen, die Informationsbasis zu verbessern oder sich bei der Realisierung einer Maßnahme helfen zu lassen.

---

[31] Vgl. C. Schwarzer, P. Buchwald, 2009, Beratung in der Pädagogischen Psychologie, Springer, Berlin Heidelberg.

Das trifft die Aufgaben und Ziele des BEM- oder Integrationsteams. Deren Anliegen ist es, die Beschäftigten möglichst frühzeitig mit innerbetrieblichen oder externen Maßnahmen zu unterstützen. Es sollen alle Möglichkeiten und alle zur Verfügung stehenden Hilfen zur Beratung und mögliche finanzielle Leistungen erörtert werden. Die BEM-Berechtigten erhalten im Beratungsgespräch wichtige Informationen. Es sollen Maßnahmen ergriffen werden, die dazu beitragen, das Arbeitsverhältnis wiederaufzunehmen und dauerhaft zu erhalten.

BEM-Gesprächskompetenzen

Es geht also um Beratungsgespräche im BEM.

Ein Präventionsgespräch zu führen, gehört zu dem Bereich innerhalb des BEM-Verfahrens, der geschult und ausprobiert werden sollte. Für die Gesprächsführung verlangt es nach einer Person, die zur Empathie fähig ist, sich also in die Lage der anderen versetzen kann. Sie braucht die Fähigkeit zum Perspektivwechsel und die Möglichkeit, sich einige kommunikationspsychologische Grundsätze anzueignen. Dazu sind alltagstaugliche Instrumente und Techniken hilfreich. Sie anzuwenden, braucht Übung und Erfahrung im Umgang mit anderen Menschen.

Rollenverständnis und (Selbst-)Reflexion

Wer BEM-Gespräche führt, übernimmt eine große Verantwortung – für sich selbst und die Betroffenen. Wie gehe ich mit einem (manchmal schwer und schicksalhaft) erkrankten Menschen um? Wie spreche ich mit psychisch Erkrankten? Was mache ich mit Erkrankten ohne Krankheitseinsicht? Was kann ich fordern, ihnen zumuten? Wie weit kann ich überhaupt helfen, und wo sind meine eigenen Grenzen? Das sind Fragen, mit denen BEM-Verantwortliche alltäglich konfrontiert sind. Die eigene Rolle und die Reaktionen in einem BEM-Gespräch kennenzulernen und zu reflektieren, erleichtert und entlastet den BEM-Alltag. Wir empfehlen zu diesem Thema Schulungen, weil die individuellen Reaktionsweisen in keinem Gesprächsleitfaden abgebildet werden können. Außerdem sollten BEM-Beraterinnen für sich regelmäßige Supervisionen organisieren. Das ist in dieser herausfordernden Aufgabe und in der Position angemessen und vernünftig – wie in den meisten sozialen Berufen. Allerdings erleichtert ein klar strukturierter und mit nicht zu vielen Fragen überfrachteter Leitfaden den Gesprächsablauf.

Vorbereitung auf das BEM-Gespräch

Die allgemeinen Vorbereitungen zu einem BEM-Gespräch scheinen so selbstverständlich, dass sie leicht in Vergessenheit geraten. Darum zur Erinnerung ein paar Fragen und Anmerkungen (Checkliste am Schluss dieses Kapitels):

- Ist die betroffene Person rechtzeitig eingeladen worden? Weiß sie, worum es in diesem Gespräch gehen soll? Hat sie zugestimmt?
- Wissen Sie alles über die betroffene Person, was für das Gespräch notwendig ist, um effektiv helfen zu können? Haben Sie insbesondere alle Datenblätter und Unterlagen vorbereitet?

- Was wissen Sie über den betroffenen Menschen persönlich? Kennen Sie schon seine Interessen und Perspektiven? Stellen Sie sich bei dem Gespräch auf Ihr Gegenüber ein.
- Sind die beteiligten Personen informiert? Ist sichergestellt, dass alle Teilnehmenden ausreichend Zeit für das Gespräch haben? Ein Gespräch unter Zeitdruck ist wenig effektiv und stört den Gesprächsverlauf.
- Sie brauchen einen geeigneten Raum, in dem das Gespräch stattfindet. Geeignet ist ein Raum, der ausreichend Platz bietet und in dem das Gespräch ungestört (ohne Unterbrechungen von außen) geführt werden kann. Und wenn Sie doch einmal gestört werden, unterbrechen Sie das Gespräch („Störungen haben Vorrang"), weil die Konzentration gestört ist und die Wertschätzung, für die am Gespräch Beteiligten, darunter leiden könnte.
- Sorgen sie im Raum für eine angenehme Atmosphäre, indem Sie zum Beispiel Wasser, Kaffee, Tee bereitstellen, damit Sie, die betroffene Person und alle Beteiligten sich wohl fühlen und sich Vertrauen aufbauen kann.

Der Gesprächsverlauf

Auch erfahrene und professionelle Beraterinnen sind ihrerseits gut beraten, wenn sie sich im Vorfeld klar machen, was sie erwarten und was sie in diesem Gespräch wissen und klären wollen. Im Eifer des Gesprächs kann der Faden schnell verloren gehen, und darum ist es sinnvoll, sich eine Checkliste zum Verlauf zu erstellen. Nach der Begrüßung ist ein auflockernder Small Talk hilfreich („Wie war die Fahrt hierher?"). Bringen Sie die eingeladene Person locker zum Sprechen, damit sich die Spannung, die ein offizielles Gespräch am Anfang mit sich bringt, lösen kann. Sie finden einen kurzen Leitfaden im Anhang.

Während des Gespräches wird ein **Ergebnisprotokoll**[32] geführt, das auch der/dem Betroffenen ausgehändigt und von den Beteiligten unterschrieben wird. Das ist Standard und erhöht beidseitig die Verbindlichkeit der Absprachen.

Unterschiedliche Arten von BEM-Gesprächen und ihre Ziele: Präventionsgespräche, Informationsgespräche, BEM-Maßnahmengespräche (Fallmanagement) und Abschlussgespräch

Präventionsgespräche sind vorbeugenden Unterstützungsgespräche. Sie können mit der BEM-Beraterin geführt werden, bevor die BEM-Berechtigung erreicht wurde – also bevor sechs Wochen Arbeitsunfähigkeit erreicht waren. Das ist sinnvoll, weil ein erkannter Missstand frühzeitig angepasst werden kann – ohne

[32] Ein Ergebnisprotokoll hält nur die entschiedenen Bestandteile des Gespräches fest, wie zum Beispiel beschlossene Handlungs- und Maßnahmenpläne; im Gegensatz zu einem Verlaufsprotokoll, das den gesamten Verlauf einer Diskussion dokumentiert. Ein Beispiel: „Herr X schlug vor, eine Schuldnerberatung aufzusuchen, was Herr Y ablehnte. Daraufhin warf Frau Z ein …"

hohe Fehlzeiten. In vielen BEM-Betriebsvereinbarungen wird diese Möglichkeit der frühzeitigen Kontaktaufnahme ausdrücklich erwähnt und empfohlen. Dabei ist es jedoch wichtig zu wissen, dass es sich hierbei nicht um das gesetzlich vorgeschriebene BEM-Verfahren handelt. Die beschäftigte Person hat also kein Recht auf ein BEM-Verfahren ohne eine entsprechende Vereinbarung.

Das **Informationsgespräch** dient der Vorbereitung eines BEM-Verfahrens oder eines Maßnahmenplans. Es wird mit Beschäftigten geführt, die ihre Arbeit bereits wieder aufgenommen haben, aber auch mit denen, die sich noch im Krankenstand befinden. Das Gespräch ist stets ein Angebot an die Mitarbeitenden.

Wer führt das Gespräch?

Das Erstgespräch oder auch Informationsgespräch führt möglichst jemand, der eine hohe Akzeptanz bei den Beschäftigten hat und der weiß, worum es im BEM geht – also geschult ist. Als Mindestanforderung wird im Vorfeld die Unterzeichnung einer Erklärung gesetzt, woraus sich eine Verpflichtung zur Vertraulichkeit gegenüber jedermann ergibt. Das schließt die Personalabteilung, die Interessenvertretungen und die Unternehmensleitung ein – solange sie nicht selbst als Beraterinnen beteiligt sind.

Ziele der Informationsgespräche sind:

- Es ist Vertrauen zu der/dem Beschäftigten herzustellen.
- Zum BEM informieren: Es werden die Abläufe und das erforderliche Engagement nachvollziehbar erläutert.
- Das Gespräch soll so angelegt sein, dass die Beschäftigten ihr Selbstbestimmungsrecht ausüben können, vor allem, dass sie die Möglichkeiten bekommen, den Auskunftsprozess selbst zu steuern. Dieser Raum muss ihnen gegeben werden. Die Beschäftigten sind zum Beispiel darauf aufmerksam zu machen, dass sie sich auch der Antwort enthalten können (zum Beispiel in Bezug auf Diagnosen).
- Die Beschäftigten sind darüber zu informieren, wie mit den erhobenen Daten im Rahmen des BEM umgegangen wird (vgl. datenschutzrechtliche Einwilligung im Anhang und im Kapitel „Datenschutz“ von E. Kiesche).
- Den Beschäftigten soll ausreichend Bedenkzeit für oder gegen ein BEM-Verfahren eingeräumt werden. Stimmt die Person dem Verfahren zu, beginnen das Fallmanagement und die Folgegespräche.

BEM-Maßnahmengespräche und -Folgegespräche dienen der Begleitung und Umsetzung des Eingliederungsmanagements. Nach einer schriftlichen Zustimmung ist das BEM-Verfahren eröffnet und es finden Unterstützungsgespräche statt, in denen geklärt wird, welche Maßnahmen sinnvoll und umsetzbar sind.

Ziele der Maßnahmengespräche sind:

- mögliche Zusammenhänge zwischen der gesundheitlichen Situation und der Arbeit klären
- mögliche Auswirkungen der Erkrankung auf die Arbeit erfassen
- Um das jeweilige Hilfsangebot zu ermitteln, wird ein Bild der Grundproblematik entwickelt und es werden die Ressourcen, Vorstellungen und Wünsche der Beschäftigten gewonnen und beachtet.
- bestehende und bisher nicht bekannte Leistungspotenziale erkennen
- zielorientierte Maßnahmen erarbeiten
- einen gemeinsamen Eingliederungsplan entwerfen
- Zuständigkeiten klären (wer ist für die Umsetzung verantwortlich?!)
- ein Maßnahmenprotokoll unterschreiben (alle Beteiligten)

Kurzleitfaden für die BEM-Maßnahmengespräche

Behalten Sie im Blick: Ihre Körpersprache, innere Haltung, Stimme, Sprache.

Fünf Phasen im BEM-Gespräch[33]

Phase 1: Begrüßung und Einleitung → Ziel: „auftauen"

- Small Talk
- Vorstellung der anwesenden Personen: ggf. Tätigkeit, Stellung im Betrieb

Phase 2: Informationen → Ziel: Vertrauen und Verstehen aufbauen

- Ziel des Gespräches erläutern
- zeitlichen Rahmen setzen (Verlauf und Dauer)
- Vermittlung von Informationen zum BEM
- Datenschutz: Es soll zum Beispiel darüber informiert werden,
  - wie mit den erhobenen Daten umgegangen wird (Personalakte/BEM-Akte),
  - dass sowohl die Erhebung als auch die Weiterleitung von Daten nur mit Einwilligung geschieht,
  - dass die/der Beschäftigte die Unterlagen jederzeit einsehen kann.
- Abklären der Bereitschaft zur Teilnahme am BEM
- gemeinsame Beratung, ob Maßnahmen des BEM sinnvoll erscheinen
- Wenn die Bereitschaft vorhanden ist, wird ein Eingliederungsgespräch geführt mit dem Integrationsteam/BEM-Team (AG-Vertretung, ggf. Betriebsrat, Schwerbehindertenvertretung, Betriebsärztin), um über Maßnahmen zu beraten.
- Maßnahmen bedürfen vorab der innerbetrieblichen Abstimmung.
- Es muss deutlich werden, dass ohne Zustimmung und Mitwirkung der Betroffenen keine Maßnahme festgelegt wird.

---

[33] Es handelt sich hier um Beispiefragen, nicht alle Fragen müssen gestellt werden. Ausnahme: In Phase 3 gehören die ersten beiden Fragen zum Arbeitsplatz zum Standard!

Phase 3: Bedarfe ermitteln und Klärungen → Ziel: Maßnahmen vereinbaren

- Hat die Erkrankung etwas mit dem Arbeitsplatz zu tun?
- Hat die Erkrankung Auswirkungen auf die Arbeit oder den Arbeitsplatz?
- Sind medizinische Rehabilitationsmaßnahmen geplant oder durchgeführt?
- Welche betrieblichen Einschränkungen und Stärken der Mitarbeitenden gibt es?
- Vorstellungen der Mitarbeitenden erfragen: Haben sie Verbesserungsvorschläge?
- Kann die technische Ausstattung des Arbeitsplatzes optimiert werden?
- Können Arbeitsbelastungen minimiert werden etwa durch organisatorische Veränderungen?
- Gibt es Qualifizierungsbedarf oder kommt eine Umschulung infrage?
- Kommt eine psychosoziale Begleitung in Betracht?
- Die Handlungsmöglichkeiten sind zu erkennen, aufzuzeigen und abzustimmen.
- Die nächsten konkreten Schritte sollen zusammen mit der/dem Betroffenen abgestimmt werden.

Phase 4: Zusammenfassung und Ausblick

- Verständigung über Inhalte des Gesprächs (weiß jeder was gemeint war und welche Ergebnisse erzielt wurden?)
- das Gespräch zusammenfassen, Vereinbarungen wiederholen, Bilanz ziehen, Verbindlichkeiten stärken: Protokoll unterschreiben

Phase 5: Verabschiedung → Ziel: ein positives Gefühl vermitteln

- Mut machen
- Small Talk: „Kommen Sie gut heim“ etc.

Das **Abschlussgespräch** beendet das BEM-Verfahren

Mit den Abschlussgesprächen werden die nachstehenden Ziele verfolgt.

- Es soll festgestellt werden, ob alle Maßnahmen wie besprochen umgesetzt wurden.
- Die betroffene Person ist an ihrem Arbeitsplatz nach ihren Fähigkeiten eingesetzt und leistungsfähig.
- Der Abschluss des BEM wird schriftlich festgehalten, von den Beteiligten unterschrieben und nachrichtlich an die Personalabteilung gereicht.
- Mit dem offiziellen Abschluss des Verfahrens beginnt die erneute Zählung der BEM-relevanten AU-Zeiten.
- War die beschäftigte Person mit dem BEM-Verfahren zufrieden?
- Hat die beschäftigte Person Anregungen für zukünftige Verfahren?

Exkurs

BEM-Gesprächsführung unter Pandemie- Voraussetzungen per Telefon oder Video

Eine Pandemie hat aktuell unser Leben durcheinandergewirbelt, sowohl in unseren privaten Lebensgewohnheiten als auch in der Arbeitswelt. Als Begleiterscheinung hat sie in vielen Fällen für Ängste und Verunsicherung, für Vereinsamung und zusätzliche psychische Belastungen gesorgt.

Der Arbeitgeber wird durch die jeweiligen Schutzmaßnahmen im Zusammenhang mit Covid 19 nicht aus seiner Pflicht gemäß § 167 SGB IX entlassen. Laufende BEM-Verfahren sollten nicht wegen der Covid-19-Krise ins Stocken geraten. [34]

Arbeits- und Gesundheitsschutz sind gerade in diesen Zeiten besonders wichtig.

Es gilt nun erst recht, mit den erkrankten Mitarbeitenden Kontakt zu halten. Erkrankte, ängstliche und besorgte Beschäftigte, die zu einer der Risikogruppen (siehe unten) gehören, sollten im Rahmen des BEM von Präventionsmaßnahmen aufgefangen werden. Es ist besonders wichtig, dass sie den Kontakt zum Betrieb nicht verlieren und in ihren jeweiligen Erkrankungen versinken.

Für die BEM-Berechtigten wird es zudem wichtig sein zu erfahren, welche aktuellen Hygieneregelungen im Betrieb gelten und welche Änderungen es im Arbeitsschutz gibt, wenn sie ihre Arbeit wieder aufnehmen.

Für alle Beteiligten ist es gut, miteinander im Gespräch zu bleiben. Für die betroffenen Mitarbeitenden und letztendlich auch für alle anderen Beschäftigten im Betrieb ist es wichtig, dass die Kranken auch in Krisenzeiten nicht abgehängt werden. Es ist für alle ein gutes Signal: „Der Betrieb kümmert sich um uns.“ Das stärkt den Zusammenhalt untereinander.

[34] Wir empfehlen dazu den ausführlichen Leitfaden von Kiesche, Eberhard; Kohte, Wolfhard (Hrsg.), 2020: Arbeits- und Gesundheitsschutz in Zeiten von Corona. Der Leitfaden für Betriebe und Beschäftigte, 2. Auflage. München. Auch in unseren Podcasts zum BEM in den Episoden 26 bis 29 sind wir mit den Autoren zu diesem Thema im Gespräch sowie ein Interview mit dem VW-Betriebsratsvorsitzenden, Werk Braunschweig, Uwe Fritsch (Folge 30); erreichbar unter: **podcast.ipeco.de** oder **ipeco.podigee.io** oder über die üblichen Podcatcher.

Viele Unternehmen (in denen es arbeitsorganisatorisch möglich ist) führen ihre betrieblichen Treffen inzwischen routiniert per Video-Call durch. Obwohl wir für BEM-Gespräche ein persönliches Treffen bevorzugen und empfehlen (zum Beispiel in größeren Konferenzräumen), sind Video-Calls aus dem Homeoffice auch für BEM-Gespräche eine Option.[35] Neben den gebotenen Datenschutzvorkehrungen gibt es dafür einige Tipps:

Gut vorbereiten (als BEM-Fallmanagerin und auch als BEM-berechtigte Person)

Bereiten Sie sich rechtzeitig auf den Termin vor und nicht erst fünf Minuten zuvor. So geraten Sie nicht unter Stress und beginnen die Unterhaltung ruhig und gelassen. Achten Sie darauf, dass Sie in dem Raum allein sind und nicht von Familienmitgliedern oder Mitbewohnenden (oder Haustieren) gestört werden.

Arbeitsplatz und Hintergrund

Der Hintergrund ist aufgeräumt und übersichtlich. Verwenden Sie möglicherweise ein Hintergrundbild. Sitzen Sie in einer aufrechten Position möglichst an einem Schreibtisch (nicht auf der Couch oder im Bett – es sei denn, Ihr gesundheitlicher Zustand erlaubt nichts anderes).

Gepflegte Erscheinung

Achten Sie auf Ihre Kleidung. Sie sollte nicht zu knallig sein und nicht zu kleine Muster haben. Je nach Kameraauflösung (auch beim Gesprächspartner) „flimmert" Ihr Oberteil sonst und lenkt von allem anderen ab.

Unterlagen in Reichweite

Damit Sie während des Gespräches nicht aufstehen müssen, legen Sie die BEM-Akte oder Ihre Notizen vor sich auf den Tisch. Alles andere bringt Unruhe und mangelnde Aufmerksamkeit ins Gespräch.

Inhalte vorbereiten

Schauen Sie sich vorher Ihre Unterlagen zum BEM an, um den Stand des Verfahrens präsent zu haben. Und machen Sie sich eine Liste der Themen, die Sie ansprechen wollen.

---

[35] Was dabei zu beachten ist, finden Sie zum Beispiel in der Broschüre: GDD e. V. – Gesellschaft für Datenschutz und Datensicherheit (Hrsg.), 2020: GDD-Praxishilfe DS-GVO XVI – Videokonferenzen und Datenschutz, **www.gdd.de/downloads/praxishilfen/gdd-praxishilfe_xvi-videokonferenzen-und-datenschutz**.

Technik

Prüfen Sie vorher, ob Ihr Laptop oder der PC an eine Stromquelle angeschlossen ist. Steht die Internetverbindung? Betreten Sie rechtzeitig den virtuellen Raum und probieren Sie das Mikrofon und die Einstellungen der Kamera aus.

Bitte recht freundlich

Beginnen Sie Ihr Gespräch mit einem Lächeln – wenn die Umstände es zulassen. Erwarten Sie ein trauriges Gespräch, bleiben Sie zugewandt und konzentriert.

Datenschutz

Die Einladungen mit der Rückantwort (Zustimmung oder Ablehnung eines BEM-Verfahrens) bleiben im Vergleich zum normalen BEM-Prozess unverändert. Aber

- die notwendige Unterschrift zur datenschutzrechtlichen Einwilligung muss zu Beginn eines BEM-Verfahrens vorliegen.
- Wir empfehlen unbedingt ein Info-Gespräch dazu zu führen. Der Text einer datenschutzrechtlichen Einwilligung ist für viele Beschäftigte schwer verständlich. Geben Sie dem BEM-Berechtigten die Möglichkeit zu Nachfragen in einem Telefon- oder Videogespräch.

Auch für ein BEM-Verfahren per Video gilt: Vertraulichkeit und Schweigepflicht.

- Stellen Sie sicher, dass es während des Gesprächs keine Mithörenden gibt.
- Auch das Gesprächsprotokoll muss von den Beteiligten genau wie in einem Präsenzgespräch (möglichst von allen Teilnehmenden) unterschrieben werden. Das gilt ebenso für die Protokolle von Abschlussgesprächen.
- Wenn Sie als Fallmanagerin für die BEM-Berechtigten aktiv werden und mit anderen (nicht zum BEM-Team gehörenden) Aktiven sprechen, brauchen Sie eine unterschriebene Schweigepflichtentbindung. Die soll per E-Mail, als Foto oder Scan, bei Ihnen vorliegen.

i

Benötigte Unterschriften werden also entweder per E-Mail (Foto oder Scan/Kopie) oder per Post versandt.

Das ist aufwendiger für alle Beteiligten, aber notwendig und einzuhalten.

Telefon oder Video?

Bei einer **Telefonkonferenz** verzichtet man auf die Wahrnehmung nonverbaler Kommunikation wie Gesten, Gesichtsausdruck, Tonfall und Körperhaltung. Das schränkt die Qualität/Aussagekraft des Gesprächs ein.

Deshalb kommt dem **aktiven Zuhören** eine besondere Bedeutung zu. Einige Grundregeln seien hier kurz genannt:

- eine offene interessierte Grundhaltung,
- ein würdigender und respektvoller Umgang,
- volle Konzentration auf das Gespräch,
- Nachfragen bei Unklarheiten,
- Pausen aushalten,
- Geduld haben,
- den Sprecher ausreden lassen,
- bestätigende, kurze Äußerungen unterstützen den Gesprächsverlauf,
- sich auch durch Kritik, Vorwürfe, emotionale Äußerungen nicht aus der Ruhe bringen lassen,
- bei unangenehmer Aggressivität des Gesprächspartners das Gespräch sachlich abbrechen und einen neuen Termin vereinbaren.

Das gilt auch grundsätzlich für Videokonferenzen. Sie sind eher eine adäquate Möglichkeit, das persönliche Gespräch zu ersetzen. Dabei ist vor allem zu klären: Haben alle Teilnehmenden **die nötigen technischen Voraussetzungen** dafür?

Wenn dies nicht der Fall ist, könnte der BEM-Berechtigte bei passenden Rahmenbedingungen zum Beispiel auch gemeinsam im Büro der oder des Betriebs- oder Personalrates am BEM-Gespräch teilnehmen.

Auch für einen Video-Call gelten die oben beschriebenen Regeln des „aktiven Zuhörens“.

Ein TIPP für alle BEM-Gespräche: nicht zu formalistisch vorgehen. Wichtig ist, dass die betroffene Person nicht überfordert wird, aber weiß, worum es geht und dass es sich um Unterstützungsgespräche handelt.

EXKURS: Abgrenzung: Krankenrückkehrgespräche, Fehlzeitengespräche und BEM-Gespräche

Festzustellen ist hier zunächst grundsätzlich: Ein BEM ist **kein** Krankenrückkehrgespräch und kein Fehlzeitengespräch (die Begriffe werden häufig synonym, also austauschbar, gebraucht)! Ein Krankenrückkehrgespräch erfolgt, wenn überhaupt, auf Wunsch des Arbeitgebers und erst nach der Gesundung und nach der Rückkehr an den Arbeitsplatz. Eine Teilnahme an solch einem Gespräch ist verpflichtend. Es ist ein Personalgespräch.

Dagegen ist das BEM ein gesetzlich vorgeschriebenes Verfahren. Es kann und sollte bereits während der Erkrankung stattfinden, wenn es möglich ist. Ziel des Gespräches ist die Unterstützung der Erkrankten und das Ausloten eines frühzeitigen Eingreifens auch während des Rehabilitationsprozesses, etwa durch das Einleiten hilfreicher Maßnahmen (Anpassungen am Arbeitsplatz, Umschulung etc.). Die Teilnahme ist freiwillig![36]

Fehlzeitengespräche sind also keinesfalls mit dem BEM gleichzusetzen, das bestätigt auch ein aktuelles Urteil aus dem April 2021:

„Die Fehlzeitengespräche ersetzen auch nicht das BEM. Die Beklagte hat in der mündlichen Verhandlung ergänzend vorgetragen, wegen der erfolgten Gespräche im Mai und im August 2019 sei ein BEM im September unter Berücksichtigung der Einzelfallumstände ausnahmsweise entbehrlich gewesen. Zum einen ist ein Fehlzeitengespräch eine mit einem gesetzlich geregelten BEM-Verfahren nicht vergleichbare Maßnahme. Das BEM ist wesentlich umfangreicher. Auch soll hierin um die Zukunft des Arbeitsverhältnisses im Fokus stehen, nicht -wie der Begriff Fehlzeiten vermuten lässt – das Fehlen in der Vergangenheit (...). LAG Rheinland-Pfalz (8. Kammer), Urteil, 13.04.2021 – 8 Sa 240/20, Rn. 48.

Zurück zu den Gesprächen im Rahmen eines BEM-Verfahrens. Egal ob in Präsenz oder per Video: Während des BEM-Gespräches wird ein **Ergebnisprotokoll**[37] geführt, das auch der/dem Betroffenen ausgehändigt und von ihr/ihm unterschrieben wird. Halten Sie die besprochenen Aufgaben und Maßnahmen fest. Stellen Sie im Rahmen einer **Nachbereitung und Dokumentation** sicher, wer welche Aufgaben im BEM-Fall übernimmt und dass alle besprochenen Schritte eingeleitet werden.

---

[36] Vgl. ausführlich dazu Kiesche: Krankenrückkehrgespräche und Betriebliches Eingliederungsmanagement, in: Werkbuch BEM – Betriebliches Eingliederungsmanagement, 2. Auflage 2021, S. 91 ff.

[37] Ein Ergebnisprotokoll hält nur die entschiedenen Bestandteile des Gespräches fest, wie zum Beispiel beschlossene Handlungs- und Maßnahmenpläne; im Gegensatz zu einem Verlaufsprotokoll, das beispielsweise den Verlauf einer Diskussion dokumentiert.

Peter R. Horak

DOKUMENTATION UND EVALUATION IM BEM

Dokumentation, Analysen und Evaluation im BEM

Fragen zur Motivation

Die Vorstellung zusätzlicher Verwaltungsarbeiten dürfte wohl keine Begeisterungsstürme auslösen. Zusätzlichen Aufwand mag niemand, zumal dann, wenn der Sinn nicht unmittelbar einsichtig ist.

Von daher sollten wir uns vor Augen halten, was in der täglichen Arbeit im Betrieblichen Eingliederungsmanagement neben den direkten Kontakten mit den betroffenen Mitarbeiter*innen erforderlich ist.

Grundlagen der BEM-Praxis

Dabei lassen sich leicht feste Strukturen erkennen, die in den meisten BEM-Fällen vorhanden sind und berücksichtigt werden müssen:

Wer ist BEM-berechtigt?
In aller Regel wird dies durch die Personalabteilung ermittelt und Ihnen als Fallmanager*innen in Form von Papierlisten oder Dateien mitgeteilt. Zumeist ist dann bereits eine Einladung an diese Personen erfolgt oder Sie müssen diese Einladungen selbst formulieren und auf den Weg bringen.

Wer ist diese Person?
Hier wird es nun konkreter in Bezug auf das weitere BEM-Verfahren. Formal ist zunächst von Bedeutung, wie hoch die krankheitsbedingten Fehlzeiten im Vorfeld waren. Wichtig sind Informationen zur Person, die eine gute Einschätzung darüber zulassen, wo sie im betrieblichen Kontakt zu verorten ist und wo sie gegebenenfalls eine Unterstützung benötigt.[38]

[38] Hier sind die vorhandenen betrieblichen physischen und psychischen Gefährdungsanalysen hilfreich, die gesetzlich verankert für jeden Arbeitsplatz vorliegen sollen.

Anmerkung

Hier scheint erstmals ein möglicher Konflikt zwischen dem Umfang und den Details solcher Informationen sowie den Grenzen auf, die durch den Datenschutz gesetzt werden. Dazu folgt später mehr.

Wenn solche Informationen für das BEM wichtig sind, müssen sie nicht nur erfragt, sondern auch irgendwo festgehalten werden. Oder können Sie alle Details zu Ihren BEM-Klient*innen im Gedächtnis behalten und später passend wieder abrufen?

Existiert bereits eine „Geschichte" (oder BEM-Akte) zu der Person?

Möglicherweise soll nicht zum ersten Mal ein BEM durchgeführt werden. Gerade für Wiederholungsfälle kann die Vorgeschichte von Bedeutung sein. Auch das betriebliche Umfeld kann unter Umständen zu hohen Fehlzeiten geführt haben.

Oft sind den BEM-Klient*innen die auslösenden Faktoren durchaus bewusst – manchmal auch nicht. Hier kann es erforderlich werden, Dritte mit einzubeziehen.

An dieser Stelle wird ein Einverständnis Ihrer Klient*innen erforderlich.[39]

Schon dieser kleine Einstieg zeigt, dass eine Menge an Informationen nötig ist, um ein effektives BEM-Verfahren durchzuführen, das sich gleichermaßen an den Interessen der Klient*innen sowie des Unternehmens orientiert.

Alle Schritte im BEM müssen nachvollziehbar sein

Das Wissen über den jeweiligen BEM-Fall wächst im Laufe des Verfahrens. Das muss auch so sein, damit am Ende ein optimales Ergebnis stehen kann. Es bildet die Grundlage für Ihr weiteres Vorgehen.

Bevor wir diese Informationsbasis näher betrachten und uns fragen, was alles dazu gehört (und was keinesfalls!), wird schon deutlicher, dass hierfür ein strukturiertes Instrument sinnvoll ist: eine Dokumentation, die bestimmten datenschutzrechtlichen Regeln folgt und eine Nachvollziehbarkeit (Aufklärung und Transparenz) gewährleistet.

---

[39] Vgl. das Kapitel zum Datenschutz von E. Kiesche in diesem Buch Seite 30–33 und „Muster" im Teil 3.

Darüber hinaus stellt ein dokumentierter Ablauf des BEM-Verfahrens mit nachvollziehbaren Vorschlägen und Entscheidungen sicher, dass es ggf. auch in einer arbeitsrechtlichen Auseinandersetzung Bestand hätte.

Dokumentation dient auch der eigenen Entlastung

Der Einwand, die Dokumentation würde den Arbeitsaufwand nur noch weiter erhöhen, mag manchmal durchaus zutreffen – aber auch noch, wenn Sie nach ein oder zwei Jahren erneut für diesen Einzelfall, für denselben BEM-Berechtigten zuständig sind und es inzwischen davon hunderte Fälle gibt?

Und stellen Sie sich die Situation vor, dass der Klient oder die Klientin von Ihnen dargelegt bekommen möchte, dass Sie alle wesentlichen Randbedingungen im speziellen Fall ausreichend berücksichtigt haben. Oder das Unternehmen muss nachweisen, dass es allen Anforderungen eines ordnungsgemäßen BEM nachgekommen ist.

Mit einer durchdachten Dokumentation wird dies kein Problem sein. Sie kann zur Transparenz der BEM-Verfahren für die BEM-Berechtigten, für das Unternehmen und nicht zuletzt zu Ihrer Tätigkeit als Fallmanager*in herangezogen werden.

Wichtiger Lerneffekt

Learning by doing mag oftmals zutreffen, doch ist es auch erratisch, das heißt, dass auch erst Fehler gemacht <u>und</u> bemerkt werden müssen, um aus ihnen zu lernen.

Aus dem systematischen Festhalten einzelner Schritte im BEM-Verfahren lassen sich jedoch vielfältige Lerneffekte erzielen. Ob es konkrete Schritte bei bestimmten Problemlagen, Erkenntnisse in der Zusammenarbeit mit externen Institutionen oder optimierte Förderanträge betrifft: Ihre festgehaltenen Erfahrungen können Sie später jederzeit wieder aufrufen und auf mögliche Wiederverwendung hin prüfen.

Anforderungen und Ziele

Die bisher geschilderten Erwartungen an die BEM-Dokumentation können mit bestimmten Anforderungen gut erfüllt werden.

Was sie konkret leisten soll, ist allerdings von vielen Faktoren abhängig. Daher müssen die exakten Rahmenbedingungen für jedes Unternehmen individuell entwickelt werden. Erst wenn genau umrissen ist, was mit der Dokumentation erreicht werden soll, können sinnvolle Merkmale entstehen.

Mit „Merkmalen“ sind hier alle Informationsbestandteile gemeint, die eine Dokumentation strukturieren. Sie können im Hinblick darauf festgelegt werden, wie nützlich sie für die Erreichung der Dokumentationsziele sind. Dies bedeutet keinesfalls ein ausuferndes Sammeln von Merkmalen: Nicht alles, was nützlich erscheint, ist auch angemessen.

Die Grenzen dessen, was erfasst (und ggf. ausgewertet) werden darf, liegen in den geltenden Bestimmungen des Datenschutzes. Im Detail regelt dies darüber hinaus auch die jeweilige Betriebsvereinbarung des Unternehmens.

Zusätzlich ist die Frage zu klären, ob die Dokumentation ausschließlich der internen Ablaufkontrolle dient oder ob sie zusätzlich für Berichte, Außendarstellungen oder auch als interne Werbung für das BEM eingesetzt werden könnte. Abhängig von diesen Grundsatzentscheidungen sind Art und Umfang der Merkmale in einer Dokumentation.

Auf jeden Fall sollte eine BEM-Dokumentation gut strukturiert und für alle Fallmanager*innen gleichermaßen gültig sein.

Feste Strukturen erleichtern nicht nur die Vergleichbarkeit, sondern machen jede Dokumentation auch praktikabler. Dabei kommt es darauf an, ob sie Ballast erzeugen oder ob sie dort, wo es möglich ist, **optional** gestaltet sind.

Beispiel:

Sie dokumentieren die einzelnen Schritte im BEM so, dass – etwa bei Kontakten und Gesprächen – alle daran Beteiligten benannt werden, und zwar nicht in einer allgemeinen Beschreibung des Gesprächsverlaufs, sondern in der eigenen Kategorie „Gesprächsergebnis“. Ist dies für einen Kontakt irrelevant, so bleibt diese Kategorie frei – sie ist also optional.

Stellen Sie sich nun vor, Sie wollten im Nachhinein einmal feststellen, in welchen Fällen die Beteiligung Dritter sinnvoll und ergebnisorientiert war. Wo finden Sie eine solche Information schneller: In einer unstrukturierten umfangreichen Gesprächsnotiz oder wenn Sie gezielt nach beteiligten Personen bzw. Institution suchen können?

Da für diesen Schritt das Merkmal „Beteiligte“ ***optional*** *war, stellt es beim Erfassen auch keinen Aufwand („Ballast“) dar.*

Eine feste Struktur sichert damit die schnelle Auffindbarkeit einzelner Merkmale und gleichzeitig auch eine effektive Vergleichbarkeit der erfassten Fälle untereinander.

Erst damit wird es möglich, die Dokumentation als Grundlage laufender oder nachfolgender Auswertungen und Analysen heranzuziehen.

Dokumentationsmerkmale

Es versteht sich von selbst, dass ausschließlich solche Merkmale in eine Dokumentation aufzunehmen sind, die zur Erreichung der Dokumentationsziele von Bedeutung sind. Als solche Ziele haben wir bisher die Nachvollziehbarkeit und die Vergleichbarkeit benannt.

Gleichzeitig muss die Angemessenheit aller eingesetzten Merkmale sich an den Erfordernissen des Datenschutzes messen lassen.

Klientent*innendaten

Auf alle persönlichen Klient*innendaten bezogen heißt das, den Grundsatz der Datensparsamkeit zu befolgen, der besagt, dass nicht alles, was erhoben werden **kann**, auch erfasst werden **muss**. Im Idealfall sollte bereits eine anonyme Erfassung möglich sein, etwa durch Vergabe einer laufenden Nummer statt eines Klarnamens.

Denkbare personenbezogene Merkmale einer Erfassung von Klient*innenstammdaten sind:
persönliche Daten

- *BEM-ID* – erforderlich zur Identifikation des Falles
- *Name, Vorname*
- *Geschlecht* – weiblich, männlich, divers, keine Angabe
- *Geburtstag*
- *Behindertenstatus* – (nicht) vorhanden, beantragt, gleichgestellt
- *private Erreichbarkeit* – Anschrift, Telefonnummer, E-Mail-Adresse
- *Art der Beeinträchtigung* – physisch, psychisch, sozial

Unternehmensdaten

- *Fehlzeiten* – zum Zeitpunkt der BEM-Aufnahme
- *Position/Tätigkeit*
- *Beschäftigungsart* – Vollzeit/Teilzeit/Schichtarbeit/Azubi u. ä.
- *Unternehmenseintritt*
- *Qualifikationen und Fähigkeiten*
- *Beschäftigungsort (Filiale, Abteilung etc.)*
- *betriebliche Erreichbarkeit* – Hausanschrift, Telefonnummer, E-Mail-Adresse
- *Zuständigkeit in der Personalabteilung* – für Rückfragen/Abstimmungen während des BEM

Die „Art der Beeinträchtigung“ darf eine Auswirkung auf die Ausübung der betrieblichen Tätigkeit beinhalten, jedoch **keine** Diagnosen.

Dokumentation einzelner Vorgänge im BEM-Verfahren

Neben den Klient*innendaten sind vor allem die einzelnen Phasen des BEM-Verfahrens Gegenstand der Dokumentation. Hier sollte jeder Vorgang dokumentiert und zur BEM-Akte genommen werden.

Wie oben aufgezeigt, ist aus Gründen der Übersicht und der Vergleichbarkeit eine feste Struktur unerlässlich.

Beispielsmerkmale:

- Beschreibung des Merkmals *(Einladung, Erinnerung, Erstgespräch, Förderantrag etc.)*
- zeitliche Merkmale (*Datum, Zeit, Dauer*)
- Teilnehmer*innen
- Inhalt des Vorgangs
- Folgeaufgaben
- Wiedervorlagen bzw. Erinnerungen
- Kontakte/Nachfragen bei dritten Institutionen *(Antragstellungen etc.)*
- ggf. persönliche Stellungnahmen der BEM-Klientin bzw. des BEM-Klienten
- Ergebnisse *(nächste Schritte, Vereinbarungen)*
- Festlegung des Löschzeitpunktes der BEM-Akte bzw. der Dokumentationseinträge

Es gibt viele unterschiedliche Auslöser/Anlässe im BEM-Prozess, die zu einem Dokumentationsschritt führen. Um eine umfassende und einheitliche Erfassungsstruktur zu gewährleisten, empfiehlt es sich, alle möglichen Anlässe vorab festzulegen und bei Bedarf auszuwählen.

Aber auch Vor- und Nachbereitungen können für eine Dokumentation von Bedeutung sein. Dies trifft vor allem dann zu, wenn optional gleichzeitig eine Erfassung der Zeiten erfolgen soll, die pro Klient*in aufgewendet werden.

Tipp

Erstellen Sie die Dokumentation eines Vorgangs möglichst zeitnah zu dem Ereignis, um noch alle relevanten Details präsent zu haben.

Auch hier gilt der Grundsatz, dass im jeweiligen Einzelfall zu entscheiden ist, welches Merkmal dokumentationsrelevant ist. Daher können die meisten Merkmale optional bleiben.

Dokumentation und Datenschutz[40]

Eine höhere Zahl erfasster Merkmale führt ggf. auch zu solchen Erkenntnissen, die für den weiteren BEM-Verlauf wichtig werden können. Dennoch gilt der Grundsatz der Datensparsamkeit.

So hat sich jegliches Ziel von Dokumentation im BEM an den Grundlagen des gesetzlichen Datenschutzes zu orientieren. Jedes BEM berührt in seinem gesamten Verlauf und in der Zeit danach sensible Persönlichkeitsrechte der Klient*innen. Deshalb ist ein effektiver Datenschutz die Basisvoraussetzung für ein gelingendes BEM.

Die Europäische Datenschutzgrundverordnung (EU DSGVO) und das Bundesdatenschutzgesetz (BDSG) verpflichten daher aus gutem Grund alle BEM-Beauftragten zur Verschwiegenheit und zur Schweigepflicht gegenüber Dritten. Dies erstreckt sich neben einer mündlichen Verschwiegenheitsverpflichtung auch auf schriftliche Dokumente – gleichgültig ob sie elektronisch, handschriftlich oder in Printform erfasst und abgelegt sind.

Bei einer elektronischen Erfassung und Speicherung sind hierbei ebenfalls erhöhte Anforderungen an Datenschutz und Datensicherheit zu erfüllen. Es ist stets sicherzustellen, dass keinen unbefugten Dritten Zugang zu dem elektronischen Dokument (zum Beispiel einem Word-Textdokument, einem Excel-Arbeitsblatt oder einer beliebigen Datenbank) erlangen kann. Dies erfordert zwingend sowohl einen passwortgeschützten Zugang zu der digitalen Quelle als auch eine effektive Verschlüsselung des Inhalts.

In dem vorliegenden Buch finden Sie viele Hinweise zu den Eckdaten, die durch den Datenschutz gesetzt werden

Auswertungen und Analysen

Eine Dokumentation ist dazu geeignet, die Grundlage für laufende oder anschließende Auswertungen zu schaffen. Daher ist es wichtig zu bestimmen, welche Analysemöglichkeiten sich durch die erfassten Dokumentationsmerkmale ergeben sollen. Somit sind ausschließlich solche Merkmale herauszuarbeiten, die für die Erreichung des Dokumentationszieles von Bedeutung sind.

---

[40] Für eine automatisierte Datenverarbeitung im BEM-Verfahren, das heißt vor allem für die elektronische BEM-Akte, ist ein Datensicherheitskonzept nach Art. 24, 32 DSGVO zu erstellen. Gesundheitsdaten im Allgemeinen müssen besonders geschützt werden. Für die Entwicklung von Schutzmaßnahmen nach § 22 Abs. 2 BDSG ist eine Datenschutzfolgenabschätzung für das BEM nach Art. 35 DSGVO vorab zu erstellen. Schutzmaßnahmen sind zum Beispiel Verschlüsselung, Zugangskontrollen, Schnittstellenausschluss, Protokollierung oder die Hinzuziehung des betrieblichen Datenschutzbeauftragten. Vgl. das Kapitel zum Datenschutz von E. Kiesche in diesem Buch, S. 30–33.

Neben den Inhalten von statistischen Analysen ist ein weiterer Grundsatz zu beachten: Alle Auswertungen müssen so konzipiert sein, dass sie **keine** personenbezogenen Rückschlüsse zulassen. Denn auch für jede BEM-Statistik gilt, dass für alle Klient*innen deren Anonymität gewahrt bleiben muss.

Anonymität der BEM-Auswertungen

Damit sollen statistische Auswertungen, Tabellen und Diagramme so abgefasst werden, dass ihnen keine Namen und Anschriften, aber auch keine BEM-IDs entnommen werden können.

Denn statistische Übersichten, Tabellen und Auswertungen gewinnen nicht dadurch an Wert, dass jeweils nachvollzogen werden kann, um wen es sich konkret handelt.

Im Gegenteil: Das Wissen um konkrete Personen und ihren persönlichen Hintergrund kann sogar zu unerwünschten subjektiven Interpretationen führen. Auswertungen der BEM-Verfahren sollen und können stattdessen auf bestimmte Häufigkeiten und Strukturen hinweisen, die von Einzelpersonen losgelöst sind.

Beispiele zu BEM-Fällen:
- Zahl der BEM-Neuzugänge
- Zahl der abgeschlossenen Verfahren
- Entwicklung der Beeinträchtigungen, die zu einem BEM führten
- besonders betroffene Berufe/Funktionen, Abteilungen
- Häufigkeit der BEM-Verfahren nach Geschlecht, Alter oder Behindertenstatus

Aber auch strukturelle Aussagen zu den BEM-Verfahren:
- Dauer der Verfahren
- optional: von den Fallmanager*innen aufgewendete Zeit
- Erfolg von Förderanträgen nach Mittelherkunft und Verwendungszweck
- Ergebnisse der BEM-Verfahren

Alle hier angeführten Beispiele sind ohne Kenntnis der Namen oder BEM-IDs auswertbar.

Evaluation

Was ist gemeint?

Eine Evaluation im engeren Sinne meint eine Bewertung anhand vorgegebener Vergleichszahlen, die in der Regel aus Berechnungen oder zumindest allgemeinen Erwartungen entstanden sind. Im BEM selbst wären belastbare Erwartungen kaum aus betriebswirtschaftlichen Berechnungsgrößen abzuleiten, da die Auslöser, die zu einem BEM-Fall führen, als Kombination von sozialen und gesundheitlichen Faktoren zu sehen sind. Als solche entziehen sie sich einer rein ökonomischen Betrachtungsweise.

Beispiel 1: Fehlzeitenentwicklung

Dennoch gibt es Hilfsindikatoren, die auf eine „erfolgreiche" BEM-Arbeit in einem Unternehmen hindeuten könnten. Dazu gehört sicherlich die Analyse, wie sich die gesundheitsbedingten Fehlzeiten nach Einführung des BEM entwickeln.

Es ist nur sehr bedingt möglich, entsprechende Aussagen auf der Grundlage einer BEM-Statistik zu erstellen. Hierfür müsste eine eher langfristig angelegte dynamische Datenbasis zur Verfügung stehen. Und gleichzeitig wären alle weiteren Faktoren zu berücksichtigen, die zu Fehlzeitenquoten beitragen (zum Beispiel Arbeitszufriedenheit, Altersstruktur der Belegschaft, Fluktuation).

Beispiel 2: Teilnehmer*innenzufriedenheit

Nach einem abgeschlossenen BEM-Verfahren kann durch eine Befragung eine Rückkopplung der Teilnehmer*innen eingeholt werden: Wie beurteilen sie rückblickend das BEM? Welche Veränderungen haben sich für sie ergeben? Würden sie anderen Kolleg*innen das BEM und sein Team empfehlen?

Hierzu sind Nachbefragungen geeignet, die im Idealfall etwa ein Jahr nach BEM-Ende wiederholt werden, um Rückschlüsse auf die „Langzeitwirkung" des BEM zu ermöglichen.

Befragungen dienen vor allem dazu, eine Sicht über Verlauf und Erfolg des BEM-Verfahrens aus der Perspektive der Klient*innen zu gewinnen. Planung und sorgfältige Vorbereitung sind hierbei von großer Bedeutung.

Dabei gilt es unbedingt zu berücksichtigen, dass eine Vergleichbarkeit der Antworten sichergestellt sein muss. Ansonsten bleiben Befragungen wertlos. Dies heißt, dass alle Fragen oder Statements, die nach Abschluss der BEM-Verfahren an die Klient*innen gestellt werden, absolut identisch sein müssen. Es ist auch gute Praxis, vor der erstmaligen Befragung einige Testläufe mit verschiedenen Personen durchzuführen, um zu verifizieren, ob die zurückgegebenen Antworten inhaltlich das abbilden, was damit gemeint war.

Die so gewonnenen Erkenntnisse sollten anschließend kritisch bewertet werden und können so in die weitere Ausgestaltung der BEM-Prozesse einfließen.

Dokumentation und Analyse in der BEM-Praxis

Doch genug der Theorie! Wir (das heißt *Regina Richter* von *ipeco* und *Peter R. Horak* vom *BaS Hamburg*) haben die oben angerissenen Anforderungen in BEMdok® umgesetzt und in der Praxis mit der Unterstützung unserer Software erprobt.

BEMdok® erleichtert BEM-Teams die tägliche Dokumentationsarbeit und unterstützt sie sehr komfortabel bei Auswertungen, Analysen und Nachbefragungen der BEM-Klient*innen. Die eigentliche Dokumentation basiert dabei auf gut strukturierten Einzelschritten im BEM, die nur aufgerufen und mit den jeweiligen optionalen Inhalten gefüllt werden müssen.

Alle Stammdaten der Klient*innen werden nach einer festen Zeit, die mit der Übergabe oder Löschung der BEM-Akte zusammenhängt, automatisch anonymisiert, aber für die weitere Statistik verfügbar gehalten.

Auf Wunsch können alle klient*innenbezogenen Dokumente (Anträge, Schriftwechsel etc.), soweit sie das BEM betreffen, den einzelnen Klient*innen zugeordnet und unter BEMdok® jederzeit eingesehen werden.

Auswertungen sind stets auf Knopfdruck in Diagrammen oder Tabellenform abrufbar; es ist dabei nicht nötig, den Abschluss eines BEM-Verfahrens abzuwarten.

Bei Bedarf kann etwa ohne weiteren Aufwand ermittelt werden, wie viele offene und abgeschlossene Verfahren aktuell und im Vergleich zum Vorjahr vorliegen. Auch für differenzierte Rückmeldungen an die Personalabteilung über Zahl und Struktur angenommener bzw. abgelehnter Fälle stehen diverse Sofortfunktionen zur Verfügung.

Förderanträge können sowohl nach beantragter und bewilligter Höhe als auch nach Mittelherkunft und -verwendung ausgewertet werden.

Die Dokumentenverwaltung ermöglicht jederzeit eine Übersicht zu allen erfassten klientenbezogenen Dokumenten einschließlich der verfügbaren Klienten-Erklärungen.

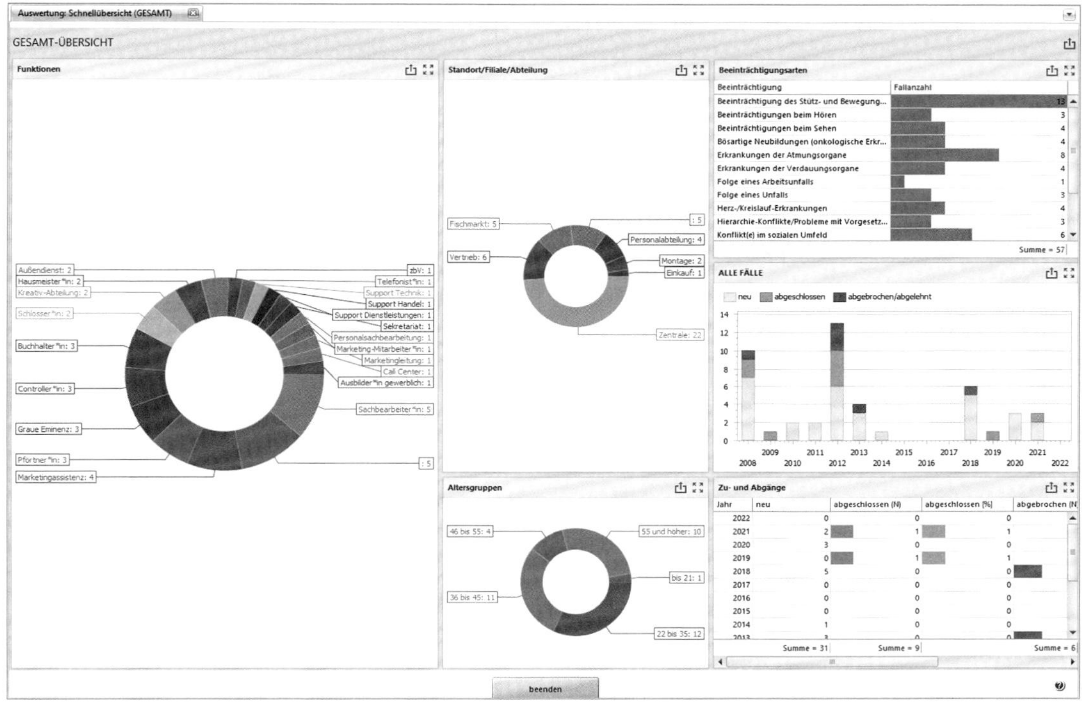

Beispiel: Auswertungsübersicht eines Klienten

Alle Analysen erfolgen anonym und können problemlos in eigene Berichte bzw. Präsentationen übernommen werden.

BEMdok® stellt einige Textvorlagen bereit, ermöglicht aber auch die Einbindung eigener Vorlagen, die als Grundlage von Anschreiben und Formularen dienen können. Ebenso können schnell Einladungen zu BEM-Gesprächen geschrieben und ggf. auch Erinnerungen verfasst werden. Auch hier kann auf eigene Texte zurückgegriffen werden. Diese Vorgänge werden automatisch als BEM-Aktion erfasst und als Kalendertermin bzw. Wiedervorlage eingetragen.

Eine integrierte Befragungsfunktion (mit optionalen Vorschlagstexten) gestattet die komfortable Erstellung und Auswertung von Erst- und Folgebefragungen.

Bei all dem ist die Einhaltung datenschutzrechtlicher Vorgaben selbstverständlich. Der Zugang zu BEMdok® ist passwortgeschützt; die Datenbank wird lokal auf dem Arbeitsrechner gehalten und ist hoch verschlüsselt.

Trotz der lokalen Datenhaltung ist es über das Zusatzmodul BEMdokX möglich, die statistischen Prozessdaten aller BEMdok®-Nutzer*innen eines Unternehmens gemeinsam auszuwerten – unabhängig vom geografischen Standort der einzelnen Mitarbeiter*innen.

Zur Anwender*innenunterstützung steht neben einem sehr ausführlichen Onlinehandbuch auch ein Helpdesk bereit, über das bei Fragen auch ein direkter Kontakt zum Support hergestellt werden kann.

Interessent*innen erhalten weitere Informationen über die BEMdok®-Website **www.bemdok.de**, wo auch eine 10-tägige kostenlose Vollversion zum Test angefordert werden kann.

Ina Riechert

STUFENWEISE WIEDEREINGLIEDERUNG (STWE) BEI PSYCHISCH BEEINTRÄCHTIGTEN MITARBEITER*INNEN

Wie im ersten Teil bereits vorgestellt, ist eine der wichtigsten Maßnahmen im Betrieblichen Eingliederungsmanagement (BEM) die STWE. Sie ist der Königsweg der Wiedereingliederung insbesondere nach einer psychischen Krise. Sie erlaubt einen langsamen Wiedereinstieg, der individuell gestaltet werden kann. Die Bedürfnisse der BEM-Berechtigten können so optimal angepasst werden. Je individueller die STWE inhaltlich, fachlich und sozial gestaltet ist, desto erfolgreicher verläuft die Wiedereingliederung. Die STWE ist für die Betroffenen oft mit harter Arbeit vor allem an sich selbst verbunden.

Es geht in der STWE um Anpassungen der Arbeitsaufgaben an die aktuellen Fähigkeiten, klare Absprachen und Vereinbarungen, Persönlichkeitsentwicklung, Änderungen im Arbeitsverhalten und Auseinandersetzungen mit den eigenen Werten und Einstellungen.

Auch wenn die Mitarbeiter*innen aus wichtigem Grund keine zeitlichen Stufen in einer STWE wollen, bleiben immer noch die inhaltlichen und sozialen Planungen als wichtige Stufen, die gestaltet und geplant werden müssen.

Die STWE ist eine medizinisch-berufliche Rehabilitation und soll nach längerer Arbeitsunfähigkeit den Wiedereinstieg in den alten Beruf erleichtern. Der/Die Mitarbeiter*in soll schonend, aber kontinuierlich bei fortbestehender Arbeitsunfähigkeit an die Anforderungen und Belastungen am Arbeitsplatz herangeführt werden.

Die Gestaltung dieser wichtigen Maßnahme erfordert eine vertrauensvolle Zusammenarbeit von Behandelnden (zum Beispiel Ärzt*innen, Therapeut*innen), BEM-Berechtigten, BEM-Team und Führungskräften.

Die krankheitsbedingten Beeinträchtigungen und Einschränkungen der Leistungsfähigkeit sind von den behandelnden Ärzt*innen zu definieren, möglichst aber auch in einem positiven Leistungsbild[41] zu verdeutlichen. Das positive Leistungsbild ist eine Beschreibung dessen, welche Arbeitseinsätze derzeit für den/die Betroffene*n möglich sind. Die behandelnden Ärzt*innen in der Re-

[41] Positives Leistungsbild: Was kann der/die BEM-Berechtigte gut?

habilitationsklinik, die behandelnden Ärzt*innen vor Ort und der Betriebsarzt bzw. die Betriebsärztin sind wichtige Ansprechpartner*innen für ein positives Leistungsbild.

Die STWE ist Bestandteil des Genesungsprozesses und dient der beruflichen Rehabilitation.

Die Ziele einer STWE:

Schrittweise wird die/der Beschäftigte wieder an die volle Arbeitsbelastung am bisherigen Arbeitsplatz herangeführt, um so den Übergang zur vollen Arbeitsfähigkeit zu erreichen. Durch eine individuell angepasste Steigerung von Arbeitszeit und Arbeitsbelastung wird den arbeitsunfähigen Arbeitnehmer*innen die Möglichkeit gegeben,

- ihre berufliche Belastbarkeit kennenzulernen und zu steigern,
- ihre Selbstsicherheit wiederzugewinnen und
- die Angst vor Überforderung und einem Krankheitsrückfall abzubauen.

Bei der STWE nach langfristiger Arbeitsunfähigkeit und psychischen Krisen geht es deshalb um mögliche Anpassungen der Arbeitsstrukturen, des Arbeitsgebietes und der Arbeitsorganisation, die bestimmte Ziele verfolgen:

- individuelle Erfolgserlebnisse fördern
- Begegnung mit den Kollegen und der Führungskraft ermöglichen
- Steigerung von Konzentrationsvermögen und Durchhaltevermögen
- Anknüpfen an vorhandene Fähigkeiten
- Auseinandersetzung mit dem Arbeitsverhalten und Leistungsansprüchen
- Training neuer Verhaltensweisen am Arbeitsplatz
- Entwicklung von Erholungsverhalten und Selbstfürsorge wie
  - Grenzen setzen und NEIN sagen
  - Pausen machen
  - um Hilfe bitten

Dies ist eine beispielhafte Aufzählung von Trainingsaufgaben während der STWE mit dem Ziel, einen dauerhaften Einsatz am Arbeitsplatz wieder zu erreichen.

Die Planung der STWE sollte möglichst individuell erfolgen. **Es hat sich gezeigt, dass die Erfolgsquote umso höher ist, je individueller die Planung des Arbeitseinsatzes erfolgt.** Insofern lohnt es sich, bei der Planung Sorgfalt walten zu lassen.

Bei der **Erstellung des Stufenplans** sind die inhaltlichen, zeitlichen und die sozialen Dimensionen zu beachten.

Bei der zeitlichen Planung ist im Grunde genommen alles möglich. Der klassische zeitliche Ablauf von zwei Wochen, in denen vier Stunden gearbeitet wird, danach die Steigerung für zwei Wochen auf sechs Stunden, um dann die volle Arbeitszeit gut zu erreichen, ist bei Menschen mit psychischen Beeinträchtigungen nicht sinnvoll. Für die STWE sollte ein Rahmen von mindestens zwei bis drei[42] Monaten mit kleineren Stufen eingeplant werden. Sie kann aber auch bis zu sechs Monate dauern, in seltenen Fällen länger. Bei längeren Wiedereingliederungsplänen ist die Dauer des Krankengeldes zu beachten. Änderungen des Plans sind auch während der Maßnahme möglich. Bei der zeitlichen Gestaltung sollten Wegezeiten und krankheitsbedingte Einschränkungen wie ein „Morgentief" bei Depressionen oder andere morgendliche Beeinträchtigungen berücksichtigt werden. Dann fängt die/der Betroffene eben später an und trainiert während der STWE das frühere Kommen von Stufe zu Stufe. Auch einzelne Tage sind denkbar. So kann jemand beispielsweise an vier Tagen in den Betrieb kommen und einen Tag zur Regeneration nutzen. Das ist in jedem Fall sinnvoll an bestimmten Arbeitsplätzen: im Vertrieb im Außendienst, als LKW-Fahrer*in oder bei Pendler*innen mit längeren Pendelstrecken. Im Schichtdienst sollte die STWE grundsätzlich in der Normalschicht stattfinden. Ist die Teilnahme am Schichtdienst vorgesehen, sollte diese Maßnahme nicht ohne die Zustimmung der Arbeitsmedizinerin/des Arbeitsmediziners geplant werden. Bei Menschen mit psychischen Störungen wird zu Beginn der Wiedereingliederung von der Teilnahme an der Nachtschicht abgeraten.

Nach einer Erkrankung an einer Depression, die oft einhergeht mit Schlafstörungen, ermöglicht es allein die Normalschicht bei der Arbeitsaufnahme wieder einen normalen Schlafrhythmus zu trainieren. Und auch hier: Die Einteilung zur Nachtschicht nach der Wiedereingliederung sollte nicht ohne Zustimmung der Arbeitsmedizinerin/des Arbeitsmediziners erfolgen.

Die Planung der **Arbeitsinhalte** sollte so gestaltet werden, dass schon zu Beginn der Eingliederung Erfolgserlebnisse möglich sind. Zur Vorbereitung ist die Kenntnis eines Fähigkeits- und Anforderungsprofils und soweit vorhanden die Gefährdungsbeurteilung der psychischen Belastungen für den Arbeitsplatz hilfreich. Es hat sich als sinnvoll erwiesen, die Betriebsärztin/den Betriebsarzt mit einzubeziehen. Das hat für den BEM-Prozess viele Vorteile. Sie/Er kann das häufig defizitorientierte Leistungsprofil positiv konkretisieren und sie/er kennt meist die Arbeitsplätze und die betrieblichen Gegebenheiten.

---

[42] Nach der medizinischen Reha mit dem Kostenträger Rentenversicherung kann längstens eine STWE von acht Wochen seitens der Klinik erfolgen. Das ist der längste Zeitraum, den die Rentenversicherung zulässt. Änderungen dieses Plans kann dann nur über die Ärztin/den Arzt vor Ort erfolgen, wenn die Notwendigkeit dazu besteht.

Bei der Rückkehr in den Betrieb gilt es auch die **psychosozialen Aspekte** zu beleuchten. Angesichts der Ängste vor Stigmatisierung und Ausgrenzung stellt sich die Frage: Wer im Team, in den Abteilungen, von den Kolleg*innen darf medizinische Hintergründe, Auswirkungen der Störung auf den Arbeitsplatz, Konsequenzen daraus wissen? Mit den Betroffenen sollte diese Frage sorgfältig erörtert und vor der Rückkehr in den Betrieb auch der/die Vorgesetzte miteinbezogen werden. Es gibt Betroffene, die den Kolleg*innen offen über ihre Erkrankung berichten, andere möchten Distanz wahren.

Außerdem ist zu klären: Gibt es noch offene Konflikte? Wie können diese (ggf. vor Beginn der STWE) bereinigt oder geklärt werden?

Es ist offensichtlich: Die STWE ist ein ganz wesentlicher Bestandteil der betrieblichen Rehabilitation und für die Betroffenen ist sie oft eine anstrengende Phase. Sie befinden sich in einer intensiven Auseinandersetzung mit sich selbst, in der neue Verhaltensweisen eingeübt werden und sich mit eigenen Einstellungen und den Reaktionen des sozialen Umfeldes auseinandergesetzt werden muss. In dieser Zeit sind unterstützende und begleitende Gespräche notwendig und sinnvoll. Das BEM-Team sollte für die Dauer der Wiedereingliederung regelmäßige **Termine zur Reflexion des Verlaufes** planen, um sinnvolle Anpassungen vornehmen zu können. Zu prüfen ist ggf. eine professionelle externe Begleitung („coaching on the job"), denn auch BEM-Verantwortliche im Team sind häufig zeitlich oder inhaltlich überfordert. Viele BEM-Berechtigte schätzen es, eine*n externe*n Gesprächspartner*in zu haben, wenn sie nach der Wiedereingliederung in den ersten Monaten wieder in Vollzeit arbeiten.

Fakt ist, je besser die Wiedereingliederung gelingt, desto nachhaltiger wird sie sein. Nichts ist schädlicher, als wenn eine STWE scheitert. Es ist vor allem für die Betroffenen eine schlimme Niederlage. Sie kann zu einer erneuten Erkrankung und längerer Ausfallzeit führen.

Grundsätzlich gilt besonders für das individuelle BEM nach psychischen Krisen: Für die Betroffenen ist es immer besser und gesundheitsfördernder, in der Arbeit aktiv zu bleiben. Die Arbeitslosigkeit oder Erwerbsminderungsrente grenzt aus, Strukturen entfallen, ausreichende finanzielle Ressourcen fallen weg, Armut droht, Fähigkeiten liegen brach oder verkümmern und wichtige soziale Kontakte fehlen. Das kann nicht das Ziel sein.

Es gilt also für das BEM-Team, bei der Entwicklung von Maßnahmen Augenmaß zu bewahren und möglichst auch bei der Planung die Expertise der Betriebsärztin/des Betriebsarztes und/oder (in größeren Unternehmen) die Sozialberatung zu nutzen und mit Zustimmung der BEM-Berechtigten mit den externen Behandelnden (das sind die behandelnden Ärzt*innen und Therapeut*innen) zu kooperieren.

Grundsätzlich wichtig für Menschen mit und ohne psychische Beeinträchtigungen ist es bei der Planung von Maßnahmen, klare und verbindliche Vereinbarungen zu treffen, die eingehalten werden.

Tücken, Grenzen und Tipps in der STWE

Der/Die Mitarbeiter*in erscheint dem BEM-Team noch zu krank

Auf Fortsetzung der Behandlung drängen und einen weiteren Termin mit dem BEM-Team planen: Bei Mitarbeiter*innen mit einer psychischen Störung ist vom BEM-Team besonderes Augenmaß gefordert. Die (richtige!) Wiederaufnahme der Arbeit ist besonders gesundheitsfördernd, ein Scheitern für die Betroffenen schwerwiegend.

Der BEM-Berechtigte ist nicht krankheitseinsichtig

Auf den Arbeitsvertrag ist hinzuweisen und auszuprobieren, ob die im Arbeitsvertrag vereinbarte Leistung erbracht werden kann.

Der Beschäftigte ist nicht reflexionsfähig, es sind immer die anderen schuld

Auch hier hilft es, sachlich über den Arbeitsauftrag und mögliche/vermeintliche Hemmnisse zu sprechen und die Mitwirkung der/des BEM-Berechtigten einzufordern.

Als schwierig geltende Mitarbeiter*innen,

die zum Beispiel durch die Abteilungen wandern und mit den Kolleg*innen nicht zurechtkommen:

Da hilft nur Klartext. Dem Wandern sind Grenzen zu setzen. Ein zumutbares, am Arbeitsvertrag orientiertes Maß an Anpassungsfähigkeit ist von den Mitarbeiter*innen zu verlangen.

Finanzieller oder zeitlicher Druck führt zu einem zu frühen Beginn der STWE. Es ist ein Urlaub geplant und die/der Mitarbeiter*in möchte so schnell wie möglich mit ihrer/seiner STWE beginnen:

Das ist eine schwierige Situation. Hier sollte das BEM-Team versuchen, die BEM Berechtigten zu überzeugen, den Urlaub erst anzutreten, wenn die volle Leistungsfähigkeit über einen festen Zeitraum gezeigt worden ist. Bei einem sehr frühen Start in die Wiedereingliederung sollte das BEM-Team die Risiken einer gescheiterten STWE ansprechen. Sonderregelungen sind im Einzelfall im Betrieb zu treffen.

Die STWE läuft nicht wie geplant – die Passung stimmt nicht.

Hier sind schnelle Korrekturen nötig. Deshalb sollte das BEM-Team regelmäßig mit der/dem Mitarbeiter*in in Austausch treten, damit bei ungünstigem Verlauf gegengesteuert werden kann. Dabei kann es sich sowohl um Arbeitsaufgaben als auch um die zeitliche Planung handeln oder um die soziale Passung in der Zusammenarbeit mit den Kolleg*innen. Auch eine Umsetzung in eine andere Abteilung kann bei negativem Verlauf in Erwägung gezogen werden.

Bei Abbrüchen/Unterbrechungen ist zu bedenken

Eine erneute Erkrankung während einer laufenden STWE darf zulasten der Rentenversicherung nicht länger als sieben Tage dauern. Ansonsten gilt die STWE als abgebrochen und die Übergangszahlungen werden eingestellt.

Bei Arbeitsunfähigkeit während der STWE, zulasten der Krankenkasse, kann die STWE dann weiterlaufen, wenn die Prognose günstig ist und die volle Leistungsfähigkeit erreicht werden kann. Beispiel: Wird der/die BEM-Berechtigte wegen einer anderen Erkrankung arbeitsunfähig, kann er/sie nach der Genesung die STWE wiederaufnehmen. Gemeinsam mit der/dem behandelnden Ärztin/Arzt, der Betriebsärztin/dem Betriebsarzt und dem BEM-Team wird dann davon ausgegangen, dass er/sie nach der Erkrankung wieder in die STWE einsteigen kann.

„Erholungsurlaub vor und während der stufenweisen Wiedereingliederung

Da vor und während der stufenweisen Wiedereingliederung eine durchgehende Arbeitsunfähigkeit bestehen muss, ist ein Erholungsurlaub in dieser Zeit nicht möglich.“[43]

Er sollte möglichst erst nach einer ausreichenden Zeit genommen werden, und zwar erst dann, wenn sichergestellt ist, dass die angestrebte Leistungsfähigkeit wieder erreicht worden ist. Zum Beispiel sind vier Wochen ein guter Zeitraum. Ein kürzerer Zeitraum, also von weniger als vier Wochen, ist nach unseren Erfahrungen nicht sinnvoll, denn neu trainierte Verhaltensweisen müssen kontinuierlich eingeübt werden, sonst ist die Wahrscheinlichkeit groß, dass der/die BEM-Berechtigte nach dem Urlaub wieder von vorn beginnt. Alter Urlaub kann durchaus unterstützend für einen sanften Einstieg verbraucht werden. Dazu sind

---

[43] Deutsche Rentenversicherung (Hrsg.), 2015: Informationen zur Stufenweise Wiedereingliederung für die Versicherten, Version 7, 24.3.2015, www.deutsche-rentenversicherung.de/SharedDocs/Formulare/DE/_pdf/G0832.pdf, S. 1.

viele Modelle denkbar (zum Beispiel eine Drei-bis-vier-Tage-Woche oder regelmäßig sechs statt acht Stunden pro Tag.

*Beispiele: Hat ein*e BEM-Berechtigte*r wegen einer längeren Erkrankung noch Resturlaub, der bis zum Jahresende abgegolten werden muss, ist es in Absprache mit dem Betrieb durchaus möglich, den Urlaub tageweise mit ein bis zwei Tagen in der Woche zu nehmen und zur Erholung nutzen. Eine andere Variante ist in manchen Betrieben möglich: den Urlaubstag von acht Stunden auf die Woche zu verteilen und an den übrigen vier Tagen der Woche jeweils zwei Stunden pro Tag weniger zu arbeiten.*

Die gesunden Mitarbeiter*innen im direkten Arbeitsumfeld/das Team

Sie sollten unbedingt von der Führungskraft wahrgenommen und wegen notwendig gewordenen Vertretungen der BEM-Berechtigten auch gewürdigt werden. Jede*r kann krank werden und freut sich, wenn die Kolleg*innen für sie einspringen und helfen. Vielleicht nutzen die Führungskräfte die nächste Teamsitzung für eine entsprechende Anerkennung. Das fördert eine gute Betriebskultur und zeigt allen, dass Krankheit ein Teil des Alltagslebens ist und zu einem gesunden Betriebsklima gehört.

Rahmenbedingungen einer STWE im Überblick

Voraussetzung für eine STWE ist eine ausreichende Belastbarkeit und die Prognose, dass die STWE wieder zur Herstellung der Arbeitsfähigkeit am alten Arbeitsplatz führen wird. Ob eine ausreichende Belastbarkeit vorliegt, wird vom ärztlichen Personal entweder in der Rehabilitationsklinik, vor Ort oder im Betrieb geklärt. Hilfreich ist zusätzlich eine Gefährdungsbeurteilung inklusive psychischer Gefährdungen für den Arbeitsplatz. Je früher sich alle Beteiligten gedanklich mit einer STWE befassen, desto besser gelingt sie.

Ablauf

- Der Arzt/Die Ärztin stellt eine Verordnung aus.
- Die Betriebsärztin/Der Betriebsarzt[44] (wenn vorhanden – sonst BEM-Verantwortliche) überprüft das Anforderungs- und Fähigkeitsprofil und gleicht dies mit der Gefährdungsbeurteilung für den betreffenden Arbeitsplatz ab.
- Krankenkasse, Arbeitgeber und BEM-Berechtigte*r müssen der STWE zustimmen.

[44]Betriebsärzt*innen sind wichtige Mitstreiter*innen im BEM-Team. Insbesondere wenn er/sie vor Ort ist, die Arbeitsplätze im Unternehmen kennt und eine Beauftragung für das BEM hat.

Arbeitsrechtliches

- Das Arbeitsverhältnis ruht während der Arbeitsunfähigkeit.
- Die STWE begründet ein arbeitsähnliches Verhältnis.
- Die Arbeitgeber*innen haben keinen Anspruch auf Leistungen und kein Direktionsrecht
- Die Arbeitnehmer*innen können während der STWE keinen Urlaub nehmen.

Finanzielle Situation

- Die Arbeitnehmer*innen bekommen kein Entgelt/Lohn oder Gehalt.
- In der Regel erhalten die Mitarbeiter*innen Krankengeld.
- Nach einer medizinischen Rehabilitation zulasten der Rentenversicherung kann eine STWE angeschlossen werden. Dann bekommen die betreffenden Mitarbeiter*innen für die Dauer der STWE weiter Übergangsgeld (längstens bis zu sechs Monate).
- In eher seltenen Fällen **nach Ablauf des Krankengeldes** und bei Zuständigkeit der Agentur für Arbeit bekommen die Mitarbeiter*innen Arbeitslosengeld I oder II.
- Fahrtkosten während der STWE werden in der Regel als „medizinische Rehabilitation“ von der Krankenkasse bzw. vom Rentenversicherungsträger übernommen. Es werden unterschiedliche Erfahrungen gemacht. Im Zweifelsfall sollte bei dem zuständigen Sozialversicherer nachgefragt werden. Es gibt eine untergesetzliche Vereinbarung zwischen der GKV (Dachverband der Krankenkassen) und den Rentenversicherern.

Grundsätzlich sollte bei allen Mitarbeiter*innen, die lange arbeitsunfähig waren, und ganz besonders bei Mitarbeiter*innen mit psychischen Störungen immer eine STWE durchgeführt werden.

Zwei Falldarstellungen sollen zu Beginn der Praxisfälle den Prozess der STWE veranschaulichen.

Die Angst vor Stigmatisierung und Ausgrenzung führt oft dazu, dass Menschen mit psychischen Störungen so lange krank zur Arbeit erscheinen, bis es gar nicht mehr geht. Das ist neben der oft langen Behandlungsdauer ein Grund für die langen Fehlzeiten. Mitarbeiter*nnen mit psychischen Störungen im BEM waren aus diesen Gründen vor ihrer Rückkehr in den Betrieb meist länger arbeitsunfähig. Vor der Rückkehr in den Betrieb ist für diese Beschäftigten die größte Hürde, das BEM-Angebot anzunehmen und über ihre Probleme und Beeinträchtigungen am Arbeitsplatz zu sprechen. Die Scham ist groß, denn psychische Störungen werden häufig von den Betroffenen als persönliches Versagen erlebt.

Oft weiß niemand im Betrieb von den psychischen Problemen der Beschäftigten. Sie wirken fachlich und sozial kompetent und werden von den Kolleg*innen anerkannt. Noch gilt häufig der Satz: „Niemand darf etwas wissen." Irgendwann ist der Punkt erreicht, da gelingt es den Beschäftigten nicht mehr, ihre Krankheit zu verbergen. Nichts geht mehr. Sie sind richtig psychisch krank und fallen tatsächlich längere Zeit aus. So ging es auch Frau Seibold in unserem ersten Beispiel.

Gründliche Vorbereitung und gute Begleitung im BEM-Verfahren

Katja Seibold/38/Sachbearbeiterin im Einzelhandel

Stichworte: Vorbereitung zum BEM-Gespräch, externe Begleitung, gute betriebliche Einbettung in der STWE

Frau Seibold ist Sachbearbeiterin in einem großen Kaufhaus. Sie arbeitet an verantwortlicher Stelle mit entsprechenden Aufgaben und komplexen Arbeitsabläufen. Es müssen Fristen gewahrt werden, die dann den Zeitdruck erhöhen. Sie kann jedoch unter Druck auf Dauer schlecht arbeiten.

*Im Betrieb ist das BEM gut eingeführt und es gibt einen Betriebsrat. Aber es gibt im Unternehmen keine feste Struktur zu einem BEM-Verfahren. Die Mitarbeiter*innen kennen das BEM hauptsächlich über den „Flurfunk".*

Frau Seibold leidet seit Jahren unter Ängsten und Depressionen. Bisher hat sie es immer geschafft, zwischendurch mit kleineren Fehlzeiten, zur Arbeit zu erscheinen, und sie war bisher nie länger krank. Dann verschlechtert sich ihr Zustand. Nach einer längeren Fehlzeit bekommt sie das erste Mal eine Einladung zum BEM. Das erschreckt sie und sie denkt als Erstes: „Jetzt werden sie mich kündigen." Auf keinen Fall möchte sie etwas falsch machen und sie stimmt der Teilnahme an einem BEM-Gespräch zu. Dann wendet sie sich an ihre behandelnde Psychologin und erkundigt sich bei ihr über das BEM. Die Psychologin ist gut informiert und gemeinsam bereiten sie sich auf das bevorstehende BEM-Gespräch und die zentralen Fragestellungen vor: Hat die Erkrankung etwas mit der Arbeit zu tun? Welche Beeinträchtigungen gibt es konkret, und was kann der Betrieb, was kann sie tun, um wieder gesund zu werden und langfristig gesund zu bleiben? Sie weiß nun, was auf sie zukommt, und fühlt sich gut vorbereitet.

Sie nimmt sich vor, auf die Frage im BEM-Gespräch, welche Beeinträchtigungen es gäbe, nicht über ihre Diagnose zu sprechen. Sie fürchtet Ausgrenzung

i

und Diskriminierung. Sie will lediglich über die Auswirkungen ihrer Ängste und Depressionen auf ihren Einsatz am Arbeitsplatz sprechen und dabei ihre Anstrengungen beschreiben. Ein paar Ideen zur Verbesserung der Arbeitssituation hat sie auch schon.

Tipp: Hilfreich kann es sein, jemanden in das BEM-Gespräch mitzunehmen, der die Betroffenen unterstützt. Das kann eine gute Kollegin, eine externe Vertraute (BEM-Fallmanagerin, eine gut informierte Freundin) oder auch ein Mitglied aus der jeweiligen Interessenvertretung sein (Betriebs-, Personalrat oder Mitarbeitervertretung, Schwerbehindertenvertreter; vgl. das Kapitel von W. Kohte zur Vertrauensperson in diesem Buch, ab S. 36).

Das BEM-Gespräch

Das BEM-Gespräch führt Frau Seibold mit der Arbeitgebervertreterin, dem Betriebsarzt und einer BEM-geschulten Betriebsrätin. Die Atmosphäre ist freundlich und Frau Seibold entspannt sich. Sie spricht das erste Mal über ihre Beeinträchtigungen und Ängste im Betrieb. Bisher wusste niemand davon, auch nicht in ihrer direkten Arbeitsumgebung. Ihr falle es schwer, morgens in Gang zu kommen, und sie habe Schwierigkeiten, unter Zeitdruck zu arbeiten, erzählt sie. Bei Zeitdruck sei ihr Kopf leer und sie könne sich nicht mehr konzentrieren.

Auch ihre Ideen zu einer für sie gesünderen Arbeitsumgebung formuliert sie. Dazu gehören weniger komplexe Arbeiten mit Zeitdruck, Herausnahme aus der Vertretung für andere, Reduzierung der Arbeitsmenge, weniger Aufgaben mit Publikumsverkehr, und für die morgendlichen Anlaufschwierigkeiten wünscht sie sich eine Ausweitung der Gleitzeit um eine Stunde bis 10.00 Uhr, sodass sie ohne schlechtes Gewissen morgens später kommen kann, wenn sie wegen ihrer krankheitsbedingten morgendlichen Anlaufschwierigkeiten mehr Zeit braucht. Ihre Vorschläge werden wohlwollend aufgenommen.

Im Gespräch wird deutlich, wie hoch die Arbeitsanforderungen an diesem Arbeitsplatz tatsächlich sind und wie sehr der Betrieb Frau Seibold schätzt. Sie freut sich über diese Anerkennung sehr und ihre ursprüngliche Sorge, nun entlassen zu werden, verschwindet.

Für die Rückkehr an den Arbeitsplatz wird eine STWE geplant, in der einige Arbeitsplatzanpassungen bereits mitbedacht werden.

Die zeitliche Planung

Die zeitliche Planung der STWE macht Frau Seibold gemeinsam mit ihrer Psychiaterin. Die Krankenkasse, der Arbeitgeber und der Betriebsarzt stimmen dem Plan zu. Für die Dauer der STWE werden vier Monate veranschlagt. Die zeitlichen Stufen sind festgelegt und vor jeder neuen Stufe wird ein Feedbackgespräch mit der Führungskraft und einer BEM-kundigen Interessenvertretung vereinbart. Sie beginnt mit täglich drei Stunden, und ihre Arbeitszeit wird alle vier Wochen um eine Stunde gesteigert, bis ihre reguläre Arbeitszeit von sechs Stunden täglich erreicht wird.

Die inhaltliche Planung

Inhaltlich soll sie im Rahmen der STWE ihren liegen gebliebenen Arbeitsberg langsam abarbeiten. Mit steigender Arbeitszeit kommen, in Absprache mit Frau Seibold, weitere Aufgaben hinzu. Frau Seibold ist immer noch sehr unsicher im Umgang mit ihrem Vorgesetzten und möchte ihm am liebsten alles sofort recht machen – wie vor ihrer Erkrankung

Die externe Begleitung

Sie spricht über ihre Erfahrungen auch mit der behandelnden Psychologin und ist froh über die Möglichkeit, außerhalb des Betriebes eine Gesprächspartnerin zu haben, mit der sie über ihre Arbeitsprobleme und Versagensängste sprechen kann. Die Psychologin unterstützt sie dabei, ihre krankheitsbedingten Beeinträchtigungen anzunehmen und die Ängste im Umgang mit ihrem Vorgesetzten abzubauen. Sie will lernen, besser auf sich und ihre Grenzen zu achten und auch mal freundlich, aber bestimmt Nein zu sagen, wenn ihr komplexe und eilige Aufgaben übertragen werden sollen. Sie besprechen konkrete Begebenheiten mit der Führungskraft und dem Kollegium im Arbeitsalltag und betrachten jeweils die Reaktionen. Was kann sie anders oder besser machen? So erweitern sich ihre Möglichkeiten und das gibt ihr mehr Sicherheit für kommende Situationen.

Der Verlauf

Es geht in der STWE langfristig darum, die Anforderungen auf ein Maß zu reduzieren, das Frau Seibold bewältigen kann, ohne sich unter Druck zu setzen oder setzen zu lassen. Das ist gar nicht so einfach, denn sie wird von ihrem Vorgesetzten immer wieder an ihrem alten Leistungsstand gemessen.

Ihm ist nicht bekannt, dass die STWE lediglich ein „arbeitsähnliches Verhältnis" begründet. Die Mitarbeiterin ist arbeitsunfähig, und sie ist während der STWE zusätzlich da. Die STWE ist keine Teilzeittätigkeit.

Nach einer Dauer von vier Monaten ist die STWE abgeschlossen und Frau Seibold hat jetzt eine erweiterte Gleitzeit am Vormittag und einen neuen Aufgabenzuschnitt bekommen. Komplexe Aufgaben wurden reduziert und sie wurde aus der Vertretungsregelung herausgenommen. Dafür hat sie nun mehr vorbereitende Aufgaben übernommen.

Tipp: Empfehlenswert ist, schon im Vorfeld alle Führungskräfte generell über das Wesen und das Ziel der STWE zu informieren. Die direkte Führungskraft sollte in viele konkrete Fällen mit einbezogen und erneut über die STWE informiert werden. Führungskräfte unterliegen ebenfalls hohen Anforderungen und brauchen in ungewöhnlichen Situationen Unterstützung. Da sind aktuelle Informationen hilfreich, um die Mitarbeitenden bestmöglich unterstützen zu können.

Hintergrund: Es fällt vielen Vorgesetzten schwer, zu erkennen und zu akzeptieren, dass Mitarbeitende aus psychischen Gründen nicht mehr so viel leisten können, wenn sie Überforderung vermeiden und längerfristig gesund bleiben sollen. Daher ist es immer sinnvoll, Führungskräfte für das Thema „psychische Störungen bei Mitarbeitenden" zu sensibilisieren und im Umgang mit diesen Beschäftigten zu schulen.

Das BEM von Frau Seibold führte zu einer intensiven Auseinandersetzung mit ihren Versagensängsten, zur Entwicklung neuer Arbeitsstrukturen und zum Zuschnitt neuer Aufgaben. Bei Frau Seibold war der Prozess auch verbunden mit einem Lernprozess des Vorgesetzten im Umgang mit seiner Mitarbeiterin: Sie kann morgens nicht so gut arbeiten, sie ist nicht unbegrenzt belastbar und kann Zeitdruck schlecht aushalten. Dafür ist sie gewissenhaft, kompetent, loyal, zuverlässig und hat ein hohes Maß an sozialer Kompetenz. Er gibt ihr inzwischen Aufgaben, die diese Stärken nutzen.

Im letzten Mitarbeiterinnengespräch wurde ihr mitgeteilt, dass der Betrieb sehr zufrieden mit ihrer Arbeit ist.

Fazit: Es geht bei Menschen nach psychischen Krisen oder Erkrankungen fast immer um Verhaltens- und Einstellungsänderung. Das betrifft meistens nicht nur die BEM-Berechtigten, sondern hat Auswirkungen auf das Team oder die Abteilung, in dem bzw. der die BEM-Berechtigten arbeiten. Das werden wir in der zweiten Fallbeschreibung sehen.

Ein komplexer Prozess der Anpassung

Kai Wilhelm/56/Verwaltungsfachangestellter, GdB von 50

STICHWORTE: Maßnahmen mit Auswirkungen auf Menschen und Arbeitsabläufe im System, Stufenweise Wiedereingliederung

Herr Wilhelm arbeitet in einer großen Versicherung und hat eine anerkannte Schwerbehinderung aufgrund einer psychischen Erkrankung. Er hat nach 58 Tagen Arbeitsunfähigkeit innerhalb der letzten zwölf Monate eine Einladung zu einem BEM-Gespräch bekommen. Im Vorfeld hatte er sich schon selbst über das BEM informiert, und er ist überzeugt, dass er für eine gute und „gesund erhaltende" Gestaltung seiner Arbeit Hilfe braucht. Er engagiert zusätzlich zum betriebsinternen Verfahren eine externe Coachin zur Begleitung des Verfahrens, weil er unabhängig vom Unternehmen sein möchte. Die Coachin kennt er aus früheren Zusammenhängen, hat bisher gute Erfahrungen mit ihr gemacht und zahlt sie aus privaten Mitteln.[45] Im Vorgespräch stellt sich heraus, dass Herr Wilhelm sich in eine Überlastungssituation hineinmanövriert hat. Er will vom Kollegium und den Vorgesetzten unbedingt als gleichwertig anerkannt und nicht wegen seiner Schwerbehinderung geschont werden. Aus diesem Grund hat er die Anforderungen an sich und seine Arbeit hochgeschraubt. Dieser Anspruch hat ihn über Jahre dazu gebracht, Aufgaben zu übernehmen, die seine eigentliche Qualifikation und Stellenbeschreibung bei Weitem überschritten. Er lebte in ständiger Anspannung und hat sich fehlendes Fachwissen neben der Arbeit in Eigeninitiative angeeignet.

Er will mit seiner Coachin, in der Regel eine Psychologin, die er privat engagiert hat und die innerhalb des BEM auf Arbeitsverhalten und -bedingungen spezialisiert ist, herausfinden, wie eigentlich seine Arbeit gestaltet sein müsste, damit er dauerhaft gesund bleibt. Er will die selbst erzeugte Überforderung langsam abbauen und am Ende ganz vermeiden. Er möchte nur noch Arbeitsaufgaben übernehmen, die seiner Stellenbeschreibung und seiner Qualifikation entsprechen. Die Arbeitsmenge will er auf ein realistisches Maß zurückschrauben. Er fürchtet Rückfälle in gewohnte Verhaltensweisen. Für die Gestaltung und Reflexion dieses Vorhabens benötigt er die Unterstützung seiner Coachin.

Das BEM-Gespräch führt er auf seinen Wunsch allein mit seiner Vorgesetzten und seiner Coachin. Auf die Interessenvertretung verzichtet er bewusst. Er will keine Sonderrolle.

Zeitliche Planungen

Herr Wilhelm möchte eigentlich keine klassische STWE. Er möchte am liebsten gleich wieder voll einsteigen, hat jedoch Wünsche an die Gestaltung seiner

---

[45] Regional unterschiedlich gehandhabt, gibt es auch die Möglichkeit, beim Integrationsfachdienst von der Psychologin oder dem Psychologen betreut zu werden oder über *„Leistungen zur Teilhabe am Arbeitsleben"* (§ 49 SGB IX) Unterstützung zu beantragen..

Arbeitszeit. Er benötigt zum Einstieg am Morgen eine Zeit, bei der er mobil arbeiten kann. Er wünscht sich für seinen Wiedereinstieg morgens, wegen seiner Beeinträchtigungen (Schwindel, Schlafprobleme, Konzentrationsprobleme) einen sanften Einstieg mit einer morgendlichen Zeitspanne von drei Stunden zwischen 7.00 und 10.00 Uhr, in der er sich zu Hause in Ruhe auf den Tag und die anfallenden Aufgaben vorbereiten kann. Er braucht Zeit, um morgens geistig und körperlich in Gang zu kommen. Seine Vorgesetzte legt dennoch großen Wert darauf, dass er seine Arbeitszeit am Nachmittag in der Dienststelle nur langsam steigert und nicht gleich wieder voll einsteigt. Um ihn vor erneuter Überforderung zu schützen, schlägt sie für die STWE am Nachmittag zwei Phasen vor. Er kommt in den ersten drei Wochen nach seiner morgendlichen Arbeitszeit für zwei Stunden ins Büro, weitere drei Wochen drei Stunden, und danach ist er mit der morgendlichen Arbeitszeit zu Hause und der Arbeitszeit nachmittags im Büro Vollzeit zurück.

Dieses Modell zeigt, welche Variationsbreite bei der Gestaltung der Arbeitszeit für die STWE möglich ist. Seine Vorgesetzte beantragt für ihn für den Wiedereinstieg **mobiles Arbeiten**.

Er beginnt nun also mit einer Phase des mobilen Arbeitens von drei Stunden und arbeitet von zu Hause aus. Erst danach kommt er ins Büro. Seine morgendliche Arbeitszeit zählt bereits zu seiner Arbeitszeit hinzu. Die Arbeitszeit am Nachmittag im Büro wird von zwei Stunden täglich in einem Drei-Wochen-Rhythmus um jeweils eine Stunde bis auf die volle Arbeitszeit gesteigert. Nach sechs Wochen arbeitet er wieder Vollzeit. Wichtig an diesem Arrangement war für ihn, morgens in Ruhe allein arbeiten zu können. Am Ende der STWE beginnt er seinen Tag mit drei Stunden mobilem Arbeiten von zu Hause, und sobald er im Betrieb auftaucht, ist er voll belastbar und braucht keine Rücksichtnahme – das war für ihn ganz besonders wichtig.

Diese Vereinbarung mit dem Betrieb über das morgendliche mobile Arbeiten galt für ihn über die Phase der Wiedereingliederung hinaus. Nach eineinhalb Jahren ging es ihm morgens besser und er konnte auf die Regelung des mobilen Arbeitens wieder verzichten.

Für ihn war diese Maßnahme eine Hilfe, um über die „kritische Zeit“ am Morgen hinwegzukommen, sich mit realistischen Arbeiten zu beschäftigen, ohne dass er morgens Ausfallzeiten hatte! „Diese Maßnahme hat mir einen längeren Klinikaufenthalt und den Jobverlust erspart“, meinte er am Ende.

Dieses Beispiel zeigt eine andere Variante der zeitlichen Gestaltung der STWE. Mobiles Arbeiten ist durchaus eine Option zur Entlastung durch eine individuelle Gestaltung der Arbeitszeit. Im Einzelfall sollte diese Variante mit der Betriebsärztin und den Behandelnden abgestimmt werden.

Das BEM von Herrn Wilhelm war ein langer Prozess, der nicht nur zeitlich, sondern auch inhaltlich in Stufen vollzogen werden musste. Stufenweise wurde die Arbeitszeit am Nachmittag gesteigert und der Arbeitsbereich verändert. Aufgaben wurden umverteilt, an andere Stellen delegiert und neu zugeschnitten.

Die Zeit der STWE war verbunden mit der intensiven Arbeit an sich selbst: die Änderung der eigenen Haltung und die Erkenntnis, dass er auf seine Beeinträchtigungen Rücksicht nehmen muss. Für ihn bedeutet es harte Arbeit, seine Aufgaben auf ein normales Maß zu reduzieren und einige der sehr komplexen Aufgaben anderen Fachleuten zu überlassen. Aber die Erkenntnis: „Ich muss nicht mehr der Weltbeste sein", hat ihm letztendlich geholfen durchzuhalten.

Es ist anzumerken, dass dieser Prozess der Einstellungs- und Verhaltensänderung in der Regel viel länger dauert als die eigentliche STWE.

Herr Wilhelm ist schwerbehindert. Ab einem Grad der Behinderung (GdB) von 50 kann er sein Recht auf einen leidens- und leistungsgerechten Arbeitsplatz durchsetzen. Das erleichtert die Anpassungen am Arbeitsplatz. Damit hat er einen Sonderstatus, den er zwar nicht will, aber er kann zusätzlich Unterstützungsleistungen des Integrationsamtes mit seinen Integrationsfachdiensten in Anspruch nehmen.

Mit dem Gelingen der STWE, dem Abbau der eigenen, überfordernder Leistungsansprüche und Aufgaben zugunsten von mehr Freiraum und Freizeit ist er innerlich gewachsen und gereift.

Auswirkungen des BEM auf das System

Nachdem Herr Wilhelm anspruchsvolle Aufgaben abgegeben hatte, musste die Arbeit in der gesamten Abteilung umverteilt werden.

Für die Führungskraft ist ein leistungsfähiger Mitarbeiter ausgefallen. Herr Wilhelm war durch seine besonderen Ansprüche eine Entlastung für die Führungskraft und die Belegschaft. Im BEM-Prozess mussten sie nun ihren Mitarbeiter schützen und ihn bei dem Umbau seines Aufgabenbereiches unterstützen. Die Führungskraft hat sich für mehr Handlungsspielraum für ihre Mitarbeitenden eingesetzt und Aufträge aus anderen Abteilungen begrenzt.

Herr Wilhelm hat mit den direkten Kolleginnen und Kollegen über seine Probleme gesprochen und sie haben zusammen nach Wegen gesucht, die Arbeit neu zu verteilen und zu organisieren. Bei der neuen Arbeitsorganisation haben sie die Stärken der Einzelnen genutzt und sich gegenseitig bereichert. Alle sind inzwischen hochzufrieden mit der gemeinsam geschaffenen Aufgabenverteilung und Zusammenarbeit.

Von dieser neuen Aufgabenverteilung und der Begrenzung der Aufträge aus anderen Abteilungen haben letztendlich alle profitiert. Die Teammitglieder haben alle ein ausgeglichenes Arbeitszeitkonto, mehr Handlungsfreiheit, Eigenverantwortung und Einflussnahme auf die Ziele und Interessen des Teams.

Das Team nutzt inzwischen mobiles Arbeiten als Arbeitszeitgestaltung bei gesteigerter Verantwortlichkeit für die Ziele der Abteilung.

Dieses Fallbeispiel zeigt, sobald ein Mitglied eines Systems sich verändert, sind alle anderen auch betroffen. Oft zeigen die anderen Beteiligten: Vorgesetzte, Kolleginnen und Kollegen, erst einmal ein großes Beharrungsvermögen und rechnen damit, dass alles beim Alten bleibt. Doch wenn es gut läuft, profitieren alle.

Der Königsweg

Die STWE – ein Anpassungsprozess

Grundlage aller Maßnahmen ist nach meinen Erfahrungen immer die STWE. Sie eignet sich besonders als Trainingsmaßnahme für die Rückkehr an den Arbeitsplatz nach psychischen Krisen und Erkrankungen.

Die STWE ist im Grunde genommen medizinische Rehabilitation und hat fast schon einen therapeutischen Charakter für diese Menschen. Es geht dabei immer um die Gestaltung eines Anpassungsprozesses. Es geht um Anpassung der Arbeitsaufgaben an die Fähigkeiten, klare Absprachen und Vereinbarungen, Persönlichkeitsentwicklung, Verhaltensänderung von Arbeitsverhalten und Auseinandersetzung mit den eigenen Werten und Einstellungen.

STWE – ein intensives Training

Bei der STW von Beschäftigten mit psychischen Störungen geht es fast immer darum, die eigene Einstellung zu verändern und die Persönlichkeit zu entwickeln. Am Anfang stand bei den hier geschilderten Fallbeispielen die Erkenntnis, dass eine zu große Arbeitsmenge, der hohe eigene Leistungsanspruch, die Komplexität mit Fristen und Druck von außen krankmachende Anforderungen sind. Hinzu kommen persönliche Belastungsfaktoren, Begleiterscheinungen der Erkrankung, Ängste oder Selbstwertprobleme.

Die Bearbeitung von Aufgaben, die eine höhere Qualifikation erfordern, oder 150-prozentige Leistungsansprüche an die Ergebnisse kosten Zeit und Energie und überfordern. Im Zuge der Wiedereingliederung wurden Aufgaben reduziert und teilweise im Team umverteilt. Komplexe Aufgaben wurden an höhere Stellen mit der entsprechenden Qualifikation abgegeben.

Für diese Prozesse sollte die Zeit für die STWE nicht zu kurz gesetzt werden. Es muss berücksichtigt werden, dass die STWE eine intensive Trainingszeit ist. Auch nach der STWE braucht es Zeit zur Festigung der neu erarbeiteten Veränderungen.

Anforderungen und Aufgaben der Beteiligten

Anpassung des Arbeitsplatzes ist abhängig von der genauen Gestaltung der Arbeitsaufgaben: Komplexität reduzieren, Verantwortung reduzieren, belastende Anforderungen wie Publikumsverkehr oder auch Führungsaufgaben verändern sowie lange Pendelwege zum Arbeitsplatz berücksichtigen. Eine Veränderung der Arbeitsinhalte eines Teammitgliedes bietet die Chance, die Arbeit insgesamt neu zu gestalten und zu ordnen.

Anpassungsprozess des Betroffenen: In dem Anpassungsprozess, den die Betroffenen BEM-Berechtigten vollziehen, geht es um sehr persönliche Ziele.

Es geht um die Auseinandersetzung mit psychischen Beeinträchtigungen, Wertvorstellungen, Leistungsansprüchen, Ängsten und Unsicherheiten. Dazu gehört auch die Veränderung des Arbeitsverhaltens, Grenzen zu setzen, sich nicht mehr für alles verantwortlich zu fühlen, Hilfe anzunehmen, Pausen einzuhalten und insgesamt gut für sich zu sorgen, um nur einige Ziele zu nennen.

Anpassung des Kollegiums: Wenn der oder die zurückkehrende Mitarbeitende an sich, seinen oder ihren Leistungsansprüchen, Einstellungen und Arbeitsverhalten arbeitet und sich verändert, ist auch die übrige Belegschaft gefordert, ihn oder sie bei diesem Prozess zu unterstützen.

Als besonders hilfreich wird von Rückkehrenden die Unterstützung und Ermutigung von den Kolleginnen und Kollegen erlebt.

Die **Aufgaben der Führungskraft** sind es, das Verständnis für die rückkehrenden Mitarbeitenden zu stärken, ein akzeptierendes Umfeld zu schaffen, Vorbehalte und Vorurteile im Kollegium abzubauen und dabei immer auch den Zusammenhalt im Team und die Belastungen des Teams in der Vertretung mit im Blick zu haben. Alte Konflikte mit Kollegen oder Kolleginnen sollten unbedingt vorher gegenüber der Führungskraft thematisiert werden. Die Führungskraft ist auch verantwortlich für die Umsetzungsschritte vor Ort (zum Beispiel Beantragung für das mobile Arbeiten).

Es muss ein **klar definiertes Ende** eines BEM-Verfahrens geben; am besten mit einem Abschlussgespräch. Dafür sind die BEM-Verantwortlichen zuständig.

Wir fassen in der Übersicht zusammen:

Stufenweise Wiedereingliederung (STWE) im BEM bei psychisch erkrankten Mitarbeitenden

Voraussetzung	Im BEM Gespräch wurde eine stufenweise Wiedereingliederung vereinbart. Es muss allen klar sein, dass der berufliche Wiedereinstieg nach langer Arbeitsunfähigkeit mit Unsicherheiten und Ängsten verbunden ist. Deshalb muss sorgsam an ein solches Projekt herangegangen werden.
Vorgespräch mit dem Mitarbeiter	der richtige Zeitpunkt für einen Wiedereinstieg muss gefunden werden: wie schätzt der Mitarbeiter seine Belastbarkeit ein? Welche Beeinträchtigungen sind noch vorhanden? Welche inhaltlichen und zeitlichen Vorstellungen hat der Mitarbeiter?
Aufgabe des behandelnden Arztes	Er schreibt die Verordnung und legt die Stufen der Wiedereingliederung fest. Mit zwei bis drei Stunden sollte begonnen werden. Auch einzelne Tage sind eine Option.
Abstimmung mit dem Betriebsarzt	Der Betriebsarzt kennt die Arbeitsplätze, deren Anforderungsprofil und die Belastungen
Gemeinsames Gespräch	in einem gemeinsamen Gespräch mit dem Mitarbeiter, dem BEM Team, dem Vorgesetzten und dem Betriebsarzt wird die stufenweise Wiedereingliederung geplant
Stimmt die Passung? Abgleich von Arbeitsplatz und Mitarbeiter	Das Anforderungsprofil des Arbeitsplatzes und das aktuelle Fähigkeitsprofil werden abgeglichen: Was traut der Mitarbeiter sich zu? Passt das noch zum alten Arbeitsplatz oder soll die stufenweise Wiedereingliederung erst einmal auf einem anderen Arbeitsplatz begonnen werden? Liegt eine Schwerbehinderung vor? **Wichtig: Bei der inhaltlichen Planung ist zu beachten, dass Anforderungen und Arbeiten zu Beginn so gewählt werden, dass der Mitarbeiter auch schon kleine Erfolge zum Aufbau seines Selbstvertrauens verbuchen kann.**
Psychosoziale Aspekte	Wie steht es um die Rückkehr zu den Kollegen? Freut sich der Mitarbeiter auf sie? Gibt es noch alte Konflikte mit KolLegen oder Vorgesetzten zu klären? Gibt es Belastungen aus dem privaten Umfeld? Wie ist der Mitarbeiter mit seiner Krankheit ausgeschieden? Gibt es noch „Reste von Scham", die überwunden werden müssen? Gibt es einen Vertrauten, der bei der Arbeitsaufnahme unterstützen kann?
Vorbereitung auf Kollegen und Vorgesetzte	Was sage ich wem und was muss der Vorgesetzte wissen? Was sage ich den Kollegen? Sage ich gleich etwas oder später? Wie ist die Einstellung des Betriebes, der Führungskraft und der Kollegen zu psychischen Störungen? **Wichtig:** Sicherlich ist es nicht sinnvoll über Diagnosen zu sprechen, sehr wohl aber über Beeinträchtigungen, die durch die Krankheit entstanden sind.

Detailfragen klären	Vor den Arbeitsanforderungen und dem Fähigkeitsprofil her, ist auf die Passung zu achten. Außerdem sollte auch die soziale Passung mit den Kollegen und dem Vorgesetzten geachtet werden. Ist die Rückkehr auf den alten Arbeitsplatz möglich oder muss es ein leidensgerechter Arbeitsplatz sein? Geht es zurück zu den alten Kollegen oder besser zu neuen Kollegen? Zum alten oder neuen Vorgesetzten? Was ist, wenn die Passung nicht zustande kommt? Bieten sich andere Quellen der Unterstützung an? Muss mit dem BEM Berechtigten geklärt werden, wie der Status Quo für ihn gut oder mindestens erträglich gestaltet werden kann? In diesem Fall kann es sinnvoll sein, Informationen über die Krankheitsauswirkungen an die Führungskraft zu geben und sie in die **Fürsorgepflicht** zu nehmen.
Zeitplan	Festlegung eines Termins für den Beginn sowie Festlegung der ersten Gespräche zur Begleitung während der stufenweisen Wiedereingliederung
Begleitung festlegen	Um das Risiko für ein Scheitern gering zu halten ist eine Begleitung der Maßnahme sinnvoll. Als Begleiter eignen sich der Vorgesetzte und/ oder der/die Fallmanagerinnen
Feedbackgespräche	Zur Auswertung und Begleitung der Wiedereingliederung sollten regelmäßig am Ende jeder Stufe vor der nächsten Steigerung Gespräche mit dem Begleiter stattfinden. **Wichtig**: diese Termine schon zu Beginn vereinbaren
Verlauf	bei positivem Verlauf werden die fachlichen und zeitlichen Anforderungen bis zur vollständigen Arbeitsaufnahme gesteigert. Zeichnen sich in den begleitenden Feedbackgesprächen Probleme ab, muss der Plan zeitlich und inhaltlich flexibel, möglichst in Zusammenarbeit mit dem Betriebsarzt, verändert und angepasst werden.
Abschlussgespräch und Ausblick	Wie sind die Erfahrungen aus der stufenweisen Wiedereingliederung?

Regina Richter

DAS BETRIEBLICHE EINGLIEDERUNGS-MANAGEMENT LEBEN!

Das BEM als Chance

„Wir führen das Betriebliche Eingliederungsmanagement in unser Unternehmen nicht ein!“ Diese Ablehnung (trotz gesetzlicher Vorgaben) hören wir durchaus in einigen unserer Beratungen oder Veranstaltungen. Die Begründungen dafür sind je nach Perspektive unterschiedlich: Die Geschäftsleitung oder die Personalverantwortlichen fürchten einen weiteren Akt der Bürokratisierung und damit einen höheren Arbeitsaufwand. Die Betriebs- und Personalräte fürchten um den Datenschutz und den Missbrauch der Eingliederungsgespräche. Die Mehrheit jedoch erkennt das Gesetz zur Prävention als Chance. Und eine gute BEM-Praxis zeigt, dass die Mehrheit recht hat.

Das BEM ist zunächst eine Verpflichtung und eine Aufgabe des Arbeitgebers. Es liegt maßgeblich in seinem Ermessen, wie das BEM ausgestaltet wird. Die Interessenvertretungen haben Mitbestimmungsrechte (siehe Eberhard Kiesche, Kapitel „Betriebliche Mitbestimmung beim BEM: zum aktuellen Stand der Rechtsprechung“ in diesem Buch). Gute Voraussetzungen für das Gelingen des BEM sind eine solide Wissensgrundlage aller Beteiligten rund um das BEM und ein durchdachtes Vorgehen.

Dazu gehören:
- das Wissen um die aktuellen gesetzlichen Grundlagen
- Struktur und Rahmenbedingungen im BEM
- Sensibilisierung zum Datenschutz
- Kommunikation und Gesprächsführung
- soziale Kompetenzen und Empathie
- die Fähigkeit, sich abzugrenzen
- Verhandlungsgeschick und die Fähigkeit, kreativ zu werden und sich auf Perspektivwechsel einzulassen
- Durchsetzungsstärke
- die Fähigkeit zur Koordinierung und das Aktivieren von möglichen regionalen und innerbetrieblichen Kooperationspartnerschaften

Wichtig und richtig ist: Das BEM macht nicht gesund, aber es kann die BEM-Berechtigten gut unterstützen. Die Erwartungen an „Umsetzerinnen“, also an die

Disability-Managerinnen, an die BEM-Beauftragten, Betriebsrätinnen oder die Vertrauenspersonen für schwerbehinderte Menschen (Schwerbehindertenvertretungen) sind hoch. Aber der Einsatz lohnt sich. Die gut betreuten BEM-Berechtigten werden dankbar sein. Außerdem werden viele Maßnahmen betriebsintern und extern unterstützt. Das ist unser nächstes Thema.

Unterstützungsstrukturen

Damit Unterstützungsstrukturen optimal von den klein- und mittelständischen Unternehmen genutzt werden können, sollten sie bekannt sein. Die wichtigsten werden hier zusammengefasst, um die folgenden Fragen zu beantworten: Welche inner- und außerbetrieblichen unterstützenden Strukturen und Fördermöglichkeiten gibt es? Wer fördert wann was? Welche regionalen Netzwerke und Links können darüber hinaus wie und wozu genutzt werden?

Innerbetriebliche Unterstützungsstrukturen

> Im Gesetzestext zum BEM wird festgelegt, dass *„der Arbeitgeber mit der zuständigen Interessenvertretung im Sinne des § 176, bei schwerbehinderten Menschen außerdem mit der Schwerbehindertenvertretung, mit Zustimmung und Beteiligung der betroffenen Person die Möglichkeiten [klärt], wie die Arbeitsunfähigkeit möglichst überwunden werden und mit welchen Leistungen oder Hilfen erneuter Arbeitsunfähigkeit vorgebeugt und der Arbeitsplatz erhalten werden kann (betriebliches Eingliederungsmanagement). Soweit erforderlich, wird der Werks- oder Betriebsarzt hinzugezogen“* (§ 167.2 SGB IX).

Damit legt der Gesetzgeber fest, dass innerbetrieblich der Betriebsrat/Personalrat/die Mitarbeitervertretung (kirchliche Zusammenhänge) am BEM-Prozess zu beteiligen sind und bei schwerbehinderten Menschen auch die Schwerbehindertenvertrauensperson eingebunden wird. Bei Bedarf wird die Betriebs- oder Werksärztin hinzugezogen. Ergänzend dazu werden alle beteiligten betrieblichen Akteurinnen in einen BEM-Prozess einbezogen (u. a. Fachkraft für Arbeitssicherheit, Gleichstellungsbeauftragte oder eine weitere Person des Vertrauens der BEM-Berechtigten).

Ein Beispiel

Frau Weber arbeitet in der Kantine des Unternehmens X und ist zu einem BEM-Gespräch eingeladen. Das BEM-Kernteam besteht aus der BEM-Beauftragten des Arbeitgebers und einem Mitglied des Betriebsrates, das für diese Aufgabe aus dem Gremium ausgewählt wurde. Sie haben jeweils eine

Vertretung, die ebenfalls gut zum BEM geschult sind. Es wird festgestellt, dass Frau Weber eine anerkannte Schwerbehinderung hat, und so wird zum BEM-Gespräch auch die Schwerbehinderten-Vertrauensperson eingeladen. Im Gespräch stellt sich heraus, dass die Ursache der Fehlzeiten von Frau Weber wahrscheinlich mit einer Fehlbelastung am Arbeitsplatz zu tun hat. Zu ihren Aufgaben in der Kantinenküche gehört es, dass sie die große Spülmaschine ein- und ausräumt. Danach hat sie häufig so starke Schulterschmerzen, dass sie regelmäßig zwei bis fünf Tage ausfällt. Ihr Arzt bestätigte ihr eine entzündliche Erkrankung des Schultergelenks. Man einigt sich im Gespräch darauf, dass zunächst die Gefährdungsbeurteilung des Arbeitsplatzes angeschaut wird und dass dann zusammen mit dem Betriebsarzt und der Fachkraft für Arbeitssicherheit eine Arbeitsplatzbegehung stattfindet. Die Kantinenchefin, als direkte Vorgesetzte, wird nach Absprache mit Frau Weber über den angesetzten Termin informiert, und ihr wird es freigestellt, an diesem Termin ebenfalls teilzunehmen.

Alle beteiligten betrieblichen Aktiven sind im Boot. Die Wahrscheinlichkeit ist hoch, dass mit den jeweiligen Expertisen kreative Handlungsansätze gefunden werden und dass – da alle beteiligt sind – die Umsetzung der daraufhin vereinbarten Maßnahmen auf eine hohe Akzeptanz trifft.

Anbindung an die vorhandenen Strukturen

Unterstützt wird das BEM innerbetrieblich darüber hinaus durch die Anbindung an vorhandene Strukturen. Die sind je nach Größe, Branche und Selbstverständnis (Leitbild) der Unternehmen unterschiedlich. In Kleinst- und Kleinunternehmen finden sich in der Regel keine Gremien wie Betriebsrat, Arbeits- und Gesundheitsschutz oder Schwerbehindertenvertrauenspersonen. Hier hat die Unternehmerin in der Regel die Fürsorgepflicht wahrzunehmen. Kleine Unternehmen können gut externe Unterstützungsstrukturen nutzen (vgl. im nächsten Kapitel „Außerbetriebliche Unterstützungsstrukturen"). Die Fürsorgepflicht kann an eine Person delegiert werden, bleibt aber in der Verantwortung der Unternehmensführung. Das gilt für alle Unternehmen. In großen Unternehmen gibt es häufiger effektive, etablierte, unterstützende Strukturen. Hier kommt es darauf an, sie zu bündeln und für die Umsetzung des BEM und die Berechtigten nutzbar zu machen. Wenn es im Unternehmen eine Suchtberatung, eine Sozialberatung oder Fördermöglichkeiten gibt, sollte das im BEM-Team bekannt sein und genutzt werden. Und umgekehrt sollten die Sucht- und Sozialberatungsstellen über das BEM-Verfahren in ihrem Unternehmen gut Bescheid wissen. Je größer ein Unternehmen ist, desto ausgebauter sind in der Regel die fördernden Rahmenbedingungen für die Beschäftigten.

Organisationstechnisch ist das BEM eine Säule in der Gesundheitspolitik, im Gesundheitsmanagement des Unternehmens. Es steht dort neben dem Arbeits- und Gesundheitsschutz und der betrieblichen Gesundheitsförderung. Zusammen bilden sie die Grundlage für ein gesundes Unternehmen.

Außerbetriebliche Unterstützungsstrukturen

Im Gesetz finden wir zur Nutzung von externen Strukturen: „*Kommen Leistungen zur Teilhabe oder begleitende Hilfen im Arbeitsleben in Betracht, werden vom Arbeitgeber die Rehabilitationsträger oder bei schwerbehinderten Beschäftigten das Integrationsamt hinzugezogen. Diese wirken darauf hin, dass die erforderlichen Leistungen oder Hilfen unverzüglich beantragt und innerhalb der Frist des § 14 Absatz 2 Satz 2 erbracht werden*" (§ 167.2 SGB IX).

Die Rechtsprechung verstärkt: Das BAG stellt fest, dass die zu beteiligenden internen und externen Stellen im Gesetz benannt sind und dass der Arbeitgeber dazu aufgefordert ist, gemeinsam alle in Betracht zu ziehenden Möglichkeiten zu nutzen, um zu klären, „*wie die Arbeitsunfähigkeit möglichst überwunden werden und mit welchen Leistungen oder Hilfen erneuter Arbeitsunfähigkeit vorgebeugt und der Arbeitsplatz erhalten werden kann.*" (§ 167.2. SGB IX)[46]

Demnach ist eine bedarfsgerechte Hinzuziehung von internen und externen Expertinnen im BEM geboten oder im Umkehrschluss: Ohne diese bedarfsgerechte Hinzuziehung ist ein BEM nicht rechtskonform.[47]

Die unterstützenden Institutionen sind vor allem die Rehabilitationsträger, die in der Abbildung (s. Abbildung 2 „Übersicht der Sozialversicherungsträger (SVT" auf S. 98) und im folgenden Text unten aufgeführt sind.

Bevor wichtige Fördermöglichkeiten vorgestellt werden, folgen einige Leitgedanken, die für die Antragstellung hilfreich sind:

- Die Anträge auf Förderung werden jeweils an den zuständigen Sozialversicherungsträger geschickt. Über die Bewilligung muss nach § 14 SGB IX in einer vorgegebenen Frist von zwei Wochen über den Antrag entschieden werden.
- Die jeweilige Zuständigkeit für die Leistungserbringung nach § 49 SGB IX (Leistungen zur Teilhabe am Arbeitsleben) ergibt sich in der Regel aus dem Zeitraum, in dem der Beschäftigte sozialversicherungspflichtig beschäftigt war: Bei unter 15 Jahren Beschäftigungszeit ist die Agentur für Arbeit, bei über 15 Jahren die gesetzliche Rentenversicherung zuständig.

---

[46] BAG, Urt. v. 10.12.2009 – 2 AZR 198/09, Rn. 17.

[47] Vgl. auch das Kapitel „Ordnungsgemäßes und rechtskonformes BEM" in diesem Buch.

- Der Rentenversicherer folgt in seiner Antragsbewilligung dem allgemein bekannten Grundsatz: Reha vor Rente.
- Sehr wichtig und unbedingt einzuhalten: Die Antragstellung muss vor dem Entstehen der Kosten liegen: zum Beispiel erst das Hörgerät beantragen und nach der Bewilligung erwerben.
- Ein sorgfältiges Ausfüllen der Anträge hilft, die Entscheidungsgrundlage der Sachbearbeiterinnen zu verbessern. Ggf. sind Stellungnahmen der Schwerbehindertenvertrauenspersonen, der BEM-Verantwortlichen, der behandelnden Ärztinnen oder der Betriebsärzte hilfreich.
- Gegen alle (negativen) Antragsbescheide kann (und sollte!) in gesetzter Frist ein Widerspruch eingelegt werden.

Nahezu alle Träger der Sozialversicherung übernehmen medizinische und berufliche Rehabilitationsmaßnahmen.

Fünf Empfehlungen aus der Praxis zum Netzwerken

Nur wenige kennen sich wirklich umfassend im Dschungel der Fördermöglichkeiten aus. Aber an allen zuständigen Stellen gibt es hohe Fachkompetenzen. Wie immer im Leben sind wir nicht ausschließlich von den gesetzgebenden und institutionellen Strukturen abhängig, sondern Erfolge (zum Beispiel von Anträgen) hängen nicht selten konkret von den handelnden Menschen ab. Was erwarten Sachbearbeiterinnen von einem Antrag? Worauf können sie positiv reagieren, und was sind Ausschlusskriterien, um einen Antrag bewilligen oder ablehnen zu können?

Laden Sie sich Vertreterinnen der einzelnen Sozialversicherungsträger ein (Rentenversicherer, Berufsgenossenschaften, Krankenkassen, Agentur für Arbeit, Integrationsamt und Integrationsfachdienste).

Sie kommen in der Regel gern in **größere Unternehmen** und stellen sich und ihre Leistungen in Versammlungen und Gremien vor. Dabei haben sie viele wichtige Informationen im Gepäck. Außerdem haben Sie dann gleichzeitig eine Ansprechpartnerin bei dem jeweiligen Träger, die Sie persönlich kennen.

Besuchen Sie regional organisierte Veranstaltungen.

Integrationsämter, ihre Fachdienste und Beratungsstellen sowie andere Träger bieten häufig kostenlose Veranstaltungen zu Schwerpunktthemen innerhalb des BEM und verwandten Themen an. Die Veranstaltenden gewinnen Fachleute, die aus den verschiedenen Bereichen referieren und die dann für konkrete Fragen vor Ort zur Verfügung stehen. In der Regel dauert solch eine Veranstaltung zwei bis drei Stunden. Dies ist ein geeignetes Format für Unternehmen mit wenig personellen Ressourcen und kann für **klein- und mittelständische Unternehmen** eine große Unterstützung sein. Sie bieten Information und Austausch über den eigenen Tellerrand hinaus.

Nutzen Sie Onlineschulungen.

Darüber hinaus: Die Pandemieerfahrungen der letzten Monate und die damit verbundenen mangelnden Präsenzveranstaltungen ließen einen Informations- und Austauschmangel entstehen. Viele Beratungsstellen bieten Onlineveranstaltungen an.

Nutzen Sie auch die Onlineschulungen vieler Sozialversicherungsträger (Beispiel: BKK mit Klaus Leuchter).

Werden Sie Mitglied in einem der Arbeitskreise in der Gewerkschaft …

Viele Gewerkschaften bieten sich für regelmäßig treffende Arbeitskreise zu den Themen Schwerbehinderung und Gesundheit und Arbeitsschutz an. Das sind sehr hilfreiche Foren, um konkrete Fragestellungen in einem kollegialen Austausch zu bearbeiten. Sie tagen vier- bis zwölfmal im Jahr (regional und gremienabhängig). Um daran teilnehmen zu können, sollten Sie Gewerkschaftsmitglied sein.

… oder in der Wirtschaft.

Wirtschaftsverbände organisieren sich ebenfalls in Arbeitskreisen und Diskussionsforen zu den Themen Arbeit und Gesundheit, Inklusion, Wiedereingliederung. Auch hier gibt es Arbeitsgemeinschaften, die sich regelmäßig praktisch austauschen und Entwicklungen diskutieren. Kleine und große Unternehmen haben ein zunehmendes Interesse daran, das Thema Gesundheit und darin das BEM zu fördern. Sie spüren in einigen Branchen bereits deutlich, dass sie im Zuge der demografischen Entwicklung in Deutschland handeln müssen, um ihre Beschäftigten gesund zu erhalten.

Gehen Sie ins Netz.

Um zu erfahren, wer wie bei Ihnen regional aktiv ist, nutzen Sie eine Suchmaschine und lassen Sie sich in einen Verteiler (zum Beispiel Newsletter) aufnehmen, damit Sie über aktuelle Veranstaltungen informiert sind und eingeladen werden. Das Internet bietet darüber hinaus zahlreiche Foren zum Austausch und unterstützende Datenbanken (Beispiele im Anhang).

Außerdem gibt es zahlreiche bundesweite und regionale Projekte und Initiativen, die das Gesundheitsmanagement und zum Beispiel eine professionelle Einführung des BEM in die Unternehmen fördern. Informationen dazu gibt es in regionalen Beratungsstellen oder in den oben genannten Veranstaltungen und Foren.

Wer einmal in das Thema Unterstützungsstrukturen und Netzwerken im BEM eintaucht, wird bald feststellen, dass es sich um eine eigene kleine Welt handelt, die es sich lohnt kennenzulernen, weil darin so ungeheuer viel Energie, Empathie und Wissen um (fast) alles Menschliche beheimatet ist. Das ergibt Sinn und macht Spaß!

Ausbaufähig

Die Entwicklung der BEM-Umsetzung ist weit fortgeschritten. Bei dieser Vielfalt von unterstützenden Strukturen könnte man annehmen, die Frage nach einer Optimierung der Rahmenbedingungen stellt sich nicht. Aber es gibt durchaus Optimierungsansätze. Das zeigen die Forderungskataloge aus der „BEM-Community“ mit unterschiedlichen Perspektiven auf das Thema (Aktionsgruppen und Netzwerke zum BEM und zur Schwerbehindertenpolitik, Gewerkschaften und die Interessenvertretungen).

Systematisierung des Wissens zum BEM

Es gibt viel Wissen und Unterstützung zur Umsetzung des BEM. Ein Problem scheint es jedoch zu sein, dass es nicht gebündelt oder nur unzureichend ausgewertet ist. Damit verpuffen viele gute Erkenntnisse oder sie sind nur für Einzelne zugänglich. Steigt man in die Beratung zur Einführung und Umsetzung des BEM in die Unternehmen ein, ist es zunächst eine Hauptaufgabe, das viele Material, das es inzwischen zum BEM gibt, zu sondieren und für die unterschiedlichen Betriebe handhabbar zu machen. Dabei hilft die allgemeine Weisheit: „Jeder Betrieb ist anders und das BEM soll den betrieblichen Strukturen angepasst werden“, nicht viel weiter. Es geht darum, die Flut der Informationen für die BEM-Umsetzerinnen einzugrenzen, indem man zum Beispiel die Reichweite (Unternehmensgröße und Branche) der einzelnen Instrumente verdeutlicht. Unsere Erfahrung zeigt, dass interessierte Personen ohne Fachkenntnisse (und potenzielle Umsetzerinnen) überfordert sind, wenn die im Netz zum BEM gefundenen Informationen in ihre Betriebe transferiert werden sollen. Wichtig wäre also eine Systematisierung der vorhandenen Materialien; eine Ordnung, die den Fragen folgt: Was ist für welches Unternehmen wann gut, und welche Kriterien gibt es dafür?

Essenz

Es gibt viele Möglichkeiten, das BEM in den Unternehmen gut zu etablieren und an vorhandene interne Gremien und Strukturen anzubinden. Vor allem für klein- und mittelständische Unternehmen ist eine gute externe Vernetzung sinnvoll, um die teilweise exzellenten Unterstützungsangebote im BEM zu kennen und zu nutzen. Dabei ist es wichtig, die vorhandenen Gesetze, die damit verbundenen Fördermöglichkeiten und die regional handelnden Akteurinnen und Akteure im Feld zu kennen.

Fördermöglichkeiten und unterstützende Institutionen

Für die BEM-Verantwortlichen gibt es reichliche Möglichkeiten, die Beschäftigten im Falle einer Langzeiterkrankung zu unterstützen. Es bedarf jedoch einiger Erfahrung, um zu wissen, wer für welche Leistung nach welchem Paragraphen zuständig ist.

Fast alle der im Folgenden beschriebenen Sozialversicherungsträger fördern in der einen oder anderen Form das BEM – vor allem in kleinen und mittelständischen Unternehmen (KMU). Es werden zum Beispiel Preise vergeben und damit gut gelungene Einführungen des BEM im Unternehmen öffentlichkeitswirksam prämiert. Das BEM erfährt ein hohes Maß an Unterstützung – aber vor allem werden die Beschäftigten in den Mittelpunkt der Fürsorge und der Leistungszuwendung gestellt.

Übersicht der Sozialversicherungsträger (SVT)

Übersicht der Sozialversicherungsträger (SVT): „Leistungen zur Teilhabe"

Zuständigkeitenklärungen u. a. geregelt im § 14 SGB IX „Leistende Rehabilitationsträger" und in den jeweiligen Sozialgesetzbücher, siehe Grafik

Agentur für Arbeit (SGB III)

u. a. **zuständig** für Arbeitnehmerinnen, die unter 15 Jahre sozialversichert beschäftigt sind

Integrationsamt (SGB IX)

Nachgeordnet zuständig (wenn keine anderer Zuständigkeit der SVT) bei Menschen mit einer Schwerbehinderung (ab einem GdB von 50) oder ihnen Gleichgestellten

Deutsche Rentenversicherung – DRV (SGB VI)

u. a. zuständig für Arbeitnehmerinnen, die über 15 Jahre sozialversichert beschäftigt sind

Deutsche gesetzliche Unfallversicherung – DGUV (SGB VII)

Dachverband der Berufsgenossenschaften

Zuständig bei Wege- und Arbeitsunfällen, Berufskrankheiten **„mit allen geeigneten Mitteln"**

Krankenkassen (SGB V)

u. a. zuständig für Sach- und Dienstleistungen: Arzneien und Heilmittel, Therapien und technische Hilfsmittel im **„notwendigen Umfang"**

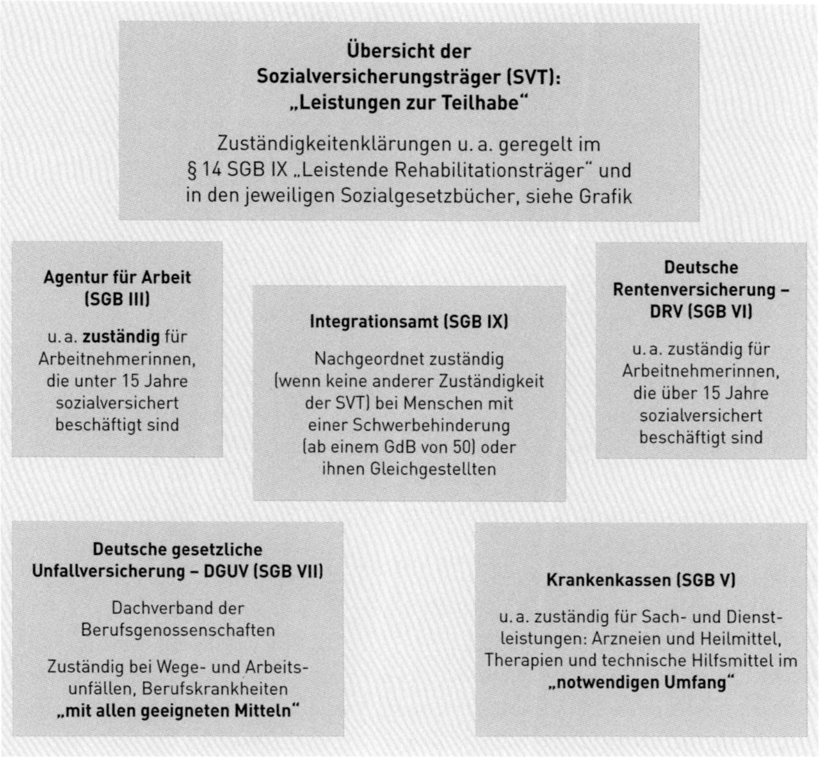

Nahezu alle Träger der Sozialversicherung übernehmen **medizinische und berufliche** Rehabilitationsmaßnahmen. Die Sozialversicherungsträger verfügen jeweils über ein eigenes Regelwerk, die in den jeweiligen Sozialgesetzbüchern (SGB) verankert sind. Gleich zu Beginn sollen zwei Paragraphen aus dem SGB IX (Rehabilitation und Teilhabe von Menschen mit Behinderungen) hervorgehoben werden, die in den vorhandenen Sozialversicherungsgesetzen der einzelnen Institutionen je nach Zuständigkeit modifiziert sind.

§§ 49 und 50 – zwei unterschätzte Paragraphen im SGB IX

Erstaunlich wenig bekannt sind in den Unternehmen, bei den BEM-Beauftragten und bei vielen Schwerbehindertenvertretungen die Fördermöglichkeiten nach den §§ 49 und 50 des SGB IX (auf die sich der Paragraph zum BEM-Gesetz mittelbar bezieht), die zur materiellen Unterstützung der BEM-Berechtigten und des Arbeitgebers beitragen. Sie bieten einen Überblick über den Leistungskatalog der Sozialversicherer zur Unterstützung von Menschen mit Behinderung oder von Menschen, die von einer Behinderung bedroht sind. Letzteres können Menschen sein, die in einem BEM-Verfahren sind. Sie waren dann mindestens sechs Wochen erkrankt. Solch ein Zeitraum lässt häufig auf eine ernste und bedrohliche Erkrankung schließen. Darum werden diese Paragraphen hier ausdrücklich vorgestellt.

Die Förderungen erhalten die Beschäftigten direkt (§ 49 SGB IX) oder sie werden indirekt über den Arbeitgeber unterstützt (§ 50 SGB IX).

§ 49 SGB IX: Leistungen zur Teilhabe am Arbeitsleben für Arbeitnehmer

Diese Leistungen haben zum Ziel, die Erwerbsfähigkeit Behinderter oder von Behinderung bedrohter Menschen entsprechend ihrer Leistungsfähigkeit zu erhalten, zu verbessern, herzustellen oder wiederherzustellen und möglichst auf Dauer zu sichern. Dabei sind Eignung, Neigung, bisherige Tätigkeit sowie Lage und Entwicklung auf dem Arbeitsmarkt angemessen zu berücksichtigen.

Die Leistungen umfassen insbesondere:

- Hilfen zur Erhaltung oder Erlangung eines Arbeitsplatzes, einschließlich Leistungen zur Beratung und Vermittlung, Trainingsmaßnahmen und Mobilitätshilfen,
- Berufsvorbereitung einschließlich einer wegen der Behinderung erforderlichen Grundausbildung,
- berufliche Ausbildung, auch soweit die Leistungen in einem zeitlich nicht überwiegenden Abschnitt schulisch durchgeführt werden,
- Überbrückungsgeld,
- Hilfen zu einer angemessenen Schulbildung, einschließlich der Vorbereitung hierzu oder zur Entwicklung der geistigen und körperlichen Fähigkeiten vor Beginn der Schulpflicht,

- Hilfen zur individuellen betrieblichen Qualifizierung und der Berufsbegleitung von behinderten Menschen mit besonderem Unterstützungsbedarf im Rahmen der „unterstützten Beschäftigung".

Die Leistungen umfassen auch medizinische, psychologische und pädagogische Hilfen, soweit diese Leistungen im Einzelfall erforderlich sind, um u. a. eine dauerhafte berufliche Eingliederung zu erreichen oder zu sichern.

Gefördert werden insbesondere:
- Hilfe zur Unterstützung bei der Krankheits- und Behinderungsverarbeitung,
- Aktivierung von Selbsthilfepotenzialen,
- Information und Beratung von Partnerinnen und Angehörigen sowie von Vorgesetzten und des Kollegiums,
- Vermittlung von Kontakten zu örtlichen Selbsthilfe- und Beratungsmöglichkeiten,
- Hilfen zur seelischen Stabilisierung und zur Förderung der sozialen Kompetenz u. a. durch Training sozialer und kommunikativer Fähigkeiten und im Umgang mit Krisensituationen,
- Training lebenspraktischer Fähigkeiten, Anleitung und Motivation zur Inanspruchnahme der Leistungen zur Teilhabe am Arbeitsleben,
- Beteiligung von Integrationsfachdiensten.

Als berufsfördernde Leistungen werden in besonderen Fällen auch die erforderlichen Kosten für Unterkunft und Verpflegung übernommen, wenn für die Ausführung einer Leistung eine Unterbringung außerhalb des eigenen oder des elterlichen Haushalts wegen Art oder Schwere der Behinderung oder zur Sicherung des Erfolges notwendig ist. Zu den Leistungen gehört auch die Übernahme der Kosten, die mit der Ausführung einer Leistung in unmittelbarem Zusammenhang stehen, insbesondere Lehrgangskosten, Prüfungsgebühren, Lernmittel, Arbeitskleidung und Arbeitsgerät.

§ 50 SGB IX: Leistungen an Arbeitgeber

Auch Arbeitgeber können in vielen Fällen Förderleistungen in Anspruch nehmen, wenn sie schwerbehinderte oder von Schwerbehinderung bedrohten Menschen den Arbeitsplatz sichern. Durch diese Leistungen an Arbeitgeber soll erreicht werden, dass ein Arbeitsplatz erhalten bleibt oder ein leistungsgerechter Arbeitsplatz auch durch eine Umsetzung innerhalb des Betriebes geschaffen wird.

Unterstützung wird gewährt in Form von:
- Ausbildungszuschüssen zur betrieblichen Ausführung von Bildungsleistungen,
- Eingliederungszuschüssen,
- Zuschüssen für betriebliche Arbeitshilfen und
- Probearbeitsverhältnisse (Zuschüsse oder volle Kostenerstattung).

Die Bewilligung finanzieller Leistungen richtet sich in der Regel nach den Umständen des Einzelfalles. Die Voraussetzungen für die Förderung werden durch Fachkräfte der Rehabilitationsträger geprüft.

Mögliche Rehabilitationsträger sind entweder die Bundesagentur für Arbeit, der gesetzliche Rentenversicherungsträger, die gesetzliche Krankenkasse, die gesetzliche Unfallversicherung und deren jeweilige Berufsgenossenschaften oder – nachgeordnet – das Integrationsamt. „Nachgeordnet“ bedeutet, das Integrationsamt ist nur dann der Leistungsträger, wenn eine Schwerbehinderung (oder eine Gleichstellung) vorliegt und kein anderer Träger zuständig ist.

In den beiden beschriebenen Gesetzen steht ein ganzer Katalog von Unterstützungsmöglichkeiten, der sehr anregend auf die Kreativität der BEM-Fallmanager wirken kann.

Unterstützende Institutionen und wichtige Maßnahmen

Es werden hier nur die wichtigsten und im BEM-Verfahren häufig genutzten trägertypischen Aufgaben aufgezeigt.

Bundesagentur für Arbeit[48]

Die Bundesagentur für Arbeit (BA) versteht sich als größter Dienstleister am Arbeitsmarkt. Als Körperschaft des öffentlichen Rechts mit Selbstverwaltung führt sie ihre Aufgaben im Rahmen des für sie geltenden Rechts eigenverantwortlich durch. Neben den finanziellen Fördermöglichkeiten ist für den BEM-Verantwortlichen vor allem die Möglichkeit einer Gleichstellung interessant und wichtig.

Gleichstellung[49]

Um weitere Fördermöglichkeiten und Nachteilsausgleiche in Anspruch nehmen zu können, ist unter Umständen eine „Gleichstellung“ vorteilhaft. Während die erste Anerkennung einer Schwerbehinderung beim zuständigen Versorgungsamt beantragt wird, ist für die Anerkennung einer Gleichstellung die Bundesagentur für Arbeit zuständig.

---

[48] Alle Angaben unter diesem Punkt (5.2.1) sind genauer nachzulesen unter: **www.arbeitsagentur.de**.

[49] Gemeint ist die Gleichstellung behinderter mit schwerbehinderten Menschen nach § 2 Abs. 3 Sozialgesetzbuch IX (SGB IX).

Personenkreis schwerbehinderte Menschen

Personen sind im Sinne des Teils 2 SGB IX schwerbehindert, wenn bei ihnen ein Grad der Behinderung (GdB) von wenigstens 50 vorliegt und sie ihren Wohnsitz, ihren gewöhnlichen Aufenthalt oder ihre Beschäftigung auf einem Arbeitsplatz im Sinne des § 156 SGB IX rechtmäßig im Geltungsbereich dieses Gesetzbuches haben.

Was versteht man unter Gleichstellung?

Personen mit einem GdB von weniger als 50, aber mindestens 30 können auf Antrag von der Bundesagentur für Arbeit schwerbehinderten Menschen gleichgestellt werden, wenn sie infolge ihrer Behinderung ohne die Gleichstellung einen geeigneten Arbeitsplatz nicht erlangen oder nicht behalten können.[50]

Was bewirkt die Gleichstellung?

Mit einer Gleichstellung erlangt man grundsätzlich den gleichen „Status“ wie schwerbehinderte Menschen.

Die Auswirkungen sind:
- besonderer Kündigungsschutz,
- besondere Einstellungs-/Beschäftigungsanreize für Arbeitgeber durch Lohnkostenzuschüsse sowie Berücksichtigung bei der Beschäftigungspflicht,
- Hilfen zur Arbeitsplatzausstattung und
- Betreuung durch spezielle Fachdienste.

Damit verbunden sind jedoch nicht:
Zusatzurlaub (fünf Tage), unentgeltliche Beförderung und früherer Rentenbeginn.

Wer kann gleichgestellt werden?

Gleichgestellt werden können Personen
- mit einem GdB von 30 oder 40 (nachgewiesen durch einen Feststellungsbescheid des Versorgungsamtes),
- mit einem Wohnsitz oder einer Beschäftigung im Geltungsbereich des SGB IX,
- die infolge ihrer Behinderung einen geeigneten Arbeitsplatz (im Sinne von § 156 SGB IX) nicht erlangen oder nicht erhalten können.

---

[50] Rechtsgrundlage: § 2 Abs. 3 in Verbindung mit § 68 Abs. 2 und 3 SGB IX.

Eine Gleichstellung kommt nur für das Erlangen oder Erhalten eines geeigneten Arbeitsplatzes im Sinne von § 156 SGB IX in Betracht; also zum Beispiel **nicht für Personen, die weniger als 18 Stunden wöchentlich beschäftigt sind.**

Wettbewerbsnachteile auf dem Arbeitsmarkt müssen in jedem Fall auf die Behinderung als wesentliche Ursache zurückzuführen sein. Allein allgemeine betriebliche Veränderungen (Produktionsänderungen, Teilstilllegungen, Betriebseinstellungen, Auftragsmangel, Rationalisierungsmaßnahmen etc.), von denen Nichtbehinderte gleichermaßen betroffen sind, können eine Gleichstellung ebenso wenig begründen wie fortgeschrittenes Alter, mangelnde Qualifikation oder eine allgemein ungünstige/schwierige Arbeitsmarktsituation.

Anhaltspunkte für eine behinderungsbedingte Gefährdung eines Arbeitsplatzes können u. a. sein:

- wiederholte/häufige behinderungsbedingte Fehlzeiten,
- behinderungsbedingt verminderte Arbeitsleistung auch bei behinderungsgerecht ausgestattetem Arbeitsplatz,
- dauernde verminderte Belastbarkeit,
- Abmahnungen oder Abfindungsangebote im Zusammenhang mit behinderungsbedingt verminderter Leistungsfähigkeit,
- auf Dauer notwendige Hilfeleistungen anderer Mitarbeitenden oder
- eingeschränkte berufliche und/oder regionale Mobilität aufgrund der Behinderung.

Nur Arbeitslosigkeit rechtfertigt für sich genommen keine Gleichstellung. Es müssen konkrete Anhaltspunkte vorliegen, dass eine Gleichstellung erforderlich ist, um eine berufliche Eingliederung zu erreichen.

Antragstellung

Ein Antrag auf Gleichstellung kann formlos (mündlich, telefonisch oder schriftlich) durch den behinderten Menschen oder dessen Bevollmächtigten bei der BA gestellt werden.

Die Gleichstellung wird grundsätzlich mit dem Tag, an dem der Antrag bei der Agentur für Arbeit eingeht, wirksam. Zum Wirksamwerden des besonderen Kündigungsschutzes nach § 168 SGB IX hat das BAG mit Urteil vom 1. März 2007 – 2 AZR 217/06 – entschieden, dass dieser nur dann greift, wenn der Arbeitnehmer einen Antrag auf Gleichstellung mit einem schwerbehinderten Menschen mindestens drei Wochen vor Zugang der Kündigung gestellt hat.

Gesetzliche Krankenversicherung

Aufgabe der gesetzlichen Krankenversicherung ist es, die Gesundheit der Versicherten zu erhalten, wiederherzustellen oder ihren Gesundheitszustand zu bessern (§ 1 SGB V). Dazu gehört auch, Krankheitsbeschwerden zu lindern (§ 27 SGB V). Alle Versicherten haben grundsätzlich den gleichen Leistungsanspruch, dessen Umfang im fünften Buch des Sozialgesetzbuches (SGB V) festgelegt und durch § 12 Abs. 1 SGB V begrenzt ist.

Danach müssen die Leistungen ausreichend, zweckmäßig und wirtschaftlich sein und dürfen das Maß des Notwendigen nicht überschreiten. Vor diesem Hintergrund kann eine Krankenkasse auch Mehrleistungen im Wege einer jeweiligen Satzungsregelung erbringen, soweit sie auf einer gesetzlichen Grundlage beruht. Dazu gehören beispielhaft (ergänzende) Leistungen bezüglich der Verhütung von Krankheiten (Prävention), häusliche Krankenpflege, Haushaltshilfe, Rehabilitation etc.

Im Rahmen des BEM sind vor allem das Krankengeld, die medizinische Rehabilitation (siehe oben) und die Kostenübernahme für eine Wiedereingliederung interessant.

Leistungsdauer Krankengeld § 48 SGB V20[51]

Das Krankengeld ist eine begrenzte Leistung der Krankenkassen. Es beträgt in der Regel 70 Prozent des Einkommens.

Wegen derselben Krankheit wird Krankengeld für längstens 78 Wochen innerhalb einer Frist von drei Jahren gezahlt (Blockfrist[52]). Diese Dreijahresfrist ist eine starre Frist und sie beginnt grundsätzlich mit dem ersten Auftreten einer Erkrankung. Die Zeit einer Lohnfortzahlung im Krankheitsfall durch den Arbeitgebenden wird als Bezugszeit von Krankengeld mitgerechnet. Es werden dann real nur 72 Wochen Krankengeld durch die Krankenkasse gezahlt.

War die versicherte Person nach den drei Jahren mindestens sechs Monate erwerbsfähig und wurde sie in dieser Zeit nicht wegen **derselben** Krankheit arbeitsunfähig, besteht ein erneuter Anspruch auf Krankengeld. Der genaue Termin, wann das Krankengeld ausläuft, kann bei der zuständigen Krankenkasse erfragt werden.

---

[51] Der Gesetzestext befindet sich im Anhang.

[52] Es besteht ein Anspruch auf Auskunft bei der Krankenkasse, das heißt, die Versicherten können den Zeitpunkt des Beginns der Blockfrist erfragen.

STWE[53] – eine der wichtigsten Maßnahmen im und außerhalb des BEM

Die STWE ist eine Maßnahme der medizinischen Rehabilitation. Der Träger ist in der Regel die Krankenkasse (nicht bei Arbeits-, Wegeunfall oder Berufskrankheit). Ziel ist, arbeitsunfähige Arbeitnehmende nach längerer Krankheit schrittweise an die volle Arbeitsbelastung zu gewöhnen, um so die Leistungsfähigkeit zu erproben und langsam zu steigern. Die STWE ist sowohl im SGB V (Regelungen der Krankenkassen) als auch im SGB IX (Rehabilitation und Teilhabe von Menschen mit Behinderungen) rechtlich verankert. Auch die gesetzliche Rentenversicherung (GRV) ist über die §§ 9ff. SGB VI (Aufgaben der Leistungen zur Teilhabe) zuständig.

STWE nach § 74 SGB V

> *„Können arbeitsunfähige Versicherte nach ärztlicher Feststellung ihre bisherige Tätigkeit teilweise verrichten und können sie durch eine stufenweise Wiederaufnahme ihrer Tätigkeit voraussichtlich besser wieder in das Erwerbsleben eingegliedert werden, soll der Arzt auf der Bescheinigung über die Arbeitsunfähigkeit Art und Umfang der möglichen Tätigkeiten angeben und dabei in geeigneten Fällen die Stellungnahme des Betriebsarztes oder mit Zustimmung der Krankenkasse die Stellungnahme des Medizinischen Dienstes (§ 275) einholen."*

Voraussetzungen dafür sind:

- Es besteht noch der Krankengeldanspruch (Blockfrist).
- Die versicherte Person ist mit der Maßnahme einverstanden.
- Die Ärztin stellt einen Wiedereingliederungsplan auf.
- Der Arbeitgeber erklärt sich mit der Maßnahme einverstanden.
- Die versicherte Person soll am bisherigen Arbeitsplatz eingesetzt werden (was jedoch nicht immer möglich ist).

Die arbeitnehmende Person ist während der Maßnahme weiterhin arbeitsunfähig. Die Dauer der STWE ist abhängig von deren individueller gesundheitlichen Lage. In der Regel dauert sie sechs Wochen bis sechs Monate. Ausnahmen sind möglich. Alle Beteiligten (die betroffene arbeitnehmende Person, Arbeitgeber, Ärztin bzw. Krankenhaus, Krankenkasse) können eine STWE anregen.

---

[53] Vgl. Nebe, Katja, 2010: Die stufenweise Wiedereingliederung durch die gesetzliche Rentenversicherung, Diskussionsforum Rehabilitations- und Teilhaberecht, Forum A, Diskussionsbeitrag Nr. 3/2010, www.reha-recht.de. Zur weiteren Vertiefung des Themas und zum aktuellen Diskurs zur STWE empfehlen wir die Autorinnen: F.J. Düwell, Eberhard Kiesche, Wolfhard Kohte, Katja Nebe, siehe auch Literaturliste

STWE nach § 44 SGB IX[54]

Dies ist eine Möglichkeit für Arbeitnehmende, die von der Krankenkasse bereits ausgesteuert sind (also nach 78 Wochen). Die Wiedereingliederung ist dann Bestandteil der Leistungen zur medizinischen Rehabilitation für behinderte und von Behinderung bedrohte Menschen. Die Wiedereingliederung erfolgt nach einer stationären oder ambulanten Rehabilitation und soll innerhalb von zwei Wochen nach der Rehabilitation aufgenommen werden. Wenn diese schon weiter zurück liegt und nach ärztlicher Feststellung eine teilweise Wiederaufnahme der Arbeit zur Erprobung möglich ist, kann beim **Rentenversicherungsträger Bund** die Wiedereingliederung als betriebliche Anpassungsmaßnahme beantragt werden, um die Arbeitsfähigkeit wieder zu erreichen. Bei anderen Rentenversicherungsträgern könnte ein Eingliederungszuschuss beantragt werden – eine Bewilligung liegt im Ermessen des jeweiligen Rentenversicherungsträgers.

Voraussetzung ist, dass die arbeitnehmende Person nach ärztlicher Feststellung ihre bisherige Tätigkeit teilweise wieder verrichten kann und sich mit der STWE einverstanden erklärt. Die Arbeitsunfähigkeit im Sinne des Krankenversicherungsrechts bleibt dabei aber bestehen. Die behandelnde Ärztin soll dann auf der Arbeitsunfähigkeitsbescheinigung die Art der möglichen Tätigkeiten sowie die täglich verantwortbare Arbeitszeit angeben und sich in geeigneten Fällen zuvor eine Stellungnahme von der Betriebsärztin einholen.

Auf die STWE hat die nicht schwerbehinderte arbeitnehmende Person keinen Rechtsanspruch gegen ihren Arbeitgeber. Schwerbehinderte Beschäftigte haben demgegenüber nach § 164 Abs. 4 Satz 1 Nr. 1 SGB IX grundsätzlich einen Rechtsanspruch auf STWE (vgl. BAG vom 13.6.2006 – 9 AZR 229/05).

Im Übrigen ist der Arbeitgeber aufgrund von § 167 Abs. 2 SGB IX bei allen Beschäftigten – also auch bei nicht schwerbehinderten Arbeitnehmenden – gehalten, im Rahmen des BEM die Möglichkeit einer STWE sorgfältig zu prüfen und in seine Überlegungen zur Vermeidung weiterer Arbeitsunfähigkeit der Beschäftigten einzubeziehen. Sie ist nicht durchführbar, wenn der Arbeitgeber glaubhaft macht, die arbeitnehmende Person unter den von der behandelnden Ärztin genannten Vorgaben nicht beschäftigen zu können oder eine ärztliche Bescheinigung mit einem konkreten Wiedereingliederungsplan mit den aus ärztlicher Sicht zulässigen Arbeitstätigkeiten fehlt. Für die Zeit der Wiedereingliederung wird ein Übergangsgeld bezahlt.

---

[54] § 44 SGB IX STWE: *„Können arbeitsunfähige Leistungsberechtigte nach ärztlicher Feststellung ihre bisherige Tätigkeit teilweise verrichten und können sie durch eine stufenweise Wiederaufnahme ihrer Tätigkeit voraussichtlich besser wieder in das Erwerbsleben eingegliedert werden, sollen die medizinischen und die sie ergänzenden Leistungen entsprechend dieser Zielsetzung erbracht werden."*

Rechtsverhältnis: Das Wiedereingliederungsverhältnis begründet ein Rechtsverhältnis eigener Art. Es geht hierbei nicht um die übliche, vertraglich vereinbarte Arbeitsleistung. Im Vordergrund der Beschäftigung steht vielmehr die Rehabilitation. Da die Arbeitnehmenden bei der STWE nicht die arbeitsvertraglich vereinbarte Arbeitsleistung erbringen – und wegen ihrer fortbestehenden Arbeitsunfähigkeit auch nicht erbringen können –, haben sie keinen Anspruch auf Arbeitsentgelt gegenüber dem Arbeitgeber. Anders ist es, wenn Arbeitgeber und Arbeitnehmende eine Vergütung für die im Rahmen der STWE erbrachte Tätigkeit vereinbaren. Besteht eine solche Vergütungsabrede mit dem Arbeitgeber aber nicht, erbringen die Rehabilitationsträger als „ergänzende Leistungen" Krankengeld nach dem SGB V, Übergangsgeld nach dem SGB VI oder Verletztengeld nach dem SGB VII (vgl. dazu §§ 44 und 64 Abs. 1 SGB IX).[55]

i

Die STWE kann sowohl im Rahmen eines BEM durchgeführt werden, aber auch als Einzelmaßnahme die Rückkehr zur Arbeit unterstützen. Ziele sind:

- die Arbeitsbelastung schrittweise zu steigern und den Fähigkeiten anzupassen,
- die Angst vor einer Überforderung und einen Krankheitsrückfall abzubauen und
- die ursprüngliche Leistungsfähigkeit wiederherzustellen.

Ausführlicher dazu siehe STWE bei psychisch beeinträchtigten Mitarbeitenden von Ina Riechert in Teil 1, ab S. 73.

DRV und Rehabilitation[56]

i

Rehabilitation ist ein wichtiger Bestandteil des deutschen Gesundheitssystems. Die Rentenversicherung erbringt ihre Leistungen nach dem Grundsatz „Rehabilitation vor Rente". Damit bietet die DRV neben der Altersvorsorge auch Versicherungsschutz gegen das Risiko der vorzeitigen Erwerbsminderung. Die gesundheitlichen oder behinderungsbedingten Einschränkungen der Erwerbsfähigkeit sollen damit möglichst dauerhaft überwunden werden. Die Teilhabe am Erwerbsleben sichert eine weitgehende Unabhängigkeit und selbstständige Lebensführung.

---

[55] Vgl. www.integrationsaemter.de.

[56] Vgl. www.deutsche-rentenversicherung.de.

Wir raten grundsätzlich und regelhaft allen BEM-Berechtigten, für die eine Erwerbsminderung oder Erwerbunfähigkeitsrente (EU-Rente) infrage kommt, eine individuelle Rentenberatung in Anspruch zu nehmen. Dort vereinbart man zum Beispiel über einen Telefonservice einen Telefontermin mit einer Rentenberaterin. Diese Fachleute sind wirklich kompetent. Sie beraten gut und gründlich. Dabei haben wir in jüngster Zeit schon einiges dazugelernt. Ein aktuelles Beispiel: Wer bereits eine EU-Rente bezieht und ins normale Rentenalter kommt, bekommt nahtlos die Altersrente gezahlt. Wenn dabei die EU-Rente höher ist als die Altersrente und die EU-Rente noch bis zu einem halben Jahr vor der Altersrente gezahlt wird, dann wird dieser höhere Betrag auch als Altersrente weiter gezahlt. Es folgen ein paar Regeln u. a. aus der hier empfohlenen Broschüre: Deutsche Rentenversicherung Bund (Hrsg.), 2021: Erwerbsminderungsrente: Das Netz für alle Fälle. 16. Auflage, 7/2021, **www.deutsche-rentenversicherung.de/SharedDocs/Downloads/DE/Broschueren/national/erwerbsminderungsrente_das_netz_fuer_alle_faelle.pdf.**

Erwerbsminderung bei Berufsunfähigkeit

Diese Rente wird gezahlt, sofern die Betreffenden vor dem 2. Januar 1961 geboren und berufsunfähig sind, in den letzten fünf Jahren vor Eintritt der Berufsunfähigkeit (BU) drei Jahre Pflichtbeiträge gezahlt und die allgemeine Wartezeit von fünf Jahren erfüllt haben. Berufsunfähig ist, wer aus gesundheitlichen Gründen im eigenen oder einem anderen zumutbaren Beruf weniger als sechs Stunden täglich leisten kann als vergleichbare gesunde Berufstätige. Die Wartezeit gilt als erfüllt, wenn die BU u. a. aufgrund eines Arbeitsunfalls oder einer Schädigung während des Wehrdienstes oder Zivildienstes eingetreten ist. Es genügt dann bereits ein Pflichtbeitrag.

Rentenbezüge bei Erwerbsminderung: grundsätzliche Gewährung auf Zeit[57]

Wer wegen des eigenen Gesundheitszustandes gar nicht oder nur noch eingeschränkt arbeiten kann, bekommt eine Rente wegen verminderter Erwerbsfähigkeit zugebilligt – wenn dafür die Voraussetzungen erfüllt sind. Grundsätzlich werden alle Erwerbsminderungsrenten auf Zeit gewährt. Seit dem Jahr 2000 (Gesetz zur Rentenreform) wurde die vorherige Aufteilung der Renten wegen verminderter Erwerbsfähigkeit in Berufs- und Erwerbsunfähigkeitsrenten durch eine zweistufige Erwerbsminderungsrente ersetzt:

1) Wer weniger als drei Stunden auf dem allgemeinen Arbeitsmarkt tätig sein kann, erhält eine **volle Erwerbsminderungsrente**.

---

[57] Vgl. Eberhardt, Beate; Feldes, Werne; Grunewald, Bernhard; Ritz, Hans-Günther, 2015: Tipps für die betriebliche Vertretung behinderter Menschen. Aufgaben – Rechte – Kompetenzen, 2., überarb. Auflage, Frankfurt/Main, S. 124 f.

2) Wer zwischen drei und weniger als sechs Stunden arbeiten kann, erhält eine **halbe Erwerbsminderungsrente**.

Rente wegen teilweiser Erwerbsminderung

Die medizinischen Voraussetzungen für eine Rente wegen teilweiser Erwerbsminderung liegen vor, wenn die Betroffenen wegen Krankheit oder Behinderung mindestens drei, aber weniger als sechs Stunden täglich auf dem allgemeinen Arbeitsmarkt arbeiten können.

Die DRV prüft das anhand ärztlicher Unterlagen. Eventuell fordert sie weitere Gutachten an und stellt dann das jeweilige Leistungsvermögen fest.

Neben den medizinischen sind außerdem folgende versicherungsrechtlichen Voraussetzungen erforderlich:

- Die Antragstellenden müssen mindestens fünf Jahre versichert sein (Wartezeit).
- In den letzten fünf Jahren vor Eintritt der Erwerbsminderung müssen drei Jahre mit Pflichtbeiträgen für eine versicherte Beschäftigung oder Tätigkeit belegt sein.

Unter bestimmten Voraussetzungen ist die Mindestversicherungszeit (Wartezeit) von fünf Jahren vorzeitig erfüllt.

Das ist der Fall, wenn

1) der Antrag wegen eines Arbeitsunfalls oder einer Berufskrankheit gestellt wird, wegen einer Wehrdienst- oder Zivildienstbeschädigung oder wenn aufgrund politischen Gewahrsams eine verminderte Erwerbsfähigkeit vorliegt. Grundsätzlich genügt hier schon ein einziger Beitrag zur Rentenversicherung; bei einem Arbeitsunfall oder Eintritt einer Berufskrankheit allerdings nur, wenn die Betreffenden zum Zeitpunkt des Unfalls oder der Erkrankung versicherungspflichtig waren; anderenfalls müssen mindestens ein Jahr Pflichtbeiträge für eine versicherte Beschäftigung oder Tätigkeit in den letzten zwei Jahren davor gezahlt worden sein;
2) Antragstellende vor Ablauf von sechs Jahren nach Beendigung einer Ausbildung voll erwerbsgemindert geworden sind und in den letzten zwei Jahren vor Eintritt der vollen Erwerbsminderung mindestens ein Jahr Pflichtbeiträge gezahlt haben. Der Zeitraum von zwei Jahren vor Eintritt der vollen Erwerbsminderung verlängert sich um Zeiten einer schulischen Ausbildung nach Vollendung des 17. Lebensjahres um bis zu sieben Jahre.

Teilweise Erwerbsminderung bei verschlossenem Arbeitsmarkt[58] (Achtung: hier ist immer die regionale Situation zu prüfen!)

Wer mindestens drei Stunden, aber weniger als sechs Stunden täglich erwerbstätig sein kann und gleichzeitig arbeitslos ist, weil ein entsprechender Teilzeitarbeitsplatz nicht vorhanden ist, hat einen Anspruch auf Rente wegen voller Erwerbsminderung. Aufgrund des verschlossenen Arbeitsmarktes ist dann die Bewilligung einer Rente wegen Erwerbsminderung möglich, auch wenn aus medizinischer Sicht nur eine teilweise Erwerbsminderung vorliegt.

Volle Erwerbsminderungsrente

Die medizinischen Voraussetzungen für eine volle Rente wegen Erwerbsminderung liegen vor, wenn die antragstellende Person wegen Krankheit oder Behinderung weniger als drei Stunden täglich auf dem allgemeinen Arbeitsmarkt arbeiten kann. Die DRV prüft das anhand ärztlicher Unterlagen. Eventuell fordert sie weitere Gutachten an und stellt dann das Leistungsvermögen fest.

Neben den medizinischen sind außerdem folgende versicherungsrechtlichen Voraussetzungen erforderlich:

- Die antragstellende Person muss mindestens fünf Jahre versichert sein (Wartezeit).
- In den letzten fünf Jahren vor Eintritt der Erwerbsminderung müssen drei Jahre mit Pflichtbeiträgen für eine versicherte Beschäftigung oder Tätigkeit belegt sein.

Hinzuverdienst

Auch wer eine Rente wegen voller Erwerbsminderung erhält, kann aktuell (Stand: Oktober 2021) bis zu 6.300 Euro im Jahr, das entspricht 525 Euro pro Monat, abzugsfrei dazuverdienen.

Deutsche Gesetzliche Unfallversicherung (DGUV) und Berufsgenossenschaften[59]

Die gesetzlichen Unfallversicherungsträger (gewerbliche Berufsgenossenschaften und Unfallversicherungsträger der öffentlichen Hand) sind bei Arbeitsunfällen, Wegeunfällen und Berufskrankheiten für die gesamte Rehabilitation zuständig. Sie steuern und koordinieren die medizinische Behandlung (medizinische Rehabilitation) sowie die Wiedereingliederung

[58] Siehe auch Fall 8 im Teil 2.

[59] Vgl. www.dguv.de

i

in den Beruf (berufliche Rehabilitation) und in das soziale Umfeld (soziale Rehabilitation und ergänzende Leistungen). Für die Sicherung des Lebensunterhalts in der Phase der Rehabilitation zahlen sie Verletzten- bzw. Übergangsgeld.

Leistungsgrundsätze

Im Fall von Arbeitsunfällen und Berufskrankheiten erbringen die Berufsgenossenschaften und die Unfallversicherungsträger der öffentlichen Hand Leistungen zur Rehabilitation und Entschädigungsleistungen.

Medizinische Versorgung

Die Unfallversicherungsträger sorgen mit allen geeigneten Mitteln dafür, dass die Gesundheit der Verletzten/Erkrankten durch geeignete Maßnahmen der Akutversorgung/medizinischen Rehabilitation möglichst wiederhergestellt wird. Unter dem Grundsatz „Rehabilitation vor Rente“ soll eine optimale Genesung und Rückkehr an den Arbeitsplatz erreicht werden. Die Versicherten erhalten eine umfassende medizinische Versorgung, Betreuung und Beratung. Hierfür stehen u. a. eigene, hochqualifizierte Berufsgenossenschaftskliniken bereit, in denen die zu behandelnden Personen von der Akutversorgung bis zur medizinischen Nachsorge betreut werden.

Leistungen zur beruflichen und sozialen Teilhabe

Die Unfallversicherungsträger versuchen frühzeitig, mit allen geeigneten Mitteln den Versicherten durch Maßnahmen der beruflichen Rehabilitation die Rückkehr in das Berufsleben – wenn möglich an ihren bisherigen Arbeitsplatz – zu ermöglichen. Sie stellen auch Hilfen zur Bewältigung der Anforderungen des täglichen Lebens sowie sonstige ergänzende Leistungen zur Rehabilitation zur Verfügung.

Geldleistungen/Entschädigung

Während der Rehabilitationsmaßnahmen erhalten die Versicherten, soweit sie in dieser Zeit kein Entgelt erzielen können, Entgeltersatzleistungen in Form von Verletztengeld und Übergangsgeld. Damit sind sie während der medizinischen und/oder beruflichen Rehabilitation finanziell abgesichert. Für Versicherte, die im täglichen Leben in erheblichem Umfang fremder Hilfe bedürfen, wird Pflegegeld gezahlt.

Persönliches Budget

Versicherte können ihre Teilhabeleistungen auf Antrag auch als „persönliches Budget" erhalten. Das persönliche Budget ist keine zusätzliche Leistung, sondern nur eine andere Form der Leistungserbringung. Sie dient insbesondere der Förderung der Selbstbestimmung und Teilhabe betroffener Menschen. Voraussetzung ist, dass die Leistungen zustehen, also der Bedarf ermittelt wurde, dass sie „budgetfähig" sind und eine Erbringung in Geldform sinnvoll ist.

Richtlinien der Unfallversicherungsträger

Die Unfallversicherungsträger übernehmen zum Beispiel die während der Heilbehandlung oder der beruflichen Teilhabe erforderlichen Reisekosten oder gewähren unter bestimmten Voraussetzungen Kraftfahrzeughilfe, Wohnungshilfe oder eine neben der ärztlichen Behandlung notwendige häusliche Krankenpflege. Die Ausstattung mit Hilfsmitteln gehört ebenfalls zum Leistungsangebot der Unfallversicherungsträger. Um eine einheitliche Leistungsgewährung sicherzustellen, haben die Verbände der Unfallversicherungsträger die Ausführung dieser Leistungen in gemeinsamen Richtlinien geregelt.

DGUV Vorschrift 2[60] – Unfallverhütungsvorschrift zum Arbeitssicherheitsgesetz (ASiG)

Am 1. Januar 2011 haben sich die Vorgaben zur arbeitsmedizinischen und sicherheitstechnischen Betreuung in den Betrieben geändert. Seitdem ist die Unfallverhütungsvorschrift „Betriebsärzte und Fachkräfte für Arbeitssicherheit" (DGUV Vorschrift 2) in Kraft und löst die berufsgenossenschaftliche Vorschrift A2/GUV-V A2 und die GUV-V A6/7 ab. Damit gibt es erstmals für Berufsgenossenschaften und Unfallversicherungsträger der öffentlichen Hand eine einheitliche und gleichlautende Vorgabe zur Konkretisierung des ASiG.

Das ASiG wird damit in allen Betrieben und Bildungseinrichtungen in Deutschland einheitlich konkretisiert. Für die Regelbetreuung aller Betriebsgrößen gilt das neue Konzept seit Januar 2011. Der von der Mitgliederversammlung der DGUV einstimmig verabschiedete Mustertext sieht ebenso wie die daraus entwickelte einheitliche Fassung für die Unfallkassen **keine Übergangsfristen** vor; sie sind inhaltlich bei der Betreuung weder durch überbetriebliche Dienste noch durch eigene Fachkräfte und Betriebsärztinnen erforderlich. Dementsprechend enthält auch keine der schon beschlossenen konkreten Umsetzungen von Berufsgenossenschaften oder Unfallkassen eine Übergangsregelung. Einzige Ausnahme: Die bei den Berufsgenossenschaften bereits eingeführte alternative Kleinbetriebsbetreuung wurde erst zwei Jahre später, am 1. Januar 2013, auch bei den Unfallkassen gültig.

---

[60] Vgl. www.dguv.de/de/praevention/vorschriften_regeln/dguv-vorschrift_2/index.jsp

Die Aufsichtsdienste der Berufsgenossenschaften und Unfallkassen unterstützen seit dem Jahr 2011 die praxisgerechte Umsetzung der DGUV Vorschrift 2 in den Betrieben, Verwaltungen und Bildungseinrichtungen nachhaltig. Hierzu legten sie einen **Schwerpunkt auf die Beratung und Unterstützung** beim Übergang zu den Neuregelungen. Dieses Vorgehen hat auch die Nationale Arbeitsschutzkonferenz einstimmig befürwortet. Berufsgenossenschaften und Unfallkassen sowie die Arbeitsschutzbehörden der Länder werden dieses Thema also einheitlich handhaben.

Im Mittelpunkt der Reform stand das neue Konzept der Regelbetreuung der Betriebe mit mehr als zehn Beschäftigten. Die betriebsärztliche und sicherheitstechnische Betreuung besteht hier seitdem aus zwei ganz neuen Komponenten: aus der Grundbetreuung, für die in der Unfallverhütungsvorschrift Einsatzzeiten vorgegeben werden, und dem betriebsspezifischen Betreuungsanteil, der von jedem Betrieb selbst zu ermitteln ist. Durch die Grundbetreuung wird sichergestellt, dass für vergleichbare Betriebe identische Grundanforderungen bestehen. Der betriebsspezifische Teil stellt sicher, dass der Betreuungsumfang passgenau den betrieblichen Erfordernissen entspricht.

Die Aufgaben für die betriebsärztliche und sicherheitstechnische Betreuung wurden seitdem auf der Grundlage detaillierter Leistungskataloge ermittelt. Daraus lassen sich der notwendige Zeitaufwand und die personellen Ressourcen vom Betrieb ableiten. Ausgangspunkt sind stets die im jeweiligen Betrieb vorhandenen Arbeitsbedingungen und Gefährdungen. Statt der Vorgabe pauschaler Einsatzzeiten für den Betreuungsumfang – die bis dahin zudem zwischen den Unfallversicherungsträgern stark variierten – zu folgen, richtet sich der Betreuungsbedarf durchgängig nach den tatsächlich vorliegenden betrieblichen Gefährdungen und Bedürfnissen.

Mit der Vorschrift 2 ging damit ein völlig neues Konzept zur betriebsärztlichen und sicherheitstechnischen Betreuung an den Start: Im Mittelpunkt stehen jetzt ein moderner, bedarfsorientierter Arbeitsschutz und die damit verknüpften Aufgaben und Leistungen der betrieblichen Akteurinnen. Diese veränderte Philosophie fördert die aktive Auseinandersetzung mit dem Arbeitsschutz, stößt Debatten über seine effektive Ausrichtung an. Sie erfordert einen kontinuierlichen Dialog zwischen Betriebsärztin, Fachkraft für Arbeitssicherheit und dem Unternehmen unter Beteiligung der betrieblichen Interessenvertretung.

Längerfristig erhöht sich dadurch die Qualität der Arbeitssicherheit und des Gesundheitsschutzes.[61]

---

[61] Vgl. www.dguv.de.

Integrationsämter

Das Integrationsamt ist als Behörde für Aufgaben nach dem Schwerbehindertenrecht (Teil 2 SGB IX) zuständig. Die Aufgaben des Integrationsamtes umfassen nach § 185 SGB IX (siehe auch im Anhang):

1) Leistungen an schwerbehinderte Menschen und ihre Arbeitgeber (vgl. begleitende Hilfe im Arbeitsleben),
2) den besonderen Kündigungsschutz für schwerbehinderte Menschen,
3) Seminare und Öffentlichkeitsarbeit für das betriebliche BEM-Team sowie
4) die Erhebung und Verwendung der Ausgleichsabgabe.

i

Die Leistungen des Integrationsamtes – persönlicher und materieller Art – stellen eine individuelle, auf die besonderen Anforderungen des Arbeitsplatzes abgestellte Ergänzung zu den Leistungen der Rehabilitationsträger dar.

Das Integrationsamt ist selbst kein Rehabilitationsträger. Deshalb sind bei der Zuständigkeitsklärung (§ 185 Abs. 6 SGB IX) spezifische Regelungen zu beachten.

Das Integrationsamt arbeitet eng zusammen mit den Rehabilitationsträgern, den Arbeitgebern, Arbeitgeberverbänden, Gewerkschaften und Behindertenverbänden. Für das betriebliche BEM-Team ist es Ratgeber und Partner.

Die Integrationsämter sind in den einzelnen Bundesländern kommunal oder staatlich organisiert. Die Länder sind ermächtigt, einzelne Aufgaben der Integrationsämter nach dem Schwerbehindertenrecht (Teil 2 SGB IX) auf örtliche Fürsorgestellen zu übertragen (§ 190 Abs. 2 SGB IX).

Bundesarbeitsgemeinschaft: Die Integrationsämter und Hauptfürsorgestellen haben sich in der Bundesarbeitsgemeinschaft der Integrationsämter und Hauptfürsorgestellen zusammengeschlossen zum Zwecke der

- Abstimmung in Grundsatzfragen,
- Erstellung von Arbeitsgrundlagen,
- Koordinierung durch Empfehlungen sowie
- Weiterentwicklung des Rechts der schwerbehinderten Menschen im Arbeitsleben.

Die Bundesarbeitsgemeinschaft vertritt die Integrationsämter und die Hauptfürsorgestellen kraft Gesetzes u. a. im Beirat für die Teilhabe behinderter Menschen beim BMAS sowie im Beirat bei der BA. Sie nimmt ferner die Interessen ihrer Mitglieder bei wichtigen Vereinigungen auf Bundesebene wahr, wie zum Beispiel im Deutschen Verein für öffentliche und private Fürsorge und der Bundesarbeitsgemeinschaft für Rehabilitation. Ihr Publikationsorgan ist die „ZB: Behinderung & Beruf", die viermal jährlich erscheint.

So geht es weiter

Sie kennen nun wichtige unterstützende Institutionen und Fördermöglichkeiten im BEM sowie differenzierte Anregungen zum Umgang mit psychisch erkrankten Mitarbeiterinnen im BEM. Sie haben bereits Beispiele dazu kennengelernt. Anhand von realen Fällen werden wir jetzt noch detaillierter und anschaulicher: Welche Möglichkeiten der Unterstützung gibt es konkret in den Betrieben? Wie stelle ich einen Antrag auf ein Hörgerät? Welche Antrags-Begründungen sind für eine Umschulung wichtig?

Viele dringliche Fragen hören wir als Beraterinnen und BEM-Verantwortliche in unserer Arbeit zur Unterstützung der Beschäftigten, zur Arbeitsplatzoptimierung und zur Arbeitsplatzerhaltung in den Betrieben.

Mögliche Antworten auf diese Fragen geben wir jetzt im zweiten Teil dieses Leitfadens.

TEIL 2

Jeder Fall ist anders: 25 aktualisierte Beispiele

FALLÜBERSICHT MIT STICHWORTEN

1. ÜBERFORDERUNG UND ERSCHÖPFUNGSDEPRESSION

Maria Minkus/42/Erzieherin

STICHWORTE: psychosoziale Fachberatung, Kolleginnen und Vorgesetzte einbeziehen

Maria Minkus ist 42 Jahre alt. Sie ist von Beruf Erzieherin und arbeitet schon lange bei einem Träger, der mehrere Kindertagesstätten unterhält. Sie ist alleinerziehende Mutter eines zwölfjährigen Sohnes und hat in den letzten zwei Jahren ihren pflegebedürftigen Vater bis zu seinem Tod vor drei Monaten versorgt. In Ihrem Betrieb gibt es weder eine Interessenvertretung noch ein geregeltes BEM.

Frau Minkus fühlte sich schon lange mit den vielen betrieblichen und privaten Aufgaben überfordert. Sie war ständig müde und kaputt und kam morgens überhaupt nicht mehr richtig in Gang. Es gab Morgen, an denen saß sie am Frühstückstisch, konnte nichts mehr tun und schaute Löcher in die Luft. Sie war schnell gereizt und das tat ihr besonders im Umgang mit ihrem Sohn und dem Vater leid. Hinzu kamen migräneartige Kopfschmerzen. Dann spürte sie, dass sie mit ihren Kräften am Ende war. Ihr Arzt hatte sie mehrfach wegen akuter Erschöpfungszustände arbeitsunfähig geschrieben. Insgesamt waren die letzten Jahre für sie sehr anstrengend gewesen, und in ihrer Kita hatte zudem die Leitung gewechselt. Mit dieser neuen Leitung versteht sie sich nicht besonders gut. Sie hatte in der Arbeit mit den Kindern einiges geändert und Frau Minkus fand diese Änderungen pädagogisch weder besonders wertvoll noch gelungen. Nach der Arbeit war sie mit dem Nachlass des Vaters und der Regelung der Erbschaft beschäftigt. Sie war total erschöpft, und dann hatte sie es, auch unter größter Anstrengung, überhaupt nicht mehr geschafft, zur Arbeit zu gehen.

Nichts ging mehr. Ihr Arzt hatte sie seit Wochen arbeitsunfähig geschrieben und eine Erschöpfungsdepression diagnostiziert. Wegen der langen Fehlzeiten hatte sie schon ein schlechtes Gewissen und wollte gerne bald wieder mit der Arbeit beginnen.

Der Plan: Stufenweise Wiedereingliederung

Dann nimmt eine psychosoziale Fachberatung ihrer Krankenkasse Kontakt mit ihr auf und bietet Unterstützung an. Die Beraterin schlägt ihr zunächst wegen ihres erschöpften Gesamtzustandes eine medizinische Rehabilitation zur Wiederherstellung und Verbesserung der Erwerbsfähigkeit vor. Frau Minkus lehnt ab. Sie mag ihren Sohn nicht alleine lassen und ihn auch nicht ihretwegen aus der Schule nehmen. Sie möchte nach der langen Arbeitsunfähigkeit wieder an ihren

Arbeitsplatz zurückkehren, weil sie sonst Probleme mit der neuen Leitung und den Kolleginnen befürchtet. Gemeinsam mit ihrem Arzt und der Bera- terin der Krankenkasse erarbeitet sie einen Plan für ihre Stufenweise Wiederein- gliederung. In einem Gespräch mit ihrer Vorgesetzten bespricht sie die Planung und kündigt ihre Rückkehr an den Arbeitsplatz an. Die Vorgesetzte erweckt bei Frau Minkus den Eindruck, dass sie sich mit einer Wiedereingliederung nach dem sogenannten Hamburger Modell – so wird die Stufenweise Wiedereinglie- derung manchmal auch noch genannt – auskennt. Frau Minkus will zunächst mit drei Stunden täglich beginnen für die Dauer von zwei Wochen und dann auf vier Stunden für vier Wochen erhöhen. Für die Dauer der STWE bleibt sie weiterhin krankgeschrieben.

Fall in der Umsetzung …

… der Abbruch …

Kaum hat Frau Minkus ihre Arbeit wieder aufgenommen, wird sie von den Kolleginnen bestürmt, länger zu bleiben, an einem Elternabend und einer ganztägigen Fortbildung teilzunehmen. Die Teilnahme am Elternabend lehnt sie ab und an dem Fortbildungstag verlässt sie am Ende ihrer Arbeitszeit die Veranstaltung. Aus der Reaktion der Kolleginnen gewinnt Frau Minkus den Eindruck, dass die Kolleginnen ihr die Einhaltung der Zeiten während der STWE übelnehmen, sie für unkollegial halten und der Meinung sind, sie solle sich doch zusammenreißen und nicht so anstellen. Frau Minkus versucht, ihren Kolleginnen den Sinn einer STWE zu erläutern, und betont immer wieder, sie sei noch krankgeschrieben und wolle ihre Belastbarkeit erst langsam wieder steigern.

… und die Folgen …

Der Druck der Kolleginnen bringt Frau Minkus in Bedrängnis, und sie spürt, wie ihre innere Anspannung und Unruhe wieder steigen. Ihr Schlaf wird unruhiger, sie liegt stundenlang wach, und sie muss sich jeden Tag mehr anstrengen, um zur Arbeit zu erscheinen. Sie kämpft mit sich, ist verzweifelt und droht erneut in eine Depression abzurutschen.

Die psychosoziale Fachberaterin der Krankenkasse hat sie während der Wiedereingliederung zu begleitenden Gesprächen eingeladen. Ihr berichtet sie von den Problemen bei der Wiedereingliederung und dass sie das Gefühl hat, weder die Leitung noch das Kollegium nähmen den Sinn einer Wiedereingliederung ernst. Sie sagt ihr, am liebsten würde sie das Ganze wieder abbrechen. Ihre Beraterin hört sich das an und schlägt ihr nun vor, zu ihrem eigenen Schutz und in Absprache mit dem behandelnden Arzt, die Wiedereingliederung abzubrechen.

Nur so könne Frau Minkus sich mit Abstand von der belastenden Situation am Arbeitsplatz erholen und eine erneute schwere Krise vermeiden.

Nach den ersten Erfahrungen hat sie Angst, an ihren alten Arbeitsplatz zurückzukehren, und sie bespricht mit der Beraterin bei der Krankenkasse das weitere Vorgehen. Vor einem erneuten Versuch, mit einer STWE zu beginnen, will sie mit dem Personalleiter sprechen. Von ihm erhofft sie sich Unterstützung für den nächsten Versuch.

Nachdem sie sich nach einigen Wochen wieder stabilisiert hatte, nimmt sie also Kontakt mit dem Personalleiter des Trägers auf und bittet ihn um ein Gespräch. Sie berichtet ihm über den Verlauf und die gescheiterte Wiedereingliederung und die Auslöser, die sie für das Scheitern sieht. Ein Grund sei ihrer Meinung nach, dass ihre Vorgesetzte den Sinn einer STWE nicht kannte oder sie nicht ernst nahm und auch die Kolleginnen nicht ausreichend informiert waren. Sie äußert den Wunsch, nach dieser Erfahrung mit der Leitung nicht mehr dorthin zurückkehren zu müssen und die erneute Wiedereingliederung in einer anderen Kita durchführen zu können.

Ein erneuter – erfolgreicher – Versuch

Doch so einfach ist das nicht. Es gebe derzeit keine Möglichkeit und auch keine freien Stellen, meinte der Personalleiter, doch schließlich wird ihr langfristig eine Versetzung in Aussicht gestellt. Außerdem spricht der Personalleiter zunächst mit der Kitaleiterin und lädt dann auch Frau Minkus zusammen mit der Leiterin zu einem Gespräch ein. Dabei wird deutlich, dass die direkte Vorgesetzte nicht über Sinn und Ablauf einer STWE informiert war.

Eine erneute Wiedereingliederung wird geplant. Frau Minkus hat Angst. Sie fürchtet ein weiteres Scheitern, deshalb bittet sie um klare Abmachungen und Absprachen, an die sich alle halten. Sowohl die Zeiten als auch die Arbeitsaufgaben werden vereinbart und festgelegt. Frau Minkus gelingt es mithilfe der Unterstützung ihres Arztes und der Beraterin der Krankenkasse, sich innerlich gegen die befürchteten Anfeindungen der Kolleginnen zu wappnen und mit denjenigen enger zusammenzuarbeiten, die sie akzeptieren und wertschätzen. Diese Kolleginnen, die Arbeit mit den Kindern und die positiven Reaktionen der Eltern geben ihr die Kraft, diese Zeit zu überstehen und die Wiedereingliederung erfolgreich zu durchlaufen.

Resümee

Gelernt hat Frau Minkus in dieser turbulenten Zeit, mehr auf sich und ihre Bedürfnisse zu achten und sich abzugrenzen. Auch ihr Sohn hat davon profitiert. Sie nimmt sich nun bewusst Zeit für ihn, wenn sie nachmittags nach Hause kommt. Nach einigen Monaten wird sie versetzt.

In vielen sozialpädagogischen Einrichtungen ist das BEM bereits eingeführt, und meist gibt es auch eine Interessenvertretung und ein BEM-Team, die eine BEM-Einführung unterstützen. In diesem Fall existierte beides nicht, dafür aber gab es eine kompetente Fachberaterin der zuständigen Krankenkasse, die einen Blick für die Wünsche und Interessen der BEM-Berechtigten hatte. Frau Minkus wollte möglichst schnell, aber auch nachhaltig wieder in den betrieblichen Alltag integriert sein. In diesem Fall deckten sich die Interessen aller Beteiligten. Aber es sei an dieser Stelle auch erwähnt, dass es sehr auf die handelnden Personen ankommt. Ein weniger kooperativer Personalleiter oder eine Krankenkassenvertreterin, die vor allem ihre Institution vermeintlich gut vertreten will und (vielleicht auch unterschwellig) Druck ausübt, können den Prozess stark behindern. Unerlässlich für eine erfolgreiche Wiedereingliederung ist eine BEM-Berechtigte, die schließlich gut ihre Fähigkeiten und Grenzen einschätzen kann und weiß, was sie kann und will.

Die einzelnen Schritte im Überblick

1. → Akzeptanz kompetenter Beratung (psychosoziale Fachberatung)
2. → Erstellung eines Wiedereingliederungsplans (STWE)
3. → unterstützende Begleitung in der Umsetzung
4. → Überprüfung der Wiedereingliederung und Abbruch
5. → erneuter Versuch mit verbesserten Rahmenbedingungen
    - Gespräche mit verantwortlichen und beteiligten Akteurinnen führen
    - Verbesserung der Arbeitsplatzgestatlung (andere Kita)
    - Information und Aufklärung der vorgesetzten Fürhungskraft und Kolleginnen
    - klare Abmachungen und Absprachen mit allen Beteiligten

2. EINE HEILUNG DER PSYCHE BRAUCHT ZEIT

Sabine Wilde/39/Bürokauffrau

***Stichworte:** medizinische Rehabilitation (Reha), STWE, Arbeitsplatzwechsel*

Sabine Wilde ist 39 Jahre alt, sie ist ledig und lebt allein in einem kleinen Häuschen auf dem Land. Privat ist sie gerade durch eine Trennung belastet. Ihr Freund akzeptiert die Trennung nicht und belästigt sie mit Anrufen und E-Mails. Sie hat Angst vor ihm. Als gelernte Bürokauffrau arbeitet sie seit Jahren bei einem Konzern in der Logistik in einer Großstadt. Sie ist dort zuständig für die Abfertigung der Lkws, die das Werk beliefern.

Dabei hat sie viel mit Fahrern zu tun, die wenig oder auch gar kein Deutsch sprechen und oft mit unvollständigen Papieren bei ihr eintreffen. Da ist die Verständigung oft schwierig. Diese Aufgabe allein findet sie sehr belastend. Wegen Umbaumaßnahmen musste ihre Abteilung vom alten Standort in einen Container umziehen. Dort sitzt sie nun mit vier weiteren Kollegen auf engem Raum. Die Kollegen sind Männer, die nicht mit Sprüchen – auch abwertenden, sexistischen und frauenfeindlichen – geizen und ihr zusehen, wie sie sich mit den Fahrern abmühen muss. Sie hätte sich von ihnen mehr Unterstützung gewünscht, hat es aber schon aufgegeben, die Kollegen immer wieder darum zu bitten. Ihre männlichen Kollegen sind ihrerseits von ihr genervt, weil sie öfter kürzere Fehlzeiten hat und sie dann für sie einspringen müssen.

Mit ihrem Vorgesetzten hat sie schon öfter über ihre Arbeitssituation gesprochen, sie hat aber den Eindruck, dass er sich wenig für ihre Belastungen interessiert. Er huscht selten genug durch den Container und verschwindet dann schnell wieder.

Erste Panikattacke

Die Spannungen am Arbeitsplatz kann sie bald nicht mehr ertragen und eines Tages bekommt sie auf dem Weg zur Arbeit ihre erste Panikattacke. Ihr Herz rast und pocht bis zum Hals, kalter Schweiß bricht aus, die Knie werden weich, sie hat das Gefühl, „jetzt geht es zu Ende“. Sie schafft es gerade noch, rechts heranzufahren, und hat Mühe, sich zu beruhigen. Frau Wilde weiß, so kann sie nicht zur Arbeit fahren. Sie kehrt wieder um und fährt zurück nach Hause. Ihr ist sofort klar, diese Panikattacke hat mit den Spannungen an ihrem Arbeitsplatz zu tun, und eigentlich möchte sie dort erst einmal nicht wieder hin. Sie fürchtet, auf der Fahrt eine erneute Panikattacke zu bekommen. Als es ihr wieder etwas besser geht, bekommt sie einen Termin bei ihrem Hausarzt. Dort beschreibt sie ihm die Situation. Er erklärt sie erst einmal für arbeitsunfähig. Die Angst vor der Arbeit ist in den folgenden Tagen weiter akut, und sie vermeidet zunächst jeden Kontakt mit dem Betrieb.

Unterstützungsangebot durch das BEM? Noch zu früh!

In ihrem Betrieb ist das BEM eingeführt, auch gibt es einen Werksarzt, einen Betriebsrat und eine Schwerbehindertenvertretung. Nach sechs Wochen Krankheitsphase bekommt sie aus dem Betrieb einen Anruf und eine Einladung zu einem BEM-Gespräch. Sie ist in hellem Aufruhr. Ihre Angst ist so mächtig, dass sie sicher weiß, sie wird es nicht schaffen, zum Gespräch zu erscheinen. So sagt sie es ab. Zugleich ist ihr klar, auch aus dem Gespräch mit ihrem Arzt, dass sie mehr machen muss, als einfach nur krank zu Hause zu bleiben. Die Zeit allein wird ihr nicht helfen, wieder arbeitsfähig zu werden.

Die Krankenkasse weiß Rat

Sie spricht mit einer Kontaktperson ihrer Krankenkasse und fragt dort nach Adressen von psychotherapeutischen Praxen. Es wird schwierig werden, schnell einen Psychotherapieplatz zu finden, zumal sie in einem Dorf auf dem Land lebt. Doch ihre Gesprächspartnerin von der Krankenkasse weiß guten Rat. Sie hat eine Vereinbarung mit einer psychologischen Praxis, dort kann sie sehr schnell ein Erstgespräch und ein begrenztes Kontingent von acht bis zehn Gesprächsterminen bekommen. Frau Wilde nimmt das Angebot dankend an und innerhalb von 14 Tagen bekommt sie eine Einladung zu einem Erstgespräch.

Antrag auf medizinische Rehabilitation (Reha)

Dort erzählt sie ihre Leidensgeschichte und beschreibt die Schwierigkeiten am Arbeitsplatz. Ihre Psychotherapeutin bekommt den Eindruck, dass es gut wäre, sie käme außerhalb der Großstadt, fernab von häuslichen und betrieblichen Problemen, zur Ruhe und könnte sich regenerieren. Sie empfiehlt ihr, einen Antrag auf medizinische Rehabilitation zu stellen. Sie rät Frau Wilde, bei ihrem Antrag ihre arbeitsplatzbezogenen gesundheitlichen Probleme deutlich zu schildern, damit die Ärztinnen und Ärzte bei der Rentenversicherung auch wissen, worum es bei ihr geht. Die Psychologin will den Antrag mit einem eigenen kleinen Gutachten unterstützen. Zusätzlich rät sie Frau Wilde, auch von ihren anderen behandelnden Ärzten Stellungnahmen einzuholen.

Beispiel einer Stellungnahme (nicht auf den vorliegenden Fall bezogen):

Psychologische Stellungnahme zum Antrag auf medizinische Rehabilitation zur Vorlage bei der Rentenversicherung

RV-Nr.: XXXX

Im Rahmen meiner Tätigkeit befindet sich Frau X in psychologischer Beratung mit stützenden Gesprächen zur Krisenintervention.

Frau X ist seit 1979 in dem Betrieb Y beschäftigt. Sie arbeitet seit vielen Jahren in der telefonischen Auftragsannahme mit ständigem Kundenkontakt. Sie erlebt an ihrem Arbeitsplatz ständig steigende Anforderungen und Arbeitsverdichtung. Die Forderungen der Kunden werden immer größer, durch den technischen Fortschritt wird auch mehr Wissen von den Mitarbeitenden verlangt. Die Leistungsanforderungen durch den Betrieb steigen zusätzlich durch ein neues Entlohnungssystem. Die Beurteilung durch die Vorgesetzten wirkt sich direkt auf die Höhe der Entlohnung aus, und der Leistungsdruck wächst von Jahr zu Jahr mit neuen Vorgaben.

Frau X hat auf die steigende Belastung mit einem Rückfall ihrer psychischen Erkrankung reagiert, nachdem sie zunächst mit großen Anstrengungen versucht hat, die steigenden Anforderungen zu erfüllen. Sie hat jedoch nicht gelernt, sich zu entlasten und Spannungen abzubauen sowie Frühwarnzeichen für eine Überlastungssituation zu erkennen. Frau X hatte 1990 einen ersten psychischen Einbruch, bei ihr wurde damals eine schwere psychische Störung diagnostiziert. Sie war lange Zeit symptomfrei und erlitt erst jetzt einen Rückfall, der stationär behandelt wurde. Frau X befindet sich in regelmäßiger fachärztlicher Behandlung. Eine STWE ist abgeschlossen und dennoch leidet Frau X unter der Beeinträchtigung ihrer Leistungs- und Erwerbsfähigkeit. Sie klagt über arbeitsbedingte Verspannungen und Schmerzen im Schulter-/Nackenbereich, Konzentrationsprobleme, eine Minderung ihrer Merkfähigkeit, Schlafstörungen, nächtliches Grübeln sowie insgesamt ein vermindertes Leistungsvermögen und eine geringere Belastbarkeit. Die Arbeit strengt sie noch sehr an. Aufgrund ihrer derzeit verminderten Erwerbsfähigkeit hat sie zusätzlich Sorge, ihren Arbeitsplatz zu verlieren.

Grundsätzlich arbeitet Frau X gerne; sie erhofft sich von einer medizinischen Rehabilitation eine weitere Stabilisierung und Wiederherstellung ihrer Erwerbsfähigkeit, sodass sie noch lange erwerbsfähig bleiben kann.

> Die Erwerbsfähigkeit von Frau X ist durch körperliche und psychische Beschwerden beeinträchtigt und bedroht. Die Behandlungsmöglichkeiten vor Ort sind ausgeschöpft. Eine medizinische Rehabilitation in einer Fachklinik außerhalb ihres Wohnortes halte ich für sinnvoll und notwendig, um mit Abstand von betrieblichen Belastungen eine Stabilisierung zu erreichen und die Erwerbsfähigkeit von Frau X langfristig zu sichern.

Stabilisierung …

Nach einigen Wochen erhält Frau Wilde Post von der Rentenversicherung. Ihr Antrag auf medizinische Rehabilitation wurde bewilligt. Nun muss sie abwarten, bis ihre Reha beginnen kann. In der Zwischenzeit geht sie regelmäßig in die psychologische Praxis, die ihr die Krankenkasse vermittelt hat. Zusätzlich hat sie begonnen, wieder etwas Sport zu treiben. Sie stabilisiert sich langsam und freut sich auf die Reha.

… aber zu früh für eine Arbeitsaufnahme

Ihr Vorgesetzter meldet sich bei ihr und fragt, wann sie denn zurückkäme. Sie erzählt ihm, dass sie zurzeit auf den Beginn ihrer medizinischen Reha wartet. Er schlägt ihr vor, wieder in den Betrieb zu kommen und zu arbeiten, bis die Reha beginnt. Bei Frau Wilde bricht erneut Panik aus. Das kann sie sich zurzeit überhaupt nicht vorstellen. Allein der Gedanke an die Kollegen und die Arbeitsatmosphäre löst bei ihr die alten Ängste aus. Nach wochenlanger Warterei kann die Reha dann endlich losgehen. Frau Wilde fährt in freudiger Erwartung los. Parallel stellt sie beim zuständigen Versorgungsamt einen Antrag auf die Anerkennung einer Schwerbehinderung.

Enttäuschte Erwartungen – und wie weiter?

Nach sechswöchiger Reha wird sie arbeitsfähig entlassen. Frau Wilde ist jedoch enttäuscht, denn aus ihrer Sicht hat die Reha nicht den erwünschten Erfolg gebracht. Sie hat sich zwar gut erholt, hat aber immer noch mit Ängsten zu tun. Doch nun ist auch ihr klar, dass eine Wiedereingliederung in den Arbeitsprozess bevorsteht. Es gelingt ihr noch, den direkten Beginn mit ihrem Hausarzt ein wenig hinauszuzögern. Sie will mit einer STWE beginnen und möchte dazu auf keinen Fall an ihren alten Arbeitsplatz zu ihren Kollegen zurück.

Planung und Start der Stufenweisen Wiedereingliederung

In dieser Phase hat sie, zur Vorbereitung auf die Wiedereingliederung, verschiedene Termine. Sie spricht mit dem Werksarzt, der Schwerbehindertenvertrauensfrau und dem Betriebsrat, bis alle gemeinsam relativ klare Vorstellungen davon entwickelt haben, wie die Wiedereingliederung gelingen kann. Nach einem Vorgespräch im BEM-Team (Betriebsrat und Personalbetreuer) werden in einer größeren Runde mit ihrem Vorgesetzten, der Schwerbehindertenvertrauensfrau und dem Werksarzt die Vorstellungen und Pläne besprochen und konkretisiert.

Arbeitsplatzwechsel

Es gelingt, für die Wiedereingliederung einen Arbeitsplatz in einer anderen Abteilung der Logistik zu finden. Aufgrund der langen Fahrtwege wird sie zunächst an drei Tagen mit jeweils vier Stunden beginnen, die Arbeitszeit erst einmal an diesen Tagen steigern und sich dann schrittweise an die Erhöhung der Arbeitszeit an den anderen beiden Tagen bis zur vollen Zeit und Belastung herantasten. Im Verlauf der STWE hat sie vor jeder Steigerung der Arbeitszeit ein kurzes Auswertungsgespräch mit dem Werksarzt, um ihre Erfahrungen zu reflektieren. Sie ist froh, dass es mit dem Werksarzt jemanden im Betrieb gibt, mit dem sie offen sprechen kann und der aufgrund seiner Schweigepflicht für sie zu einer wichtigen Vertrauensperson geworden ist. Er kann auch vermittelnd eingreifen und aus arbeitsmedizinischer Sicht Einfluss auf die Gestaltung der Arbeitssituation nehmen.

Resümee

Die Wiedereingliederung ist gelungen. Dazu gehört für Frau Wilde, dass sie auch nach der erfolgreichen Wiedereingliederung nicht an ihren alten Arbeitsplatz zurückgekehrt ist. Auch konnte die Wiedereingliederung von Frau Wilde nur gelingen, weil sie sich die Zeit und Unterstützung genommen und bekommen hat, die sie für ihre Genesung gebraucht hat. Wichtig waren für sie zunächst die externen Beraterinnen, die ihr geholfen haben, ihre konflikthafte Arbeitssituation mit Abstand zu betrachten und herauszufinden, welche Bedingungen sie für eine erfolgreiche Wiedereingliederung braucht. Erst im zweiten Schritt war Frau Wilde dann in der Lage, auf den Betrieb zuzugehen. Im Betrieb war es für sie besonders wichtig, neutrale und unbeteiligte Gesprächspartnerinnen zu haben, die sie bei den ersten Schritten zurück in den Betrieb unterstützen und begleiten konnten.

Die einzelnen Schritte im Überblick

1. → Angebot des Betriebsrat zum BEM (hierzu früh, darum abgelehnt)
2. → Handlungseinsicht herstellen → Kontaktaufnahme mit der Krankenkasse
3. → Unterstützung durch Gesprächstherapie
4. → Antragstellung für eine medizinische Rehabilitation; dafür ist hilfreich:
    - eine genaue Schilderung der arbeitsplatzbezogenen gesundheitslichen Probleme im Antrag
    - Gutachten der behandelnde Psychologinnen und des Arztes
5. → Antrag auf Schwerbehinderung beim zuständigen Versorgungsamt
6. → Kontaktaufnahme und Absprachen mit den betrieblichen Akteurinnen
7. → STWE an einem neuen Arbeitsplatz im Unternehmen

3. ZICKZACK-HEILUNGSVERLAUF – EIN KLASSIKER BEI PSYCHISCHEN ERKRANKUNGEN

Bernd Gerber/43/Betriebselektriker bei einem Automobilhersteller

Stichworte: Fürsorgepflicht des Arbeitgebers, Zusatzvereinbarung mit der Betriebskrankenkasse

Bernd Gerber ist 43 Jahre alt. Er arbeitet seit 25 Jahren bei einem Automobilhersteller als Betriebselektriker in der Instandsetzung im Dreischichtbetrieb. Dieses Unternehmen ist ein Standort eines weltweit agierenden Konzerns und hält sich an die gesetzlichen Bestimmungen. Es gibt eine Betriebsärztin, Sozialberatung, einen Betriebsrat, Schwerbehindertenvertrauensleute, eine Betriebskrankenkasse und ein gutes Netzwerk an Hilfsangeboten.

Bernd Gerber hat das Gefühl, immer müder und schwächer zu werden. Gegenüber den Kolleginnen und Kollegen ist er häufig gereizt und aggressiv. Auch sein Meister nimmt diese Veränderung wahr und ist besorgt. Er spricht Herrn Gerber auf sein verändertes Verhalten an und rät ihm, einen Termin bei der Sozialberaterin wahrzunehmen. Der nimmt den Rat seines Meisters an. Als er bei ihr sitzt, sieht er blass und abgemagert aus. Er klagt über Schlafstörungen, morgendliche Antriebsschwäche, Grübeln, Appetitlosigkeit und ein Gefühl von innerer Leere und Schwäche. Bei der Arbeit sei er sehr unausgeglichen, würde alles gleich persönlich nehmen, sei manchmal auch ungerecht und aggressiv den Mitarbeitenden gegenüber und wolle oft am liebsten allein sein. Die Arbeit empfindet er nur noch als Last, obwohl er sonst immer gern gearbeitet habe. Manchmal denke er schon daran, einfach Schluss zu machen, aber diese Gedanken würde er beiseiteschieben. Er habe früher schon einmal eine Depression gehabt. Die Symptome kenne er noch von damals. In psychiatrischer Behandlung sei er nicht, die letzte Depression ist auch schon Jahre her.

Akute Depression und Zusammenbruch

Die Sozialberaterin ist alarmiert. Es ist Freitagnachmittag und sie bespricht mit ihm einen Notfallplan für das Wochenende. Es wäre am besten, wenn er sich entweder sofort bei einer psychiatrischen Praxis oder direkt in der Notfallaufnahme in der nahe gelegenen Klinik vorstellte. Er verspricht, noch am selben Tag eine Praxis aufzusuchen oder, falls das nicht klappt und er seinen Zustand nicht bis Montag aushalten kann, im Notfall in die Klinik zu gehen.

Aber er weiß, sein Versprechen wird er nicht einhalten, weil er nicht krank sein will. Er unternimmt am Wochenende gar nichts und geht am kommenden Montag wieder zur Arbeit. Das hält er noch zwei Tage durch, dann bricht er bei der Arbeit zusammen und wird letztendlich auf einer psychiatrischen Akutstation behandelt, auf der überwiegend Menschen mit Ängsten und Depressionen sind.

Die Belegschaft und sein Meister sind nach diesem Zusammenbruch besorgt. Sie halten Kontakt zu ihm. Der Meister besucht ihn sogar nach einigen Wochen im Krankenhaus.

Genesung

Herr Gerber wird auf der Station medizinisch versorgt und nimmt dort an verschiedenen Angeboten teil: Es gibt Einzel- und Gruppengespräche und verschiedene Aktivitäten. So langsam stabilisiert und erholt er sich, und seine Lebensgeister kommen wieder zurück. Er lernt auf der Station auch andere Patientinnen und Patienten kennen, denen es viel schlechter geht als ihm. Das ist ihm schon eine Mahnung, denn so weit möchte er es mit sich nie mehr kommen lassen.

Zurück in den Betrieb – der Plan zur Stufenweisen Wiedereingliederung

Er möchte am liebsten direkt nach seiner Entlassung wieder arbeiten. Von der Klinik wird sein Plan unterstützt, und gemeinsam mit dem behandelnden Arzt und der Sozialarbeiterin in der Klinik wird ein Plan für eine STWE erarbeitet. Der Plan wird mit dem Betriebsarzt abgestimmt und die Personalabteilung und sein Meister werden über seine Rückkehr informiert. Herr Gerber beginnt direkt nach seiner Entlassung mit vier Stunden vormittags von 8.00 bis 12.00 Uhr in der Frühschicht. Der Beginn wird auf 8.00 Uhr morgens festgelegt, um der noch vorhandenen morgendlichen Müdigkeit Rechnung zu tragen. Bei der weiteren Steigerung der Arbeitszeit wird die Zeit sowohl nach vorne als auch nach hinten stufenweise ausgedehnt, bis Herr Gerber bei der vollen Stundenzahl angekommen ist. Sowohl Spät- als auch Nachtschicht sind aus medizinischer Sicht zunächst in den ersten sechs Monaten aus gesundheitlichen Gründen ausgeschlossen, damit Herr Gerber sich bei der Eingliederung erst einmal an einen normalen Tag- und Nachtrhythmus gewöhnen kann.

Einbeziehung des Kollegiums

Herr Gerber möchte, dass seine Kolleginnen und Kollegen von seiner Krankheit erfahren. Darum erzählt er ihnen von seiner Depression und bittet sie, ihn bei der Früherkennung zu unterstützen, um einen Rückfall zu vermeiden. Sie sollen ihm rechtzeitig zurückmelden, wenn sie wieder Veränderungen an ihm feststellen, wenn er sich zum Beispiel wieder für alles verantwortlich fühlt und alles, was in der Abteilung geschieht, persönlich nimmt und aggressiv und gereizt reagiert. Seine Kolleginnen und Kollegen freuen sich, dass er wieder da ist und auch so offen mit ihnen spricht. Das macht für alle die Wiedereingliederung und die Zusammenarbeit einfacher. Seine Bitte an die Belegschaft, mit auf ihn zu achten, wird sehr positiv aufgenommen.

Besondere finanzielle Leistungen im Betrieb

In dem Betrieb, in dem Herr Gerber arbeitet, gibt es eine Besonderheit. Eine Vereinbarung zwischen Betrieb und Betriebskrankenkasse regelt, dass der Betrieb sich an der STWE beteiligt und nach der Hälfte der Zeit – also im zweiten Teil der STWE bis zum Ende – wieder den Lohn, anstelle von Krankengeld zahlt.

Alleingänge im Selbsttest

Regelmäßig spricht Herr Gerber mit dem Betriebsarzt über den Verlauf seiner Eingliederung. Bei einem dieser Gespräche sieht er müde und kaputt aus und bestätigt auf Nachfrage, dass es ihm nicht so gut gehe. Er habe sich für eine Extraschicht am Wochenende gemeldet und das sei wohl doch ein bisschen viel gewesen. Er wollte offensichtlich seine Grenzen ausloten und musste feststellen, dass er noch weit davon entfernt ist, ausreichend belastbar für Sonderschichten zu sein. Der starke Wunsch, so schnell wie möglich wieder ein vollwertiges, belastbares und leistungsfähiges Mitglied seiner Abteilung zu sein, hatte ihn verleitet, sich für diese Sonderschicht zu melden. Er musste akzeptieren, dass nach einer durchaus schweren Erkrankung, wie er sie gehabt hatte, eine längere Phase der Steigerung von Belastbarkeit und Leistungsfähigkeit notwendig ist.

Nach Abschluss der Wiedereingliederung

Als seine Wiedereingliederung bereits abgeschlossen war und er wieder regelmäßig in der Frühschicht eingesetzt wurde, machte er einen weiteren Test mit sich. Er meldete sich ohne Absprache mit dem Betriebsarzt zur Nachtschicht; um sich auszuprobieren, wie er sagt. Wieder musste er feststellen, dass er eine Grenze überschritten hatte. Er wurde erneut arbeitsunfähig. Insgesamt hat es nach der Entlassung aus dem Krankenhaus noch ein gutes Jahr gedauert, bis Herr Gerber ohne Anstrengung im Zweischichtbetrieb arbeiten konnte. Das Nachtschichtverbot wurde für ein weiteres Jahr aufrechterhalten, um einen erneuten Rückfall zu vermeiden.

Das Privatleben ist ebenfalls betroffen

Die STWE hat sich natürlich auch auf das Privatleben von Herrn Gerber ausgewirkt. Die ersten Wochen war er nach der Arbeit nur erschöpft und musste sich ausruhen. Er brauchte seine ganze Kraft, um die Arbeitszeit überhaupt zu schaffen. Erst ganz langsam konnte er wieder seine Freizeitaktivitäten aufnehmen.

Resümee

Immer wieder zeigt die Erfahrung, dass psychische Erkrankungen sehr langwierig sind. Das liegt zum Teil auch an der Selbsteinschätzung der Erkrankten. Sie überschätzen ihre Kraft, wollen „funktionieren", fallen in alte Verhaltensmuster und tappen dadurch häufig in eine erneute Überforderung. Klare Absprachen und sogar (Nachtschicht-)Verbote gehören dann zu einer notwendigen Fürsorgepflicht des Arbeitgebers.

Sichtbar wird hier auch, dass ein BEM-Team, das ja erst nach sechs Wochen Arbeitsunfähigkeit aktiv wird, in diesem Fall nicht in erster Linie gefragt ist. Eine aufmerksame, vorgesetzte Führungskraft und weitere betriebliche Unterstützungsangebote sind zum Tragen kommen, bevor das Kind in den Brunnen gefallen ist. Hilfreich ist in diesem Betrieb auch die Vereinbarung mit der Betriebskrankenkasse. Das entlastet Herrn Gerber, weil die Entlohnung während der Wiedereingliederung ihm keine finanziellen Nachteile bringt und er darum nicht unter zusätzlichen Druck gerät.

Die einzelnen Schritte im Überblick

1. → Aufmerksamkeit und Ansprache der Führungskraft
2. → Gespräch mit der betriebsinternen Sozialarbeiterin
3. → Notfallplan ansprechen
4. → Kontakt halten während der akuten Krankheitsphase (das kann auch – anders als hier – vom BEM-Team wahrgenommen werden, zum Beispiel durch eine Einladung zum Gespräch)
5. → Plan zur STWE erstellen und begleiten
6. → Betriebsarzt einbeziehen → auf Überforderung achten → Kontakt halten
7. → Einbeziehen der Kolleginnen und Kollegen fördert das Verständnis und erleichtert die weitere Zusammenarbeit
8. → Nachtschichtverbot erteilen (Fürsorgepflicht des Arbeitgebers)
9. → auch bei den Freizeitaktivitäten langsam die Anforderung steigern

1. AUSGLEICH EINER SEHBEHINDERUNG

Angelika Schuster/32/Versicherungskauffrau

STICHWORTE: Antrag auf Leistung zur Teilhabe am Arbeitsleben: Zuständigkeitsklärung der Leistungserbringung

Die 32-jährige Angelika Schuster arbeitet seit sechs Jahren in Vollzeit als Versicherungskauffrau in einem mittelständischen Unternehmen mit 137 Beschäftigten. Ein Betriebsrat und eine Schwerbehindertenvertretung sind vorhanden. Das BEM ist im Betrieb eingeführt.

Arbeitssituation

Frau Schuster bearbeitet die Versicherungsanträge, die von den Vertreterinnen und Vertretern in Handschrift bei den Kundinnen und Kunden ausgefüllt werden, gibt sie in das IT-System ein und schickt den Betreffenden die Police. Darüber hinaus bearbeitet sie Finanzabbuchungen, -eingänge und Schadensmeldungen. In den letzten Monaten kommt es oft vor, dass Kundennummern und -konten nicht übereinstimmen. Häufig bittet sie ihre Kolleginnen, die mit im Zimmer sitzen, um Hilfe, weil sie Buchstaben oder Zahlen nicht erkennen kann. Die Kolleginnen reagieren inzwischen ungehalten, weil sie in ihrer Konzentration auf die eigene Arbeit unterbrochen werden und sich dann auch bei ihnen Fehler einschleichen.

Das BEM-Verfahren wird eingeleitet

Frau Schuster fehlt häufig durch Kurzzeiterkrankungen, die inzwischen sechs Wochen innerhalb eines Jahres überschritten haben. *Sie wird zu einem BEM-Gespräch eingeladen, und sie nimmt diese Einladung an.* Nachdem ihr der Sinn und das Vorgehen im BEM-Verfahren erklärt wurden, sprechen die Anwesenden (Betriebsrat, Personalreferent und Frau Schuster) über die häufigen Fehlzeiten. Der Personalreferent als Arbeitgebervertreter bemerkt einleitend, dass in den Jahren, in denen sie im Unternehmen arbeite, nur sehr wenige Fehltage aufgetreten seien. Umso besorgter ist er nun, weil sich das offenbar in den letzten Monaten geändert hat. Frau Schuster wird gefragt, ob sie diese Veränderung auf ihre Arbeitssituation zurückführe.

Angst vor der Zukunft

Frau Schuster bricht unvermittelt in Tränen aus und erzählt von ihrer großen Befürchtung, nicht mehr lange arbeiten zu können. Sie fasst sich nach kurzer Zeit und berichtet dann, dass sie ein vererbtes Augenleiden habe. Ihre Mutter ist inzwischen aufgrund dieses Leidens völlig erblindet, und nun sieht sie das Gleiche auf sich zukommen. Sie ist so voller Angst, dass sie an manchen Tagen morgens kaum aufstehen kann. Dann leidet sie unter Magenkrämpfen und ist nicht fähig, zur Arbeit zu kommen. *Die Anwesenden können die Ängste von Frau*

Schuster und den Druck, unter dem sie steht, nachempfinden und geben ihr das auch zu verstehen. Ob sie denn schon einmal über technische Hilfen nachgedacht habe, wird Frau Schuster weiter gefragt, was sie jedoch verneint. Aber mit dem schwindenden Sehvermögen fehlt ihr jede Vorstellung, wie sie ihre Arbeit weiter ausführen kann. Dabei arbeitet sie sehr gern.

Auswirkungen auf die Arbeit

Es wird nachgefragt, wie sich denn die Einschränkung ihrer Sehfähigkeit auf ihre Arbeit auswirke. Sie erzählt, dass sie zum Beispiel nicht erkennen könne, ob es sich bei Zahlen um eine sechs, acht oder neun handelt, selbst dann nicht, wenn sie die Zahlen mit einem Glas vergrößere. Eine Lupe hat sie immer dabei, was aber oft nicht ausreicht: Die Handschriften der Vertreterinnen und Vertreter sind für sie zum Teil unlesbar. Sie hat die entsprechenden Personen schon gebeten, in Druckbuchstaben zu schreiben. Einige tun ihr den Gefallen, andere nicht.

Technische Hilfen und Unterstützungsmöglichkeiten

Der Betriebsrat weiß sie zu beruhigen. Nach seinen Erfahrungen bedeutet ein eingeschränktes Sehvermögen nicht automatisch das Ende der Berufstätigkeit. Es gibt inzwischen gute Hilfstechniken, gerade für blinde und sehbehinderte Menschen. Mit einer technischen Unterstützung wird meist die volle Arbeitsleistung ermöglicht. Der Betriebsrat ist zuversichtlich, dass die passenden Hilfen gefunden werden. Damit eröffnen sich völlig neue Aspekte für Angelika Schuster, und ihr Interesse ist geweckt. *Gemeinsam werden die nächsten notwendigen Schritte überlegt.* Ob ihre Sehschwäche als eine Schwerbehinderung anerkannt sei, wird sie gefragt. Als sie dies verneint, empfiehlt der Betriebsrat, die betriebliche Vertrauensperson für schwerbehinderte Menschen im Unternehmen aufzusuchen, denn er ist zuversichtlich, dass diese weitere Informationen für sie hat. Sie vereinbaren ein neues Treffen in zwei Wochen und verabschieden sich.

Unterstützung durch eine Schwerbehindertenvertretung

Zum nächsten Treffen ist auch die Schwerbehindertenvertrauensperson dabei. Mit deren Hilfe hat Frau Schuster inzwischen einen *Antrag auf Schwerbehinderung* gestellt und sich beim Integrationsamt erkundigt, wo sie sich Hilfsmittel ansehen kann. Gemeinsam mit der Schwerbehindertenvertretung sucht sie dann den Fachhandel auf, um passende Hilfen für blinde und sehbehinderte Menschen auszuprobieren.

Frau Schuster berichtet begeistert über die Hilfsmöglichkeiten, von denen sie inzwischen erfahren hat. Sie hat bereits herausgefunden, dass eine schwarze Tastatur mit weißen Buchstaben für sie die beste Lösung ist. Darüber hinaus braucht sie ein Lesegerät mit Kamera und einen zweiten Bildschirm. Den Text kann sie bis auf zehn Zentimeter Schrifthöhe vergrößern. Die Bedienung gelingt über ein Fußpedal. Damit ist die Arbeit am PC für sie kein Problem mehr. Für die benötigten Geräte hat sie bereits einen Kostenvoranschlag angefordert. Frau Schuster stellt mit Unterstützung der Schwerbehindertenvertrauensperson *Leistungen zur Teilhabe am Arbeitsleben (nach § 49 SGB IX) und zur Erhaltung des Arbeitsplatzes.* Sie adressiert diesen Antrag an ihre Krankenkasse zur Kostenübernahmeklärung ab.

Der Arbeitgebervertreter bittet Frau Schuster, einen Termin mit dem Betriebsarzt zu vereinbaren, um sicherzustellen, dass die ausgesuchten Geräte auch aus seiner Sicht die richtigen sind, und um darüber hinaus zu klären, ob alle Aspekte bedacht wurden. Auch ist es sinnvoll, eine Begründung für die Erforderlichkeit aus arbeitsmedizinischer Sicht dem Antrag beizufügen. Frau Schuster wurden die erforderlichen Bescheinigungen und Unterlagen erläutert, die sie für die Antragstellung benötigt (siehe Übersicht Punkt 3).

Wie lange die Bewilligung ihres Antrages wohl dauern wird, fragt sich Frau Schuster.

In diesem Fall hat Frau Schuster den Antrag am 8. April 2021 an die Krankenkasse gegeben. Er wurde an die Agentur für Arbeit weitergeleitet und am 19. April 2021 bewilligt. Die neue Technik wurde eingebaut. Der Einarbeitungsprozess wurde durch das BEM-Team begleitet.

RESÜMEE

Durch Erkennen des Problems und anschließendes gezieltes Handeln konnten unter Beteiligung des BEM-Teams schnelle Unterstützung gegeben und Handlungsmöglichkeiten aufgezeigt werden. Mit technischen Hilfen wurde der Arbeitsplatz umgestaltet. Die Mitarbeiterin hat nun einen Arbeitsplatz, an dem sie ihre Arbeitsleistung voll erbringen kann. Ihre Fehlzeiten gehen in der Folge deutlich zurück. Die Kolleginnen sind ebenfalls entlastet.

Die einzelnen Schritte im Überblick

1. → Problemerkennung und -benennung innerhalb des ersten BEM-Gesprächs mit dem BEM- oder Integrationsteam
2. → Einschalten der Schwerbehindertenvertretung und Ermittlung des konkreten Hilfebedarfs im zweiten BEM-Gespräch
3. → Antragstellung auf Leistungen zur Teilhabe am Arbeitsleben; dazu ist notwendig:
   - Ausfüllen des Antrages G130 (Download im Internet möglich)
   - Attest vom Augenarzt
   - Kostenvoranschlag für die benötigten Hilfsmittel
   - Stellungnahmen mit der Begründung des Antrags, dass ohne die technischen Hilfsmittel die Arbeit nicht mehr verrichtet werden kann und der Verlust der Arbeitsfähigkeit und des Arbeitsplatzes drohen
   - eventuell eine arbeitsmedizinische Stellungnahme der Betriebsärztin bzw. des Betriebsarztes
4. → Antrag bei einem Rehabilitationsträger abgeben
5. → Bewilligung und Beschaffung der technischen Hilfen
6. → Einweisung in die neue Technik durch den Hardwarelieferanten sowie Einarbeitung am neuen Arbeitsplatz und unterstützende Begleitung durch das BEM-Team

2. DAS MITEINANDER AM ARBEITSPLATZ IST MANCHMAL SCHWER

Roswitha Winter/38/Krankenschwester

STICHWORTE: Gleichstellung, Integrationsfachdienst

Roswitha Winter arbeitet 15 Jahre lang in Vollzeit als Krankenschwester in einem Krankenhausbetrieb. Dort ist das BEM formal bekannt, wird jedoch nicht systematisch umgesetzt. Auch bei den Beschäftigten ist das Verfahren nicht oder kaum bekannt. Es gibt einen Betriebsrat und eine engagierte Schwerbehindertenvertretung. Die 38-jährige Roswitha Winter genießt das uneingeschränkte Vertrauen der Ärzteschaft, ihrer Vorgesetzten, des Kolleiums und der Patientinnen und Patienten. Vor zwei Jahren bewarb sie sich auf eine interne Stellenausschreibung, was dann auch aufgrund ihrer guten Beurteilung erfolgreich war.

Schwieriger Anfang

Schon der Arbeitsbeginn gestaltet sich problematisch. Frau Winter schildert rückblickend in einem Gespräch mit dem Betriebsrat, dass sie keinerlei Einweisung in ihr neues Arbeitsgebiet bekommen habe. Sie musste sich allein zurechtfinden und fühlte sich sehr allein gelassen. Die Kolleginnen hatten – wie überall auf den Stationen – alle Hände voll zu tun. Sie zeigten sich ihr, der Neuen, gegenüber gleichgültig. Solch ein Verhalten kannte sie bis dahin nicht. *Als sie mit der Stationsleiterin darüber sprach*, wurde ihr manches klarer: Die Leiterin gab zu, dass sie persönlich lieber eine andere Schwester in ihrem Team gesehen hätte. Sie legte darum Frau Winter ohne Umschweife nahe, sich auf eine andere Stelle zu bewerben. Das verstand sie überhaupt nicht, berichtet Frau Winter weiter. Sie war bisher eine allseits anerkannte und geschätzte Kollegin, ihre Arbeitsstelle auf der alten Station war neu besetzt, und sie hatte sich auf ihren neuen Wirkungsbereich gefreut. Warum sollte sie nun gehen? Und wohin? Natürlich ging sie nicht.

Stattdessen begab sie sich voller Elan an die Arbeit und stellte all ihre praktischen, fachlichen und zwischenmenschlichen Erfahrungen in den Dienst des Kollegiums und der zu Behandelnden. *Mit guter Arbeit wollte sie überzeugen, doch ihre Anstrengungen waren vergeblich.* Frau Winter fühlte sich bei jeder sich bietenden Gelegenheit persönlich angegriffen. Kein noch so kleiner Fehler schien unbeobachtet und wurde in den Teambesprechungen erwähnt. Die Ablehnung der Stationsleitung übertrug sich immer stärker auch auf die vorher gleichgültigen Kolleginnen. Frau Winter wurde psychisch krank.

Erster Kontakt zur Schwerbehindertenvertretung

Nach sechs Monaten Krankheit sucht Roswitha Winter den ersten Kontakt zum Betriebsrat und dieser begleitet sie zur betrieblichen Schwerbehindertenvertretung. Betriebsrat und Schwerbehindertenvertretung arbeiten hier gut zusammen und ergänzen sich, auch wenn es – wie im vorliegenden Fall – nicht offensichtlich um eine schwerbehinderte Mitarbeiterin geht. Der Zustand von Frau Winter ist erschreckend. Einst eine strahlende, selbstsichere Person, die wusste, was sie konnte, hat sie nun den Glauben an sich selbst verloren. Sie hat kaum mehr soziale Kontakte und isoliert sich zunehmend. Dabei leidet sie unter extremen Schlafstörungen, kann sich nicht mehr konzentrieren, und aller Lebensmut scheint verschwunden.

Antrag auf erhöhten GdB und Gleichstellung

Weil eine Gesundung aus dieser Burn-out-Spirale nicht in Sicht ist, hilft die Schwerbehindertenvertretung Frau Winter bei der *Antragstellung auf Anerkennung einer Schwerbehinderung* (nach § 95 SGB IX). Der Antrag ist erfolgreich. Sie bekommt einen Grad der Behinderung (GdB) von 30 zuerkannt. Daraufhin stellt sie, auf Anraten und mit der Unterstützung der Schwerbehindertenvertretung, einen Antrag auf „Gleichstellung“, und auch diesem Antrag wird stattgegeben.

Mit einem GdB von 30 zählt man nicht automatisch zu den Schwerbehinderten, sondern es bedarf einer Gleichstellung durch die Agentur für Arbeit (§ 2 Abs. 2 SGB IX). Zuständig ist hierfür die Arbeitsagentur am Wohnort der Antragstellerin. Für einen Antrag auf Gleichstellung wird von der Agentur für Arbeit, vom Betriebsrat, der Schwerbehindertenvertretung und dem Arbeitgeber eine Stellungnahme zur Situation der Betroffenen eingeholt. Ab einem GdB von 50 greifen für Schwerbehinderte besondere Rechte. Bei einer Gleichstellung, die erst ab einem Grad von (mindestens) 30 zu beantragen ist, wird man – mit Einschränkungen – den rechtlichen Grundlagen (SGB IX) eines schwerbehinderten Menschen gleichgestellt.

Achtung: Mit der Gleichstellung bekommt Frau Winter nicht die zusätzlichen fünf Urlaubstage für schwerbehinderte Menschen. Auch kann sie nicht früher in Rente gehen.

Wichtig aber ist hier der allgemeine Schutz, den schwerbehinderte Menschen genießen. Damit kann nun auch die Schwerbehindertenvertretung Frau Winter zur Seite stehen. Das bedeutet zum Beispiel, dass die Schwerbehindertenvertretung nun in Absprache und im Sinne von Frau Winter bei der Geschäftsleitung tätig werden oder andere Hilfen initiieren kann.

Reha-Maßnahmen

Nach einer Krankenzeit von zwölf Monaten wird eine Rehabilitationsmaßnahme beantragt und für acht Wochen bewilligt. Danach legt Frau Winter der Schwerbehindertenvertretung eine Stellungnahme aus der Reha vor mit der Aussage, dass sie die Arbeit als Krankenschwester zwar weiter ausüben kann, allerdings nicht auf dem Arbeitsplatz mit den schwierigen personellen Bedingungen. Für Frau Winter ist klar, dass sie bald wieder in die Arbeit einsteigen will. Sie ist voller Mut und Selbstvertrauen. Zusammen mit der Schwerbehindertenvertreterin leitet sie ein Gespräch mit einer Arbeitgebervertreterin ein – in diesem Fall der zuständigen Personalreferentin –, um das weitere Vorgehen zu besprechen.

Ziel ist es, einen *Stellentausch* zu erreichen oder die Prüfung der Möglichkeit, eine andere Planstelle für Frau Winter zu bekommen. Das gelingt jedoch nicht. Zwar bringt man Frau Winter viel Verständnis entgegen, aber es gebe einfach keine freien Stellen, so versichert man ihr.

Fachdienst für psychologische Beratung

Am Ende ist Frau Winter niedergeschlagen. Sie war so zuversichtlich aus der Reha gekommen, und nun scheint eine Lösung wieder weit entfernt. *Die Schwerbehindertenvertretung macht Frau Winter Mut und gibt ihr einen Hinweis für eine stützende Begleitung: Einen Flyer vom Fachdienst für psychosoziale Beratung. Sie ermuntert sie, diese Möglichkeit der Unterstützung wahrzunehmen. Frau Winter nimmt tatsächlich umgehend Kontakt auf und bekommt bald einen Termin.*

Die Integrationsfachdienste für psychosoziale Beratung sind Einrichtungen der Integrationsämter und bieten unentgeltliche, begleitende Hilfen im Arbeitsleben für Menschen mit Körper- und Sinnesbehinderungen an.

Achtung: Die Integrationsfachdienste können in der Regel (es gibt dringliche und zeitlich begrenzte Ausnahmen) nur dann tätig werden, wenn eine anerkannte Schwerbehinderung vorliegt. Bei den Betroffenen muss also mindestens ein GdB von 50 anerkannt sein oder eine Gleichstellung vorliegen.

i

Wiedereingliederung mit Eingliederungsplan

Inzwischen drängt der Hausarzt Frau Winter zu einer Wiedereingliederung in den Betrieb. Diese Empfehlung ist in dem Reha-Gutachten enthalten, und er hat den Eindruck, es geht ihr nun wieder gut. Weil keine andere Planstelle in Aussicht ist, soll Frau Winter auf ihrer alten Stelle eine Wiedereingliederung für einen Zeitraum von drei Monaten beginnen. Geplant ist, dies innerbetrieblich von Schwerbehindertenvertretung und Betriebsarzt sowie extern vom Fachdienst begleiten zu lassen. Es wird ein Gespräch mit den Kolleginnen, der Stationsleiterin und der Personalreferentin geführt, in dem deutlich wird, dass von allen Beteiligten ein fairer Umgang miteinander erwartet wird. *Außerdem wird vom inzwischen eingeschalteten Betriebsarzt ein Plan über die zeitliche Abfolge der Wie-*

dereingliederung erstellt. Darin wird festgelegt, was in welcher Zeit der Eingliederung gearbeitet werden soll und wie die Einarbeitung und Begleitung geregelt ist. Ein weiteres Treffen wird vereinbart.

Zwischen den Treffen lässt sich Frau Winter in regelmäßigen Gesprächen vom Fachdienst unterstützen. Dabei werden ihre Ängste vor dem Neuanfang abgebaut und ihr Selbstvertrauen wird systematisch gestärkt. Dennoch ist sie verunsichert und hat vor dem nächsten Treffen große Angst. Darum wird sie zum nächsten Gespräch von der Schwerbehindertenvertretung und vom Betriebsrat begleitet.

Ihre Befürchtungen erweisen sich als unbegründet. Die Stationsleitung ist wie umgewandelt. Sie ist sehr freundlich, hat Kaffee, Tee und Wasser bereitgestellt und hat den Tisch nett hergerichtet. Damit ist die Atmosphäre von vornherein aufgelockert und nimmt Frau Winter einen großen Teil der Beklemmung. Auch die Leiterin ist gelöst und berichtet von ihrer Überraschung, dass die Zusammenarbeit mit dem Team, in dem Frau Winter arbeitet, gut klappe. Frau Winter bekommt bis zum Ende der Wiedereingliederung Krankengeld; das zusätzliche Budget (das eigentliche Gehalt von Frau Winter) wird für die Vertretung genutzt. Das entspannt die Arbeitssituation auf der Station für alle Beteiligten erheblich. Zum Abschluss des Gespräches wird der nächste Termin zum Ende der Wiedereingliederung vereinbart. Ausdrücklich wird darauf hingewiesen, dass bei auftretenden Problemen jederzeit ein früherer Termin verabredet werden kann. Alle gehen zufrieden auseinander.

Anerkennung und Gesprächsprotokoll

Die Zeit bis zum nächsten Gesprächstermin zur Wiedereingliederung vergeht schnell. Nun soll sich endgültig herausstellen, wie es mit Frau Winter weitergehen soll. Ihr ist kurz vor dem Gespräch schon etwas mulmig. Aber erneut sind die Begrüßung und die Atmosphäre sehr einladend, und die Anspannung schwindet schnell. Frau Winter, so berichtet die Stationsleiterin, habe Spezialkenntnisse, die sonst keiner auf der Station hat. *Damit ergänzt sie das Team ausgezeichnet.* Man sieht Frau Winter an, wie sehr sie diese Anerkennung freut, und sie ist ein bisschen verlegen. Sie fühlt sich wohl und möchte nun auf keiner anderen Station und in keinem anderen Team arbeiten. Frau Winter lässt dann noch ihren Willen zur weiteren Qualifizierung durchblicken und fragt ihre Vorgesetzte, die Stationsleitung, ob sie das befürworten könne. Diese überlegt kurz und stimmt dann unter der Bedingung zu, dass sich eine Qualifizierung nicht negativ auf den Arbeitsablauf auf der Station auswirkt, dass es dann also einer besonders guten Planung bedarf.

So wie alle Gespräche zum Wiedereingliederungsmanagement wird auch dieses protokolliert. Damit können sich die Beteiligten im Zweifel auf die festgehaltenen Ergebnisse berufen. Zum Abschluss bekommen die Schwerbehindertenvertreterin und die Mitarbeiterin vom Fachdienst einen Blumenstrauß von Frau Winter. Auch die fachliche Begleitung verdient Wertschätzung und Anerkennung.

Bleibt zu berichten, dass Frau Winter seit nunmehr über vier Jahren ohne Krankenzeiten mit viel Freude ihre Arbeit verrichtet. Sie hat inzwischen eine Zusatzqualifizierung abgeschlossen, die ihre Einsatzfähigkeit noch erweitert. Den Integrationsfachdienst benötigt sie nun nicht mehr, aber es gibt ihr Sicherheit, dass sie sich bei Bedarf jederzeit erneut an ihn wenden kann.

RESÜMEE

In dem beschriebenen Fall gab es im Unternehmen kein systematisches BEM. Das erschwerte Frau Winter den Kontakt zu einer Vertrauensperson im Betrieb, sei es aus der Geschäftsleitung, aus der Personalabteilung oder der Interessenvertretung. Positiv war, dass in diesem Fall die Zusammenarbeit zwischen Betriebsrat und Schwerbehindertenvertretung gut eingespielt war. Ob man den Fall als „Mobbing" definiert oder als „schlechtes Arbeitsklima" ist dabei nicht so wichtig. Entscheidend ist, dass die Mitarbeiterin wusste, an wen sie sich im Betrieb wenden konnte, und dass Maßnahmen zu ihrer Unterstützung getroffen werden konnten.

Die Erkrankung von Frau Winter war so gravierend, dass ihr ein GdB von 30 zuerkannt wurde. Das reichte allerdings nicht aus, um die offizielle Unterstützung der Scherbehindertenvertretung zu aktivieren. Erst durch die Gleichstellung war die Schwerbehindertenvertretung rechtlich in der Lage, sich für die Betroffene einzusetzen und in ihrem Namen zu handeln. Durch die Gleichstellung wurde darüber hinaus eine Unterstützung durch den Integrationsfachdienst ermöglicht. Die Mitarbeiterin des Fachdienstes konnte dazu beitragen, Frau Winter zu stabilisieren und ihre Stärken und Potenziale sicht- und abrufbar zu machen. Das hatte direkte Auswirkungen auf das Selbstwertgefühl, das langsam wieder stärker wurde. Ohne Hilfe hätte Frau Winter nicht den Weg gefunden und wäre – wie viele, die mit Mobbing oder krank machender psychischer Belastung konfrontiert sind – aus dem sozialen und finanziellen Netz gefallen. Da gibt es schnell keine Perspektive mehr. In diesem Fall konnte Frau Winter – nach langer Zeit – durch die begleitende Hilfe im Arbeitsleben den beruflichen Anschluss wiederfinden.

Die einzelnen Schritte im Überblick

1. → Kontakt herstellen, im Erstgespräch die Wünsche der Betroffenen und die Handlungsmöglichkeiten feststellen
2. → Schwerbehinderung beantragen
3. → Medizinische Reha-Maßnahme beantragen und im Anschluss beim Arbeitgeber/Betriebsarzt Reha-Gutachten und Empfehlungen vorlegen – ohne Diagnose bzw. nur mit Einwilligung der Mitarbeiterin!
4. → bei der Agentur für Arbeit die Gleichstellung beantragen; ein Antrag kann ab einem GdB von 30 gestellt werden, zuständig ist die Agentur für Arbeit am Wohnort der Betroffenen
5. → Betroffene deutlich und ermutigend über den Integrationsfachdienst und dessen Möglichkeiten informieren
6. → alle beteiligten betrieblichen Akteurinnen und Akteure „ins Boot" holen und Gespräche führen
7. → Maßnahmen zur Wiedereingliederung beschließen, begleiten, protokollieren und einhalten

3. TROTZ SCHWERER ERKRANKUNG LEISTUNGSGERECHT ARBEITEN

Juliane Pfefferkorn/48/Studienrätin

STICHWORTE: Leistungen zur Teilhabe am Arbeitsleben: technische Hilfsmittel, persönliche Arbeitsassistenz, Hilfsmittel des täglichen Gebrauchs

Juliane Pfefferkorn ist 48 Jahre alt, verbeamtet (also unkündbar) und schwerbehindert (GdB 80). Sie ist seit 15 Jahren Studienrätin an einer Gesamtschule mit 54 Mitarbeitenden. Ein BEM ist gegenwärtig im Betrieb nicht eingeführt. Frau Pfefferkorn unterrichtet zurzeit Chemie und Biologie in der Abiturklasse. Der Unterricht findet jeweils in einem Fachraum statt. Für die Experimente muss der Raum vor- und nachbereitet werden. Die einzelnen Versuche werden aufgebaut, und nach dem Unterricht sind Laborgeräte und Reagenzgläser zu reinigen und einzusortieren.

Arbeitssituation

Wir treffen Frau Pfefferkorn auf Initiative des Personalrates, der sich mit der Bitte um Unterstützung in diesem Fall an uns, als Beratungsstelle zum BEM, gewandt hat. Frau Pfefferkorn geht mithilfe eines Gehstockes. Ihr Gangbild ist ungelenk und schleppend. Sie macht einen freundlichen, aufgeschlossenen und selbstbewussten Eindruck und berichtet, dass sie so wie bisher nicht weiter arbeiten könne und befürchte, in den Ruhestand versetzt zu werden. Hintergrund ist, dass sie an Multipler Sklerose erkrankt ist. Nach dem letzten Schub geht es ihr immer noch schlecht. Sie hat sich sonst schneller erholt. Während dieses Schubs ist sie erblindet. Die Erblindung sei jedoch nicht nachhaltig, sondern werde sich voraussichtlich in wenigen Wochen wieder bessern. Gerne möchte sie weiter unterrichten, sie sieht es als ihre Berufung. Zu der Schülerschaft hat sie ein sehr gutes Verhältnis. Die Arbeit bringt ihr viel Freude und tut ihr gut. Nun hat sie große Sorge, dass sie ihre Arbeit nicht mehr lange ausüben kann.

Auf die Frage, womit sie konkret Schwierigkeiten habe, berichtet sie, sie könne an der Tafel nicht mehr schreiben, weil sie den Arm nicht mehr so hoch heben könne. Darüber hinaus wird ihre Schrift immer unleserlicher – das bleibt voraussichtlich so, auch wenn ihre Sehmöglichkeiten wieder zunehmen. Die Feinmotorik ist ihr verloren gegangen. Das wirkt sich besonders im Chemieunterricht aus. Ein Reagenzglas zu halten oder Flüssigkeit einzufüllen ist nicht nur schwer möglich, sondern auch gefährlich. Die Schülerinnen und Schüler unterstützen sie zwar sehr, aber das ist ja nicht Sinn der Sache und auf Dauer keine Lösung.

Auf der Suche nach einer gemeinsamen Lösung

Gemeinsam wird überlegt, welche Maßnahmen Frau Pfefferkorn helfen könnten. Vorgeschlagen wurde, im Unterricht mit Laptop und Beamer zu arbeiten. Dafür seien keine Voraussetzungen im Fachraum vorhanden, meint Frau Pfefferkorn. Aber es liegt auf der Hand: Ein Laptop und ein Beamer würden die Arbeit für Frau Pfefferkorn erheblich erleichtern.

Technische Arbeitshilfen für behinderte Menschen sollen vorhandene Fähigkeiten fördern, Restfähigkeiten nutzen, unterstützen und gleichzeitig schützen, aber auch nicht mehr vorhandene Fähigkeiten zumindest teilweise ersetzen. Ziel ist es

- bei bestimmten Behinderungen die Arbeitstätigkeit überhaupt erst zu ermöglichen,
- die Arbeitsausführung zu erleichtern, das heißt Arbeitsbelastungen zu verringern, und
- die Arbeitssicherheit zu gewährleisten.

Technische Arbeitshilfen kommen als singuläre Maßnahme der behinderungsgerechten Arbeitsplatzgestaltung vor (zum Beispiel als orthopädischer Bürostuhl). Sie sind aber meist Bestandteil einer umfassenden ergonomischen und behinderungsgerechten Gestaltung des Arbeitsplatzes und seines Umfelds.

Die Beratung der Arbeitgeber, der behinderten Menschen und des betrieblichen Integrationsteams über den Einsatz technischer Arbeitshilfen ist eine Schwerpunktaufgabe der beratenden Ingenieurinnen und Ingenieure der Integrationsämter.

Zur Anschaffung technischer Arbeitshilfen kann das Integrationsamt im Rahmen der begleitenden Hilfe im Arbeitsleben finanzielle Leistungen aus der Ausgleichsabgabe gewähren, und zwar sowohl an den schwerbehinderten Menschen selbst (§ 19 Schwerbehinderten-Ausgleichsabgabeverordnung [SchwbAV]) als auch an seinen Arbeitgeber (§ 26 Abs. 1 Nr. 3 SchwbAV). Die Bezuschussung technischer Arbeitshilfen an behinderte Menschen und ihre Arbeitgeber gehört darüber hinaus zum Leistungskatalog der Rehabilitationsträger (vgl. § 49 Abs. 8 Nr. 4 und § 50 Abs. 1 Nr. 3 SGB IX).

Weitere Infos: **www.integrationsaemter.de**.

Wir stellen Frau Pfefferkorn die Aufgaben und Unterstützungsmöglichkeiten des Integrationsamtes vor. *Juliane Pfefferkorn ist erstaunt, dass es diese Möglichkeiten überhaupt gibt.* Bei genauer Betrachtung ihrer Arbeitssituation ist augenfällig, dass über die technischen Hilfsmittel hinaus auch eine Arbeitsassistenz sinnvoll und möglich ist, um die vielen notwendigen vor- und nachbereitenden Handreichungen zu übernehmen. Wir erzählen ihr, dass schwerbehinderte Menschen im beruflichen Alltag oft wegen ihrer Behinderung darauf angewiesen sind, dass andere bestimmte Handgriffe übernehmen und ihnen bei der Arbeit assistieren.

Für schwerbehinderte Menschen mit erheblichem Unterstützungsbedarf ist die **Arbeitsassistenz eine persönliche Hilfe bei den täglichen Verrichtungen zur Teilhabe am Arbeitsleben und am gesellschaftlichen Leben.** Auftraggeber für diese Dienstleistungen ist der schwerbehinderte Mensch selbst. So ist die persönliche Assistenz eine Möglichkeit (von vielen anderen) zur Umsetzung des Selbstbestimmungsrechtes (vgl. Wunsch- und Wahlrecht der Leistungsberechtigten, § 8 SGB IX).

Mit der Novellierung des Schwerbehindertenrechtes (Teil 2 SGB IX) wurde ein Rechtsanspruch schwerbehinderter Menschen auf Übernahme der Kosten notwendiger Arbeitsassistenz durch die Integrationsämter eingeführt (§ 102 Abs. 4 SGB IX), und zwar als Teil der „begleitenden Hilfe im Arbeitsleben". Es geht dabei um eine Geldleistung, nicht um eine vom öffentlichen Leistungsträger zu organisierende Sachleistung. Der schwerbehinderte Arbeitnehmer hat vielmehr selbst die Organisations- und Anleitungskompetenz, ist dafür aber auch selbst verantwortlich. Der oder die schwerbehinderte Arbeitnehmende stellt also entweder die Assistenzkraft selbst ein (Arbeitgebermodell) oder beauftragt einen Anbieter von Assistenzdienstleistungen auf eigene Rechnung mit der Arbeitsassistenz.

Voraussetzung ist stets, dass es um arbeitsplatzbezogene Unterstützung geht und diese notwendig ist. Als Arbeitnehmende sind schwerbehinderte Menschen gegenüber ihrem eigenen Arbeitgeber verpflichtet, ihre Arbeitsleistung persönlich zu erbringen. Wie bereits das Wort „Assistenz" zeigt, ist Arbeitsassistenz eine Hilfestellung bei der Arbeitsausführung, nicht aber die Erledigung der von den schwerbehinderten Arbeitnehmenden zu erbringenden arbeitsvertraglichen Tätigkeiten selbst. Es geht dabei um kontinuierliche, regelmäßig und zeitlich nicht nur wenige Minuten täglich anfallende Unterstützung am konkreten Arbeitsplatz. Notwendig ist diese, wenn weder die behinderungsgerechte Arbeitsplatzgestaltung noch eine vom Arbeitgeber bereitgestellte Assistenz (zum Beispiel durch Arbeitskolleginnen oder -kollegen) ausreichen, um dem schwerbehinderten Menschen die Ausführung der Arbeit in wettbewerbsfähiger Form zu ermöglichen. Häufige nutzen beispielsweise Rollstuhlfahrende und schwer sinnesgeschädigte Menschen, wie etwa blinde oder gehörlose Menschen, die Arbeitsassistenz.

Rechtsanspruch: Als Leistung zur Teilhabe schwerbehinderter Menschen am Arbeitsleben dient die Arbeitsassistenz dem Ziel, einen sozialversicherungspflichtigen Arbeitsplatz zu erlangen oder zu erhalten (§ 49 Abs. 8 Nr. 3 SGB IX). In diesem Fall richtet sich der Rechtsanspruch, zeitlich auf drei Jahre befristet, gegen den zuständigen Rehabilitationsträger. Auch im Rahmen von Arbeitsbeschaffungsmaßnahmen haben schwerbehinderte Menschen Anspruch auf eine Arbeitsassistenz, sofern sie diese benötigen (§ 270a Abs. 1 SGB III, Kostenträger Agentur für Arbeit). Die Arbeitsassistenz dient aber auch zur Sicherung bereits bestehender sozialversicherungspflichtiger Beschäftigungsverhältnisse. Der Kostenträger ist in diesem Fall das Integrationsamt (§ 102 Abs. 4 SGB IX).

Auch nach der Eingliederungsphase bleibt häufig eine Arbeitsassistenz erforderlich. In diesen Fällen kommt es nach drei Jahren zu einem Zuständigkeitswechsel vom Rehabilitationsträger zum Integrationsamt. Um dennoch eine einheitliche Bewilligungs- und Verwaltungspraxis zu gewährleisten, sieht das SGB IX vor (§ 49 Abs. 8 Satz 2), dass die Durchführung der Leistungen zur Arbeitsassistenz von Anfang an durch das Integrationsamt erfolgt; diesem werden die Kosten für die ersten drei Jahre ab Aufnahme der Beschäftigung vom zunächst zuständigen Rehabilitationsträger erstattet. Eine vergleichbare Regelung gibt es bei der Arbeitsassistenz in Arbeitsbeschaffungsmaßnahmen (§ 270a Abs. 1 Sätze 2 und 3 SGB III). Die Übernahme der Kosten einer notwendigen Arbeitsassistenz ist auch zur Aufnahme bzw. Sicherung einer wirtschaftlich selbstständigen Existenz möglich (§ 49 Abs. 3 Nr. 6 SGB IX sowie § 21 Abs. 4 in Verbindung mit § 17 Abs. 1a SchwbAV).

Geldleistung: Da es bei der Arbeitsassistenz um eine Geldleistung an schwerbehinderte Menschen geht, bietet es sich an, die Form des **persönlichen Budgets** zu wählen (§ 17 Abs. 1 Nr. 4 und Abs. 2 und 3 SGB IX). Die Integrationsämter stellen ein solches persönliches Budget zur Verfügung. Die Leistungshöhe bemisst sich dabei anhand des durchschnittlichen täglichen Bedarfs an Arbeitsassistenz. Die Kostenübernahme soll – gemäß dem allgemeinen sozialrechtlichen Angemessenheitsgebot – in einem ausgewogenen Verhältnis zu dem damit erzielten wirtschaftlichen Integrationserfolg stehen, das heißt zu dem sozialversicherungspflichtigen Einkommen, das der schwerbehinderte Mensch selbst erzielt.

In der Praxis werden Leistungen zur Arbeitsassistenz auch zusammen mit Leistungen an Arbeitgeber zur Abdeckung außergewöhnlicher Belastungen erbracht (§ 27 SchwbAV); dies ermöglicht flexible Formen der Arbeitsassistenz, vor allem bei einem zeitlich zum Teil nicht genau vorher bestimmbaren Assistenzbedarf am Arbeitsplatz.

Weitere Infos dazu: **www.integrationsaemter.de**.

i

Frau Pfefferkorn stellt erleichtert und hocherfreut fest, dass sie dann ihre Arbeit weiter ausführen könnte. Sie hat auch gleich eine Idee, wie sie das Gehörte konkret umsetzen kann. Eine geringfügig Beschäftigte, die an der Schule bisher zwei Stunden täglich arbeitet und ihr schon wiederholt geholfen hatte, will sie fragen, ob es in ihren Möglichkeiten liege, sie als Arbeitsassistentin zu unterstützen. Es sollen nun aber zunächst der Bedarf und Umfang der Hilfe festgestellt werden.

Verbesserung der Arbeitsbedingungen

Für die Bewilligung des Laptops und des Beamers ist das Integrationsamt zuständig, weil diese Beschaffung zur Verbesserung der Arbeitsbedingungen benötigt wird und es damit eine Leistung zur Teilhabe im Arbeitsleben ist. Als Beamtin ist Frau Pfefferkorn nicht rentenversicherungspflichtig, also kommt der Rentenversicherer als Leistungserbringer für die begleitenden Hilfen nicht in Betracht. Darum ist entweder der Arbeitgeber in der Pflicht, die Arbeitsbedingungen zu verbessern, oder bei schwerbehinderten Menschen – wie in diesem Fall – das Integrationsamt. Beantragt werden die Hilfsmittel vom Arbeitgeber. Juliane Pfefferkorn will nun alles zügig in die Wege leiten und sich mit dem Schulleiter und dem technischen Berater des Integrationsamtes in Verbindung setzen. Letzterer soll mit ihr gemeinsam herausfinden, ob weitere technische Hilfsmittel benötigt werden.

Gehwagen: Hilfsmittel des täglichen Gebrauchs

Bevor Frau Pfefferkorn geht, fragen wir noch, ob ein Gehwagen sie zusätzlich in ihrer Arbeit und in ihrem täglichen Leben unterstützen könnte. Das hält sie ebenfalls für eine gute Idee, denn das Laufen mit dem Stock ist nicht ideal. Oft muss sie sich an der Wand festhalten. Auch tragen kann sie nicht viel. Hefte zum Korrigieren mit nach Hause zu nehmen ist eine große Anstrengung und kann nur in Etappen vor sich gehen. Einen Gehwagen würde die Krankenkasse finanzieren, weil sie ihn auch privat nutzen würde. Dazu braucht sie eine Verordnung ihrer Ärztin.

Die Ärztin kann Rezepte ausstellen für Medikamente, medizinische Behandlungen (zum Beispiel Massagen, Einreibungen, Medikamentengabe, bei Müttern auch Kinderbetreuung und Haushaltshilfen) und für Hilfsmittel wie Krücken, Rollstühle oder Gehwagen. Die Krankenkasse versteht sich als Gesundheitskasse. Sie zahlt dann, wenn die ärztliche Verordnung dazu dient, die Patientin oder den Patienten zu heilen bzw. so weit wieder herzustellen, dass sich der Gesundheitszustand nicht weiter verschlechtert. Der oder die zu Behandelnde leistet je nach Verschreibung die vorgegebenen Zuzahlungen. Beim Bezug von Hilfsmitteln über Rezept ist es notwendig, der jeweiligen Krankenkasse einen Kostenvoranschlag durch das Sanitätshaus vorzulegen und diesen **vor dem Kauf** genehmigen zu lassen.

Frau Pfefferkorn hat zunächst alles mit ihrem vorgesetzten Schulleiter besprochen, und gemeinsam haben sie sich an das Integrationsamt gewandt. Sie sind gut und umfassend beraten worden.

Die Vorstellungen der Hilfen wurden dann wie abgesprochen umgesetzt. Frau Pfefferkorn hat die Abiturklasse „abgegeben" und unterrichtet nun die fünfte und sechste Klasse. Den Kindern gefällt die Unterrichtsform gut. Frau Pfefferkorn kann ihren Unterricht ohne Einschränkungen halten.

RESÜMEE

Ein Arbeitsplatz und damit die Teilhabe am Arbeitsleben konnten hier erhalten werden. Mit technischen Arbeitshilfen und einer Arbeitsassistenz wurde der Arbeitsplatz so ausgestattet, dass die Arbeitsleistungen ohne Einschränkungen erbracht werden können. An dieser Schule wurde in der Folge erfolgreich ein BEM eingeführt.

Die einzelnen Schritte im Überblick

1. → das Gespräch anbieten und die Sorgen und Befürchtungen der Betroffenen ernst nehmen
2. → die Einschränkungen werten und (ggf. unter Hinzuziehung interner Beratungsmöglichkeiten, etwa durch die Betriebsärztin oder den Betriebsarzt) externe fachliche Unterstützung organisieren (Disability-Managende, technische Beratende des Integrationsamtes)
3. → alle möglichen Hilfen durch Technik, persönliche Assistenzen und Unterstützung im privaten Bereich und in der Arbeitsumgebung kreativ ausloten
4. → Hilfe leisten bei der Antragstellung für die erforderliche Unterstützung
5. → Umsetzung der Maßnahmen begleiten

4. PSYCHISCHE BELASTUNGEN ENTSCHÄRFEN

Renate Stamer/48/Altenpflegerin

STICHWORTE: Coaching, Supervision

Renate Stamer ist 48 Jahre alt und arbeitet 30 Wochenstunden als examinierte Altenpflegerin in einer ambulanten Pflegeeinrichtung mit 65 Beschäftigten. Innerhalb der Belegschaft arbeiten 61 Mitarbeiterinnen in einem Teilzeitarbeitsverhältnis. Im Betrieb existiert eine Mitarbeitervertretung; das BEM ist gut eingeführt.

Arbeitssituation

Frau Stamer ist seit vielen Jahren in der Pflegeeinrichtung beschäftigt. Zunächst arbeitete sie in der Hauspflege. Dann schloss sie eine Qualifizierung zur Altenpflegerin mit einem guten staatlichen Examen ab und arbeitete seitdem in diesem Beruf. Es wird im Team in zwei Schichten, im Früh- und im Spätdienst, gearbeitet. Die Kollegin der ersten Schicht auf der Krankenpflegetour ist verantwortlich für die Dokumentation. Erfasst werden etwa Wundprotokolle, Anträge auf Pflegehilfsmittel, Ärzteanforderungen und Verlaufsberichte für Demenzkranke. In der Spätschicht müssen ca. 20 Patientinnen und Patienten betreut werden. Die zeitliche Inanspruchnahme durch die zu Pflegenden ist sehr unterschiedlich.

Hohes Konfliktpotenzial

Frau Stamer ist eine äußerst engagierte Altenpflegerin. Sie ist sehr empathisch, und die Pflegebedürftigen liegen ihr am Herzen. Sie arbeitet schnell und umsichtig; nichts bleibt liegen, auch nicht die Arbeit der anderen, denn sie fühlt sich für alles verantwortlich.

Das hat auch schon mal zur Folge, dass sie Kolleginnen wegen (vermeintlicher) Rückstände anspricht, was von diesen nicht gern gesehen und als Einmischung verstanden wird.

Frau Stamer kann sich schlecht abgrenzen. Die zu Behandelnden tun ihr leid, und so investiert sie zusätzlich Zeiten und Hilfeleistungen. Das ist für sie selbstverständlich, doch die Patientinnen und Patienten erwarten diese Aufmerksamkeiten dann auch von den anderen Pflegekräften. Diese können aber die Erwartungen nicht erfüllen und so sind Konflikte vorprogrammiert.

Die Kolleginnen beschweren sich bei der Pflegedienstleitung, die den geschilderten Sachverhalt so interpretiert, dass Renate Stamer nicht voll ausgelastet ist. In der Folge wird sie für drei aufeinanderfolgende Abenddienste eingeteilt, was durchaus ungewöhnlich ist. Als sie dann an einem der drei Abende nach 23 Uhr zu einem weiteren Einsatz geschickt wird, ist das nun auch Frau Stamer zu viel.

Am folgenden Tag bittet sie die Pflegedienstleitung um ein Gespräch. Frau Stamer weist auf ihre letzten Diensteinteilungen hin und betont, dass sie nicht mehr drei Mal hintereinander im Spätdienst eingesetzt werden möchte. Sie leidet unter starken Schlafstörungen und der häufige späte Einsatz bringt sie zusätzlich körperlich und seelisch aus dem Rhythmus. Die Pflegedienstleiterin geht auf diese Äußerungen nicht ein und schweigt.

Persönliche Angriffe im Personalgespräch …

Als Frau Stamer am Tag darauf ihren Dienst antreten will, bekommt sie ohne weitere Begründung die Vorladung zu einem Personalgespräch. Da ihr das nicht geheuer ist, bittet sie eine Mitarbeitervertreterin um Begleitung zum Gespräch.

Die Pflegedienstleitung eröffnet das Gespräch damit, dass sie, Renate Stamer, doch einmal überlegen soll, warum ihre Ehe nicht funktioniert hat und warum sie von ihren Kolleginnen so wenig akzeptiert wird. Sie soll doch einmal überprüfen, ob der Beruf der Altenpflege noch der richtige für sie ist.

… sind für niemanden hilfreich.

Renate Stamer bleibt stumm. So grundsätzlich infrage gestellt, persönlich angegriffen und verletzt fühlt sie sich, dass sie darauf nichts entgegnen kann. Die Mitarbeitervertreterin ist ebenfalls überrascht von diesen massiven und persönlichen Angriffen. Um Renate Stamer zu schützen, verweist sie im Sinne einer sachlichen Konfliktlösung in dieser Situation auf die Einhaltung von wertschätzenden Grundregeln im Umgang miteinander. Doch hierzu kommt es nicht mehr: Man trennt sich im Unfrieden.

Wenige Tage nach diesem Gespräch wird Renate Stamer so krank, dass sie aufgrund akuter psychosomatischer Störungen in eine Klinik eingewiesen wird. Für ihre Arbeitsstelle fällt sie nun für mehrere Wochen aus. Frau Stamers Gesundheitszustand stabilisiert sich erst nach einigen Wochen so weit, dass sie an eine Wiedereingliederung denken kann. Das ist jedoch nur dann sinnvoll, wenn sich einiges an den Rahmenbedingungen der Arbeitssituation ändert.

Während Frau Stamer noch in der Klinik ist, wird sie nach sechs Wochen von der Geschäftsleitung zu einem BEM-Gespräch eingeladen. Eine Kopie des Schreibens erhält die Mitarbeitervertretung zur Kenntnisnahme. Diese ist auch während der Erkrankung mit Frau Stamer in losem Kontakt und weiß nach Rücksprache, dass der vorgeschlagene Termin nicht eingehalten werden kann. Ein späterer Termin wird vereinbart.

Die Geschäftsleitung erkennt den akuten Handlungsbedarf.

Inzwischen hat die Mitarbeitervertretung formellen Kontakt mit der Geschäftsleitung aufgenommen. Sie bittet um ein Gespräch ohne Frau Stamer, in dem sie dann den Fall von Frau Stamer und weitere Konfliktfelder in der Einrichtung anspricht. Es wird deutlich, dass dort viele Beschäftigte unzufrieden sind. Diese Unzufriedenheit richtet sich hauptsächlich auf die Leitung und deren mangelnde Fähigkeit, mit den Beschäftigten zu reden und sie fair und sinnvoll einzusetzen. Frau Stamer scheint da nur das schwächste Glied in einer Kette zu sein. Zusammen mit dem zuständigen Personalreferenten und der Mitarbeitervertretung besprechen sie die aktuelle Situation. Die Geschäftsleitung erkennt den akuten Handlungsbedarf.

Veränderte Rahmenbedingungen

Für die überforderte Leiterin wird ein anderer passenderer Wirkungskreis gefunden. In der Einrichtung wird sie durch eine erfahrene Kollegin ersetzt. Um die zum Teil verfahrene Situation in der Einrichtung aufzuarbeiten, werden regelmäßige Supervisionen in den Einsatzgruppen und mit den einzelnen Pflegedienstleitungen der Einrichtung durchgeführt. Damit hat sich die Situation für Frau Stamer und alle anderen Mitarbeiterinnen erheblich verändert:

- Persönlichkeitsrechte werden respektiert,
- verbale Übergriffe auf Mitarbeiterinnen werden geahndet,
- Mitarbeiterinnen und ihre Arbeit werden wertgeschätzt,
- es finden regelmäßige Teamgespräche statt,
- Belange und Fragen der Mitarbeiterinnen finden ihren Platz und
- Fallbesprechungen werden eingeführt.

Aber auch Frau Stamer hat ihr Verhalten überdacht und in einer Gesprächstherapie reflektiert. In einem BEM-Gespräch, unter Teilnahme des Betriebsarztes, vertraut sie dem Integrationsteam ihre gesundheitlichen Probleme an. Sie berichtet auch von ihren Schwierigkeiten, sich von ihren falschen oder gar krankmachenden Verhaltensweisen zu trennen. Da die Anwesenden sich in ihre Lage hineinversetzen können, schlägt der Betriebsarzt Frau Stamer vor, sich in Absprache mit ihrer Therapeutin ein „Coaching im Job“ zu überlegen. Die Finanzierung dazu will er mit der Geschäftsleitung besprechen.

Coaching ist eine praxisnahe Beratungsform, die vorranging von Fach- und Führungskräften in Anspruch genommen wird, die ihren täglichen Umgang mit Menschen im Arbeitsalltag reflektieren wollen mit dem Ziel, diesen Alltag und den Umgang mit Kolleginnen und Kollegen effektiver und zufriedenstellender gestalten zu können.

Eine Variante davon ist das **„Coaching im Job“**. Dabei geht ein Coach oder eine Coachin mit dem oder der Betreffenden, der oder die eine Verhaltensänderung anstrebt, zur Arbeit. Er oder sie beobachtet die Arbeitsabläufe und bespricht dann im Anschluss mit der oder dem Ratsuchenden, was dabei aufgefallen ist. Ziel ist es, auf bestimmte Situationen aufmerksam zu machen, in denen Veränderungen sinnvoll sind.

Supervision ist ein berufsbezogener Beratungs- und Lernprozess, der die Verbesserung der Professionalität des beruflichen Handelns (meist) in sozialen Arbeitsfeldern zum Ziel hat.

Im Zusammenspiel mit der veränderten Arbeitssituation, mit der psychotherapeutischen Reflexion und der begleitenden Beratung während der Arbeit konnte Frau Stamer wieder ganz gesund werden:

- Ihr Selbstwertgefühl wurde verbessert.
- Sie kann den Erwartungen und dem Druck der Pflegebedürftigen etwas entgegensetzen.
- Sie kann sich besser abgrenzen.
- Sie kann sich wieder wichtig nehmen.
- Sie kann ihre Wünsche und Bedürfnisse erkennen.
- Was sie stört, kann sie gleich und besser ansprechen.
- Sie kann Kritik sachlich ohne Vorwurf formulieren.
- Sie hat weniger Angst vor negativen Reaktionen.
- Sie kann Zuständigkeiten erkennen und an andere abgeben.

RESÜMEE

Sicher sind die Lösungsansätze in diesem Fall recht aufwendig. Das Ergebnis aber ist lohnend. Nicht nur bleibt der Einrichtung eine wichtige und engagierte Mitarbeiterin erhalten, das gesamte Arbeitsklima wird deutlich verbessert. Das ist nach kurzer Zeit auch direkt an den sinkenden Fehlzeiten der Kolleginnen erkennbar. Bei einer guten Personalführung können Probleme frühzeitig erkannt und bearbeitet werden. Ein entsprechendes „Coaching im Job" ist hierbei eine gute Unterstützung. Frau Stamer blieb damit kein Einzelfall. Andere Kollegen und Kolleginnen, vor allem auch auf der Leitungsebene, lassen sich inzwischen coachen. Die Kosten übernimmt in diesem Fall der Arbeitgeber.

Die einzelnen Schritte im Überblick

1. → ansprechbar sein, auch bevor ein BEM-Fall auftritt
2. → aktiv im Sinne der Betroffenen und des Betriebsklimas werden, Missstände öffentlich machen
3. → Personalentscheider und -entscheiderinnen sowie den Arbeitgeber involvieren
4. → Betroffene begleitend unterstützen
5. → eigene Grenzen erkennen und externe Fachleute (aus der Psychologie, dem Coaching, der Supervision) einbinden
6. → finanzielle Unterstützungsmöglichkeiten (extern und intern) ausloten und Kooperationen (zum Beispiel mit einer Krankenkasse) anregen; die Kosten kann der Arbeitgeber zahlen – wie in diesem Fall – oder als „begleitende Hilfen im Arbeitsleben“ (§ 49 SGB IX) beantragt werden

5. ALLE MITMACHEN – DANN KLAPPT ES!

Günther Schenck/41/Chemiefacharbeiter

STICHWORTE: Leistungsgerechter Arbeitsplatz, Minderleistungsausgleich, Arbeitsassistenz, Mehrfachanrechnung

Günther Schenck ist 41 Jahre alt und arbeitet seit 22 Jahren als Chemiefacharbeiter in einem Chemieunternehmen, das für die Autoindustrie Klebstoffe herstellt. Der Betrieb hat 104 Beschäftigte, ein Betriebsrat ist gewählt, das BEM noch nicht eingeführt.

Die Vorgeschichte

Herr Schenck war wegen eines Gehirntumors acht Monate arbeitsunfähig. Anschließend erhält er auf Antrag einen GdB von 80 zuerkannt und meldet sich an seinem Arbeitsplatz zurück. Den Vorschlag seines Vorgesetzten, nach dem schwerwiegenden operativen Eingriff nicht gleich wieder voll einzusteigen und eine Wiedereingliederung anzunehmen, lehnt er ab, da er sich genügend wiederhergestellt fühlt und nun endlich wieder arbeiten will. Nachfragen nach möglichen Einschränkungen in seiner Leistungsfähigkeit beantwortet er negativ und so nimmt er seine gewohnte Arbeit wieder auf.

Differenzen in der Einschätzung der Arbeitssituation

Der neue Beginn seiner Tätigkeit wird jedoch von Schwierigkeiten begleitet, weil Günther Schenck die Arbeitsabläufe fremd geworden sind und auch Anweisungen und Erklärungen nicht verstehen oder nachvollziehen kann. Der Vorgesetzte ist ratlos. *Ein formales BEM gibt es im Betrieb nicht, aber der Meister bittet ihn um ein Gespräch zusammen mit dem Personalleiter und dem Betriebsrat.* Auf die Frage des Personalleiters, wie es ihm gehe und wie er seine Arbeitsleistung einschätze, gibt Herr Schenck zu verstehen, dass er keine Probleme sehe und sich freue, wieder arbeiten zu können.

Fremdwahrnehmungen decken sich nicht …

Der Meister findet freundliche Worte und macht deutlich, dass seine Kolleginnen und Kollegen dies anders sehen. Er schildert einige Situationen und Vorfälle, an die sich Günther Schenck aber nicht mehr erinnert. Der Vorgesetzte versichert ihm, dass er vor seiner Erkrankung ein sehr zuverlässiger Kollege gewesen sei, dem er und alle anderen voll vertraut haben. Er habe die Verantwortung für die Auszubildenden mit übernommen. Die Abläufe im Betrieb habe er im Blick gehabt. Diese Übernahme von Verantwortung und den Überblick traue er ihm im Moment jedoch nicht zu.

… mit der Selbstwahrnehmung

Günther Schenck sitzt gut gelaunt und entspannt da und erweckt nicht den Eindruck, dass ihn das Gespräch belastet. Er sagt, er kenne sich hier sehr gut aus, schließlich habe er schon seine Ausbildung hier im Betrieb gemacht. *Es scheint nicht einfach, ihm klarzumachen, dass seine Selbsteinschätzung eine völlig andere ist als die seiner Umwelt.* Schließlich verständigt man sich darauf, dass er im Moment nicht weiterarbeitet und – im Rahmen einer bezahlten Freistellung – zum Betriebsarzt geht. Der Personalleiter vereinbart einen Termin für ihn. Das akzeptiert Günther Schenck, findet es aber schade, dass er nicht arbeiten darf.

Beteiligung des Betriebsarztes

Beim Betriebsarzt hat er eine Entbindung von der Schweigepflicht unterschrieben, so dass auch die Informationen aus den Krankenunterlagen vom zuständigen Neurologen bei der Beurteilung durch den Betriebsarzt einfließen können. Nachdem diese Einschätzung des Betriebsarztes, die auch ohne Diagnosenennung möglich ist, der Personalleitung vorliegt, wird ein erneuter Gesprächstermin mit dem Vorgesetzten von Herr Schenck und diesem selbst vereinbart.

Aus der arbeitsmedizinischen Stellungnahme geht hervor, dass Günter Schenck arbeitsfähig ist, jedoch nicht mehr in seinem alten Arbeitsbereich. Eine leichte Arbeit mit einfachen Tätigkeiten, bei der er keine Maschinen bedient und keine große Verantwortung übernimmt, kann er unter ständiger Anweisung und Begleitung ausführen. Es wird sich schnell darauf verständigt, dass nur eine Arbeit als Lagerhilfe infrage kommt. Damit ist Schenck auch einverstanden. Inzwischen hat ihm der Betriebsarzt erklärt, sagt er, dass er seine bisherige Arbeit nicht mehr ausführen kann.

Ein neuer Arbeitsplatz

Schenck fängt somit im Lager an zu arbeiten. *Aber auch dort ist seine Arbeit chaotisch.* Die Aufgaben, die in den Wochenplansitzungen besprochen wurden, vergisst er. Man erwischt ihn, wie er trotzt striktem Verbot einen Gabelstapler fährt. Er wird für seine Umgebung zur Gefahr. Die Mitarbeitenden sind genervt und weigern sich, weiter mit ihm zusammenzuarbeiten. Nur die Verantwortlichkeit der Unternehmensleitung, die einen bewährten Mitarbeiter nicht einfach fallenlassen möchte, verhindert zu diesem Zeitpunkt eine Kündigung. Um konstruktiv und lösungsorientiert einen Ausweg zu finden, wird auf eine externe Beratung zurückgegriffen.

Hilfe vom Integrationsamt und dem Fachdienst

Der Arbeitgeber wendet sich an uns und wir schlagen zunächst ein Gespräch mit einem Vertreter des Integrationsamtes vor, in dem schnell klar wird, dass auch die Experten des Integrationsfachdienstes für die Begleitung arbeitspsychologischer Prozesse hinzugezogen werden sollen, um die Kollegen, mit denen er zusammenarbeitet, mit einzubeziehen und deren Verständnis zu gewinnen. Als Erstes wird Günther Schenck eine Arbeitsassistenz zur Seite gestellt, deren Kosten vom Integrationsamt übernommen werden. Die Arbeitsassistenz solle in einem Coaching vor Ort herausfinden, welche Art der Unterstützung Günther Schenck weiter benötigt.

Anders als bei der persönlichen Arbeitsassistenz wird diese befristet bewilligt.

In der Praxis werden Leistungen zur Arbeitsassistenz auch zusammen mit Leistungen an den Arbeitgeber zur Abdeckung außergewöhnlicher Belastungen erbracht (§ 27 SchwAV). Dies ermöglicht flexible Formen der Arbeitsassistenz, vor allem bei zeitlich nicht genau vorher bestimmbarem Assistenzbedarf am Arbeitsplatz.

Die Betreuung seelisch behinderter Menschen und die Beratung von Arbeitgebern, Vorgesetzten und Mitarbeitenden bei Problemen im psychosozialen Bereich sind Aufgaben der Integrationsfachdienste, die im Auftrag der Integrationsämter tätig werden, wie auch anderer Fachdienste der Integrationsämter.

i

Darüber hinaus bietet das Integrationsamt bei einer Weiterbeschäftigung einen Minderleistungsausgleich an.

Der Minderleistungsausgleich bezieht sich auf anteilige Lohnkosten von schwerbehinderten Menschen, deren Arbeitsleistung im Betrieb aus behinderungsbedingten Gründen erheblich hinter dem Durchschnitt vergleichbarer Arbeitnehmender zurückbleibt.

Der Arbeitgeber stellt einen entsprechenden Antrag an das Integrationsamt auf der Grundlage des § 102 Abs. 3 SGB IX in Verbindung mit § 27 SchwAV, „Leistungen bei außergewöhnlichen Belastungen" (ausführlicher dazu im Fall 7).

i

Die Arbeitsassistenz kommt zweimal wöchentlich und beobachtet, wie Günther Schenck arbeitet. Sie macht Vorschläge, wie bestimmte Arbeiten von ihm einfacher auszuführen sind.

Zentrale Bezugsperson

Die Mitarbeiterin des Integrationsfachdienstes und der Arbeitsassistent bitten die Kollegen aus dem Lager zu einem Gespräch. Es wird das für die Kollegen unerklärliche Verhalten von Günther Schenck besprochen, um es zu verstehen und um nach gemeinsamen Lösungen zu suchen. Der Arbeitsassistent schlägt vor, dass sich von den Kollegen einer bereit erklären soll, im Betrieb als zentrale Bezugsperson für Schenck da zu sein. *Die Arbeitsabläufe und Aufgaben werden strukturiert und transparent gestaltet.* Über- und Unterforderungen werden vermieden. Die Kollegen berücksichtigen bei den Besprechungen zu den Arbeitsleistungen im Wochenplan, dass Schenck nicht mehr allein arbeiten kann. Sie wollen ihn unterstützen.

Ein Kollege berichtet, dass Schenck erzählt habe, er habe einen gesetzlich eingesetzten Betreuer (Übernahme einer Vormundschaft). Das ist für alle neu. Auch der Personalleiter weiß bisher nichts davon. Mit dem Betreuer wird Kontakt aufgenommen und geklärt, für welche Angelegenheiten eine Betreuung vom Gericht eingesetzt wurde.

Wir empfehlen dem Arbeitgeber, dass er für Günther Schenck eine Mehrfachanrechnung bei der Agentur für Arbeit beantragen sollte.

i

Besondere Schwierigkeiten bei der Erlangung oder Erhaltung eines Arbeitsplatzes können im Einzelfall dadurch ausgeglichen werden, dass der Arbeitgeber bei der Veranlagung zur Ausgleichsabgabe einen schwerbehinderten Arbeitnehmer auf zwei oder drei Pflichtplätze anrechnen darf (§ 76 SGB IX). Dies gilt insbesondere für die in § 72 Abs. 1 SGB IX genannten schwerbehinderten Menschen. Die Entscheidung über die Mehrfachabrechnung trifft die Agentur für Arbeit auf Antrag.

RESÜMEE

Mit allen zur Verfügung stehenden Mitteln wurde hier ein Arbeitsplatz geschaffen, auf dem die noch verbleibenden Fähigkeiten und Kenntnisse mit Unterstützung auch der Kollegen umgesetzt werden können. Ausschlaggebend waren die Bereitschaft und der Wille der Beteiligten, vor allem auch des Arbeitgebers, einen bewährten Mitarbeiter nicht fallen zu lassen.

Die einzelnen Schritte im Überblick

1. → die Selbstbestimmung des Betroffenen in den Vordergrund stellen
2. → Beobachtung und Feststellung, dass die Selbsteinschätzung des Betroffenen mit den konkreten Anforderungen nicht übereinstimmen (kognitive Dissonanz) – das Ergebnis: Scheitern der Arbeitsaufnahme auf dem alten Arbeitsplatz
3. → arbeitsmedizinische Stellungnahme anfordern und eine Entbindung von der Schweigepflicht des Betriebsarztes zur besseren Einschätzung des gesundheitlichen Zustandes vom Betroffenen unterschreiben lassen
4. → einen leistungsgerechten Arbeitsplatz suchen und die entsprechenden Rahmenbedingungen schaffen
5. → dazu: externe Beratende hinzuziehen und einbinden
6. → in Kooperation mit dem Integrationsamt Minderleistungsausgleich und Assistenzbegleitung beantragen und organisieren
7. → die Kollegen einbeziehen und deren Verständnis erwirken
8. → Mehrfachanrechnung bei der Agentur für Arbeit beantragen, um eine finanzielle Entlastung für den Arbeitgeber zu erhalten

6. WENN ZWISCHENMENSCHLICHE BEZIEHUNGEN KRANK MACHEN: HANDELN!

Gesine Krohn/41/Architektin

STICHWORTE: Arbeitsplatzwechsel, Einarbeitungszuschuss

Gesine Krohn arbeitet seit zwölf Jahren (Vollzeit) als Architektin im Büro einer Architektengemeinschaft mit 32 Beschäftigten. Frau Krohn ist seit langer Zeit arbeitsunfähig. Es gibt in dem Unternehmen einen Betriebsrat. Ein BEM ist nicht systematisch eingeführt.

Das Gespräch

Der Betriebsrat bittet uns als externe Disability-Managerinnen um Hilfe. Er fragt an, ob er mit einer Kollegin zu uns kommen kann. Die Kollegin möchte auf keinen Fall in den Betrieb gehen. Auf neutralem Boden kann er sie vielleicht dazu überreden, ein gemeinsames Gespräch zu führen. Wir sagen zu. Bis ein Termin zustande kommt, vergehen zwei Monate.

Dann kommt Frau Krohn mit dem Betriebsrat zu uns. Sie wirkt unruhig und ängstlich. Als Erstes bedankt sie sich dafür, dass sie zu uns kommen konnte. Nachdem wir uns vorgestellt haben, werden ihr Tee, Kaffee und Wasser angeboten. Sie lehnt alles ab. Der Betriebsrat erzählt, warum er sich um Hilfe an uns gewandt hat. Er schaut Frau Krohn freundlich an und berichtet, dass er schon mehrfach versucht habe, mit ihr ins Gespräch zu kommen, aber immer gescheitert sei. Weil wir vor einiger Zeit den Betrieb besucht hatten und einiges über das BEM erzählt haben, ist er auf die Idee gekommen, dass eine externe Unterstützung in diesem Fall sinnvoll ist.

Mitarbeiter-Vorgesetzter-Konflikt

Wir fragen Frau Krohn, was sie daran hindert, im Betrieb ein Gespräch zu führen. Nach einiger Überlegung erzählt sie dann: Sie kann wegen ihres Vorgesetzten nicht mehr zur Arbeit gehen – auf keinen Fall! Seit zwei Jahren ist sie krank. Sie bekommt inzwischen Geld von der Agentur für Arbeit. Wenn das ausfällt, ist sie eben ein Hartz-IV-Fall. Aber zur Arbeit gehen, nein, das kann sie nicht mehr. Wie es ihr denn gesundheitlich gehe, fragen wir. Ganz gut, aber wenn sie ehrlich ist, vermisst sie ihre Arbeit sehr. Sie hat mit dem Kollegium immer einen guten Kontakt gepflegt, und sie haben sich immer gut verstanden. Warum sie dann nicht mehr zur Arbeit gehen kann? Kann sie darüber reden? Sie seufzt, holt tief Luft und beginnt: „Wir arbeiten zu sechst in einem Großraumbüro. Wir leiten alle ein eigenes Projekt und arbeiten sehr selbstständig. Nur unserem Vorgesetzten sind wir Rechenschaft schuldig. Und das ist das Problem. Es geht nicht. Mit diesem Herrn kann ich nicht zusammenarbeiten." Welche Erfahrungen ihre Kolleginnen und Kollegen mit dem Mann gemacht haben, wollen wir wissen. „Ganz ähnliche, aber offenbar können meine Kollegen anders mit den Schwierigkeiten umgehen als ich." Was alles vorgefallen ist, darüber kann und will sie nicht sprechen.

Der Betriebsrat bestätigt, dass wirklich alle Mitarbeitenden, die mit dem Vorgesetzten etwas zu tun haben, unter ihm leiden. Mehrfach wurden im Unternehmen Gespräche geführt, auch mit externer Moderation. Es hat alles nichts geändert. Inzwischen hat sich das Kollegium für die Haltung entschieden, dass sie die wenigen Jahre, die der schwierige Mensch voraussichtlich noch im Betrieb sein wird, auszuhalten haben.

Suche nach Alternativen

Für Frau Krohn ist das jedoch kein gangbarer Weg. Sie ist inzwischen in unserer Gesprächssituation etwas entspannter und bittet nun doch um eine Tasse Kaffee. Wir fragen, ob sie sich vorstellen könne, in dem Betrieb etwas anderes zu arbeiten als sie es bisher unter der direkten Kontrolle des Vorgesetzten tat. Sie überlegt eine Weile und meint dann, dass sie sich das unter bestimmten Umständen vorstellen kann. Welche Umstände, fragen wir nach. Sie nimmt ein Blatt Papier und zeichnet fünf Arbeitsplätze, die sie als Kreise nebeneinander darstellt, und darunter zeichnet sie noch einen weiteren Kreis.

Sie sagt dazu, sie würde gern wieder arbeiten, und man habe ihr auch immer versichert, dass sie gute Arbeit geleistet habe. Das bestätigt auch der Betriebsrat. Frau Krohn stellt sich vor, dass sie ihre fünf Kolleginnen und Kollegen unterstützt und ihnen zuarbeitet. Der Kreis unter den Fünfen wäre dann ihr Arbeitsplatz. Sie weiß, was verlangt wird, kennt die Arbeitsabläufe und könnte für die Mitarbeitenden recherchieren. Dann steht sie nicht mehr in der Verantwortung als Projektleitung und hätte einen Puffer zum Chef.

Wäre das zu realisieren? Diese Frage stellen wir an beide. Im Prinzip geht das wohl schon, überlegt der Betriebsrat. Es gibt aber diese Stelle nicht, wirft Frau Krohn ein. Ob ihr Arbeitsplatz denn von jemand anderem besetzt worden sei, wollen wir wissen. Die ist noch frei, hören wir. Ist sie wirklich bereit und in der Lage, in dieser zuarbeitenden Position zu arbeiten? Immerhin ist das eine hierarchisch niedrigere Position, und der Vorgesetzte ist auch noch in der Nähe. Dazu ist sie bereit, und darüber hinaus würde sie auch finanzielle Einbußen in Kauf nehmen. Da bremst der Betriebsrat, sie soll nicht vorschnell auf Geld verzichten, das ist dann zu gegebener Zeit zu diskutieren.

Gesine Krohn überlegt weiter laut, dass sie dann weniger Verantwortung habe. Sie gehe aber davon aus, dass sie nach dem Ausscheiden des Vorgesetzten wieder in ihrer alten Position als Projektleiterin arbeiten werde. Das wäre dann in etwa vier Jahren der Fall. Frau Krohn ist nun sichtlich lebendiger. Schwer zu glauben, dass am Anfang die totale Weigerung stand, den Betrieb zu betreten – eine schöne Wendung. Und wie sollen diese Vorstellungen konkret umgesetzt werden?

Der Betriebsrat will das Angedachte dem Personalverantwortlichen vorstellen und hofft, in ihm einen Verbündeten zu haben, denn der kennt die Situation mit dem Vorgesetzten ebenfalls. Wir fragen Frau Krohn, ob sie schon eine medizinische Reha-Maßnahme beantragt habe. Sie bestätigt dies und berichtet, dass sie von dort vor einem Jahr als arbeitsunfähig entlassen wurde. Eine weitere Rehabilitation kommt damit nicht infrage. Wir fragen sie, wie sie ihre derzeitige Arbeitskraft einschätze. Kann sie ab sofort wieder den ganzen Tag arbeiten? Das glaubt sie nicht. Schließlich hat sie zwei Jahre gar nichts Berufliches getan und darüber hinaus nimmt sie aktuell noch eine Gesprächstherapie wahr.

Wir überlegen, welche Maßnahmen zu ihrer Unterstützung infrage kommen. Dazu weisen wir sie zunächst auf die Möglichkeit der Inanspruchnahme einer Teilerwerbsminderungsrente hin. Mit dieser Ergänzung zum Lohn kann sie stundenweise ihrer Arbeit nachgehen. Zuvor müsste sie sich in Form einer Wiedereingliederung auf einen Arbeitsversuch zur Feststellung der Belastbarkeit einlassen. Aber einen Rentenbezug – egal in welcher Form – lehnt sie rundheraus ab.

Möglich ist auch eine betriebliche Anpassungsmaßnahme, die beim Rentenversicherungsträger beantragt wird und als Wiedereingliederung zu sehen ist. Außerdem ist ein Eingliederungszuschuss an den Arbeitgeber sinnvoll, denn in einen neuen Arbeitsbereich muss sie sich erst einmal einarbeiten. Das sind gute Gründe für einen entsprechenden Antrag. Dieser Vorschlag gefällt Frau Krohn am besten.

i

Ein **Eingliederungszuschuss** wird vom Arbeitgeber beantragt auf der Grundlage des § 50 SGB IX, „Leistungen an den Arbeitgeber". Eingereicht wird der Antrag – in diesem Fall – beim Rentenversicherungsträger.

Der Betriebsrat erklärt sich dazu bereit, die Möglichkeiten einer Integration von Frau Krohn mit dem Arbeitgeber zu besprechen und die einzelnen Möglichkeiten zu erwägen. Frau Krohn ist inzwischen sichtlich aufgeblüht. Mit dieser Entwicklung des Gesprächs hat sie nicht gerechnet. Die Rückkehr in den Betrieb war ihre Idee, nun soll sie realisiert werden. Voller Elan und gleichzeitig gerührt bedankt sich Frau Krohn bei ihrem Betriebsrat. Er hatte sich immer wieder nach Ihrem Befinden erkundigt.

Die Umsetzung

In der Folge bittet Gesine Krohn die Geschäftsleitung um ein BEM-Gespräch. Es findet statt, und die Vorstellungen der Wiedereingliederung werden vom Personalverantwortlichen, der als Vertreter der Geschäftsleitung teilnimmt, akzeptiert.

Der Arbeitgeber hat einen Eingliederungszuschuss beim Rentenversicherungsträger beantragt. Er wird für ein Jahr in Höhe von 50 Prozent ihres Gehalts bewilligt. Frau Krohn hat sich halbtags in die neue Tätigkeit eingearbeitet und die Arbeitszeit langsam gesteigert.

RESÜMEE

Durch nachhaltiges Interesse des Betriebsrates hat Frau Krohn nach einer zweijährigen Krankenzeit wieder den Anschluss an das Arbeitsleben gefunden. Mit einer Umstrukturierung des Arbeitsplatzes und einer behutsamen Einarbeitung hat sie nun die Chance, in absehbarer Zeit wieder ihre volle Leistungsfähigkeit zu erreichen und die Freude an ihrer Arbeit wiederzuerlangen. Wäre ein BEM im Betrieb gut eingeführt, könnte man sicher sein, dass langzeiterkrankte Menschen, wie hier Frau Krohn, nicht nur von einem zufällig aufmerksamen Betriebsrat unterstützt werden. Auch im BEM steht und fällt der Erfolg damit, wie es gelebt wird. Damit ist es abhängig vom Engagement, der Kreativität und dem Wissen der am BEM beteiligten Menschen.

Die einzelnen Schritte im Überblick

1. → Gesprächsbereitschaft herstellen durch externe Unterstützung
2. → belastende Situation benennen und analysieren
3. → Wünsche der Betroffenen erkunden und auf Machbarkeit überprüfen
4. → Gespräch führen und Wiedereingliederung besprechen
5. → Antrag des Arbeitgebers auf Eingliederungszuschuss stellen
6. → langsame und schrittweise Arbeitsaufnahme (Wiedereingliederung)

1. VIELE MÖGLICHKEITEN, ABER AUCH GRENZEN DER BETRIEBLICHEN UNTERSTÜTZUNG

Caroline Beimann/24/Betriebswirtschaftlerin

STICHWORTE: Kraftfahrzeughilfe, Minderleistungsausgleich/außergewöhnliche Belastungen

Caroline Beimann ist 24 Jahre alt und arbeitet in Vollzeit als Betriebswirtschafterin in einer Großküche für ambulante Essensversorgung zusammen mit 83 Beschäftigten. Im Unternehmen sind ein Betriebsrat und eine Schwerbehindertenvertretung vorhanden.

Arbeitssituation

Als Frau Beimann ihre Stelle mit 20 Jahren antritt, ist sie Berufsanfängerin. Sie ist zuständig für die Organisation der einzelnen Essensfahrten und disponiert die Fahrten in die unterschiedlichen Stadtteile. Auch die Bestellmengen und die Verteilung der Portionen fallen in ihren Arbeitsbereich. Sie gewöhnt sich schnell an die Verantwortung, die man ihr überträgt, und ist eine ausgesprochen freundliche und kollegiale Vorgesetzte.

Verschlechterung des Gesundheitszustandes

Nach einiger Zeit verändert sich Caroline Beimann. Sie kämpft mit Gleichgewichtsstörungen und muss sich beim Laufen sehr konzentrieren. Zur Arbeit kommt sie häufig zu spät. In einem Gespräch mit einer Personalreferentin begründet sie dies damit, dass sie schlecht laufen könne und oft hinfalle. Egal wie früh sie von zu Hause losgeht, sie kommt zu spät. Der Weg zur Bushaltestelle sei für sie sehr beschwerlich. *Es ist für alle Beteiligten klar, dass sich hier etwas ändern muss.* Der Personalreferentin legt Frau Beimann die Kopie eines Schwerbehindertenausweises vor, mit einem GdB von 60 und mit dem Merkzeichen G, das für gehbehindert steht.

Erste Handlungsmöglichkeiten

Die Personalreferentin zieht die Schwerbehindertenvertretung des Betriebs hinzu. Zusammen besprechen sie das weitere Vorgehen. Mit öffentlichen Verkehrsmitteln kann Caroline Beimann ihren Arbeitsplatz offenbar nicht erreichen, ohne sich selbst zu gefährden. Sie kommen überein, dass es das Beste ist, wenn Frau Beimann mit einem eigenen Pkw zur Arbeit kommen kann. Dann wäre es ihr möglich, den Weg zur Arbeit zu bewältigen. Einen Führerschein hat Caroline Beimann. Also stellt die Schwerbehindertenvertretung zusammen mit ihr einen Antrag auf *Kraftfahrzeughilfe bei der Agentur für Arbeit.* Von dieser wird ein Zuschuss für das Auto, die nötige Servolenkung und einAutomatikgetriebe in der damaligen maximalen Zuschusshöhe von 9.500 (heute 22.000) Euro bewilligt.[62] Die Begründung, dass sie ohne Auto ihre Arbeitsstelle nicht erreichen kann und damit ihr Arbeitsplatz gefährdet ist, wurde akzeptiert – nach Inaugenscheinnahme der konkreten Verhältnisse für Frau Beimann durch einen prüfenden Berater der Agentur für Arbeit.

i

Die Kraftfahrzeughilfe umfasst Leistungen zur Beschaffung eines Kraftfahrzeugs, für eine behindertengerechte Ausstattung und zur Erlangung einer Fahrerlaubnis unter der Voraussetzung, dass der behinderte Mensch infolge seiner Behinderung nicht nur vorübergehend auf die Benutzung eines Kraftfahrzeugs angewiesen ist, um seinen Arbeits- oder Ausbildungsort zu erreichen.

Sofern zur Berufsausübung ein Kraftfahrzeug notwendig ist, kann eine Kraftfahrzeughilfe geleistet werden, wenn nur auf diese Weise die Teilhabe am Arbeitsleben dauerhaft gesichert werden kann und die Übernahme der Kosten durch den Arbeitgeber nicht üblich oder nicht zumutbar ist.

Die Leistungen werden als Zuschüsse (und/oder als Darlehen) je nach Zuständigkeit durch die Rehabilitationsträger oder durch die Integrationsämter erbracht.

Anmerkung: Bevor eine Kraftfahrzeughilfe bewilligt wird, sieht die aktuelle Praxis häufig so aus, dass Sachverständige des zuständigen Trägers sich die konkrete Situation vor Ort genau ansehen. So wird etwa die Zumutbarkeit der Nutzung öffentlicher Verkehrsmittel für den Arbeitsweg geprüft.

Weitere Verschlechterung der Gesundheit

Nach einigen Monaten verschlechtert sich der Zustand von Frau Beimann und die Minderleistung wird so auffällig, dass die Personalleitung erneut um ein Gespräch mit der Schwerbehindertenvertretung, dem Betriebsrat und Frau Beimann bittet (das ist möglich und sinnvoll; die Grundlage bietet § 167.1 SGB IX zur Prävention).

Bemerkenswert ist, dass Frau Beimann keinerlei krankheitsbedingte Fehlzeiten hat. Darauf angesprochen, erklärt sie, dass sie gern arbeitet und sich im Betrieb wohl fühlt. Sie erzählt weiter, dass sie an Multipler Sklerose leidet und ihr die täglichen Arbeitsanforderungen sehr schwerfallen. Auf keinen Fall jedoch will sie sich krankschreiben lassen – obwohl ihr Neurologe ihr dies nahegelegt hat. Erneut überlegen sie gemeinsam, was zu tun ist, um allen Beteiligten gerecht zu

---

[62] Die Kraftfahrzeughilfe ist ein Zuschuss für den Kauf oder Umbau eines behindertengerechten Fahrzeugs. Am 10. Juni 2021 wurde die maximale Kraftfahrzeughilfe von 9.500 Euro auf 22.000 Euro erhöht. Bemessungsgrundlage für die Unterstützung ist das Familieneinkommen.

werden. So ist eine Eigen- und Fremdgefährdung in Betracht zu ziehen – gerade auch bei den Autofahrten. Dies scheint jedoch auch aus fachärztlicher Sicht nicht das Problem zu sein. Die Personalleitung will Frau Beimann gern im Betrieb halten, aber die anfallende Arbeit muss nun einmal bewältigt werden. Sie setzt sich mit dem Integrationsamt in Verbindung.

Mehr Unterstützungsmöglichkeiten

Das Integrationsamt bietet dem Arbeitgeber einen *Minderleistungsausgleich* an, der dann befristet bis zu 400 Euro beträgt. Der Arbeitgeber wird aufgefordert, einen entsprechenden Antrag an das Integrationsamt zu stellen.

Bei der Beschäftigung schwerbehinderter Menschen kann dem Arbeitgeber im Einzelfall ein personeller und/oder finanzieller Aufwand entstehen, der das im Betrieb übliche Maß deutlich überschreitet. Die SchwbAV sieht vor, dass das Integrationsamt dem Arbeitgeber im Rahmen der begleitenden Hilfe im Arbeitsleben finanzielle Mittel aus der Ausgleichsabgabe zur (teilweisen) Abdeckung dieses besonderen Aufwands gewähren kann (§ 102 Abs. 3 Satz 1 Nr. 2e SGB IX und § 27 SchwbAV). Man unterscheidet vor allem zwischen zwei Arten von außergewöhnlichen Belastungen:

Personelle Unterstützung (besonderer Betreuungsaufwand), das heißt außergewöhnliche Aufwendungen in Form von zusätzlichen Personalkosten für andere Beschäftigte, gelegentlich auch externe Betreuende. Gemeint sind damit Unterstützungs- und Betreuungsleistungen für den schwerbehinderten Menschen bei der Arbeit. Beispiele sind die Vorlesekraft für blinde Menschen, die betriebliche Kontaktperson für gehörlose oder seelisch behinderte Menschen, aber auch die ständig erforderliche Mithilfe das Arbeitskollegiums bei der Arbeitsausführung sowie behinderungsbedingte längere oder wiederkehrende Unterweisungen am Arbeitsplatz, etwa durch die Meisterin oder den Meister bei einem geistig behinderten Menschen.

Minderleistung/Minderleistungsausgleich sind die anteiligen Lohnkosten von schwerbehinderten Menschen, deren Arbeitsleistung aus behinderungsbedingten Gründen erheblich hinter dem Durchschnitt vergleichbarer Arbeitnehmender im Betrieb zurückbleibt.

Die Bewilligung eines Zuschusses durch das Integrationsamt an den Arbeitgeber zur (teilweisen) Abgeltung dieser außergewöhnlichen Belastungen hängt von Grundvoraussetzungen ab. So muss der schwerbehinderte Mensch zu dem im SGB IX genannten, besonders betroffenen Personenkreis gehören (§ 155 Abs. 1 Nr. 1a–d und § 158 Abs. 2 SGB IX).

Weitere Infos: **www.integrationsaemter.de**.

Innerhalb des Betriebes wird mit allen Beteiligten abgesprochen, welche Arbeiten von anderen Mitarbeitenden übernommen werden und was Frau Beimann sich noch zutraut bzw. was sie ohne Gefährdungen an Leistungen erbringen kann. Viel ist es nicht mehr. Allen Beteiligten ist klar, dass hier der *Personalfürsorgeaspekt* im Vordergrund stehen muss. Frau Beimann hat noch keinen Rentenanspruch, sie ist noch nicht lange genug sozialversicherungspflichtig beschäftigt.

i

Der Rentenanspruch wird erlangt, wenn insgesamt 60 Rentenbeiträge und in den letzten fünf Jahren mindestens 36 Monate Rentenbeiträge eingezahlt wurden. Darüber hinaus muss die allgemeine Wartezeit von 60 Monaten erfüllt sein. Das ist hier nicht der Fall.

Ausnahmen von der Wartezeit gilt für diejenigen, die vor Ablauf von sechs Jahren nach Beendigung einer **Ausbildung** voll erwerbsgemindert geworden sind und in den letzten zwei Jahren vorher mindestens ein Jahr Pflichtbeiträge für eine versicherte Beschäftigung gezahlt haben.

Das Ziel ist nun, die Voraussetzungen für den Rentenanspruch, auch mithilfe von anrechenbaren Krankenzeiten, zu erreichen.

Die Krankheit verschlimmert sich weiter.

Kurz nach dem Gespräch bekommt Frau Beimann einen „Schub“ (die Krankheit verschlimmert sich), von dem sie sich nicht mehr erholt. Arbeiten kann sie im Betrieb nun nicht mehr. Von der Krankenkasse wird Caroline Beimann aufgefordert, eine Rehabilitationsmaßnahme zu beantragen.

i

Die Krankenkassen können ihre Mitglieder auffordern, eine **Rehabilitationsmaßnahme** zu beantragen. Diese muss dann innerhalb einer Frist von 14 Tagen erfolgen, sonst wird die Zahlung des Krankengeldes ausgesetzt (Mitwirkungspflicht des Versicherten).

Dieser Aufforderung kommt sie nach. Der Gutachter des medizinischen Dienstes der Krankenkasse stellt bei der Untersuchung fest, dass durch eine Reha-Maßnahme eine Arbeitsfähigkeit nicht mehr erreicht werden kann, und lehnt den Antrag ab. Frau Beimann bekommt weiter Krankengeldbezüge, bei rückwirkender Rentengewährung wird dies mit der Rente verrechnet. Der Rentenversicherungsträger folgt dem Leitsatz „Reha vor Rente“. Wenn jedoch eine Arbeitsfähigkeit nicht mehr erreicht werden kann, wird mit der Zustimmung der Betroffenen der Reha-Antrag in einen Rentenantrag umgewandelt.

Das Mindestziel wird erreicht.

Aber inzwischen sind weitere zwölf Monate vergangen, und Frau Beimann hat ihre Mindestrenteneinzahlung (60 Monate insgesamt und 36 Monate in den letzten fünf Jahren) erreicht. Sie war in einer Rentenberatung und in ihrem speziellen Fall konnte sie die Kriterien für eine vorzeitige Wartezeit erfüllen. Es wird eine unbefristete *Erwerbsunfähigkeitsrente* bewilligt, deren Bemessungsgrundlage die bis zum 60. Lebensjahr hochgerechneten Beiträge sind.

Bleibt noch nachzutragen, dass Caroline Beimann nach kurzer Zeit einen GdB von 100 bestätigt bekommt, mit den Merkzeichen aG (außergewöhnliche Gehbehinderung), H (hilflos), RF (Rundfunkgebührenbefreiung) sowie B (Notwendigkeit ständiger Begleitung). Außerdem wird ihr die Pflegestufe III bewilligt. Frau Beimann telefoniert noch oft mit ehemaligen Kolleginnen und mit der Schwerbehindertenvertretung. Sie erträgt ihr Schicksal mit großer Stärke. Sie fühlt sich zeitweise richtig glücklich, weil sie in ihrer Familie und in ihrem weiteren sozialen Umfeld die notwendige Unterstützung hat.

RESÜMEE

Die Krankheit setzte hier deutliche Grenzen der Handlungsmöglichkeiten. Aus betrieblicher Sicht und zum Wohle von Frau Beimann stand die finanzielle Absicherung im Zentrum der Aufmerksamkeit. Es ist gelungen, Caroline Beimann nicht noch zusätzlich mit einer drohenden Kündigung zu belasten, und sie schaut auf eine kurze, aber ausgefüllte und glückliche Arbeitszeit zurück.

Die einzelnen Schritte im Überblick

1. → Im Präventionsgespräch mit einer Arbeitgebervertretung, dem Betriebsrat und der Schwerbehindertenvertrauensperson werden Handlungsmöglichkeiten aufgezeigt, Hilfestellung angeboten und dabei die persönlichen Bedürfnisse der Betroffenen in den Vordergrund gestellt.
2. → Die Betroffene stellt einen Antrag auf Kraftfahrzeughilfe, in diesem Fall bei der Agentur für Arbeit.
3. → Wegen des krankheitsbedingten Leistungsabfalls beantragt der Arbeitgeber einen Minderleistungsausgleich beim Integrationsamt.
4. → Die Betroffene stellt einen Antrag auf eine medizinische Reha-Maßnahme (Reha vor Rente!).
5. → Diese wird abgelehnt. Der Antrag wird mit Zustimmung der Betroffenen und nach einer intensiven individuellen Beratung (mit der modellhaften Berechnung eines Rentenanspruches) vom Rentenversicherer zum Rentenantrag gewandelt. Der Rentenversicherungsträger bewilligt in der Folge in diesem Fall eine unbefristete Erwerbsunfähigkeitsrente.

2. ARBEITSSTOFFE ALS KRANKMACHER – AUCH VIELE JAHRE SPÄTER

Esther Lichtner/58/Sozialökonomin

STICHWORTE: Berufskrankheitsanzeige, umgewandelte Erwerbsminderungsrente

Esther Lichtner ist 58 Jahre alt, Sozialökonomin und arbeitet seit fast 30 Jahren in der Forschung in ganz unterschiedlichen, auch internationalen Projekten. Aktuell ist sie als wissenschaftliche Mitarbeiterin in einem Projekt, das im Rahmen des Europäischen Sozialfonds und vom Wissenschaftsministerium gefördert wird. Das kleine Institut, an dem sie arbeitet, ist an der Universität Hamburg angesiedelt. Seit vier Jahren arbeitet sie in dem aktuellen Projekt. Es hat eine Laufzeit von fünf Jahren. Ihr Arbeitsalltag besteht hauptsächlich aus konzeptioneller Arbeit. Sie koordiniert die einzelnen Projektaufgaben und -abläufe. Häufig ist sie unterwegs auf Konferenzen und Tagungen, auf denen sie Projektinhalte, -prozesse und -ergebnisse referiert. Sie ist dann mehrere Tage unterwegs. Ihr Arbeitsvertrag und das Projekt laufen in zehn Monaten aus.

Die Krankheit, die Arbeit und ein erstes Gespräch

Nach einer langen Zeit aufwendiger Untersuchungen wird bei Frau Lichtner eine chronische myeloische Leukämie festgestellt. Krankenzeiten sind bisher nur wenige verzeichnet. Frau Lichtner hat ein ausgeprägtes Pflichtbewusstsein und vor allem Freude an ihrer Arbeit. Lange Fehlzeiten sind für sie nicht denkbar. *In dem Institut gibt es keinen Betriebsrat und keine Schwerbehindertenvertretung*. Sie hat jedoch von einer Kollegin von unserer Beratungsstelle gehört und kommt direkt zu uns.

Frau Lichtner erzählt uns, sie fühle sich ihrer Arbeit nicht mehr gewachsen, und beschreibt ihre Situation als sehr dramatisch. Auf der einen Seite ist ihr Anspruch an ihre Arbeit sehr hoch. Andererseits beschreibt sie ihren Gesundheitszustand so: Sie übersteht kaum den Tag, fühlt sich zerschlagen, kann sich nicht konzentrieren und fällt in eine unbeschreibliche Müdigkeit – eine Auswirkung der Medikamente. Längere Reisen traut sie sich nicht mehr zu. Die Folge ist, dass ihre Kolleginnen und Kollegen diese Aufgaben zusätzlich zu ihrer eigenen Arbeit übernehmen müssen. Bis jetzt waren alle sehr nett und hilfsbereit, aber sie befürchtet, dass dies nicht mehr lange anhält. Der Institutsleiter fragte sie schon, ob sie nicht halbtags arbeiten wolle. Das hat sie verunsichert, da sie von einem halbierten Gehalt nicht leben kann. Doch obwohl es deutliche Vorteile hätte, nicht mehr so belastet zu sein, sieht sie im Moment keine Lösung für sich. Zu Hause bleiben und sich krankschreiben lassen möchte sie auf keinen Fall.

Antrag auf Schwerbehinderung

Wir empfehlen ihr, zunächst einen Schwerbehindertenantrag zu stellen, und unterstützen sie dabei. Frau Lichtners Antrag ist erfolgreich, und sie wird mit einem GdB von 60 eingestuft. Darüber hinaus beantragt sie auf Anraten ihrer Onkologin und der Beratungsstelle eine medizinische Rehabilitation, die sie nach kurzer Zeit antritt.

Aus der Reha kehrt Esther Lichtner mit neuen Erkenntnissen zurück. Bei der Anamnese sei der Ärztin aufgefallen, dass sie bei einer früheren Beschäftigung in der Pharmaforschung mit Benzol in Berührung gekommen sei. Der Kohlenwasserstoff gilt als Verursacher von chronischer myeloischer Leukämie und hat vermutlich auch bei ihr die Krankheit ausgelöst. *Da chronische myeloische Leukämie im Jahr 2009 als Berufskrankheit anerkannt wurde*, hat die Ärztin eine Berufskrankheitsanzeige erstattet. Die Ermittlungen der Berufsgenossenschaft laufen.

i

Haben Ärzte den begründeten Verdacht, dass Versicherte möglicherweise eine Berufskrankheit haben, so ist dies dem Unfallversicherungsträger unverzüglich anzuzeigen. Weitere Infos zum Zusammenhang zwischen Beruf und Krankheit sind bei der Deutschen Gesetzlichen Unfallversicherung (DGUV, vgl. **www.dguv.de**) oder der zuständigen Berufsgenossenschaft zu erhalten.

i

Berufskrankheiten § 9 SGB VI

Wenn die Entstehung einer Krankheit als Folge der beruflichen Tätigkeit erwiesen ist, wird sie durch die gesetzliche Unfallversicherung (Berufsgenossenschaft) als Berufskrankheit anerkannt. Berufskrankheiten werden wie Arbeitsunfälle entschädigt. Als Berufskrankheit gelten Erkrankungen, die durch Einwirkungen verursacht werden, denen Berufstätige durch ihre Arbeit in erheblich höherem Maße ausgesetzt sind als die übrige Bevölkerung. Erkrankungen, die als Berufskrankheiten gelten, sind in der Berufskrankheitenliste als Anlage zur Berufskrankheiten-Verordnung aufgeführt.

Weitere Infos: ABC Behinderung & Beruf, **www.integrationsaemter.de** und bei den jeweiligen Berufsgenossenschaften bzw. bei der DGUV (**www.dguv.de**).

Überlegungen zum weiteren Vorgehen

Bei dem Abschlussgespräch in der Reha hat die Klinikärztin Esther Lichtner mitgeteilt, dass dem Rentenversicherungsträger eine *Teilerwerbsminderungsrente* empfohlen worden sei. Ihr ist klar, dass sie im Beruf bleiben möchte. In einem

Monat endet ihr Vertrag. Weil man sich drei Monate vor Auslaufen eines Arbeitszeitvertrages bei der Agentur für Arbeit arbeitsuchend melden muss, hat sie dies bereits getan. Frau Lichtner hat den Entschluss gefasst, an sich und ihre Gesundheit zu denken. Sie beantragt die empfohlene Teilerwerbsminderungsrente.

Teilweise Erwerbsminderung

(Bei verschlossenem Arbeitsmarkt – **Achtung:** hier ist immer die regionale Situation zu prüfen!)

Wer mindestens drei Stunden, aber weniger als sechs Stunden täglich erwerbstätig sein kann und gleichzeitig arbeitslos ist, weil ein entsprechender Teilzeitarbeitsplatz nicht vorhanden ist, hat einen Anspruch auf Rente wegen voller Erwerbsminderung. Er oder sie kann dann wegen eines verschlossenen Arbeitsmarktes eine Rente wegen Erwerbsminderung bekommen, auch wenn aus medizinischer Sicht nur eine teilweise Erwerbsminderung vorliegt.

Hinzuverdienst

Auch wer eine Rente wegen voller Erwerbsminderung erhält, kann bis zu 6.300 Euro pro Jahr (Stand: Oktober 2021) abzugsfrei dazuverdienen (vgl. Deutsche Rentenversicherung Bund [Hrsg.], 2020: Erwerbsminderungsrente: Das Netz für alle Fälle, 15. Auflage [Broschüre]; weitere Infos unter **www.drv.de**).

Tipp: Wir empfehlen dringend in diesen Fällen, vor Erwerbsbeginn eine individuelle Beratung bei der Rentenversicherung in Anspruch zu nehmen. Dort kann eine Probeberechnung durchgeführt werden, um festzustellen, ob die Beantragung einer Erwerbsminderungsrente sinnvoll ist oder ob es vorteilhaftere Konstellationen der Finanzierung gibt.

Im Januar 2011 bekommt Frau Lichtner den Bescheid über die Anerkennung ihres Falls als Berufskrankheit. Sie bekommt nun eine Berufsunfähigkeitsrente in Höhe von 1.300 Euro monatlich (in diesem Fall – das wird individuell errechnet!) und blickt beruhigter in die Zukunft. Die schwere Erkrankung bleibt, aber die Aussicht, nicht mehr so belastet zu sein, an sich denken zu können und ihre Lebensgewohnheiten in positive Bahnen zu lenken, macht ihr Mut.

RESÜMEE

Beschäftigte in kleinen Betrieben ohne Betriebsrat oder Schwerbehindertenvertretung haben kaum kompetente Ansprechpersonen und sind in solch schwierigen Situationen, ähnlich wie Frau Lichtner, auf sich allein gestellt. Für Esther Lichtner war es wichtig, ihre Befindlichkeit und ihre Zukunftsängste zu äußern und Handlungsmöglichkeiten für sich zu erkennen. In solch einem Prozess brauchte sie Begleitung.

Die einzelnen Schritte im Überblick

1. → als Betroffene oder Betroffener kompetente Gesprächspartnerinnen suchen
2. → Schwerbehindertenantrag stellen
3. → medizinische Rehabilitation beantragen
4. → Berufskrankheit anzeigen → Ermittlung der Berufsgenossenschaft
5. → Teilerwerbsminderungsrente beantragen: fachliche Beratung beim Rentenversicherungsträger empfehlen
6. → wenn bei einer Rente auf Teilerwerbsminderung kein geeigneter Vierstunden-Arbeitsplatz zur Verfügung steht, kann die Teilerwerbsminderung in eine volle Erwerbsminderungsrente umgewandelt werden (regional unterschiedlich)
7. → Anerkennung der Berufskrankheit verbunden mit einer monatlichen Rente

3. VERSÄUMNISSE UND FEHLENDE UNTERSTÜTZUNG

Gudrun Gerber/56/Einzelhandelskauffrau

STICHWORTE: volle Erwerbsunfähigkeitsrente (nach Arbeitswilligkeit, aber ungeeigneten Arbeitsplätzen)

Die 56-jährige Einzelhandelskauffrau Gudrun Gerber arbeitete seit 26 Jahren in einem Lebensmitteldiscounter mit wechselnder Zugehörigkeit zu unterschiedlichen Unternehmensgruppen. 20 Jahre war Frau Gerber 27 Wochenstunden Vertreterin der Filialleiterin. Aus privaten Gründen reduzierte sie vor sechs Jahren ihre Arbeitszeit auf 20 Wochenstunden. Sie arbeitet inzwischen als Verkäuferin. Das Unternehmen beschäftigt pro Filiale zwischen drei und 15 Mitarbeitenden, meist in Teilzeit, je nach Standort. Die Anzahl der Beschäftigten bundesweit liegt im fünfstelligen Bereich. Es gibt im Unternehmen einen Betriebsrat, und auch das BEM ist bekannt.

Konkrete Arbeitssituation

Als stellvertretende Filialleiterin war Gudrun Gerber lange Zeit zuständig für die Personaleinsatzplanung und für die Bestellung der Waren. Sie war verantwortlich für die Kassen und den Tresor, für die Öffnungen und Schließungen der Filiale und für das Einsortieren von Obst und Gemüse am Morgen. Mit der Stundenreduzierung veränderte sich ihr Aufgabenbereich. Sie sortiert nun Waren ein und muss Laden, Nebenräume und Lager mit einer Maschine reinigen sowie an der Kasse arbeiten. Frau Gerber wird nach einiger Zeit – gegen ihren Willen – in eine andere Filiale versetzt.

Krankheit und Veränderung

Bis vor drei Jahren gab es in Frau Gerbers Personalakte kaum Fehlzeiten, inzwischen fehlt sie regelmäßig vier Wochen im Jahr. Die Filialleiterin spricht Frau Gerber darauf im Vorübergehen an. Sie wirft Frau Gerber vor, sie laufe wie eine Spastikerin, das sei der Kundschaft nicht zuzumuten. Außerdem beobachte sie schon länger, wie langsam Frau Gerber ihre Arbeit mache. Wenn sie die Arbeit nicht schaffe, ist sie für den Betrieb nicht mehr tragbar. *Frau Gerber versucht sich zu rechtfertigen, sie weiß auch nicht, warum sie so langsam geworden ist, wird sich aber bemühen, künftig schneller zu arbeiten.*

Am nächsten Tag meldet sich Frau Gerber krank und kommt erst nach neun Wochen wieder in das Geschäft. Natürlich ging Frau Gerber inzwischen zu einem Arzt. Der diagnostizierte bei ihr Parkinson. Sie stellt einen Antrag auf Schwerbehinderung, der mit einem GdB von 60 entschieden wird und mit dem

Merkzeichen G versehen ist. Um die Situation zu erklären und ihre Langsamkeit zu rechtfertigen, gibt Frau Gerber ihre Diagnose dem Arbeitgeber und den Kolleginnen bekannt. Nach wenigen Tagen kommt die Bezirksleitung in die Filiale und teilt Frau Gerber mit, dass sie in eine Filiale in einer anderen Stadt versetzt werde. Sollte sie damit nicht einverstanden sein, würde, nach Rücksprache mit dem Integrationsamt, ihre Kündigung erfolgen.

Statt Entlastung: Stress und arbeiten unter Zeitdruck

Frau Gerber fängt in der neuen Filiale in einer anderen Stadt an zu arbeiten. Der Discounter liegt in der Nähe des Bahnhofs. Auch eine Schule ist in der Nachbarschaft. Im Umkreis gibt es sonst keine Einkaufsmöglichkeiten für Lebensmittel. Also kommen die Schülerinnen und Schüler, die Reisewilligen und Pendelnden in die Filiale zum Einkaufen. Alle haben es eilig. Die Arbeit ist sehr anstrengend. Es gibt durchgängig ein hohes Aufkommen an Kundschaft. Nach Schulschluss kommen die Jugendlichen, am Vormittag ältere Menschen, am Nachmittag kommen die Berufstätigen, die vor der Heimfahrt ihre Einkäufe erledigen. Es gibt zwei Kassen, an der oft je bis zu zehn Personen stehen. Die werden schnell ungeduldig, denn sie haben keine Zeit. Sie verpassen sonst ihren Zug. Darum lassen sie die Waren häufig einfach liegen, wenn es ihnen nicht schnell genug geht. Einige beschimpfen Frau Gerber und unterstellen ihr, betrunken zu sein.

Frau Gerber wendet sich an den Betriebsrat, bekommt aber dort keine Unterstützung. Auch ihre Bitte an die Filialleitung um Versetzung in die alte Filiale wird abgelehnt. Frau Gerber vermutet, dass man sie zum Aufgeben zwingen möchte und darum dieser Bitte nicht nachkommt.

Erneuter Ausfall wegen Krankheit und keine Unterstützung

Es ist offensichtlich, dass aufgrund ihrer Erkrankung für Frau Gerber die Arbeit an der Kasse in Stresssituationen sehr schwierig ist. Eine Vorgabe während der Kassentätigkeit ist zum Beispiel, in einer Minute 30 Kasseneingaben zu schaffen. Das ist von ihr nicht zu leisten. Sie muss oft fünf bis sechs Stunden ohne Pause und Ablösung an der Kasse sitzen – bis zu ihrem Zusammenbruch. Frau Gerber fällt erneut aus.

Während der akuten Erkrankung bittet Frau Gerber telefonisch bei der Bezirksleitung um ein BEM-Gespräch. Das wird abgelehnt. Stattdessen wird ihr geraten, die Rente zu beantragen.

Nachdem Frau Gerber neun Monate krank ist, wird sie von der Krankenkasse aufgefordert, eine Rehabilitation zu beantragen. Dieser Aufforderung kommt sie unverzüglich nach.

Entspannung der Situation

In der Reha gelingt es Frau Gerber, sich zu erholen. Sie wird mit Medikamenten eingestellt und stabilisiert. Der Reha-Erfolg ist sehr gut. Mit den Fachärzten wird ihre berufliche Situation besprochen. Frau Gerber macht deutlich, wie gerne sie noch weiter arbeiten würde. Die Ärzte stimmen dem zu, empfehlen ihr aber,

Stresssituationen zu vermeiden. Das bedeutet, sie soll auf keinen Fall wieder in der bisherigen Filiale arbeiten. Während der Reha hat die im Krankenhaus angestellte Sozialberaterin versucht, die Bezirksleitung und den Betriebsrat des Unternehmens zu erreichen und wiederholt um Rückruf gebeten. Das geschieht jedoch nicht. *Die Sozialarbeiterin rät Frau Gerber, das Integrationsamt um Hilfe zu bitten.* Mit Unterstützung des Integrationsamtes gelingt es, ein Gespräch mit Vertretern der Bezirksleitung, des Betriebsrates und des Integrationsamtes zu führen. Im Ergebnis kommt man zu dem Schluss, dass Frau Gerber in einer weiteren Filiale in einer nahe gelegenen Stadt eine Wiedereingliederung beginnen soll.

Wiedereingliederung, wie sie nicht sein sollte

In dieser Phase der Wiedereingliederung wird ihre Belastbarkeit hemmungslos erprobt. Es wird keinerlei Rücksicht auf ihre gesundheitliche Situation genommen. Zeitweise ist sie als alleinige Mitarbeiterin in der Filiale, bis sie um 21 Uhr den Laden abschließen kann. Das hält sie nicht lange durch und sie bricht die Wiedereingliederung ab. Sie ist nun wieder regulär arbeitsunfähig.

Eigene Vorstellungen werden entwickelt …

So lange es irgend geht, will Gudrun Gerber arbeiten. Das traut sie sich auch ohne Wiedereingliederung zu, wenn die Arbeitsbedingungen ihren Einschränkungen angepasst werden. Auch kann sie konkrete Einsatzmöglichkeiten im Unternehmen benennen. Sie möchte in der Filiale an ihrem Wohnort arbeiten, die Kundschaft ist dort insgesamt entspannter. Sie könnte am Morgen die Kassenarbeit übernehmen, im Wechsel mit dem Auffüllen der Regale.

Von diesen Vorstellungen erzählt Frau Gerber dem Gesamtbetriebsrat des Unternehmens, der im Hauptsitz des Konzerns sitzt und der sich nun eingeschaltet hat und dafür sorgen will, dass sie einen geeigneten Arbeitsplatz bekommt.

… vergeblich

Angeboten wird ihr aber dann ein Arbeitsplatz mit für sie ungünstigen Einsatzzeiten und einem langen Fahrweg. Frau Gerber soll um 6.00 Uhr am Morgen anfangen. Ihrer Bitte, wenigstens um 7.00 Uhr anfangen zu können, wird nicht entsprochen. Wenn es ihr nicht passt, kann sie ja kündigen, wird ihr geraten.

Ein Ausweg: Erwerbsminderungsrente und Hinzuverdienst

Zwischenzeitlich hat Frau Gerber vom Rentenversicherungsträger die Aufforderung erhalten, einen Rentenantrag zu stellen, und dazu die erforderlichen Antragsformulare erhalten. Sie bekommt dann vom Rentenversicherungsträger die unbefristete Erwerbsminderungsrente zuerkannt.

i

Die Erwerbsunfähigkeitsrente (EU-Rente) wurde 2001 zur Erwerbsminderungsrente. Die **Voraussetzungen dafür** sind erfüllt, wenn man entweder weniger als drei Stunden täglich (volle Erwerbsminderung) oder mehr als drei und weniger als sechs Stunden täglich (teilweise Erwerbsminderung) arbeiten kann. Dies kann durch Krankheit oder Behinderung ausgelöst werden und sich auf den physischen oder psychischen Gesundheitszustand beziehen.

Der Antrag wird bei den Kreisen, den Städten, den Sozialhilfeträgern und auch der Deutschen Rentenversicherung gestellt.

Tipp: Das Formular zum Antrag auf Erwerbsminderungsrente gibt es bei der Deutschen Rentenversicherung. Weitere Infos und Downloads: **www.drv.de/**.

Frau Gerber hat dann einen Job als Aushilfe in einem kleinen Zeitschriftenladen angenommen. Dort kann sie 6.300 Euro jährlich (525 Euro monatlich) zu ihrer Rente dazuverdienen, ohne dass diese auf ihre Rentenbezüge angerechnet werden. Sie berichtet, dass sich alles gut für sie gefügt habe. *Die Kränkungen durch den Arbeitgeber sind überwunden, und sie fühlt sich nun in ihrem Job wohl.* Hier bekommt sie Anerkennung und das Gefühl, noch dazuzugehören. Sie hat viel Kraft und Mut aufbringen müssen, um trotz ihrer Krankheit ihre Arbeit zu behalten. Lange Zeit kämpfte sie allein, obwohl sie an den (eigentlich) richtigen Stellen um Unterstützung bat. Erst die Sozialarbeiterin und der Mitarbeiter des Integrationsamtes haben die Verbesserung ihrer Situation entscheidend vorangetrieben.

RESÜMEE

Auch das ist Realität auf dem Arbeitsmarkt: Es gehört in einigen Betrieben zur Unternehmenskultur, dass auch vorübergehend Leistungsgeschwächte aussortiert werden. Neutral ausgedrückt, wurde hier versäumt, Hilfe anzubieten und einen geeigneten Arbeitsplatz bereitzustellen. Mit konstruktiver Unterstützung und einer bedachten Auswahl des Einsatzes wäre dies sicher möglich gewesen.

Die einzelnen Schritte im Überblick

1. → nach der Diagnose: Antrag auf Schwerbehinderung stellen
2. → Bitte um ein Gespräch mit dem Arbeitgeber (hier mit negativen Folgen)
3. → Gespräch mit Betriebsrat mit der Bitte um Unterstützung (hier ohne Erfolg)
4. → Beantragen einer Reha-Maßnahme
5. → im Gespräch bleiben: erneute Bitte um ein BEM-Gespräch bei der Bezirksleitung
6. → Kontaktaufnahme zum Integrationsamt
7. → erfolgloser Wiedereingliederungsversuch/kein geeigneter Arbeitsplatz
8. → Antrag und Bewilligung einer Erwerbsminderungsrente und Aufnahme einer geeigneten Arbeit; ein Hinzuverdienst ist ohne Abzug möglich (bis 6.300 Euro jährlich!)

Eine Besonderheit: Für 2021 ist die Hinzuverdienstgrenze bei vorgezogenen Renten auf 46.060 Euro erhöht (Hintergrund ist die Pandemie). Ab 2022 gilt voraussichtlich wieder die Grenze von 6.300 Euro, zurzeit (Ende 2021) ist das nicht entschieden.

4. WENN DIE WIEDEREINGLIEDERUNG DIE KRÄFTE ÜBERSTEIGT: ABBRUCH

Frank Bleibtreu/43/Diplom-Ingenieur

STICHWORTE: abgebrochene Wiedereingliederung, Teilerwerbsminderungsrente auf Zeit

Frank Bleibtreu, 43, ist Diplom-Ingenieur und arbeitet seit über 15 Jahren als Entwickler in einer Maschinenfabrik mit 224 Beschäftigten. Das BEM ist im Unternehmen eingeführt. Im Betrieb werden Maschinen für die Verpackungsindustrie produziert, am Standort aufgebaut und gewartet. Herr Bleibtreu wird von allen sehr geschätzt. Er ist als „Tüftler" bekannt und dafür, dass er das Unmögliche machbar macht.

Einladung zum BEM-Gespräch und Vereinbarung zur Wiedereingliederung

Anlässlich einer längeren Erkrankung bekommt Frank Bleibtreu nach sechs Wochen eine Einladung zum BEM. Im Antwortschreiben stimmt er dem grundsätzlich zu, will sich aber erst wieder melden, wenn sein Gesundheitszustand es zulässt. Nach einer Krankenzeit von 65 Wochen nimmt er im Rahmen des BEM die Einladung zu dem Gespräch an. Nachdem er über das BEM-Verfahren, zur Freiwilligkeit und zum Datenschutz aufgeklärt wurde, berichtet er den Anwesenden über seine Erkrankung.

Er ist an Leukämie erkrankt, aber sehr zuversichtlich, dass er die Krankheit überwunden hat. Durch sein soziales Umfeld hat er sehr viel Unterstützung erfahren, und er sieht mit Zuversicht in die Zukunft. Nach einer medizinischen Rehabilitationsmaßnahme wurde ihm geraten, eine Wiedereingliederung zu beginnen.

Es wird im Protokoll festgehalten, dass Herr Bleibtreu dies in die Wege leitet. *Die Wiedereingliederung wird vom Betriebsarzt begleitet, und gemeinsam erstellen sie einen Wiedereingliederungsplan.* Er wird zur Wiedereingliederung zwei Monate lang vier Stunden täglich arbeiten und anschließend einen Monat je sechs Stunden täglich.

Zunächst ist alles gut, …

Der Arbeitsbeginn wird erfolgreich. Die Mitarbeitenden freuen sich, dass sie bei auftretenden Problemen nun wieder einen erfahrenen Kollegen haben, der immer eine Lösung weiß. Auf Nachfrage des Betriebsrates (nach vier Wochen), ob alles nach Wunsch verläuft, berichtet Herr Bleibtreu, dass er sehr zufrieden ist. Das Kollegium hat es ihm sehr leicht gemacht, und er hat die Zeit und die

Ruhe, sich in laufende Projekte einzuarbeiten. Auch weil seine Krankenvertretung aus einer Zeitarbeitsfirma während seiner Wiedereingliederung noch im Betrieb ist und Arbeiten übernimmt.

... bis die Anforderungen steigen

In der zweiten Stufe der Wiedereingliederung ändert sich das. Schon in der ersten Woche stellt Frank Bleibtreu fest, dass die Verlängerung auf sechs Stunden Arbeitszeit von ihm nicht zu bewältigen ist. Der Betriebsarzt rät ihm daraufhin, zunächst für die verbleibenden Wochen der Wiedereingliederung auf vier Stunden zurückzugehen. Parallel dazu wird erneut ein Gesprächstermin von Herrn Bleibtreu mit dem Integrationsteam vereinbart.

i

Die Wiedereingliederung ist gescheitert. Es kann nicht mit einer vollen Arbeitsfähigkeit in absehbarer Zeit gerechnet werden. Es droht die Aussteuerung. Vom ersten Tag der Arbeitsunfähigkeit an läuft ein Dreijahreszeitraum, in dem für dieselbe Erkrankung 78 Wochen Entgeltfortzahlung und Krankengeld gezahlt werden. Tritt während der Erkrankung eine weitere hinzu, wird die Leistungsdauer nicht verlängert.

Grundlage: § 44 SGB V, vgl. rechtliche Grundlagen zur Wiedereingliederung im Anhang.

Während dieses Gesprächs ist auch der Betriebsarzt anwesend. Herr Bleibtreu berichtet, dass ihn seine geringe Belastbarkeit sehr erschreckt habe. Die vier Stunden tägliche Arbeitszeit habe er gut geschafft, sich anschließend zu Hause hingelegt und ausgeruht, mehr Arbeit übersteige jedoch seine Kräfte. Seine Konzentrationsfähigkeit lässt erheblich nach, die Arbeitsergebnisse sind für ihn nicht zufriedenstellend. In seiner Freizeit ist er überhaupt nicht mehr ansprechbar, und die Regeneration beansprucht seine ganze Zeit. Es sind keinerlei Aktivitäten mehr möglich. Der Betriebsarzt erläutert, dass dies ein Fatigue genanntes Erschöpfungssyndrom sei und für die Erkrankung von Herrn Bleibtreu charakteristisch. Es zeigt sich in großer Müdigkeit, Erschöpfung und damit einhergehender Leistungsschwäche.

Rente und Teilhabe am Arbeitsleben ergänzen sich.

Frank Bleibtreu versichert, dass er gern arbeiten möchte, aber nun nicht wisse, wie es weitergehen solle. Einfühlsam wird ihm versichert, dass man seine Situation verstehe, besonders die Sorge über seine finanzielle Lage. Sinn dieses Gesprächs sei aufzuzeigen, welche Möglichkeiten es gibt und wie seine Wünsche in den zu treffenden Maßnahmen Berücksichtigung finden. Weil er weiterarbeiten möchte, liegt es hier nahe, an eine *Teilerwerbsunfähigkeitsrente* zu denken.

Die Rente wegen teilweiser Erwerbsminderung soll die Lohnminderung ausgleichen, wenn nicht mehr voll gearbeitet werden kann. Mit der verbliebenen Leistungskraft soll nach Möglichkeit einer Teilzeitarbeit nachgegangen werden. Teilweise Erwerbsminderung besteht, wenn die Leistungskraft auf weniger als sechs Stunden täglich gesunken ist, aber noch mindestens drei Stunden gearbeitet werden kann.

Bei der Rente wegen teilweiser Erwerbsminderung gibt es unterschiedliche Grenzen der Nebeneinkünfte. Sie sind maßgebend dafür, ob eine Rente in voller Höhe, zur Hälfte oder überhaupt nicht mehr gezahlt wird. Die individuell ermittelten Hinzuverdienstgrenzen für die einzelnen Teilrenten sind dem Rentenbescheid zu entnehmen.

Vgl. Deutsche Rentenversicherung Bund (Hrsg.), 2020, Erwerbsminderungsrente: Das Netz für alle Fälle, 15. Auflage [Broschüre].

Von den Beteiligten wurde das als gute Möglichkeit gesehen, Frank Bleibtreu finanziell abzusichern und ihm die Teilhabe am Arbeitsleben zumindest halbtags zu ermöglichen. Der Arbeitgeber ist damit einverstanden, bei einer Rentengewährung eine halbe Stelle bereitzustellen.

Herr Bleibtreu beantragt die Rente, und der Betriebsarzt legte dem Antrag eine Stellungnahme aus arbeitsmedizinischer Sicht bei. Innerhalb wenigen Wochen bekommt er den Bescheid der Rentenversicherung mit der Bewilligung einer befristeten Teilerwerbsminderungsrente für zwei Jahre.

RESÜMEE

Es konnte sichergestellt werden, dass der Arbeitsplatz erhalten bleibt und der Betroffene nach der Befristung der Teilrente wieder voll ins Arbeitsleben integriert werden kann. Wichtig war hier die finanzielle Absicherung. Für den Betrieb konnte ein erfahrener und beliebter Mitarbeiter dem Team erhalten bleiben. Es ist nicht üblich, dass Arbeitgeber für eine Teilrente einen Arbeitsplatz zur Verfügung stellen. Durch seine Fachkenntnisse war der Beschäftigte jedoch sehr wichtig für den betrieblichen Ablauf und war willkommen – auch beim Arbeitgeber.

Die einzelnen Schritte im Überblick

1. → im ersten BEM-Gespräch den Sachstand und Maßnahmen klären
2. → Wiedereingliederung sicherstellen
3. → Abbruch der Wiedereingliederung und neue Situation besprechen; dabei insbesondere die Wünsche und die Leistungsfähigkeit des Betroffenen berücksichtigen
4. → Verbleib im Betrieb und finanzielle Grundlagen sichern
5. → Teilerwerbsminderungsrente beantragen: fachliche Beratung beim Rentenversicherungsträger empfehlen

5. INFORMATION + KOMPETENZ = EFFEKTIVE UNTERSTÜTZUNG

Nasan Yilmaz/42/Verkäuferin

STICHWORT: Sonderform des Arbeitslosengeldes

Seit zwölf Jahren arbeitet Nasan Yilmaz, 42 Jahre alt, in einem Fachgeschäft für Bekleidung. Sie ist dort 25 Stunden in der Woche beschäftigt. Zusammen mit drei Kolleginnen, die ebenfalls teilzeitbeschäftigt sind, berücksichtigen sie direkt an den Kundinnen und Kunden in der Umkleidekabine die Änderungswünsche, nehmen Maß, stecken ab und setzen die Änderungen um. Es ist abgesprochen, dass Frau Yilmaz aus religiösen Gründen nicht in der Herrenabteilung arbeitet. Dies wird von ihren Kolleginnen problemlos akzeptiert.

Auch im Gespräch: kulturelle Hintergründe beachten

Frau Yilmaz ist offen, engagiert und sehr hilfsbereit. Sie wird von allen Kolleginnen geschätzt. Wenn einmal mehr zu tun ist, bleibt sie auch länger. Lange Zeit gab es keine Auffälligkeiten durch Krankheiten. Dann fehlte Frau Yilmaz plötzlich doch über einen langen Zeitraum. Während ihrer Krankenzeit wird im Unternehmen das BEM eingeführt. So wird sie zu einem Gespräch eingeladen.

Sie nimmt die Einladung an. Bei der Begrüßung macht sie einen traurigen Eindruck. Sie spricht sehr leise, schaut niemanden an und hat das Kopftuch weit ins Gesicht gezogen. Am liebsten wäre sie unsichtbar oder zumindest an einem anderen Ort. Diesen Eindruck vermittelt sie den Anwesenden.

Nachdem der Personalleiter sich und den Betriebsratsvertreter vorgestellt hat, erklärt er Frau Yilmaz Sinn und Zweck dieser Zusammenkunft. Aber das scheint sie nicht zu interessieren, teilnahmslos schaut sie auf ihren Rocksaum. Auf die Nachfrage, ob sie das Gesagte verstanden habe, antwortet sie in gebrochenem Deutsch, dass ihr Sohn ihr gesagt habe, sie müsse hierher kommen. Wohl ist ihr dabei sichtlich nicht. Die Chefin habe ihr gesagt, dass sie immer gute Arbeit mache, verteidigt sie sich vorsorglich, und der Personalleiter bestätigt ihr beruhigend, dass man immer mit ihrer Arbeit zufrieden gewesen sei. Sie solle sich keine Sorgen machen.

Geduld und einfache Sprache

Mit viel Geduld und in einfachen Worten wird ihr erklärt, was das BEM ist und dass alle Beschäftigten, die sechs Wochen krank sind, zu solch einem Gespräch eingeladen werden. Das führte prompt erneut zu Missverständnissen, weil sie ja viel länger schon als sechs Wochen krank ist. Ob sie alles verstanden hat, wird sie freundlich gefragt.

Gerade bei Beschäftigten mit Migrationshintergrund und kaum ausreichenden deutschen Sprachkenntnissen ist das BEM-Verfahren nachvollziehbar und verständlich zu vermitteln – vielleicht auch in ihrer Sprache.

In einigen Fällen mag es hilfreich und notwendig sein, eine Dolmetscherin oder einen Dolmetscher hinzuzuziehen. In größeren Unternehmen mit hohem Ausländeranteil ist es sinnvoll, alle Informationen zum BEM in verschiedenen (für den Betrieb relevanten) Sprachen verfügbar zu haben.

Überraschendes im Gespräch

Für Nasan Yilmaz ist die Situation offenbar spannungsreich und schwer zu ertragen. Sie öffnet ihre Tasche, holt einen Brief heraus und legt ihn vor die beiden. Sie hantiert weiter in der Tasche und legt schließlich noch einen Schwerbehindertenausweis hinzu. *Daraufhin wird vom anwesenden Betriebsrat die betriebliche Schwerbehindertenvertretung zum Gespräch hinzugebeten.*

Frau Yilmaz hat laut Ausweis einen GdB von 100 und das Merkzeichen G. Die Schwerbehindertenvertretung bittet sie, vom Ausweis zwei Kopien anzufertigen: eine für die Personalstelle, die andere für das Finanzamt.

Mit einer anerkannten Behinderung verbinden sich Rechte. Es gibt einen Anspruch auf einen Steuerfreibetrag, in diesem Fall in Höhe von 2.840 Euro jährlich (abhängig vom GdB, siehe Tabelle). Dieser Freibetrag kann entweder auf der Steuerkarte der oder des Betroffenen eingetragen werden oder auf der Karte des Ehepartners bzw. der Ehepartnerin. Darüber hinaus hab Betroffene Anspruch auf eine Jahreskarte des örtlichen Verkehrsverbundes bei einer Eigenbeteiligung von 80 Euro für ein Jahr oder 40 Euro für ein halbes Jahr durch den Kauf einer Wertmarke (Stand Oktober 2021 lt. § 228 SGB IX)

Außerdem stehen Schwerbehinderten zusätzliche fünf Tage Jahresurlaub zu.

Die Ausführungen der Schwerbehindertenvertreterin sind für Frau Yilmaz sehr interessant, und sie stellt hierzu entsprechende Fragen. Es wird ihr erklärt, was der Schutz der Schwerbehinderten für sie bedeutet, und ihr wird die Broschüre des Integrationsamtes zum Thema „Nachteilsausgleiche“[63] übergeben, in der sie alles Wissenswerte nachschlagen oder sich übersetzen lassen kann. Darüber hinaus bekommt sie die Kontaktdaten der Schwerbehindertenvertretung mit dem Hinweis, dass sie sich jederzeit mit Fragen an sie wenden kann.

---

[63] Vgl. www.integrationsaemter.de/Fachlexikon/Nachteilsausgleiche/.

Der noch auf dem Tisch liegende Brief rückt ins Zentrum der Aufmerksamkeit. Es handelt sich um eine Mitteilung der Krankenkasse, aus der hervorgeht, dass Nasan Yilmaz noch fünf Tage Krankengeldanspruch hat und dann ausgesteuert wird. Davor hat sie große Angst, sagt sie in ihrem gebrochenen Deutsch, darum muss sie nun arbeiten, denn sie braucht das Geld. Auf die Frage, wie es ihr jetzt gesundheitlich gehe, antwortet sie, dass es ihr schlecht gehe. Hat sie schon eine medizinische Rehabilitationsmaßnahme bekommen? Nein. Aber sie wurde bereits viermal operiert. Die letzte Operation war vor vier Wochen, nun ist alles in Ordnung. Weil immer wieder Krankenhausaufenthalte notwendig waren, war eine Reha-Maßnahme bislang nicht möglich. Ob sie denn solch eine Reha machen möchte, wird sie gefragt. Das will sie gern.

Die finanzielle Absicherung rückt ins Zentrum.

Das Wichtigste neben der Gesundheit ist aber zunächst, dass Frau Yilmaz finanziell abgesichert ist. So wird ihr erklärt, was zu tun ist. Eile tut angesichts des auslaufenden Krankengeldes Not. Es wird ein Antrag auf eine medizinische Rehabilitation gestellt. Danach soll sie in der Leistungsabteilung der Agentur für Arbeit einen Antrag auf Arbeitslosengeld stellen.

Sonderform des Arbeitslosengeldes § 145 SGB III

1. Anspruch auf Arbeitslosengeld hat auch, wer allein deshalb nicht arbeitslos ist, weil er wegen einer mehr als sechsmonatigen Minderung seiner Leistungsfähigkeit eine versicherungspflichtige, mindestens 15 Stunden wöchentlich umfassende Beschäftigung nicht unter den Bedingungen ausüben kann, die auf dem für ihn in Betracht kommenden Arbeitsmarkt ohne Berücksichtigung der Minderung der Leistungsfähigkeit üblich sind, wenn verminderte Erwerbsfähigkeit im Sinne der gesetzlichen Rentenversicherung nicht festgestellt worden ist. Die Feststellung, ob verminderte Erwerbsminderung vorliegt, trifft der zuständige Träger der gesetzlichen Rentenversicherung. Kann sich die oder der Leistungsgeminderte wegen gesundheitlicher Einschränkungen nicht persönlich arbeitslos melden, so kann die Meldung durch eine Vertreterin oder einen Vertreter erfolgen. Die oder der Leistungsgeminderte hat sich unverzüglich persönlich bei der Agentur für Arbeit zu melden, sobald der Grund für die Verhinderung entfallen ist.

2. Die Agentur für Arbeit hat die Arbeitslose oder den Arbeitslosen unverzüglich aufzufordern, innerhalb eines Monats einen Antrag auf Leistungen zur medizinischen Rehabilitation oder zur Teilhabe am Arbeitsleben zu stellen. Stellt die oder der Arbeitslose diesen Antrag fristgemäß, so gilt der Antrag auf Arbeitslosengeld als gestellt.

3. Wird der oder dem Arbeitslosen von einem Träger der gesetzlichen Rentenversicherung wegen einer Maßnahme zur Rehabilitation Übergangsgeld oder Rente wegen Erwerbsminderung zuerkannt, steht der Bundesagentur ein Erstattungsanspruch entsprechend § 102 SGB X zu.

Dass Frau Yilmaz zur Agentur für Arbeit gehen soll, versetzt sie in Angst; sie verbindet damit den Verlust ihres Arbeitsplatzes. Sie braucht jedoch die Erklärung, dass sie in fünf Tagen keinen Anspruch mehr auf Krankengeldzahlungen hat. Die Krankenkasse steuert sie aus, und das Übergangsgeld, das während einer medizinischen Reha-Maßnahme bezahlt würde, ist noch nicht bewilligt. Um keine finanzielle Lücke zu erleiden, bekommt sie von der Agentur für Arbeit Arbeitslosengeld bis zu einer Entscheidung des Rentenversicherungsträgers. Damit ist sie finanziell abgesichert.

Weiter wird ihr gesagt, dass die Ärzteschaft während der Rehabilitationsmaßnahme entscheidet, welche Empfehlungen sie in ihrem Fall abgeben. *Das kann zum Beispiel eine Wiedereingliederung an ihrem Arbeitsplatz sein.* Dann würde sie stundenweise arbeiten und diese Arbeitszeiten langsam steigern. Das Übergangsgeld bekommt sie dann auch vom Rentenversicherungsträger. *Möglich ist auch eine befristete Erwerbsminderungsrente.* Dies wird während der Reha-Maßnahme entschieden.

Frau Yilmaz ist nun sichtlich erleichtert. Die finanzielle Absicherung wird in die Wege geleitet, und auch die medizinische Versorgung ist bedacht worden. Sie schaut die Anwesenden offen und freundlich an, bedankt sich bei allen und versichert, dass dies ein hilfreiches Gespräch war.

RESÜMEE

Nach der medizinischen Reha wurde Frau Yilmaz rückwirkend (ab Erkrankung) eine Erwerbsunfähigkeitsrente zugesprochen, die auf zwei Jahre befristet war. Mit der Krankenkasse und der Agentur für Arbeit wurde das bereits gezahlte Geld mit dem rückwirkenden Rentenbeginn verrechnet. Das ist allerdings für die Betroffenen nicht relevant. Es wird „intern" zwischen den Trägern geregelt. Frau Yilmaz kam gerade noch zur rechten Zeit zum BEM-Gespräch. Aus Unwissenheit fallen kranke Mitarbeitende oft aus dem finanziellen Netz. Das soll in einem BEM-Verfahren mit geschulten Beraterinnen nicht mehr vorkommen.

Es ist nicht immer möglich, kranke Menschen in der Arbeit zu halten, aber man kann den Betroffenen andere Wege aufzeigen und sie begleiten. Die Chancen stehen gut, dass Frau Yilmaz durch die befristete Rente ausreichend Zeit hat, sich zu erholen, um dann den Weg ins normale Arbeitsleben zurückzufinden.

Die einzelnen Schritte im Überblick

1. → das BEM-Verfahren einleiten und zur Teilnahme am BEM-Gespräch einladen
2. → darin den sozialen Rahmen und Hintergrund der Betroffenen beachten (Sprachschwierigkeiten und kulturelle Eigenheiten)
3. → die fachliche Kompetenz der Schwerbehindertenvertretung wird hinzugezogen
4. → finanzielle Bezüge sichern (Agentur für Arbeit)
5. → medizinische Rehabilitation einleiten
6. → Erwerbsunfähigkeitsrente auf Zeit wird durch den Rentenversicherungsträger nach vorherigem Antrag bewilligt. Das Datum des Reha-Antrages ist dann – nach Rücksprache mit der Betroffenen und deren Zustimmung – gleichzeitig der Zeitpunkt des Rentenantrags.

1. EINE HÖRBEHINDERUNG UND VIELFÄLTIGE ENTWICKLUNGS-MÖGLICHKEITEN

Monika Berg/41/Sprachtherapeutin

STICHWORTE: Hörgerät als technische Hilfe, berufliche Anpassung, Weiterbildung

Monika Berg, 41, ist als leitende Sprachtherapeutin in einer Spracheinrichtung zuständig für die Beratung der logopädischen Fachkräfte. Seit 17 Jahren arbeitet sie dort 20 Stunden in der Woche. Sie beurteilt die Sprachstörungen der Kinder und legt, gemeinsam mit den jeweils zuständigen Logopädinnen und Logopäden, einen Behandlungsplan fest. Es ist ein Betriebsrat vorhanden, und die Geschäftsleitung hat eine externe Disability-Managerin engagiert, die regelmäßig und fallbezogen zu BEM-Gesprächen hinzugezogen wird. Ihre Aufgabe ist es, für die Unterstützung erkrankter Mitarbeitender konkrete Maßnahme- und Handlungspläne zusammen mit einem Integrationsteam zu erstellen und zu begleiten. Das BEM ist also eingeführt.

Einladung zum BEM-Informationsgespräch

Nach einer viermonatigen Erkrankung von Monika Berg wird sie von der Disability-Managerin zu einem BEM-Informationsgespräch eingeladen. Dem stimmt sie gern zu und vereinbart gleich einen Termin mit ihr. Im Gespräch erzählt sie, dass sie einen Hörverlust erlitten habe und nun digitale Hörgeräte benötige, die sehr viel Geld kosten werden. Dieses Geld habe sie nicht. Bei der Personalstelle habe sie bereits nachgefragt, ob ihr ein Vorschuss oder ein Darlehen gewährt werden kann. Das sei abgelehnt worden.

Die Disability-Managerin kann weiterhelfen. Sie weiß, dass die Krankenkasse die Kosten für digitale Hörgeräte übernimmt, wenn sie für die Arbeit benötigt werden. Monika Berg kann einen *Antrag auf Leistungen zur Teilhabe am Arbeitsleben* stellen.

i

Leistungen zur Teilhabe am Arbeitsleben nach § 49 SGB IX

Es werden die erforderlichen Leistungen erbracht, um die Erwerbstätigkeit behinderter oder von Behinderung bedrohter Menschen entsprechend ihrer Leistungsfähigkeit zu erhalten, zu verbessern oder wiederherzustellen und ihre Teilhabe am Arbeitsleben möglichst auf Dauer zu sichern.

Frau Berg freut sich, dies zu hören, denn ohne ein entsprechendes Hörgerät kann sie ihre Arbeit nicht mehr verrichten. Die Disability-Managerin beschreibt ihr das Vorgehen zur Antragstellung.

Notwendige Unterlagen für die Beantragung eines Hörgerätes sind:

1. ein Rezept für digitale Hörgeräte von der behandelnden Fachärztin bzw. dem behandelnden Facharzt
2. von einer Fachkraft für Hörgeräteakustik ein Hördiagramm
3. ein Kostenvoranschlag über die benötigten Arbeitshilfen
4. Achtung: keine Verzichtserklärung unterschreiben (siehe neues Urteil)!
5. das ausgefüllt Antragsformular G 130 des zuständigen Rentenversicherungsträgers
6. eine Stellungnahme, in der dargelegt wird, dass ohne die technische Hilfe der Arbeitsplatz in Gefahr ist und eine Kündigung droht

Tipp: Die Stellungnahme sollte sachlich und für Dritte nachvollziehbar sein. Je besser das gelingt, desto größer ist die Aussicht auf Erfolg.

Wichtiges Urteil:

Mit Urteil vom 17. Dezember 2009 (Aktenzeichen B 3 KR 20/08) hat das Bundessozialgericht entschieden, dass die gesetzlichen Krankenkassen zum Ausgleich von Hörbehinderungen für die Versorgung mit Hörgeräten aufzukommen haben, die nach dem Stand der Medizintechnik die bestmögliche Angleichung an das Hörvermögen Gesunder erlauben und gegenüber anderen Hörhilfen erhebliche Gebrauchsvorteile im Alltagsleben bieten.

Seit diesem Urteil werden nun alle Anträge auf Hörgeräte bei den Krankenkassen gestellt.

Weitere technische Hilfen am Arbeitsplatz

Nachdem dieses Vorgehen in dem Gespräch mit der Disability-Managerin geklärt ist, wird überlegt, was Monika Berg noch für ihre Arbeit benötigt. Wie steht es mit dem Telefon? Kann sie ausreichend gut telefonieren? Sie benötigt eine an Hörgeschädigte angepasste Telefonanlage, die mit der vorhandenen Anlage in der Einrichtung kompatibel ist.

Monika Berg ist auch viel unterwegs in anderen Einrichtungen, das erfordert ein mobiles Telefon für Hörbehinderte. Außerdem stellt sie einen Antrag auf Schwerbehinderung.

Die technischen Hilfsmittel, Telefonanlage und mobiles Telefon für Hörbehinderte, werden in diesem Fall beim Rentenversicherungsträger beantragt. Innerhalb von sechs Wochen hat sie die Bewilligung der Kostenübernahme.

Antrag auf Gleichstellung

Ihrem Antrag auf Schwerbehinderung wurde mit einem GdB von 30 entsprochen. Bei der Agentur für Arbeit wird nun ein Antrag auf Gleichstellung eingereicht. Auch dem wird zugestimmt. Damit gelten für Monika Berg die Rechte von schwerbehinderten Menschen (mit Ausnahme des um fünf Tageerweiterten Urlaubsanspruchs, und auch ein vorgezogener Rentenanspruch entfällt bei einer Gleichstellung). Monika Bergs Aufgabe ist es nun, sich erst einmal an die neuen Hilfsmittel zu gewöhnen.

Alles nicht ausreichend, um den Arbeitsplatz auszufüllen

Vier Monate sind vergangen, als Monika Berg erneut über die Personalabteilung um einen Termin mit der Disability-Managerin bittet. Eigentlich hatte diese mit einem Erfolgsbericht von Frau Berg gerechnet, aber es kommt anders. Sie sei mit den Nerven am Ende, erzählt Frau Berg. *Das Hören im Alltag gelingt ihr einigermaßen, aber die Sprachstörungen der Kinder kann sie häufig nicht identifizieren.* Sie kann ihre Arbeit dadurch nicht mehr verantwortungsvoll ausführen. Das habe sie auch schon dem Geschäftsführer gesagt. Der wiederum habe väterlich und gleichzeitig abgrenzend erwidert, sie sei ja studiert und tüchtig, da werde sie sicher eine andere Arbeit finden. Das empfindet Monika Berg als Bedrohung für ihren Arbeitsplatz.

Eigene Ziele entwickeln und externe Unterstützung aktivieren

Welche Wünsche und Vorstellungen hat Frau Berg? Sie will vor allem aktiv bleiben und arbeiten. Die Disability-Managerin schlägt daraufhin ein Gespräch mit einer Vertretung des Integrationsamtes vor. Der § 167.1 SGB IX schreibt diese Möglichkeit fest und empfiehlt bei Problemen im Arbeitsleben möglichst frühzeitig die Schwerbehindertenvertretung und das Integrationsamt einzuschalten.

i

§ 84 SGB IX Prävention

Der Arbeitgeber schaltet bei Eintreten von personen-, verhaltens- oder betriebsbedingten Schwierigkeiten im Arbeits- oder sonstigen Beschäftigungsverhältnis, die zur Gefährdung dieses Verhältnisses führen können, möglichst frühzeitig die Schwerbehindertenvertretung und die in § 93 genannten Vertretungen sowie das Integrationsamt ein, um mit ihnen alle Möglichkeiten und alle zur Verfügung stehenden Hilfen zur Beratung und mögliche finanzielle Leistungen zu erörtern, mit denen die Schwierigkeiten beseitigt werden können und das Arbeits- oder sonstige Beschäftigungsverhältnis möglichst dauerhaft fortgesetzt werden kann.

Angebot eines neuen Arbeitsplatzes

Man einigt sich darauf, dass die Disability-Managerin einen Gesprächstermin mit Frau Berg, dem Arbeitgeber und einer Vertretung vom Integrationsamt vereinbart. Der Termin beginnt sehr dynamisch, denn der Arbeitgeber bietet Frau Berg gleich einen neuen Arbeitsplatz an. In der Einrichtung geht demnächst eine beratende Psychologin in Rente, die, ebenso wie Monika Berg, 20 Stunden wöchentlich arbeitet. Ob Frau Berg sich die Aufgaben zutraue, die mit einer psychologischen Beratung verbunden sind? Die sieht da keine Probleme, sie kann ja alles hören und verstehen. Sie freut sich zunächst über die unerwartete Perspektive. Der Arbeitgeber will zügig eine Vorlage zur Stellenbesetzung beim Betriebsrat vorlegen, und dann kann sie auch schon anfangen.

Zusatzqualifizierung ist notwendig

Später, das Gespräch ist einige Stunden her, bekommt Monika Berg dann doch Zweifel. Ist sie diesem Aufgabengebiet gewachsen? Schließlich hat sie keine psychologische Qualifizierung, weder formal noch nach ihren Erfahrungen. Diese Zweifel äußert sie dann in einem Gespräch mit der Disability-Managerin. Gemeinsam überlegen sie, ob hier eine Weiterbildung sinnvoll ist. Dazu nehmen sie Einsicht in die Stellenbeschreibung des Arbeitgebers und gleichen diese mit Wissen, Können und Frau Bergs Erfahrungen ab. Sie kommen zu dem Schluss, dass einige Nachqualifizierungen notwendig sind, die Frau Berg sich an der Universität aneignen kann.

Erneut wird ein Antrag auf Leistungen zur Teilhabe am Arbeitsleben (§ 49 SGB IX) beim Rentenversicherungsträger gestellt. Auch hier wird – wie schon bei den technischen Hilfsmitteln – ein Kostenvoranschlag eingeholt und der Antrag (G 130) ausgefüllt sowie eine Stellungnahme beigebracht. Monika Berg begründet, warum sie trotz der digitalen Hörgeräte vom Arbeitsplatzverlust bedroht ist. Sie legt das schriftliche Angebot und die Stellenbeschreibung des Arbeitgebers in Kopie bei und begründet und belegt so die Notwendigkeit einer Zusatzausbildung. Der Antrag ist erfolgreich. Die vollen Kosten werden vom Rentenversicherungsträger übernommen.

Leistungen an den Arbeitgeber

Damit nicht genug: Die Qualifizierung findet im Blockunterricht statt – alle drei Monate zehn Tage (zwei Wochen) hintereinander. In der übrigen Zeit sammelt Frau Berg Erfahrungen in der Praxis. Sie begleitet ihre Kolleginnen in die Beratungen und berät auch bereits. Allerdings ist dies noch nicht im Alleingang möglich. Eine Kollegin bleibt dabei. Währenddessen aber bleibt deren eigentliche Arbeit liegen. Um das aufzufangen, beantragt der Arbeitgeber einen Eingliederungszuschuss beim Rentenversicherungsträger.

§ 50 SGB IX Leistungen an Arbeitgeber

Die Rehabilitationsträger nach § 6 Abs. Nr. 1 bis können Leistungen zur Teilhabe am Arbeitsleben auch an Arbeitgeber erbringen (siehe auch Gesetzestext im Anhang).

Auch dieser Antrag ist erfolgreich, und der Arbeitgeber bekommt für ein Jahr die Hälfte des Gehaltes von Frau Berg erstattet. Die beiden Kolleginnen, die die Einarbeitung übernehmen, erhöhen für ein Jahr ihre wöchentliche Arbeitszeit. Damit ist eine korrekte Einarbeitung ohne Zusatzbelastung für die Kolleginnen gesichert.

RESÜMEE

Hier liegt ein deutliches Beispiel dafür vor, dass viele Möglichkeiten genutzt werden können, um eine Teilhabe am Arbeitsleben zu gewährleisten. Frau Berg hat sich in ihr neues Fachgebiet gut eingearbeitet. Ihre Höreinschränkungen haben keine Auswirkung mehr auf die neue Tätigkeit. Es wurde mit dem guten Willen des Arbeitgebers, den Leistungen des Rentenversicherungsträgers und kompetenter Beratung ein schwerbehindertengerechter Arbeitsplatz geschaffen, den Frau Berg voraussichtlich bis zu ihrer Rente ausfüllen kann.

Die einzelnen Schritte im Überblick

1. → Kontaktaufnahme und Informationsgespräch mit der Betroffenen
2. → Wirkungen der Erkrankung und Wünsche der Erkrankten in Erfahrung bringen
3. → Gleichstellung beantragen
4. → Antrag auf Leistungen zur Teilhabe am Arbeitsleben (§ 49 SGB IX) stellen (technische Hilfsmittel)
5. → Präventionsgespräch (§ 167 SGB IX) mit den beteiligten betrieblichen Akteurinnen führen und weitere Handlungsmöglichkeiten erkunden
6. → Angebot eines anderen Arbeitsplatzes vom Arbeitgeber
7. → Antrag auf Leistungen zur Teilhabe am Arbeitsleben stellen (berufliche Anpassung → Weiterbildung)
8. → Antrag auf Leistungen an Arbeitgeber § 50 SGB IX stellen (Eingliederungszuschuss)

2. KRANKENEINSICHT – EINE ERSTE VORAUSSETZUNG ZUR VERÄNDERUNG

Frauke Paulsen/42/Abteilungsleiterin

STICHWORTE: Arbeitsplatzwechsel, Aufgaben der Betriebsärzteschaft, Datenschutz und (auch betriebsärztliche) Schweigepflicht

Frauke Paulsen ist 42 Jahre alt und Abteilungsleiterin in einem großen Kaufhaus. Ein Betriebsrat und eine Schwerbehindertenvertretung sind vorhanden, das BEM ist eingeführt.

Arbeitssituation

Die Abteilung, die Frau Paulsen leitet, bietet Damenoberbekleidung an. Sie ist in ihrer Abteilung zuständig für den Wareneinkauf, die Kalkulation der Verkaufspreise und die Personaleinsatzzeiten. Zusammen mit der Geschäftsleitung und den anderen Abteilungsleitungen plant sie Verkaufsaktionen. Frau Paulsen ist eine geschätzte Mitarbeiterin und Kollegin.

Darüber hinaus ist sie gewählte Koordinatorin der Konzernabteilungsleitungen. Von ihr werden zum Beispiel Besprechungen organisiert, in denen das Warenangebot für die kommende Saison besprochen und ausgesucht wird. Durch ihre Fachkompetenz und ihre angenehme Persönlichkeit hat sie im Betrieb eine herausragende Stelle.

Verhaltensveränderungen

Nach 14 Jahren Betriebszugehörigkeit treten bei ihr häufiger kurze Krankenzeiten auf, und es gibt Schwierigkeiten in der Abteilung. Die Kolleginnen beschweren sich über das Verhalten von Frau Paulsen, da sie unkonzentriert Anweisungen gibt, die sie nicht nachvollziehen können. Sie behauptet Sachverhalte, die nicht stimmten, und beschuldigt die Kolleginnen, ihr mutwillig schaden zu wollen. Die Arbeitssituation ist für alle Beteiligten sehr schwierig.

Krankheit als Belastungsbremse und Versetzung an einen neuen Arbeitsplatz

Frau Paulsen wird längere Zeit krank und bittet nach der Krankheit den zuständigen Personalreferenten darum, in ein kleineres Kaufhaus des Konzerns versetzt zu werden. Auch will sie die Aufgaben der koordinierenden Abteilungsleitung nicht mehr ausüben. Sie fühlt sich überlastet und will nun erst einmal kürzertreten. Dies wird von der Personalleitung akzeptiert, und Frau Paulsen wird in ein kleineres Haus mit einer kleineren Damenoberbekleidungsabteilung versetzt.

Erneute Verhaltensauffälligkeit

Einige Monate läuft alles gut. Dann verändert sich das Verhalten von Frau Paulsen erneut. Sie behauptet, eine schlechte Aura gehe von ihren Kolleginnen aus und sie solle zerstört werden. Alle haben einen Pakt mit Dämonen geschlossen. Es kommt zu beleidigenden Szenen. Die Mitarbeitenden wollen so nicht weiter mit ihr zusammenarbeiten. Sie beschweren sich bei der Geschäftsleitung und bitten um eine Versetzung von Frau Paulsen. Eine Kollegin will gar einen Anwalt einschalten.

Das Integrationsteam wird eingeschaltet.

An dieser Stelle schaltet der Personalleiter das Integrationsteam (BEM-Team) des Unternehmens ein. In einem ersten Gespräch schildert er die Lage und schlägt ein Gespräch mit Frau Paulsen vor, bei dem eine Vertreterin des BEM-Teams mit anwesend ist. Dabei soll es sich um ein einfaches Personalgespräch (noch kein BEM-Gespräch!) handeln. Es wird ein Termin vereinbart, der so vorbereitet wird, dass Frau Paulsen sich wertgeschätzt und respektiert fühlen kann. Soweit die Situation einschätzbar ist, werden schon im Vorfeld unterschiedliche Handlungsmöglichkeiten, zum Beispiel externe Unterstützung, geprüft. Die entsprechenden Informationen und Unterlagen liegen zum Gespräch bereit.

Ein Personalgespräch wird geführt.

Im Gespräch schildert der Personalleiter die Situation und die Beschwerden der Kolleginnen. Frau Paulsen wird gefragt, ob die entstandenen Probleme am Arbeitsplatz im Zusammenhang mit einer Erkrankung stehen? Er betont, dass dies seine Vermutung sei, was von Frau Paulsen vehement bestritten wird. Überhaupt weiß sie gar nicht, warum dieses Gespräch gerade stattfindet. Dazu sieht sie keine Veranlassung. Sie sei nicht krank, sondern habe nur im Moment Sorgen mit ihren zwei Kindern, und das gehe vorüber. Aus Sicht des Personalleiters besteht jedoch Handlungsbedarf, und er lässt Frau Paulsen nicht aus der Verantwortung. *Den Vorschlag, einmal mit der Betriebsärztin zu sprechen, kann sie dann akzeptieren. Es wird festgehalten, dass dies der nächste Schritt für sie ist.*

Betriebsärztinnen nd -ärzte beraten und unterstützen den Arbeitgeber beim Arbeitsschutz und bei der Unfallverhütung. Sie beraten den Arbeitgeber u. a. bei der Planung von Betriebsanlagen, der Beschaffung von Arbeitsmitteln und der Auswahl persönlicher Schutzausrüstungen. Sie beantworten Fragen der Ergonomie und der Arbeitshygiene. Sie sind beteiligt am BEM und an der betrieblichen Gesundheitsvorsorge (Prävention).

Aufgaben der Betriebsärzteschaft nach § 3 Abs. 1 Satz 2 Nr. 1f AsiG (Arbeitssicherheitsgesetz)

Der Aufgabenkatalog zeigt die enge Verknüpfung mit Fragen der behindertengerechten Arbeitsplatzgestaltung und der Beschäftigung schwerbehinderter Menschen. Darüber hinaus zählt die Beratung bei Fragen des Arbeitsplatzwechsels sowie der Teilhabe und der beruflichen Wiedereingliederung behinderter Menschen in den Arbeitsprozess ausdrücklich zu den Aufgaben der Betriebsärzteschaft.

Erneute Arbeitsunfähigkeit und ein erstes BEM-Gespräch

Nach dem Gespräch mit der Betriebsärztin wird Frauke Paulsen erneut arbeitsunfähig. Nach einer zwölfmonatigen Krankenzeit mit teilweise stationärem Klinikaufenthalt wird sie zu einem BEM-Gespräch eingeladen. Auf der schriftlichen Zusage bittet sie um die Teilnahme der Betriebsärztin. Außerdem nehmen ein Arbeitgebervertreter und ein Betriebsrat aus dem BEM-Team am Gespräch teil.

Zu Beginn des Gespräches wird Frauke Paulsen über den Sinn und Zweck des BEM informiert, auf die Verschwiegenheitspflicht der am Gespräch Beteiligten und auf die Bestimmungen zum Datenschutz im BEM hingewiesen. Die Krankenzeiten werden zur Kenntnis genommen. Es wird die Frage gestellt, ob die Krankenzeiten mit der Arbeitssituation im Zusammenhang stehen – eine Routinefrage im BEM-Gespräch.

Der Krankheitsverlauf wird erläutert.

Frau Paulsen wirkt verängstigt und nervös. Man merkt ihr an, dass sie sich nicht wohlfühlt. Arbeitgebervertreter und Betriebsrat versuchen behutsam zu erklären, dass sie nichts zu befürchten habe. Das BEM-Gespräch beinhalte keine Sanktionen, sondern diene dazu, ihr Hilfe anzubieten. Auf die Frage, wie es ihr gehe, erzählt sie, dass ihre Krankheit ihr große Angst und ein schlechtes Gewissen bereite. Sie fehle nun schon so lange, und sie lasse ihre Mitarbeiterinnen im Stich. Lange habe sie es nicht wahrhaben wollen, dass es ihr nicht gut gehe und die Ursache dafür eine Krankheit sei. Sie habe schlimme Zeiten erlebt.

Erst durch das Gespräch mit der Betriebsärztin und deren Erklärungen zu ihrer Krankheit kann sie sich damit auseinandersetzen. Am schlimmsten seien die Stimmen gewesen, die sie immer hörte und sie in ihrem Handeln beeinflussten. Die Ärztin hatte ihr empfohlen, psychiatrische Hilfe hinzuzuziehen, aber das wollte sie damals nicht gleich. Ihr Hausarzt, den sie schon lange kennt und dem sie vertraut, hatte ihr damals Tabletten verschrieben, woraufhin es ihr bald besser ging. Dann hat sie die Tabletten nicht mehr genommen und ihr Zustand verschlechterte sich wieder. Der Betriebsärztin, zu der sie erneut Kontakt aufnahm, habe sie es zu verdanken, dass sie nun doch eine Psychiaterin aufgesucht habe. Sie wolle ja wieder gesund werden. Die Betriebsärztin zeigt sich erleichtert. Die Blockaden scheinen aufgelöst. Mit einer weiterführenden Therapie kann begonnen werden.

Entspannung und Vereinbarungen

Auch Frauke Paulsen wirkt jetzt sehr viel entspannter. Sie bedankt sich noch einmal bei der Betriebsärztin für ihre Erklärungen und ihr Verständnis. Nur dadurch konnte die Einsicht bei ihr erreicht werden, dass sie krank ist. Jetzt hat sie die Hoffnung, dass ein Leben ohne Stimmen und Dämonen wieder möglich wird. Auch will sie den empfohlenen Kontakt zur Schwerbehindertenvertretung aufnehmen. Es wird vereinbart, dass Frau Paulsen sich meldet, wenn die Psychologin in Absprache mit der Betriebsärztin eine Wiedereingliederungsmaßnahme für sinnvoll hält. Dann soll erneut ein Gesprächstermin vereinbart werden.

Schweigepflicht und Datenschutz

Der Personalleiter will nach dem Gespräch von der Betriebsärztin wissen, welche Erkrankung Frau Paulsen denn genau habe. *Das aber kann und darf sie nicht sagen, sie unterliegt der Schweigepflicht, entgegnet die Betriebsärztin.* Sie kann lediglich empfehlen, wie die Bedingungen am Arbeitsplatz sein sollten, damit Frau Paulsen nicht erneut erkrankt.

Alle am BEM-Prozess Beteiligten sind an eine Schweigepflicht gebunden, solange sie nicht ausdrücklich von den Betroffenen davon entbunden wurden. Mit den Betroffenen wird im Erstgespräch eine entsprechende Schutzvereinbarung zu den personenbezogenen Daten getroffen. Nur die Ergebnisse (Teilnahme am BEM-Verfahren und Beendigung des BEM-Verfahrens) werden von der Protokollführerin an die Personalabteilung weitergeleitet. Alle weiteren Unterlagen sind in einem abschließbaren Raum in einer gesonderten BEM-Akte aufzuheben und sollen drei Jahre nach Abschluss des Verfahrens den Betroffenen übergeben oder vernichtet werden.

Die Betriebsärztinnen und -ärzte unterstehen unmittelbar der Geschäfts- oder Betriebsleitung, sind aber bei der Anwendung ihrer arbeitsmedizinischen Fachkenntnisse weisungsfrei und nur ihrem ärztlichen Gewissen verpflichtet. Sie unterliegen der ärztlichen Schweigepflicht und den strengen Regelungen des Datenschutzes (auch gegenüber dem Arbeitgeber). Sie müssen alle relevanten Belege (Röntgenaufnahmen, Krankheitsbefunde) unter Verschluss halten und dürfen unbefugt keine Informationen an den Arbeitgeber weitergeben. Lediglich das Ergebnis der Untersuchung darf dem Arbeitgeber mitgeteilt werden, soweit es für den Arbeitsplatz und die Leistungsanforderungen relevant ist. Denn nur so kann der Arbeitgeber eine Entscheidung über den Verbleib am Arbeitsplatz oder über einen Arbeitsplatzwechsel fällen.

Ansonsten bedarf jede Weitergabe von Informationen der schriftlichen Zustimmung der Betroffenen.

Antrag auf Schwerbehinderung

Frau Paulsen hat nach einem Gespräch mit der Schwerbehindertenvertretung einen Antrag auf Schwerbehinderung gestellt. Ihr wird ein GdB von 50 zuerkannt. Damit fällt Frau Paulsen unter den Schutz der schwerbehinderten Menschen.

Wiedereingliederung

Nach drei Monaten ersucht Frau Paulsen erneut um ein Gespräch mit dem BEM-Team, weil eine Wiedereingliederung in den betrieblichen Ablauf eines Kaufhauses angedacht ist. Während dieses Gesprächs ist nun auch die Schwerbehindertenvertretung anwesend. Frau Paulsen berichtet, dass es ihr wieder besser gehe. Sie bekomme jetzt alle drei Monate ein Medikament injiziert, was ihr die lästige Tabletteneinnahme erspart. Diese habe sie täglich an ihre Krankheit erinnert, und das tat ihr nicht gut. Sie wollte wieder ein weitgehend normales Leben aufnehmen.

Die Betriebsärztin bestätigt – nach Rücksprache mit der behandelnden Psychiaterin – einen positiven Heilungsverlauf. Einer Wiedereingliederung steht nichts mehr im Wege. Einen Einsatz auf dem letzten Arbeitsplatz hält sie aber, wegen der Schwierigkeiten, die dort aufgrund der Erkrankung aufgetreten waren, nicht für sinnvoll. Frau Paulsen wird gefragt, wie sie sich eine Arbeitswiederaufnahme vorstellt. Diese glaubt wieder voll leistungsfähig zu sein und wünscht sich wieder einen Einsatz als Abteilungsleiterin in einem großen Haus.

Der Arbeitgeber, der ihr Engagement und ihren guten Umgang mit den Mitarbeitenden vor ihrer Erkrankung kennt, ist bereit, sie in einer Abteilung in einer der Kaufhausfilialen einzusetzen. Der Zufall will es, dass eine Abteilungsleiterin in Elternzeit ist und die Stelle noch nicht nachbesetzt wurde. Frau Paulsen soll erst einmal in einer dreimonatigen Wiedereingliederung zunächst vier Stunden täglich, nach sechs Wochen dann sechs Stunden am Tag dort arbeiten. Danach werde man weitersehen.

Die Wiedereingliederung wird von der Betriebsärztin und der Schwerbehindertenvertretung begleitet. Es gibt während der drei Monate keinerlei Schwierigkeiten. Frau Paulsen stürzt sich – bei reduzierter Arbeitszeit – gleich wieder in das betriebliche Geschehen. Sie wird von der Betriebsärztin zwischendurch ausdrücklich ermahnt, die vereinbarten verkürzten Zeiten einzuhalten. Sie befindet sich im Wiedereingliederungsprozess und ihre Leistungsfähigkeit soll sie langsam steigern. Nach drei Monaten kann Frau Paulsen vollverantwortlich auf der von ihr gewünschten Stelle arbeiten. Fehlzeiten, die mit der Erkrankung im Zusammenhang stehen, sind nicht mehr aufgetreten.

RESÜMEE

Im Fall von Frauke Paulsen wurde zunächst vom Personalleiter erkannt, dass sie Schwierigkeiten hatte; sein anschließendes Hilfsangebot konnte sie annehmen. Die Betriebsärztin leistete einen wichtigen Beitrag: Sie nahm Frau Paulsen ernst und konnte ihr die Zusammenhänge der Krankheit mit ihrem Erleben erklären. Dadurch entstand die Krankheitseinsicht und Frau Paulsen konnte handeln.

Deutlich ist in dieser Situation, was wohl alle aus dem Alltag kennen: Ratschläge von verschiedenen Personen werden unterschiedlich angenommen. Der richtige Mensch zur richtigen Zeit am richtigen Ort findet aber Gehör. Das ist auch *ein* Grund dafür, dass das BEM-Team aus mehreren Menschen in unterschiedlichen Funktionen bestehen sollte. Gerade in dem vorliegenden Fall war es von besonderer Bedeutung, dass Frau Paulsen zunächst zur Betriebsärztin Vertrauen aufbauen konnte. Viele seelisch erkrankte Menschen haben Schwierigkeiten, sich zu ihrer Behinderung oder Krankheit zu bekennen. Sie haben Angst davor, stigmatisiert zu werden. Oft sind sie auch nicht in der Lage, ihre Situation richtig einzuschätzen.

Durch die Wertschätzung, die alle Beteiligten Frau Paulsen entgegenbrachten, konnte sie zukunftsorientiert und ohne alte Ängste ihre Arbeit wieder aufnehmen. Der Arbeitgeber hat eine kompetente und verlässliche Mitarbeiterin im Betrieb behalten können.

Die einzelnen Schritte im Überblick

1. → Ansprechen von Problemen (in diesem Fall vom Personalleiter) und Handlungsbedarf erkennen
2. → Betriebsärztin hinzuziehen
3. → Vertrauen aufbauen und Krankheitseinsicht herstellen
4. → fachärztlichen Rat hinzuziehen
5. → Schwerbehinderung beantragen
6. → Wiedereingliederung an einem neuen Arbeitsplatz initiieren, begleiten und bewerten bzw. einordnen

3. EINE SCHWERE PSYCHISCHE ERKRANKUNG UND EINE LANGE, ERFOLGREICHE WIEDEREINGLIEDERUNG

Sylvia Schönhuber/52/Erzieherin

STICHWORTE: auslaufendes Krankengeld, betriebliche Anpassungsmaßnahme als Wiedereingliederung nach § 28 SGB IX

Seit 28 Jahren arbeitet die 52-jährige Sylvia Schönhuber als Erzieherin in einer Kindertagesstätte. Sie arbeitet in ihrem Bereich zusammen mit drei weiteren Erziehungskräften. Zusammen betreuen sie 42 Kinder im Alter von drei bis sechs Jahren. Der Arbeitsschwerpunkt von Frau Schönhuber ist der kreative Bereich. Sie ist verantwortlich für das Atelier und für die sportlichen Aktivitäten. Darüber hinaus ist sie Ansprechpartnerin für Elternkontakte und Mitarbeiterin in der Stadtteilkonferenz, in der sie die Belange der Kita vertritt. Das BEM ist eingeführt.

Arbeitssituation

Sylvia Schönhuber ist die „Macherin" in der Kita. Durch ihre langjährige Betriebszugehörigkeit weiß sie über alle Gepflogenheiten im Betriebsablauf bestens Bescheid. Im Betrieb Feste zu organisieren lag in ihrer Hand. Mit den Kindern, die sie sehr gern haben, geht sie sehr liebevoll um. Die Eltern sehen in ihr eine kompetente Pädagogin, die sie in Erziehungsfragen jederzeit um Rat fragen können.

Zunehmende Fehlzeiten

Dann verändert sie sich. Sie wird in unregelmäßigen Abständen krank. Später wird sie acht Monate lang in einem Krankenhaus stationär betreut. Die Kinder und Mitarbeiterinnen, die Frau Schönhuber sonst in ihrer Krankenzeit Blumen und Selbstgebasteltes brachten, haben keinen Kontakt mehr zu ihr.

BEM-Gespräch

Weil Frau Schönhuber länger als sechs Wochen krank ist, wird sie vom Unternehmen im Rahmen des BEM automatisch angeschrieben und zu einem BEM-Gespräch eingeladen. Sie stimmt dem zu, und in diesem Fall nehmen, außer Frau Schönhuber, eine Vertretung der Geschäftsleitung und des Betriebsrats teil. Auch eine Schwerbehindertenvertrauensperson ist dabei, denn Sylvia Schönhuber hat aufgrund einer Stoffwechselstörung einen ausgewiesenen GdB von 60.

In dem Gespräch macht Frau Schönhuber einen guten Eindruck. Sie freut sich über diese Gelegenheit zum Austausch und erzählt, dass sie auch schon an einen Kontakt gedacht, sich aber nicht getraut habe, danach zu fragen. Sie habe ein schlechtes Gewissen und fühle sich schuldig, weil der Eindruck entstehen könne, sie habe die Kolleginnen, die Eltern und die Kinder im Stich gelassen. Wenn sie Bekannte auf der Straße sieht, wechsele sie die Straßenseite aus Angst, sie werde nach ihrer Krankheit gefragt.

Bericht über die psychische Erkrankung (Angststörung und Depression)

Auf die Frage nach ihrem aktuellen Befinden antwortet sie spontan: „Bestens", korrigiert sich aber gleich wieder und meint, es gehe ihr im Vergleich zur Zeit des Klinikaufenthaltes gut. Sie ist eine aufgeschlossene und redegewandte Frau. Um von sich zu erzählen, braucht sie nur diesen kleinen Impuls der Nachfrage. Dann nutzt sie die Möglichkeit zum Bericht über ihre Erkrankung: Dass ihr so was passieren kann, hat sie nie für möglich gehalten. Sie hatte starke Ängste und Panikattacken. Im Nachhinein scheinen ihr die Vorkommnisse ganz unwirklich. Aber nun geht es ihr wirklich besser. Sie ist so glücklich, diesen Zustand überwunden zu haben. Jetzt will sie wieder nach vorn sehen. Nach der Krankenhausentlassung habe sie eine Reha-Maßnahme beantragt, erzählt sie weiter, die jedoch abgelehnt worden sei. Als Begründung gab der Reha-Träger an, dass in ihrem Fall eine Therapie am Wohnort sinnvoll sei. Inzwischen hat sie eine kompetente und nette Therapeutin gefunden, die mit ihren Fortschritten sehr zufrieden ist. Voll belastbar ist sie wohl noch nicht, aber ihr größter Wunsch ist es, wieder arbeiten zu können. Darüber hat sie auch schon mit ihrer Psychologin gesprochen. Aus deren Sicht ist gegen eine langfristige Wiederaufnahme der Arbeit nichts einzuwenden. Im Gegenteil, eine Aufgabe tue ihr sicher gut.

Handlungsmöglichkeiten und Finanzierung

Es wurden in der BEM-Gesprächsrunde die Möglichkeiten einer Wiedereingliederung besprochen. Eine Wiedereingliederung kann in einem Zeitraum von sechs Wochen bis zu einem halben Jahr erfolgen. Eine Voraussetzung dafür ist, dass noch ein Anspruch auf Krankengeld besteht. Denn die Finanzierung der Wiedereingliederung ist in der Regel eine Leistung der Krankenkasse.

In dem Gespräch wird Sylvia Schönhuber gefragt, wie lange sie noch Krankengeldanspruch habe. Genau weiß sie es nicht, schätzt aber, dass sie noch einige Monate diesen Anspruch hat. Weil die finanzielle Absicherung so zentral für das weitere Vorgehen ist, soll Frau Schönhuber sofort Kontakt mit der Krankenkasse aufnehmen. Dazu wurde das BEM-Gespräch unterbrochen.

Leistungsdauer Krankengeld nach § 48 SGB V

Das Krankengeld ist eine begrenzte Leistung der Krankenkassen. Es beträgt in der Regel 70 Prozent des Einkommens.

Wegen derselben Krankheit wird Krankengeld für längstens 78 Wochen innerhalb einer Frist von drei Jahren gezahlt (Blockfrist). Diese Dreijahresfrist ist eine starre Frist und beginnt grundsätzlich mit dem ersten Auftreten einer Erkrankung. Die Zeit einer Lohnfortzahlung im Krankheitsfall durch den Arbeitgeber wird als Bezugszeit von Krankengeld mitgerechnet. Es werden dann real nur 72 Wochen Krankengeld durch die Krankenkasse gezahlt.

Gesetztext im Anhang: „Rechtliche Grundlagen"

Von dem Telefonat kommt Frau Schönhuber sehr aufgeregt zurück und berichtet, dass sie noch fünf Wochen Krankengeldanspruch habe, dann werde sie ausgesteuert.

Der Vertreter der Geschäftsleitung beruhigt sie, indem er versichert, dass man Möglichkeiten finden werde, damit sie bald wieder mit den Kindern arbeiten könne. Es wird vereinbart, in einer Woche wieder zusammenzukommen. Bis dahin soll geklärt werden, welche Möglichkeiten der Unterstützung es gibt.

Frau Schönhuber hat mit Unterstützung der Schwerbehindertenvertretung einen Antrag auf eine betriebliche Anpassungsmaßnahme in Verbindung mit § 44 SGB IX gestellt, dies auch ausführlich begründet und die damalige Ablehnung des Antrags auf medizinische Rehabilitation beigefügt. Innerhalb von 14 Tagen bewilligt der Rentenversicherungsträger die Maßnahme für vier Monate. Zusätzlich zu den noch verbleibenden drei Wochen der Zahlungen von der Krankenkasse bleiben fast fünf Monate Zeit für eine Wiedereingliederung. Der Vertrag der Krankenvertretung von Frau Schönhuber, die schon kurz nach deren Erkrankung zeitlich befristet eingestellt wurde, wird vom Arbeitgeber für diesen Zeitraum verlängert. Für die Zeit der Wiedereingliederung wird ein Übergangsgeld gezahlt.

STWE § 74 SGB V und § 44 SGB IX

Durch die zeitlich gestaffelte, also **stufenweise** Wiedereingliederung in die Tätigkeit sollen arbeitsunfähige Arbeitnehmende langsam wieder an die Belastungen ihres Arbeitsplatzes herangeführt werden. Diese Form der medizinischen Rehabilitation ist in § 74 SGB V geregelt und gilt für Arbeitnehmende, die noch im Krankengeldbezug sind.

Die STWE nach § 44 SGB IX ist jetzt Bestandteil der Leistungen zur medizinischen Rehabilitation für behinderte und von Behinderung bedrohte Menschen, wenn sie von der Krankenkasse ausgesteuert sind und kein anderer Leistungsträger zuständig ist.

Wird in einer Rehabilitationsmaßnahme eine Wiedereingliederung empfohlen, soll sie innerhalb von 14 Tagen nach der Entlassung aus der Rehabilitationsmaßnahme angetreten werden (§ 44 in Verbindung mit § 71 [5] SGB IX). Wenn die behandelnde Ärztin oder der behandelnde Arzt zu einem späteren Zeitpunkt eine Wiedereingliederung für sinnvoll hält, wird diese als **betriebliche Anpassungsmaßnahme** beantragt. Dies ist eine Leistung der **Rentenversicherung Bund,** um die Arbeitsfähigkeit wieder zu erreichen.

Bei anderen Rentenversicherungsträgern könnte ein Eingliederungszuschuss beantragt werden – eine Bewilligung unterliegt der sachlichen Beurteilung des jeweiligen Rentenversicherungsträgers.

Voraussetzung für eine STWE ist, dass die Beschäftigten nach ärztlicher Feststellung ihre bisherige Tätigkeit teilweise wieder verrichten können und sich mit der STWE einverstanden erklären. Die Arbeitsunfähigkeit im Sinne des Krankenversicherungsrechts bleibt dabei aber bestehen. Die behandelnde Ärztin oder der behandelnde Arzt sollen dann auf der Arbeitsunfähigkeitsbescheinigung die Art der möglichen Tätigkeiten sowie die täglich verantwortbare Arbeitszeit angeben und sich in geeigneten Fällen zuvor eine Stellungnahme von der Betriebsärztin bzw. dem Betriebsarzt einholen.

i

Vgl. hierzu auch in Teil 1, Kapitel „Stufenweise Wiedereingliederung bei psychisch beeinträchtigten Mitarbeiter*innen" S. 73

Die Wiedereingliederung wird von der Betriebsärztin und der Schwerbehindertenvertretung begleitet. Außer den Teamsitzungen finden mit der Kitaleitung wöchentliche Reflexionsgespräche statt, um eine Überforderung von Frau Schönhuber zu vermeiden.

Der Umgang mit den anderen

Die Kolleginnen, Kinder und Eltern haben sie freundlich aufgenommen und ihr signalisiert, dass man sich freut, sie wieder dabei zu haben. Mit Nachfragen, warum sie so lange nicht da war, kann sie offen umgehen, ohne sich großartig erklären zu müssen. Das wird von allen akzeptiert. Langsam und behutsam wird Frau Schönhuber an den Tagesablauf herangeführt. Sie traut sich immer mehr zu, ist konfliktfähig und sicher im Umgang mit den Kindern und den Eltern.

Am Ende der Wiedereingliederung kann Frau Schönhuber ohne Einschränkung ihren Arbeitsalltag bewältigen. Krankenzeiten traten bei Frau Schönhuber keine mehr auf.

RESÜMEE

Trotz einer schweren psychischen Erkrankung konnte hier der Einstieg ins Arbeitsleben durch eine lange Wiedereingliederungsphase gelingen. Gestützt durch begleitende Reflexionsgespräche konnten die Verantwortung und Belastungen langsam gesteigert werden, bis die volle Leistungsfähigkeit erreicht war. Frau Schönhuber hat gelernt, dass sie sich nicht nur um andere sorgen, sondern sich auch um sich selbst kümmern muss. In einer Selbsthilfegruppe hat sie wertvolle Freundschaften geschlossen.

Wir werden in unseren Beratungen immer häufiger mit psychischen Erkrankungen konfrontiert. Die Unsicherheit, wie mit den Betroffenen umzugehen ist, ist groß. Vor allem die Beteiligten an BEM-Gesprächen wissen häufig nicht, was psychisch Erkrankten zuzumuten ist. Wie sind sie anzusprechen? Was kann man ihnen abverlangen? Wie erkenne ich, ob sie wieder gesund sind? Mitglieder des Integrations- oder BEM-Teams sind keine psychologischen Fachkräfte, die Unsicherheit ist verständlich. Grundsätzlich gilt, ein interessierter, respektvoller Umgang in einer angenehmen Atmosphäre schaffen eine gute Grundlage für Vertrauen und für ein entsprechendes Gespräch, in dem Handlungs- und Maßnahmepläne im betrieblichen Bereich entwickelt werden. Ebenso grundsätzlich ist: Alle fachlichen Interventionen liegen nicht in der Zuständigkeit des Integrationsteams! Wohl gilt dies aber für Hinweise auf zuständige Stellen, die helfen können.

Die einzelnen Schritte im Überblick

1. → BEM-Gespräch gut vorbereiten
2. → finanzielle Absicherung klären
3. → Wiedereingliederungsmöglichkeiten besprechen
4. → Antrag auf betriebliche Anpassungsmaßnahme stellen
5. → Wiedereingliederung sicherstellen und begleiten (Reflexionsgespräche)

4. MUT ZUR VERÄNDERUNG: WENN EINE TÜR SICH SCHLIESST, ÖFFNET SICH (OFT) EINE NEUE

Karl-Heinz Schwarz/38/Kraftfahrer

STICHWORT: Umschulung (bei Diabetes)

Die Spedition, in der Karl-Heinz Schwarz (38) seit 18 Jahren als Kraftfahrer arbeitet, hat insgesamt 39 Beschäftigte. Im Betrieb ist bekannt, dass er insulinpflichtiger Diabetiker ist. Bei den vorgeschriebenen Untersuchungen der Berufsgenossenschaft zur Fahrtauglichkeit gibt es bisher keine Beanstandungen. Nennenswerte Krankenzeiten lagen während der 18 Jahre Betriebszugehörigkeit nicht vor.

Arbeitssituation

In den Wintermonaten ändert sich dies. Es treten gehäuft Krankenzeiten von ein bis fünf Tagen auf. Schnell summieren sich Fehlzeiten von deutlich über 20 Tagen. Das BEM ist im Betrieb nicht etabliert. Der gut informierte Betriebsrat nimmt Kontakt zum Geschäftsführer auf. Nachdem dieser zugibt, das BEM bisher nur als vage Hintergrundinformation im Kopf zu haben, klärt der Betriebsrat ihn über Sinn und Zielsetzung des BEM auf. Daraufhin sind der Geschäftsführer und der Betriebsrat sich in dieser Sache einig: Sie laden Herrn Schwarz zu einem Gespräch ein.

Zum Beginn des Gesprächs wirkt Herr Schwarz sehr ängstlich und angespannt. Er erwartet Sanktionen oder gar eine Kündigung. Die Erleichterung ist ihm anzumerken, als der Betriebsrat ihm erklärt, dass das BEM und dieses BEM-Gespräch mit den früher üblichen Krankenrückkehrgesprächen nichts zu tun habe. Es ziele einzig auf Hilfe und Unterstützung für ihn. Beide, Arbeitgeber und Betriebsrat, können ihn überzeugen, und so ist Herr Schwarz auch gleich bereit, über seine Situation zu sprechen.

Chronische Erkrankung mit Folgeschäden

Das Problem sind seine diabetischen Spätschäden, die sich nach 25-jährigem Krankheitsverlauf an den Augen bemerkbar machen. Sie wurden, wie er berichtet, schon mehrmals gelasert. Er hat inzwischen einen GdB von 50. Die Auswirkungen dieser medizinischen Verschlechterung auf seine Arbeit schildert er dann folgendermaßen: Wenn er abends fahren soll, versetzt ihn allein der Gedanke schon in Panik. Er hat große Schwierigkeiten, bei Dunkelheit zu fahren. Entgegenkommende Lichter oder Fahren bei Regen versetzen ihn in einen Ausnahmezustand. Also bleibt er dann zu Hause und meldet sich krank.

Er will keinen Unfall verursachen. Dass während seiner Fehlzeiten immer die Mitarbeitenden einspringen müssen, belastet ihn sehr. Er weiß, dass die Ladung pünktlich angeliefert werden muss. Da im nächsten Monat die vorgeschriebenen Untersuchungen der Berufsgenossenschaft fällig sind, ist seine Sorge groß, den gesundheitlichen Anforderungen an die Fahrtauglichkeit nicht mehr gewachsen zu sein.

Allen Anwesenden ist klar, dass Karl-Heinz Schwarz diese Fahrtätigkeit nicht mehr ausüben kann, um sich selbst und andere nicht zu gefährden. Er wird gefragt, was er sich alternativ vorstellen könne. Ob er sonstige Vorlieben oder Qualifikationen habe? Nach einigem Zögern meint Herr Schwarz, dass er gut mit dem Computer umgehen könne. Damit beschäftige er sich viel. Er kann sich vorstellen, diese Fähigkeiten und Kenntnisse auch für einen Beruf zu nutzen.

Umschulung und neuer Arbeitsplatz als Prävention

Geschäftsleitung und Betriebsrat erörtern kurz, in welchem ihrer Geschäftsbereiche, in denen hauptsächlich Kfz-Mechaniker, Fahrer und Speditionskaufleute gebraucht werden, Stellen zu besetzen sind. Zwar werden Kfz-Mechaniker und Speditionskaufleute gesucht, doch aufgrund der normalerweise dreijährigen Ausbildung kommt dies für Karl-Heinz Schwarz nicht infrage.

Der Betriebsrat verweist darauf, dass im Büro ein Kollege in eineinhalb Jahren verrentet wird. Ob sich Herr Schwarz vorstellen könne, im Büro zu arbeiten? Er sagt spontan zu. Vor allem ist er erleichtert, dass dieses Gespräch sich um seinen Verbleib im Betrieb dreht und nicht um seine Kündigung.

Sie besprechen das konkrete Vorgehen. Auch hier zeigt sich der Betriebsrat wieder gut informiert und verweist auf die Möglichkeit einer dreimonatigen Qualifikation zum Bürokommunikationshelfer oder einer zweijährigen Umschulung zum Speditionskaufmann im Berufsförderungswerk vor Ort. Letztere endet mit einer Prüfung vor der Industrie- und Handelskammer. Er überreicht Herrn Schwarz gleich auch noch ein Informationsblatt mit den Sprechstunden des örtlichen Berufsförderungswerks.

Einrichtungen der beruflichen Rehabilitation § 35 SGB IX

Die Einrichtungen der Berufsförderungswerke sind Rehabilitationseinrichtungen zur beruflichen Weiterbildung von behinderten Erwachsenen. Mit insgesamt etwa 14.500 Plätzen bundesweit bieten sie ein breitgefächertes Ausbildungsprogramm.

Der Geschäftsführer sichert Karl-Heinz Schwarz eine Beurlaubung während seiner Umschulung zu und sagt für den Fall eines erfolgreichen Abschlusses auch eine Übernahme auf die vakante Stelle zu. Auf sein Anraten hin erhält Herr Schwarz vom Betriebsarzt das letzte Ergebnis der vorgeschriebenen Untersuchung (G 25) für Fahr-, Steuer- und Überwachungstätigkeit und kann es damit für den Antrag und die Begründung zur Umschulung verwenden. Aus diesem Papier geht u. a. hervor, dass *dauerhafte Bedenken* für das Ausüben der bisherigen Tätigkeit existieren und daher eine *Umschulung* empfohlen wird.

Umschulung (Grundlage dafür auch: § 6 SGB IX)

Tritt im Verlauf eines Berufslebens eine Behinderung auf und kann deshalb der bisherige Beruf nicht mehr ausgeübt werden, kann ein neuer Beruf erlernt werden. Die Zuständigkeiten und Voraussetzungen für die Leistungen zur Teilhabe richten sich nach den für die jeweiligen Rehabilitationsträger geltenden Leistungsgesetze (vgl. „Rechtliche Grundlagen" im Anhang).

i

Mit diesem Ergebnis und den Aussichten hat Karl-Heinz Schwarz nicht gerechnet. Diese Situation, nicht zu wissen, wie es mit ihm weitergeht, hat ihn sehr belastet. Er will nun alles Notwendige schnell erledigen und in die Wege leiten.

In der Folge wird der Umschulung zugestimmt. Die Kosten übernimmt der Rentenversicherungsträger, da Herr Schwarz schon länger als 15 Jahre sozialversicherungspflichtig beschäftigt ist. Er hat die Umschulung dann mit Erfolg bestanden und arbeitet nun als Speditionskaufmann in seinem alten Betrieb. Nennenswerte Krankenzeiten sind nicht mehr aufgetreten. Bei Verschlimmerung des Zustands der Augen kann eine angepasste technische Ausstattung ggf. beim Rentenversicherungsträger oder – nachgeordnet – beim Integrationsamt als *Leistung zur Teilhabe am Arbeitsleben* (§ 49 SGB IV) beantragt werden.

RESÜMEE

Dieser Fall verdeutlicht, dass auch bei Krankenzeiten unterhalb von sechs Wochen eine Intervention sinnvoll sein kann. Seine Arbeitsleistungen noch bis zum Rentenalter erbringen zu können, steht für Herrn Schwarz nun hoffentlich nichts mehr im Wege.

Die einzelnen Schritte im Überblick

1. → Darlegung der Einschränkungen in einem Leistungsbild
2. → betriebliche Einsatzmöglichkeiten mit allen betroffenen Akteurinnen und Akteuren besprechen
3. → Neigungen und Kenntnisse erfragen
4. → Antrag auf berufliche Rehabilitation und Antragsbewilligung der Umschulung
5. → Beurlaubung während der Maßnahme sicherstellen
6. → Übernahmebestätigung nach bestandener Prüfung vom Arbeitgeber
7. → Arbeitsaufnahme im neuen Tätigkeitsbereich

5. VERHINDERUNG EINER KRANKHEITSBEDINGTEN KÜNDIGUNG: ARBEITSPLATZWECHSEL UND QUALIFIZIERUNG

Vicenta Gonzales/38/Kommissioniererin

STICHWORTE: Kündigungseinleitung, Qualifizierung zum Arbeitsplatzerhalt

Vicenta Gonzales ist 38 Jahre alt und arbeitet seit sechs Jahren 40 Stunden in der Woche als Kommissioniererin in einer Spedition mit insgesamt 42 Beschäftigten. Ihr Arbeitsplatz ist eine große Halle. Dort stellt sie die angeforderten Waren (Schuhe) versandfertig an einem Packtisch zusammen. Das BEM ist dem Arbeitgeber nicht bekannt.

Umschulung und neuer Arbeitsplatz als Prävention

Der Arbeitgeber leitet dem Betriebsrat eine Kündigung für Frau Gonzales zu und bittet um dessen Zustimmung. Er begründet die Kündigungsabsicht mit den hohen Fehlzeiten in den letzten drei Jahren, die im Schreiben wie folgt aufgelistet sind: Im ersten Jahr fehlte Frau Gonzales 173, im zweiten Jahr 183 und im dritten Jahr 179 Tage durch Krankheit. Das möchte der Arbeitgeber nicht länger hinnehmen und eine krankheitsbedingte Kündigung aussprechen.

Grundlage: § 102 BetrVG, Mitbestimmung bei Kündigung

1. Der Betriebsrat ist vor jeder Kündigung zu hören. Der Arbeitgeber hat ihm die Gründe für die Kündigung mitzuteilen. Eine ohne Anhörung des Betriebsrates ausgesprochene Kündigung ist unwirksam.
2. Hat der Betriebsrat gegen eine ordentlich ausgesprochene Kündigung Bedenken, so hat er diese unter Angabe der Gründe dem Arbeitgeber spätestens innerhalb einer Woche schriftlich mitzuteilen.

Äußert er sich innerhalb dieser Frist nicht, gilt seine Zustimmung zur Kündigung als erteilt. Hat der Betriebsrat gegen eine **außerordentliche** Kündigung Bedenken, so hat er diese unter Angabe der Gründe dem Arbeitgeber unverzüglich, spätestens jedoch innerhalb von drei Tagen schriftlich mitzuteilen.

Der Betriebsrat soll, soweit dies erforderlich erscheint, vor seiner Stellungnahme die betroffene Arbeitnehmerin bzw. den betroffenen Arbeitnehmer hören.

In einer einberufenen außergewöhnlichen Sitzung berät der Betriebsrat über das Kündigungsbegehren. Der Betriebsrat weiß, dass ohne ein BEM-Verfahren eine Kündigung vor einem Arbeitsgericht kaum zu erreichen ist. Solch ein Gespräch kann bisher nicht stattgefunden haben, denn dann wäre der Betriebsrat involviert gewesen. So widerspricht der Betriebsrat der beabsichtigten Kündigung von Frau Gonzales und begründet dies mit dem fehlenden BEM-Verfahren.

Nachgeholtes BEM-Gespräch

Daraufhin will der Arbeitgeber das Verfahren und ein Gespräch nachholen. Dem Betriebsrat sichert er zu, dass zukünftig solch hohe Fehlzeiten bei keinem Beschäftigten mehr auflaufen. Es soll ein geregeltes BEM-Verfahren eingeführt werden, um sich frühzeitig um erkrankte Mitarbeitende kümmern zu können.

Vicenta Gonzales wird schriftlich zu einem BEM-Gespräch eingeladen. Sie bekommt schriftliche Informationen zu diesem Verfahren und das Angebot, sich ausführlich über das Verfahren bei einem Mitarbeiter in der Personalabteilung, der sich gut auskennt, zu informieren. Sie nimmt mit dem Genannten telefonisch Kontakt auf und ist mit dem Gesprächsergebnis offenbar zufrieden und stimmt dem BEM-Gesprächstermin zu, an dem der Arbeitgeber und der Betriebsrat teilnehmen.

Krankmachende Arbeitssituation

In diesem Gespräch erzählt Frau Gonzales, dass sie gern im Betrieb arbeite. Sie könne jedoch auf dem Zementfußboden nicht lange stehen oder laufen, denn sie leide unter akuten Venenentzündungen und offenen Beinen. Bei den Belastungen am bisherigen Arbeitsplatz könnten die nur sehr schwer heilen. Ihr behandelnder Arzt habe ihr geraten, eine wechselseitige Tätigkeit zwischen Stehen, Laufen und Sitzen zu suchen. Für den Heilungsprozess ihrer Beine sei das deutlich günstiger.

Alternativen

Frau Gonzales wird danach gefragt, ob sie sich vorstellen könne, an einer anderen Stelle im Betrieb zu arbeiten. Gemeinsame Überlegungen nach einem alternativen Arbeitsplatz führen zu dem Ergebnis, dass ihr eine Arbeit als Gabelstaplerfahrerin im Lager gut gefallen würde. Solch ein Arbeitsplatz ist tatsächlich gerade frei und Vicenta Gonzales freut sich, dass auch der Arbeitgeber nichts gegen einen Arbeitsplatzwechsel hat. Allerdings müsste sie hierfür eine Qualifizierung zur Führung eines Gabelstaplers machen. Diese Möglichkeit sichert ihr der Arbeitgeber – auf seine Kosten – zu. Frau Gonzales befürchtet noch, dass sie nach der Prüfung nicht so schnell werde arbeiten können wie die Kollegen. Bei der Arbeit geht es oftmals hektisch zu, denn das Bestellaufkommen ist hoch und die Ware muss schnell zur Kundschaft kommen.

Eingliederungszuschuss als Unterstützung für den Arbeitgeber

Doch der Arbeitgeber kann sie beruhigen: Nach ihrer Prüfung erhalte sie die Möglichkeit zu einer langsamen Einarbeitung. Er werde einen Eingliederungszuschuss beantragen. Damit könne er entweder zusätzliche Einsatzzeiten von jemandem aus der Belegschaft honorieren oder eine Aushilfskraft einstellen.

Eine zusätzliche Belastung der übrigen Beschäftigten werde so in dieser Zeit vermieden.

§ 50 (3) SGB IX, Leistungen an den Arbeitgeber

Eingliederungszuschüsse betragen höchstens 50 Prozent der vom Arbeitgeber regelmäßig gezahlten (tariflichen) Entgelte. Wenn eine tarifliche Regelung nicht besteht, wird eine vergleichbare Tätigkeit zu ortsüblichen Arbeitsentgelten im Rahmen der Beitragsbemessungsgrenze in der Arbeitsförderung als Grundlage herangezogen. Die Zuschüsse sollen im Regelfall für nicht mehr als ein Jahr geleistet werden.

Siehe auch im Wortlaut: „Rechtliche Grundlagen" im Anhang.

i

Nach diesem konstruktiven Gesprächsverlauf wird die Umsetzung in Angriff genommen: Vicenta Gonzales schafft die Qualifikation zur Gabelstaplerfahrerin. Nach der Einarbeitung im neuen Job kann sie so sicher und schnell ihre Arbeit verrichten wie ihre Kolleginnen und Kollegen. Die Krankenzeiten werden in den folgenden Jahren deutlich weniger.

RESÜMEE

Durch das nachgeholte BEM-Gespräch und durch die relativ einfache, zusätzliche Qualifizierung konnte ein geeigneter Arbeitsplatz bereitgestellt werden. Eine Kündigung wurde so verhindert, und eine erfahrene und zufriedene Mitarbeiterin blieb dem Betrieb erhalten.

Was hier im Ergebnis so einfach klingt, hat den guten Willen und das Wissen von allen Beteiligten zur Voraussetzung. Wir können uns den Fall auch einen Moment lang anders vorstellen: Der Arbeitgeber und der Betriebsrat haben noch nie etwas vom BEM gehört. Es gibt kein Gespräch mit der erkrankten Beschäftigten. Es wird nicht nach Möglichkeiten außerhalb der Kündigung gesucht, da dem Arbeitgeber externe Förderungsmöglichkeiten nicht bekannt sind. Die möglichen Folgen? Stress für alle! Die betroffene Mitarbeiterin hat durch den drohenden Arbeitsplatzverlust existenzielle Ängste. Der Betriebsrat kämpft zusammen mit der Beschäftigten gegen den Arbeitgeber um den Arbeitsplatz. Der sieht sich brüskiert und darüber hinaus finanzielle Belastungen auf sich zukommen, die ihn unter Druck setzen. Die Lage ist angespannt, schaukelt sich hoch und landet – vier Wochen später und unter Einsatz großer Kraft von allen Seiten – vor dem Arbeitsgericht. Dies konnte hier verhindert werden.

Die einzelnen Schritte im Überblick

1. → Der Arbeitgeber bittet den Betriebsrat um Zustimmung für eine beabsichtigte Kündigung.
2. → Der Betriebsrat widerspricht der Kündigung mit der Begründung, dass kein BEM-Verfahren und kein BEM-Gespräch stattgefunden haben.
3. → Der Arbeitgeber erkennt seine Pflicht und die Vorteile eines systematischen BEM-Verfahrens für die Zukunft und leitet für diesen Fall ein nachholendes BEM-Gespräch ein.
4. → Die Beschäftigte wird in den weiteren Verlauf eingebunden. Vom Betriebsrat und dem Arbeitgeber werden die betrieblichen Möglichkeiten geprüft. Ein Arbeitsplatz wird gefunden und vom Arbeitgeber zugesichert.
5. → Der Arbeitsplatz erfordert eine Zusatzqualifizierung der Mitarbeiterin, der diese zustimmt. Der Arbeitgeber übernimmt die Kosten.
6. → Um den neuen Arbeitsplatz voll auszufüllen, braucht die Mitarbeiterin eine Einarbeitungszeit. Damit dies ohne große Verluste für den Arbeitgeber und ohne zusätzliche Belastung für die übrigen Beschäftigten zu gewährleisten ist, beantragt der Arbeitgeber einen Eingliederungszuschuss.

6. UNKOMPLIZIERTE HILFEN IN EINEM KOMPLIZIERTEN FALL

Peter Konrad/32/Bankkaufmann

STICHWORTE: flexible Arbeitszeit, Versetzung, Haushaltshilfe

Seit zwölf Jahren arbeitet Peter Konrad (32) als Bankkaufmann in einer Sparkasse. Ein Betriebsrat ist vorhanden und das BEM eingeführt. Herr Konrad, der bereits seine Ausbildung in dieser Filiale absolviert hat, kennt seinen Arbeitsplatz gut. In der Sparkasse werden einmal im Jahr Personalentwicklungsgespräche geführt. Im letzten Gespräch wurde ihm angeraten, sich als Anlageberater weiterzubilden, was er auch tat. Diese neue Arbeit ist gleichzeitig mit einer höheren Eingruppierung verbunden. Dann wird Herr Konrad mit seinem neuen Aufgabenbereich in einer anderen Filiale, eine halbe Stunde von seiner Wohnung entfernt, eingesetzt.

In den letzten Monaten wird auffällig, dass sich die Fehlzeiten von Herrn Konrad häufen. Er fehlt innerhalb kurzer Zeit 22 Tage, dann bleibt er im Durchschnitt sogar drei Mal die Woche zu Hause. Die 42 Tage (sechs Wochen) Fehlzeiten innerhalb eines Jahres sind schnell erreicht, und er wird zu einem BEM-Gespräch eingeladen, das er auch wahrnimmt.

Das BEM-Gespräch

Die Atmosphäre im Raum ist gut. Alle kennen sich. Der Arbeitgebervertreter ist der Personalleiter, und er versteht seinen Job. Er nimmt Herrn Konrad gleich zu Beginn seine verbleibende Spannung, indem er freundlich mit ihm über ein lockeres Thema spricht. Den anwesenden Betriebsrat kennt Herr Konrad auch schon lange aus den Betriebsversammlungen und vielen Flurbegegnungen. Nachdem eine vertrauliche Situation hergestellt ist, Peter Konrad noch einmal Sinn, Zweck und seine Rechte im BEM-Gespräch erklärt sind, werden die Krankentage thematisiert. Ob sie mit der Arbeitssituation im Zusammenhang stehen könnten, wird er gefragt.

Der neue Arbeitsplatz nach der Qualifizierung …

Herr Konrad gesteht, dass er sich in der neuen Filiale nicht wohl fühle. Er habe sich das anders vorgestellt. In seiner alten Filiale stand er am Schalter, hat die meisten seiner Kunden gekannt und einen sehr guten Kontakt zu ihnen. Besonders älteren Menschen konnte er gut helfen, etwa bei Schwierigkeiten mit auszufüllenden Formularen. Für ihn ist es ein wichtiger Kundenservice, ältere und behinderte Kunden besonders aufmerksam zu unterstützen. Das werde von dieser Kundengruppe auch hoch geschätzt.

… entspricht nicht seinen Vorstellungen und Neigungen

Nun hat er einen ganz anders gearteten Kontakt zur Kundschaft. Er überprüft deren Sparbücher, ruft diejenigen an, die eine größere Summe auf ihren Sparkonten haben, und versucht sie davon zu überzeugen, das Geld gewinnbringender und damit risikoreicher anzulegen. Aber er ist von diesem Tun nicht überzeugt. Besonders bei älteren Menschen, und das sind die meisten seiner Kundinnen und Kunden, hat er kein gutes Gefühl. Er erzählt ihnen etwas über effektive Altersversicherungen. Genau dafür hätten sie ja in der Regel diese größere Summe angespart. Er trauert seinem alten Job nach und möchte am liebsten zurück in die vorherige Filiale, in der auch das BEM-Gespräch stattfindet.

Das sagt Herr Konrad dem überraschten Personalleiter. Er erwidert, dass er und die Geschäftsleitung damals im Personalgespräch den Eindruck gehabt hätten, er wolle neue Herausforderungen angehen. Aber wenn seine Arbeit ihn krank mache und er in ihr darüber hinaus keinen Sinn sehe, könne das leicht verändert werden.

Schwere Schattenthemen

Dieses Zugeständnis und die vertraute Umgebung motivieren Herrn Konrad über weitere Probleme zu reden. Er berichtet, dass seine Frau schwer erkrankt sei und häufig ins Krankenhaus müsse. Die Sorge um sie, ihre drei Kinder, der Haushalt und die Arbeit – das schaffe er nicht länger. Er wisse nicht mehr weiter und sei froh, dass er nun hier sitzen und darüber sprechen könne. Während der Arbeitszeit tue er so, als sei alles in Ordnung. Die Kolleginnen und Kollegen kenne er nicht gut, und auf keinen Fall wolle er vor ihnen seine private Situation ausbreiten.

Der Betriebsrat fragt teilnahmsvoll nach dem Alter seiner Kinder. Die Zwillinge sind dreieinhalb und die Tochter acht Jahre alt; die Große ist auch schon sehr verantwortungsvoll. Ob er denn zu Hause keine Unterstützung habe, wird er gefragt, und er verneint. Seine Schwiegermutter habe sich schon mal Urlaub genommen während einem der vielen Krankenhausaufenthalte seiner Frau, aber das sei eine Ausnahme. Schließlich arbeite sie auch in Vollzeit. Zurzeit sei seine Frau zu Hause, müsse aber jeden Monat einen Tag zur Chemotherapie ins Krankenhaus. Danach sei sie erschöpft und nicht belastbar. Oft habe er ein schlechtes Gewissen, denn in dieser Zeit springe seine große Tochter in einige Lücken. So hole sie etwa ihre kleineren Brüder täglich von der Kita ab: „Aber meine Kleine ist doch auch erst acht Jahre alt!“, schluckt Herr Konrad.

Er hat das ganze Mitgefühl der Anwesenden. Es wird überlegt, welche Hilfe angebracht ist. Man ist sich schnell einig, dass er schnellstmöglich in die alte Filiale zurückversetzt wird. Dort ist er sozial eingebunden und näher an seiner Wohnung. Der Personalleiter macht ihm das Angebot, dass er seine Arbeitszeit so lange wie nötig flexibel gestalten kann, sodass er die Kinder in Ruhe in die Kita bringen und notwendige Besorgungen erledigen kann. Herr Konrad ist erleichtert und gerührt, dass ihm so viel Verständnis entgegengebracht wird.

Der Betriebsrat hat die Idee, sich an die Krankenkasse zu wenden, um zu erfragen, ob sie eine Haushaltshilfe innerhalb ihrer Leistungen für die versicherte Frau Konrad übernimmt, da sie als Betreuungsperson für die Kinder wegen ihrer Krankheit ausfällt.

Haushaltshilfe als Leistung der Krankenkasse nach § 38 SGB V

Auszug aus dem Leistungskatalog:

1. Versicherte erhalten Haushaltshilfe, wenn ihnen wegen Krankenhausbehandlung oder wegen einer Leistung nach § 23 Abs. 2 oder 4 die Weiterführung des Haushaltes nicht möglich ist. Voraussetzung ist ferner, dass im Haushalt ein Kind lebt, das bei Beginn der Haushaltshilfe das zwölfte Lebensjahr noch nicht vollendet hat oder das behindert und auf Hilfe angewiesen ist.
2. Die Satzung kann bestimmen, dass die Krankenkasse in anderen als in Absatz 1 genannten Fällen Haushaltshilfe erbringt, wenn Versicherten wegen Krankheit die Weiterführung des Haushaltes nicht möglich ist. Sie kann dabei von Absatz 1 Satz 2 abweichen sowie Umfang und Dauer der Leistung bestimmen.
3. Der Anspruch der Haushaltshilfe besteht nur, soweit eine im Haushalt lebende Person den Haushalt nicht weiterführen kann.

Der Personalleiter bekräftigt, dass er, der Betriebsrat und die Geschäftsleitung Herrn Konrad in seiner schwierigen Situation helfen werden. Er kündigt an, dass er die notwendigen Gespräche mit der alten und der neuen Filialleitung übernehme. Bis das geklärt ist, soll Herr Konrad bezahlt freigestellt zu Hause bleiben, mit der Krankenkasse sprechen und nach einer geeigneten Haushaltshilfe suchen, damit seine Kinder auch während der Erkrankung seiner Frau gut versorgt sind. Herr Konrad geht erleichtert und zuversichtlicher aus diesem Gespräch heraus. So viel Verständnis für seine Situation und Unterstützung hatte er nicht erwartet.

RESÜMEE

Es bleibt zusammenzufassen, dass Herr Konrad wieder an seinen alten Arbeitsplatz versetzt wurde. Seine private Situation hat sich entspannt. Von der Krankenkasse wurde eine Haushaltshilfe genehmigt, die sich während seiner Arbeitszeit um seine Frau und die Kinder kümmert. Seine Arbeitszeiten kann Herr Konrad flexibel gestalten. Krankenzeiten sind durch die unterstützenden Maßnahmen keine mehr aufgetreten. Seinen zwischenzeitlichen Arbeitsbereich nimmt eine Kollegin wahr, die an der Anlageberatung großes Interesse hat und mit Talent und Engagement die Zielvorgaben erfüllt.

Die einzelnen Schritte im Überblick

1. → Gespräch suchen und Probleme und Fehlzeitenursachen offen ansprechen
2. → Verständnis zeigen und Hilfe anbieten, veranlassen und begleiten
3. → Arbeitsplatzwechsel einleiten
4. → flexible Arbeitszeiten anbieten
5. → Haushaltshilfe beantragen

1. WISCHMÖPPE UND ANDERE RAHMENBEDINGUNGEN, DIE KRANK MACHEN KÖNNEN

Ayse Gülay/53/Reinigungskraft

STICHWORTE: Arbeitsplatzbegehung, Arbeitsplatzgestaltung

Ayse Gülay (53) arbeitet seit zwölf Jahren als Reinigungskraft in einem Reinigungsservicebetrieb mit 184 Beschäftigten. Das Unternehmen betreut verschiedene Objekte, die in der ganzen Stadt verstreut liegen. Ein Betriebsrat und eine Schwerbehindertenvertretung sind vorhanden, auch das BEM ist eingeführt.

Die BEM-Ausgangssituation

Die letzten elf Jahre reinigte Frau Gülay in einem festen Auftragsobjekt. Dann wollte sie mehr in Wohnnähe arbeiten. Um das zu realisieren, reduzierte sie ihre Arbeitszeit von 25 auf 23 Stunden und ließ sich versetzen. Traten in den letzten Jahren fast keine Krankenzeiten auf, ändert sich dies jetzt, seit Frau Gülay im neuen Objekt reinigt. Sie ist immer wieder krank und erreicht schnell die 42 Tage bzw. sechs Wochen Fehlzeiten innerhalb eines Jahres, nach denen das BEM-Verfahren automatisch eingeleitet wird.

Frau Gülay wird zu einem BEM-Gespräch eingeladen. Sie bestätigt den Termin und erscheint pünktlich. Frau Gülay macht einen selbstbewussten Eindruck und spricht ausgezeichnet Deutsch. Sie ist im Betrieb gut integriert und wird als tüchtige Mitarbeiterin geschätzt. Gleich beginnt sie zu erzählen und teilt den Anwesenden (Arbeitgebervertretung und Betriebsrat aus dem BEM-Team) mit, dass sie sich über diese Möglichkeit zum Gespräch freue. Über den Einladungsbrief war sie aber sehr erstaunt. Es ist doch nicht üblich, dass man während der Krankheit zum Arbeitgeber bestellt wird?

Eine Einladung zum BEM-Gespräch während der Erkrankung?

Es wurde ihr erklärt, dass das BEM-Gespräch gerade während der Erkrankung stattfinden solle, um alle Möglichkeiten der Hilfe anbieten zu können – natürlich nur, wenn der gesundheitliche Zustand der Betroffenen das zulässt, so wie in ihrem Fall. Sie sei ja auch nicht „bestellt“, sondern sie sei eingeladen worden und habe den Termin schriftlich bestätigt. Selbstverständlich hätte sie den Termin ablehnen und einen späteren Zeitpunkt vorschlagen können. Überhaupt sei dieses Gespräch absolut freiwillig und sie hätte es grundsätzlich ablehnen können, ohne dass ihr irgendwelche Nachteile daraus entstanden wären. Das sei in der Betriebsvereinbarung so festgeschrieben. Die beiden BEM-Teammitglieder verständigten sich kurz untereinander, dass sie im Team die BEM-Einladungen erneut daraufhin prüfen wollen, ob sie verständlich, klar und wirklich „einladend“ abgefasst sind. Dann wurde Frau Gülay sorgfältig über den Inhalt und den Zweck des BEM-Verfahrens aufgeklärt, und sie wenden sich dem Anlass ihrer Zusammenkunft, ihren Krankenzeiten, zu.

Klärung der Situation am Arbeitsplatz

An denen ist auffällig, dass bei ihr viele Jahre kaum Fehlzeiten auftraten und wenn doch, waren sie nur kurz. Nun fehlt sie im letzten Jahr schon vier Mal über eine längere Zeit. Ob denn die Krankenzeiten mit der Arbeitssituation im Zusammenhang stehen könnten, wird sie gefragt. Das BEM-Gespräch solle nämlich Belastungen, die durch die Arbeit auftreten, deutlich machen, damit Abhilfe geschaffen werden könne, wird ihr ergänzend noch einmal erklärt.

Ja, ihre Erkrankungen stünden tatsächlich mit der Arbeit im Zusammenhang. Seit sie die neue Stelle angetreten habe, sei sie krank und habe immer Schmerzen in den Armen, in Schultern und Rücken. Sie wird gefragt, woran das ihrer Meinung nach liege. „An der anderen Arbeitsstelle ist alles sehr viel besser gewesen“, antwortet sie. „Die Arbeit war dort nicht so schwer.“ Dies wird von den Anwesenden nicht gleich verstanden, denn es handelt sich im Prinzip um eine identische Arbeit. Frau Gülay wird aufgefordert, das Gesagte doch mal näher zu erklären. Das tut sie: Auf der alten Arbeitsstelle hatte sie einen Servicewagen, auf dem alle zur Reinigung notwendigen Utensilien verfügbar waren. Nun arbeitet sie mit einem alten Doppelfahreimer mit Presse. Den Unterschied macht Frau Gülay gestenreich deutlich: Auf einem Gestell befinden sich zwei Eimer. Auf einem dieser Eimer ist eine Presse angebracht. Gereinigt wird mit einem Wischmopp mit langen Fransen. Der Wischmopp ist nass sehr schwer. Er wird aus dem Wasser gehoben und in der Presse ausgepresst. Dazu macht Frau Gülay die Armbewegung, als bewege sie den Mopp in der Presse.

Die Anwesenden staunen. Denn sie wissen, nach der letzten Arbeitsplatzanalyse mit der Betriebsärztin hatte diese vorgeschlagen, die alten Reinigungsgeräte durch neue, ergonomischere Geräte zu ersetzen. Nach ihrem Wissensstand sollte dieser Vorschlag längst umgesetzt und die alten Geräte sollten durch ein Einwannensystem mit Servicewagen ersetzt sein; ebenso die Fransenmopps, die nass zweieinhalb Kilo mehr wiegen als die neuen breiten Wischmopps. Hier ist offensichtlich etwas schiefgelaufen.

Aber Frau Gülay ist noch nicht fertig. Die Reinigung der Halle sei praktisch unmöglich, sagt sie weiter. Der Boden lasse sich so schwer wischen, dass sie abends ihre Arme kaum mehr bewegen könne. Wenn ihre Schmerzen nicht mehr zu ertragen seien, gehe sie zu ihrem Orthopäden, der sie dann zwei Wochen arbeitsunfähig schreibe. Die Anwesenden sind betroffen. Damit haben sie nicht gerechnet. Sie zeigen Verständnis für Frau Gülay. So wie sie die Situation beschrieben hat, ist das wirklich nicht hinnehmbar. Wenn sie das Gefühl hat, durch die Arbeit krank zu werden, muss sofort etwas veranlasst werden, um dies zu ändern.

Frau Gülay ist überrascht, dass man sie und ihre Arbeitssituation so ernst nimmt. Ein Vertreter des BEM-Teams und Frau Gülay verabreden sich für den übernächsten Tag, um sich vor Ort ein Bild zu machen. Zu diesem Termin werden auch die Betriebsärztin und die direkte Vorgesetzte gebeten.

Während des Ortstermins führt Frau Gülay den Arbeitsablauf mit dem Doppelfahreimer vor und versucht, den Hallenboden zu reinigen. Auch die Anwesenden versuchen es. Viel zu schwer, ist die einhellige Meinung. An diesem Reinigungsgerät ist der Fortschritt vorübergegangen. Aus welchem Grund, kann keiner nachvollziehen. Der Hallenboden ist so nicht zu bearbeiten. Die Fransen des Wischmopps haften auf dem Boden, und es bedarf eines erheblichen Kraftaufwandes, auch nur einen Meter zu wischen. Der Boden ist wie Schmirgelpapier, an dem der Wischmopp festhakt. Jahrelang wurde wohl mit einem falschen Mittel gereinigt. Der Boden ist ausgelaugt und rau. Die Betriebsärztin bestätigt, dass diese extremen Belastungen unweigerlich zu Krankenzeiten führen müssen. Hier sind eindeutig die Arbeitsmittel und die Arbeitsgestaltung schuld an den Überlastungen und den daraus resultierenden Fehlzeiten von Frau Gülay.

Kurz und knapp: die Umgestaltung der Arbeitsorganisation

In der Folge wird veranlasst, dass eine Fachfirma eine Grundreinigung vornimmt und den Boden versiegelt. Damit ist der Boden wieder glatt und leicht zu reinigen. Frau Gülay bekommt einen neuen Servicewagen, neue Pflegemittel sowie eine Einweisung in die Dosierung und in die Handhabung der Geräte.

RESÜMEE

Ohne das BEM-Gespräch und die folgende Arbeitsplatzbegehung wäre nicht aufgedeckt worden, dass die Arbeitsbedingungen der Grund für die vielen und langen Krankenzeiten sind. Mit wenigen finanziellen Mitteln konnten in diesem Fall die krank machenden Arbeitsbedingungen beseitigt werden. Frau Gülay ist zufrieden und hat das Gefühl, wertgeschätzt zu werden. In den letzten zwei Jahren sind keinerlei Fehlzeiten mehr aufgetreten.

Die einzelnen Schritte im Überblick

1. → Einladung zum BEM-Gespräch noch während der Krankenzeit
2. → Schilderung der problematischen Rahmenbedingungen am Arbeitsplatz
3. → Arbeitsplatzanalyse und -begehung mit der Betriebsärztin und der direkten Vorgesetzten
4. → Begutachtung der konkreten Arbeitssituation (in Aktion)
5. → Veranlassung geeigneter Maßnahmen und Umsetzung kontrollieren
6. → Sicherstellung und Einübung der fachlichen Handhabung der neuen Geräte

2. KLEINE VERÄNDERUNGEN MIT GROSSER WIRKUNG

Jovana Stankovic/44/Reinigungskraft

STICHWORTE: BEM-Gesprächsführung, ambulante Rehabilitation, ergonomische Arbeitsplatzgestaltung

Jovana Stankovic ist 44 Jahre alt und arbeitet seit 22 Jahren als Reinigungskraft in einem Labor, das 85 Mitarbeitende beschäftigt. Im Moment arbeitet sie 30 Stunden in der Woche. Ein Betriebsrat ist im Amt.

Arbeitssituation

Der Arbeitsplatz von Frau Stankovic umfasst die Reinigung der Laborräume, Flure, des Raums für die Beschäftigten und der Spülküche. Dort werden die Laborgläser in der Spülmaschine gereinigt. Frau Stankovic war in den letzten Jahren wenig krank. Nun allerdings fehlt sie schon zehn Wochen. Darum wird sie vom BEM-Beauftragten zu einem Gespräch eingeladen. Sie nimmt diese Einladung an, und das Gespräch findet statt. Anwesend ist außer einem Betriebsrat auch der Arbeitgeber. Zu Beginn wird Frau Stankovic der Zweck des Gespräches erklärt, und dass es dabei helfen soll, zu erkennen, ob ihre Krankenzeiten betriebliche Ursachen haben.

Hohe Ansprüche an die Gesprächsleitung

Der Arbeitgeber beginnt das Gespräch mit anerkennenden Worten und betont, dass sie immer eine verlässliche Mitarbeiterin gewesen sei und bisher keine nennenswerten Krankenzeiten aufgewiesen habe. Nun sei er jedoch besorgt um sie, weil sie schon seit zehn Wochen fehle.

Auf die Frage, ob ihre Erkrankung mit der Arbeit im Zusammenhang stehe, platzt Frau Stankovic laut heraus, dass man das wohl sagen könne, denn ihre direkte Vorgesetzte sei schuld und habe sie krank gemacht. Sie wird aufgefordert zu erzählen, was denn passiert sei.

Im Verlauf des Berichtes wird deutlich, dass es schon lange Schwierigkeiten zwischen der direkten Vorgesetzten und Jovana Stankovic gibt. Sie gehören unterschiedlichen Nationalitäten an, und das scheint immer wieder der Hintergrund von Auseinandersetzungen zu sein. Der Personalleiter sagt ihr, dass es während der Arbeit keine Rolle zu spielen habe, ob sie oder die Kolleginnen serbischer oder kroatischer Abstammung sind. Er betont, dass beide Mitarbeiterinnen schon lange im Betrieb sind und die Arbeit beider hochgeschätzt wird. Er erinnert sich gut daran, dass es in der Vergangenheit schon wiederholt Gespräche zur

Schlichtung von Auseinandersetzungen mit ihm und den beiden gegeben habe. Heute aber gehe es zunächst nur um sie und ihre Erkrankung und wie ihr geholfen werden könne.

Das ist eine klare Vorgabe vom Personalleiter und Frau Stankovic erzählt den konkreten Hergang, der dann zur Auslösung ihres Bandscheibenvorfalls geführt hat:

„Die Spülmaschine in der Spülküche hat ein Dosiergerät, das an den 25-Liter-Kanister angeschlossen ist, der unter der Maschine steht. Der Kanister war leer, und ich musste einen neuen Kanister aus dem Vorratsraum holen, der ja eine Etage tiefer ist, und ihn anschließen. Ich hatte Rückenschmerzen und habe zur Chefin gesagt, dass ich den Kanister nicht tragen kann. Darauf hat sie gesagt, wenn ich das nicht täte, sei das eine Arbeitsverweigerung. Dann habe ich den Kanister geholt und einen Bandscheibenvorfall bekommen. Ich bin dann gleich zum Arzt, der gibt mir bis heute Spritzen, und er sagt, wenn ich Lähmungserscheinungen habe, müsste ich operiert werden."

Ob sie ihrer Vorgesetzten denn damals etwas von ihren Rückenschmerzen gesagt habe, fragt der BEM-Beauftragte. Das nicht, war die Antwort, aber dass sie nicht tragen könne, habe sie ihr mitgeteilt. Ob es für sie vorstellbar sei, dass die Vorgesetzte anders reagiert hätte, wenn sie ihr von den Rückenschmerzen erzählt hätte? Frau Stankovic denkt nach und sagt dann, dass ihre Chefin doch aus langjähriger Erfahrung wissen müsse, dass sie, Jovana Stankovic, immer zuverlässig ihre Arbeit mache. Und wenn sie nun sage, sie könne nicht, solle man ihr doch glauben. Aber während sie noch spricht, wird sie nachdenklicher und räumt ein, dass die Vorgesetzte wohl doch nicht allein schuldig sei an ihrem Bandscheibenvorfall.

Ein BEM-Gespräch erfordert häufig besonderes Wissen zum Ablauf und den Hintergrund des BEM. Auch geht es um Fragetechniken, Deeskalationsstrategien im Gespräch und die Fähigkeit, sich in den Gesprächspartner hineinzudenken (vgl. dazu im 1. Teil: „Grundlagen: Präventionsgespräche").

In diesem Fall sehen sich der Arbeitgeber und der Betriebsrat einer leicht erregbaren Mitarbeiterin gegenüber, die sich ins Unrecht gesetzt fühlt. Schließlich arbeitet sie schon so lange in dem Betrieb, dass alle wissen sollten, dass sie nicht ohne Grund sagt, was sie nicht ausführen kann. Diese Mitarbeiterin gehört zu den vielen Menschen, die davon ausgehen, dass in ihrer Wahrnehmung „Selbstverständliches" nicht betont werden muss. Ihnen scheint die eigene Befindlichkeit so deutlich nach außen sichtbar, als würde ein Teleprompter auf ihrer Stirn die Wahrnehmungen dokumentieren.

Das führt leicht zu Missverständnissen und ist häufig eine Ursache für missglückte Gesprächssituationen. Ein gelassener Umgang mit dieser Verhaltensweise, anerkennende Sätze zum Arbeitsbereich und geschicktes Nachfragen wenden oft anfangs schwierige Gespräche zu einem positiven Abschluss.

Positiv ist, dass diese Mitarbeiterin fähig zur Selbstreflexion ist (die „Chefin" ist doch nicht schuld). Sie macht sich Gedanken über ihren Arbeitsplatz und die Arbeitsabläufe. Darüber hinaus ist sie offen und bereit für Veränderungen. Das sind gute Vorzeichen für eine erfolgreiche Wiedereingliederung.

Nachdem die ersten Blockaden (Klärung der Schuldfrage) aufgebrochen sind, kann sich der BEM-Beauftragte dem Gesundheitszustand von Frau Stankovic und dessen Besserung zuwenden. Hat sie denn schon an eine medizinische Reha-Maßnahme gedacht? Sie könnte sich in Ruhe wieder stabilisieren und gesund werden.

Aber das entrüstet Frau Stankovic sofort erneut, und sie wirft erregt ein, dass doch wohl bekannt ist, dass sie alleinerziehend ist. Ihre Tochter ist 14 Jahre alt, und die kann sie nicht allein lassen. Darüber hinaus muss sie dann zehn Euro täglich für die Reha dazu bezahlen, und so viel verdient sie hier nicht.

Das sind Argumente, die man nicht gleich entkräften kann. Eine 14-Jährige kann man tatsächlich nicht über Wochen allein lassen. Da sie Alleinverdienerin ist, ist auch das materielle Argument nachvollziehbar. Die Gesprächspartner haben dafür Verständnis.

Ihr wird eine Alternative vorgestellt: Es gibt einige Möglichkeiten in der Stadt für eine *berufsbezogene, ambulante Rehabilitation.* Zu solch einer Einrichtung, so wird ihr erklärt, kann sie morgens hingehen und geht dann am Nachmittag wieder heim. Dort kann sie die gleiche Betreuung, Beratung und Anwendungen genießen wie während einer stationären Rehabilitationsmaßnahme.

Bis Mitte der 1990er Jahre wurden medizinische Reha-Maßnahmen in Deutschland fast ausschließlich in stationären Einrichtungen erbracht. Vor dem Hintergrund der Überlegungen zu einer stärkeren Flexibilisierung und Optimierung der Rehabilitation sind 1995 auf der Ebene der Bundesarbeitsgemeinschaft für Rehabilitation erste Rahmenempfehlungen zur ambulanten medizinischen Rehabilitation verabschiedet worden.

Mit Inkrafttreten des SGB IX zum 1. Juli 2001 wurde in § 19 Abs. 2 festgeschrieben, dass Leistungen zur Teilhabe unter Berücksichtigung der persönlichen Umstände in ambulanter bzw. ganztägig ambulanter Form erbracht werden, soweit die Ziele im Einzelfall mit vergleichbarer Wirkung erreichbar sind. Rechtlich stehen ambulante und stationäre Rehabilitation gleichwertig nebeneinander.

Inzwischen hat sich der Versorgungsbereich der ambulanten Rehabilitation mit einer wachsenden Zahl von Einrichtungen etabliert. Der Ausbau der ambulanten Rehabilitation ist als eine konzeptionelle Erweiterung des Leistungsangebotes der gesetzlichen Rentenversicherung zu verstehen und wird gemeinsam mit der gesetzlichen Krankenversicherung betrieben. Dabei soll die ambulante Rehabilitation eine weitere Säule der medizinischen Rehabilitation darstellen und keinesfalls die stationäre Rehabilitation ersetzen. Vom Verständnis her orientiert sich die ambulante Rehabilitation an dem Vorbild der stationären. Auch in der ambulanten Rehabilitation gibt es wie in der stationären einen umfassenden Ansatz, der bezüglich der Intensität und Komplexität des Maßnahmenangebotes grundsätzlich keinen Unterschied zur stationären Rehabilitation aufweist. Der Unterschied liegt in der täglichen Rückkehr in das häusliche Umfeld, in der Wohnortnähe der Maßnahme und in der damit grundsätzlich gegebenen Nutzung lokaler Ressourcen.

Nach einer dreiwöchigen Maßnahme kann eine Reha-Verlängerung von einer Woche beantragt oder aber das „IRINA-Programm" in Anspruch genommen werden. Dabei handelt es sich um eine „Intensive Rehabilitationsnachsorge", die zwei Mal in der Woche zwei Stunden Übungen beinhaltet. Ziel ist, dass die in der Reha erlernten Verhaltensweisen integrierend in den Arbeitsalltag eingeübt werden.

Der besondere Vorteil der ambulanten Rehabilitation liegt darin, dass sie eine Vernetzung der Reha-Einrichtung mit dem oder der Versicherten und seinem oder ihrem Betrieb auf örtlicher Ebene ermöglicht. Dies ist im Hinblick auf die berufliche (Wieder-)Eingliederung der oder des Versicherten von besonderer Relevanz.

Weitere Infos: **www.rehakliniken.de**.

Obwohl dies für Frau Stankovic schon besser klingt, muss sie auch die Kosten im Blick behalten. Daher ist sie erleichtert zu hören, dass für diese Reha für sie keine Zuzahlungen anfallen und auch die Fahrkosten übernommen werden. In den Leistungen enthalten ist auch ein für sie kostenfreies Mittagessen.

Diese Reha-Art will sie nun durchführen und wird es bei ihrem nächsten Termin mit dem Arzt besprechen. Sie äußert aber gleichzeitig die Befürchtung, dass, wenn sich an ihrem Arbeitsplatz nichts ändere, sie nach ihrer Rückkehr wieder erkranken könnte.

Ergonomische Arbeitsplatzgestaltung

Das will der Arbeitgeber in die Hand nehmen. Es gibt eine gesetzlich festgesetzte Richtlinie zum Heben und Tragen, die besagt, dass ohne technische Hilfe 25 Kilogramm nicht bewegt werden dürfen. Der Betriebsrat will sich dazu Gedanken machen. Vorstellbar ist für ihn, die Fachkraft für Arbeitssicherheit mit einzubeziehen und seinen Empfehlungen zu folgen. Eine Transportkarre etwa, oder vielleicht hat der Spülmittellieferant kleinere Gebinde?

Noch etwas hat Frau Stankovic auf dem Herzen: „Das Labor weicht ja die Pipetten und Glasgefäße in einem Eimer mit Wasser ein. Die stehen unten auf dem Wagen, und da muss ich den Eimer ja auch hochheben." Ob sie eine Idee dazu habe, wie man das ändern kann?

Die hat sie, man kann die Materialien zum Beispiel auch in Kästen legen, die man auf den Wagen stellt. Dann braucht sie sich nicht mehr zu bücken.

Frau Stankovic berichtet weiter, dass der Techniker für die Spülmaschine bei der Wartung schon wiederholt gesagt habe, dass Einweichen gar nicht nötig sei. Die Maschine habe eine gute Leistungsfähigkeit und sei extra für die Industrie hergestellt. Darum sei sie ja wohl auch angeschafft worden. „Aber das wurde schon immer so gemacht und da haben wir es weiter gemacht", erzählt Frau Stankovic, „ich wollte da auch nicht als Besserwisserin gelten."

Dazu hat dann der Personalleiter eine Idee. Er weiß, dass das Herstellerunternehmen Schulungen für Mitarbeitende anbietet, die die Spülmaschinen bedienen. Wenn Frau Stankovic wieder gesund ist, bekommen alle zuständigen Beschäftigten eine Einweisung, wie die Arbeitsabläufe so durchgeführt werden können, dass die Wirbelsäule nicht verdreht werden muss. Zwar hatte dies der Betriebsarzt schon angeregt, aber es ist wohl im Arbeitsalltag in Vergessenheit geraten.

Zum Schluss fasst der Personalleiter noch einmal zusammen, was heute besprochen wurde. Der BEM-Beauftragte wird ein Ergebnisprotokoll des Gespräches anfertigen. Die Verabschiedung fällt zuversichtlich aus. Frau Stankovic und alle Beteiligten sind sehr zufrieden mit dem Gesprächsverlauf.

Die Umsetzungen nach dem Gespräch

In der Folge nimmt Frau Stankovic eine ambulante Reha-Maßnahme wahr und danach eine Wiedereingliederung von sechs Wochen. Für alle Reinigungskräfte gibt es eine Einweisung und die Unterweisung in Ergonomie an der Spülmaschine. Der Ablauf der Spülstraße wird unter Hinzuziehung des Betriebsarztes verändert. So wird jetzt ergonomischer gearbeitet. Die 25-Liter-Kanister werden gegen 5-Liter-Kanister ausgetauscht. Längere Krankenzeiten sind bei Frau Stankovic nicht mehr aufgetreten.

RESÜMEE

Kleine Veränderungen können eine große Wirkung haben. Der Mitarbeiterin wurde im BEM-Gespräch signalisiert, dass man sie ernst nimmt, sie für den Betrieb wichtig ist und auch alles getan wird, um ihre Gesundheit zu erhalten. Diese Mitarbeiterin berichtet sicher Positives über ihr BEM-Verfahren – innerhalb des Betriebes und in ihrem sozialen Umfeld!

Die einzelnen Schritte im Überblick

1. → Einladung zum BEM-Gespräch
2. → das BEM-Gespräch gestalten und leiten, um die gewünschten Ziele zu erreichen
3. → wertschätzende Gesprächsführung
   - In diesem Fall waren Hintergrundinformationen über die Mitarbeiterin (nationaler Hintergrund, Beziehung zur Vorgesetzten) wichtig.
   - Einschätzungen und Vorstellungen der Betroffenen berücksichtigen
   - positiven Gesprächsabschluss und Verbindlichkeit herstellen
4. → Im Vorfeld des Gespräches wurde sich hier über die Möglichkeiten einer ambulanten Reha informiert.
5. → Verantwortlichkeiten klären, Vereinbarungen treffen, begleiten und einhalten

3. REHABILITATION UND BEM NACH EINEM ARBEITSUNFALL

Oliver Schiller/51/Kraftfahrer

STICHWORTE: umfassende Anpassungen – privat und beruflich

Oliver Schiller ist 51 Jahre alt und seit 26 Jahren in einer Spedition als Kraftfahrer angestellt. Sein Arbeitgeber beschäftigt 187 Mitarbeitende, zusätzlich gibt es einen Betriebsrat und eine Schwerbehindertenvertretung. Auch ein BEM-Integrationsteam ist etabliert.

Arbeits- und Unfallsituation

Ein Unfall

An einem normalen Arbeitstag im Frühjahr ändert sich Oliver Schillers Leben radikal: Schiller soll von seinem Kollegen und Freund Horst Baumann eine Lkw-Ladung übernehmen. Ein Arbeitsprozess, den beide Tausende Male durchgeführt haben – die Abläufe sind ihnen bekannt und vertraut. Schiller lotst Baumann an diesem Morgen zu seinem Lkw, der nicht weit entfernt steht. Er läuft vor dem Schritt fahrenden Transporter, der in einer Kurve scharf abbiegt. Baumann kann von seinem Sitz aus Schiller nicht sehen – das Fahrerhaus ist zu hoch. Durch einen unglücklichen Zufall rutscht Schiller an einem Kantstein des Gehwegs ab und stürzt. Zeitgleich biegt Baumanns Lkw um die Ecke. Er sieht den gestürzten Kollegen und reagiert geistesgegenwärtig. Doch trotz Vollbremsung bringt Baumann den Wagen nicht rechtzeitig zum Stehen. Der Vorderreifen des Lkw überfährt Schillers rechten Fuß. Ein besonnener Kollege, der in der Nähe steht und den Unfall bemerkt, ruft sofort einen Notarztwagen. Oliver Schiller wird vor Ort notärztlich versorgt und anschließend in ein Krankenhaus gefahren. Beide, der Fahrer und der Verunglückte, stehen unter Schock.

Gesundheitliche Folgen

Im Krankenhaus wird die schreckliche Tragweite des Unfalls deutlich: Schiller erfährt von den Ärzten, dass er nie mehr seine alte Bewegungsfreiheit erlangen wird. Selbst nach zahlreichen Operationen wird der Fuß gefühllos bleiben, die Nerven sind vom tonnenschweren Lkw irreparabel abgetrennt worden. Schiller muss mithilfe eines Gehapparats und Unterarmstützen das Laufen wieder komplett neu lernen – ein Prozess, der mit Wundheilung und Reha-Maßnahmen rund ein Jahr dauern wird. Für Oliver Schiller bricht mit der Diagnose der Ärzte eine Welt zusammen. Er, der ein begeisterter Sportler und Frischluftfan ist, wird nie mehr joggen, nie mehr auf Berge klettern können. Jede Bewegung wird von nun an unendlich mühsam sein und ihn immense Kraft und Energie kosten. Er ist ständig auf Rücksicht und Verständnis angewiesen. Eine für ihn unvorstellbare und demütigende Perspektive. Und vor allem: Wie soll er je wieder seinen Beruf ausüben und Geld verdienen, seine finanzielle Existenz sichern?

Erste Handlungsschritte zur Genesung

Während seines Krankenhausaufenthalts sucht Oliver Schiller Kontakt zu verschiedenen Fachärzten. Er hört Diagnosen und Prognosen. Er fragt nach, bohrt nach, denkt nach. Während er im Rollstuhl sitzt, besucht er eine Gehschule, lernt dort Menschen kennen, die ein ähnliches Schicksal erlitten haben. Auch von ihnen bekommt er Antworten auf seine vielen Fragen. Nach langen und gründlichen Überlegungen fällt er schließlich die Entscheidung: Er lässt sich seinen Fuß amputieren. Die Ärzte haben ihm versichert, dass er im Rahmen der Rehabilitation eine hochwertige funktionale Prothese erhalten wird. Davon verspricht er sich wieder mehr Beweglichkeit und vor allem: mehr Lebensqualität.

Trotz Rückschlägen: Der Heilungsprozess geht voran.

Doch auf die erhoffte Lebensqualität durch die Prothese muss Oliver Schiller noch etwas warten – viel mehr werden seine Geduld und sein Kampfgeist gefordert: Im Normalfall wird bei einem positiv verlaufenden Heilungsprozess nach etwa drei Monaten eine vorläufige Prothese angepasst. Nicht so bei Oliver Schiller. Durch ein Missgeschick stürzt er kurz vor diesem Termin auf seine Wunde und muss erneut operiert werden. Die Folge ist ein weiterer dreimonatiger Heilungsprozess – und eine harte physische und psychische Belastungsprobe. Nach insgesamt sechs Monaten ist schließlich der Zeitpunkt gekommen, an dem Oliver Schiller die Probeprothese angepasst wird. Mit ihr macht er sich fünf Monate vertraut, bis er seine endgültige Prothese bekommt. In einer Gehschule lernt er, mit seiner Prothese umzugehen und langsam wieder zu laufen. Während seines Reha-Aufenthalts macht sich Oliver Schiller mit hartem Training wieder fit für sein neues Leben: mit Schwimmen, Gymnastik, Training an Geräten, Fango, Lymphdrainage und Massage.

Positives soziales Umfeld

Schiller ist eine Kämpfernatur. Nicht immer fällt es ihm leicht, sein altes Leben mit der neuen Prothese zurückzuerobern. Aber es gelingt ihm von Tag zu Tag, von Woche zu Woche besser. Auch nach Rückschlägen beim Training bleibt er meistens zuversichtlich. Entscheidend dafür ist vor allem sein soziales Umfeld: Seine Frau und seine Kinder, seine Freunde unterstützen ihn in dieser schwierigen Zeit bestmöglich. Nach anfänglicher Distanz schafft er es sogar, zu seinem am Unfall beteiligten Arbeitskollegen und Freund wieder ein gutes Verhältnis aufzubauen.

Trotz dieser enormen Fortschritte belastet Oliver Schiller eine zentrale Frage: Wie kann er mit der Prothese wieder seine alte Arbeit aufnehmen? Der Betriebsrat und die Schwerbehindertenvertretung versichern ihm, dass er sich keine Sorgen zu machen braucht. Gemeinsam werden sie Möglichkeiten zur Wiedereingliederung in das Unternehmen finden. Dafür nimmt das BEM-Team Kontakt zur Berufsgenossenschaft auf und verabredet im Krankenhaus ein gemeinsames Treffen mit der Berufshelferin der Berufsgenossenschaft. Dabei wird geklärt, wer welche Aufgabenbereiche zur erfolgreichen Reintegration übernehmen soll.

Ein weiteres Treffen mit der Berufshelferin der Berufsgenossenschaft findet in der Wohnung von Oliver Schiller statt. Dort suchen sie gemeinsam nach Möglichkeiten, unnötige Barrieren zu entfernen und somit die Wohnqualität zu verbessern. Eine bodenebene Dusche ersetzt künftig die Badewanne. Zusätzliche Haltegriffe an den Wänden und ein Duschsitz erleichtern die täglichen Bewegungsabläufe im Bad. Die Kosten für den Umbau übernimmt die Berufsgenossenschaft. Für sein Privatauto wird Oliver Schiller einen Antrag auf Kraftfahrzeughilfe stellen (siehe auch Fälle 7 und 22).

Einer großen Herausforderung muss sich Oliver Schiller noch stellen: Wie soll er als Lkw-Fahrer mit einer Beinprothese seine Arbeit wieder aufnehmen können? Sein Arzt und die Berufshelferin konfrontieren ihn mit der Tatsache, dass er aufgrund seiner körperlichen Möglichkeiten keine großen Lkws mehr lenken darf. Eine bittere Nachricht für Oliver Schiller – war er doch immer ein leidenschaftlicher Fahrer. Eine kleine gute Nachricht haben Arzt und Berufshelferin dennoch für ihn: Eine Fahrtätigkeit mit der Führerscheinklasse B sei grundsätzlich möglich.

Arbeitsplatzwechsel im Betrieb

Die Berufsgenossenschaft sagt Oliver Schillers Arbeitgeber zu, die nötigen Kosten der Integrationsmaßnahmen bei Schaffung eines Arbeitsplatzes zu übernehmen. Das Integrationsteam findet zusammen mit der Berufshelferin und der Berufsgenossenschaft folgende Lösung für eine betriebliche Integration Oliver Schillers: Er soll zukünftig mit einem Pkw die Kurierfahrten für die Spedition erledigen und in der noch verbleibenden Zeit den Hausmeister unterstützen. Bei Krankheit und Urlaub des Hausmeisters übernimmt Oliver Schiller dessen Vertretung.

Positive Lösungen fördern den Heilungsprozess

Oliver Schiller ist über das Engagement des Teams sehr gerührt und natürlich zugleich erleichtert, dass sich seine größte Sorge – seine berufliche Zukunft – mithilfe der neuen Arbeitsmöglichkeit aufgelöst hat. Denn er hat seine Arbeit tatsächlich sehr vermisst und häufig daran gezweifelt, ob er je wieder einer sinnvollen Arbeit nachgehen kann. Den Vorschlag des Integrationsteams nimmt er deshalb begeistert an. Die Aussicht auf eine abwechslungsreiche Arbeit befreit ihn von psychischem Druck und befördert seinen Heilungsprozess merklich.

Weitere Leistungen der Berufsgenossenschaft

Damit Oliver Schiller die Kurierfahrten für seinen Arbeitgeber erledigen kann, muss ein Auto entsprechend seinen Bedürfnissen umgebaut werden. Die Kosten übernimmt die Berufsgenossenschaft. Eine dreimonatige Eingliederung mit Weitergewährung des Verletztengeldes erleichtert Oliver Schiller den Einstieg in sein neues Arbeitsleben. Darüber hinaus wird ein zweimonatiger Eingliederungszuschuss für den Arbeitgeber bewilligt.

Auf seine Rückkehr in die Arbeitswelt wird Oliver Schiller durch eine zusätzliche Qualifizierung vorbereitet: Er wird in einer Fahrschule für das neue Auto geschult. Die Berufshilfe im Unfallkrankenhaus arbeitet eng mit einer Fahrschule zusammen, die ein entsprechend umgebautes Auto für Lernzwecke zur Verfügung stellt. Oliver Schiller braucht nur eine Fahrstunde, um sich mit der neuen Situation zurechtzufinden. Beim TÜV absolviert er eine Fahrprüfung. Das Zertifikat über die Ausbildung für die umgebaute Fahrzeugtechnik nimmt er nicht ohne Stolz entgegen. Jetzt muss nur noch der behandelnde Unfallarzt in einem medizinischen Gutachten seine Fahrtauglichkeit bescheinigen. Dann ist auch die letzte Hürde zur Reintegration endlich genommen.

RESÜMEE

Oliver Schiller hat lange und hart für sein neues Leben gekämpft, Rückschläge eingesteckt, Zähne zusammengebissen. Er hat sich zum Ziel gesetzt, wieder bestmöglich und aktiv am Leben teilzunehmen – trotz Fußprothese. Die sechswöchige Erprobungsphase mit der Endprothese ist zur Zufriedenheit aller verlaufen. Nach seiner Entlassung aus dem Krankenhaus steht dem Arbeitsbeginn nichts mehr im Wege. Mithilfe der Berufsgenossenschaft und des Integrationsteams kann Oliver Schiller wieder regelmäßig, aktiv und produktiv am Arbeitsleben teilnehmen.

Die einzelnen Schritte im Überblick

1. → Direkt nach dem Arbeitsunfall nehmen der direkte Vorgesetzte und der Fahrer des Fahrzeuges eine detaillierte Unfallanzeige (inklusive des Protokoll-Aktenzeichens der anwesenden Polizeibeamten) auf. Diese Unfallanzeige ist ein fünffaches Formular und wird vom Abteilungsleiter des Unternehmens unterschrieben. Eine Ausfertigung bekommt jeweils der Betriebsrat, die Fachkraft für Arbeitssicherheit, die Personalstelle des Betriebs, das Amt für Arbeitsschutz bzw. das Gewerbeaufsichtsamt. Das Original erhält die Berufsgenossenschaft (hier: die Berufsgenossenschaft für Fahrzeughaltung).

   Tipp: Händigen Sie auch dem oder der Verunfallten eine Kopie der Unfallanzeige aus!

2. → Im konkreten Fall von Oliver Schiller setzt sich die Fachkraft für Arbeitssicherheit des Betriebs mit der Berufsgenossenschaft in Verbindung und prüft, ob eine Ortsbesichtigung erforderlich ist. Gemeinsam besichtigt sie mit einem qualifizierten Mitarbeiter der Berufsgenossenschaft für Fahrzeughaltung den Unfallort und prüft die Plausibilität des Unfallhergangs. Die Berufsgenossenschaft prüft auch, ob ein Fehlverhalten des Fahrers, der den Unfall verschuldet hat, wahrscheinlich ist bzw. vorliegt. In diesem Fall hatte der Fahrer keine Möglichkeit zum rechtzeitigen Reagieren.

3. → Bei einem Personenschaden wird ein **Berufshelfer der Berufsgenossenschaft** einbezogen, der sich mit dem Unfallopfer in Verbindung setzt. Nach einem Perspektivgespräch (welche beruflichen Möglichkeiten sieht der Betroffene für sich?) nimmt der Berufshelfer Kontakt mit dem **Integrationsteam** im Betrieb auf. Gibt es kein Integrationsteam, wendet sich der Berufshelfer direkt an den Arbeitgeber. Gemeinsam klären sie, welche betrieblichen Möglichkeiten für eine neue Tätigkeit vorhanden sind. Die Berufsgenossenschaft bietet dem **Arbeitgeber** Unterstützung und Hilfe bei der Neudefinition des Arbeitsplatzes an. Das Integrationsteam oder der Arbeitgeber begleiten die Entwicklung der Maßnahmen. Die Anträge hierfür initiiert der Berufshelfer. Der Verunfallte muss jedoch selbst den Antrag auf Kraftfahrzeughilfe stellen.

4. → Ein Zuschuss für die Beschaffung eines **Privatfahrzeugs** kann unter Berufung auf die Kraftfahrzeughilfeverordnung (SGB IX, KfzHV) bei der Berufsgenossenschaft beantragt werden.

5. → Die behinderungsbedingten Umbauten am vorhandenen **Arbeitsfahrzeug** trägt zu 100 Prozent die Berufsgenossenschaft. Sie übernimmt ebenfalls drei Monate **Eingliederungszuschuss**, den sie an den Arbeitgeber zahlt.

4. EIN ARBEITSUNFALL UND DIE ROLLE DER BERUFSGENOSSENSCHAFT

Martin Schneppel/49/Hilfsfacharbeiter

STICHWORTE: Durchgangsarztverfahren, AsiG, Auflagen und Leistungen der Berufsgenossenschaft

Martin Schneppel ist 49 Jahre alt und arbeitet seit 18 Jahren in einer angelernten Tätigkeit bei einem Dienstleistungsunternehmen, das für eine Werft Konservierungsarbeiten ausführt. In dem Betrieb mit 148 Beschäftigten gibt es einen Betriebsrat und ein gut etabliertes BEM.

Die Arbeitssituation

Martin Schneppel konserviert Schiffe: Er reinigt zusammen mit seinen Kollegen die Decks der Schiffe von Schweißresten. Sein Werkzeug ist ein Trockeneisstrahler, der, gefüllt mit CO_2, unter hohem Druck (8 Bar) arbeitet. Die Schläuche des Strahlers wiegen 15 Kilogramm und werden über der Schulter getragen. Der Strahler selbst wiegt ebenfalls 15 Kilogramm. Beim Betätigen der Pistole erfolgt ein Rückschlag. Es wird über Kopf gearbeitet, gebückt und in Körperhöhe. Je nach Arbeitshöhe wird eine Hebebühne zur Hilfe geholt, die manuell an die erforderliche Arbeitshöhe angepasst wird. In der Regel wird zu zweit gearbeitet. Alle zwei Stunden wird das Team gewechselt. Innerhalb des Teams gibt es eine Arbeitsteilung: Während der eine abstrahlt, füllt der andere die Eismaschine mit Trockeneis von minus 70 Grad. Neben der normalen Arbeitskleidung werden eine Vollmaske mit Frischluftzufuhr getragen sowie Schutzhandschuhe.

Das BEM-Gespräch und die Unfallsituation

In den letzten Jahren hat Martin Schneppel sehr selten wegen einer Krankheit gefehlt. Nun ist er nach einem Arbeitsunfall schon vier Monate krank und wird zu einem BEM-Gespräch eingeladen. Dem Gespräch und dem Terminvorschlag stimmt Martin Schneppel zu. Zum Gesprächstermin sind außer ihm ein Vertreter aus der Personalabteilung und ein Betriebsratsmitglied anwesend.

Der Unfallbericht

Ihm werden vom Arbeitgebervertreter Sinn und Zweck des BEM erläutert und auch seine Rechte darin. Die Frage danach, wie es ihm geht, beantwortet er positiv, allerdings habe er Probleme mit dem verletzten Arm. Dass mit seinem rechten Arm etwas nicht stimmt, ist zu sehen. Er hängt schlaff herunter. Bei dem Unfall ist der Hauptnerv in der Schulter gerissen. Martin Schneppel berichtet, wie es zu dem Unfall gekommen ist: „Es war schon kurz vor Feierabend, ich wollte schnell die Arbeit fertig machen. Es war das letzte Stück zu strahlen, und wir hatten gerade gewechselt. Meist steht vor der Hebebühne ja die Cola-Kiste, auf die wir steigen, denn das ist die Tischhöhe, auf die wir aufsteigen müssen. Bei meinem Kollegen ist das kein Problem, auch ohne Kiste aufzusteigen, der ist ja groß, aber ich bin ja nur 1,59. Ich habe die Schläuche umgehängt und wollte aufsteigen, und die Kiste stand nicht da. Suchen wollte ich nicht. Dazu hatte ich keine Zeit, denn die Arbeit sollte ja fertig werden. Ich sprang also hoch, habe das Gleichgewicht verloren und bin heruntergefallen auf den rechten Arm. Dass es so schlimm ist, habe ich nicht gedacht. Ich bin noch nach Hause gegangen, und da merkte ich, dass es höllisch wehtat und es wohl doch schlimmer war. Ich bin zu meinem Hausarzt, der mich aber gleich an den Unfallarzt überwiesen hat. Der hat dann eine Unfallmeldung gemacht, und ich habe im Personalbüro Bescheid gesagt, dass ich einen Unfall hatte. Tja, im Nachhinein weiß ich, ich hätte die Kiste suchen sollen. Aber nachher ist man immer schlauer."

Martin Schneppel wird also nach der Erstversorgung durch seinen Hausarzt völlig richtig an den Unfall- oder Durchgangsarzt überwiesen. Dies ist eine Voraussetzung dafür, dass in der Folge die Kosten zum Beispiel der medizinischen Rehabilitation vom gesetzlichen Unfallträger übernommen werden.

Eine **Durchgangsärztin** ist eine Ärztin mit speziellen unfallmedizinischen Kenntnisse. Die Zulassung zur D-Ärztin wird von den zuständigen Landesverbänden erteilt, und mit ihr sind weitgehende Vollmachten, aber auch Verpflichtungen verbunden. Die D-Ärztin soll als Vertreterin der Unfallversicherung das gesamte Heilverfahren steuern, sie ist also von der Erstversorgung über die Rehabilitation bis hin zur Festlegung von Entschädigungsleistungen koordinierend tätig. Dabei hat sie auch Kontakt zu dem behandelnden Arzt, der Unfallklinik, Rehabilitationseinrichtungen, der hinzugezogenen Fachärzteschaft, der zuständigen Unfallversicherung und der Berufshelferin.

Das **Durchgangsarztverfahren** (D-Arzt-Verfahren) regelt die Behandlung und Abrechnung eines Arbeitsunfalls. Dazu zählen auch Unfälle auf dem Weg von oder zur Arbeit. Es kommt in den Fällen zur Anwendung, in denen eine gesetzliche Unfallversicherung (gewerbliche Berufsgenossenschaft, landwirtschaftliche Berufsgenossenschaft, gesetzliche Unfallkasse) die Kosten für die Behandlung übernimmt.

Bei Wiedererkrankungen aufgrund eines Arbeitsunfalls muss generell der D-Arzt bzw. die D-Ärztin aufgesucht werden.

Da bei einem Arbeitsunfall nicht die Krankenkasse, sondern die Unfallversicherung Kostenträger ist, sind für den Besuch bei der D-Ärztin oder dem D-Arzt weder Krankenschein noch Chipkarte erforderlich. Auch eine Praxisgebühr fällt nicht an.

Weiter Infos unter: **www.dguv.de**.

Am Rande des BEM-Gesprächs erzählt der Arbeitgebervertreter, dass er von dem Unfall – allerdings ohne Namensnennung – in der Arbeitsschutzausschusssitzung erfahren habe. Dort stehen die Statistiken der betrieblichen Unfälle – und in Ausnahmefällen auch anonymisierte Einzelfälle – auf der Tagesordnung. Dieser schwere Unfall, dessen Ursache offenbar die mangelnde Arbeitssicherheit war, wurde thematisiert und diskutiert. Der Betrieb, so versichert der Arbeitgebervertreter den Anwesenden, sei grundsätzlich sehr interessiert daran, die Unfälle nach Möglichkeit zu minimieren. Denn jeder Unfall sei mit Krankheit und Ausfällen und oft mit höheren Beiträgen an die Berufsgenossenschaft, also mit Kosten verbunden.

ASiG

Das Gesetz regelt die Pflichten der Arbeitgeber zur Bestellung von Betriebsärztinnen oder -ärzten, Sicherheitsingenieuren oder -ingenieurinnen und Fachkräften für Arbeitssicherheit, definiert deren Aufgaben und betriebliche Positionen und fordert die betriebliche Zusammenarbeit beim Arbeitsschutz und der Unfallverhütung zum Beispiel im **Arbeitsschutzausschuss.**

Es soll eine fachkundige Beratung der Arbeitgeber sicherstellen. Damit soll erreicht werden, dass

1. die dem Arbeitsschutz und der Unfallverhütung dienenden Vorschriften den besonderen Betriebsverhältnissen entsprechend angewandt werden,
2. gesicherte arbeitsmedizinische Erkenntnisse zur Verbesserung des Arbeitsschutzes und der Unfallverhütung verwirklicht werden können und
3. die dem Arbeitsschutz und der Unfallverhütung dienenden Maßnahmen einen möglichst hohen Wirkungskreis erreichen.

Vgl. § 1 ASiG, Grundsatz, und § 11, ASiG, siehe Anhang: „Rechtliche Grundlagen".

Hinweis: Die Unfallverhütungsvorschrift zum ASiG wurde zum 1. Januar 2011 reformiert. Damit ist die Unfallverhütungsvorschrift „Betriebsärzte und Fachkräfte für Arbeitssicherheit" **(DGUV Vorschrift 2)** in Kraft getreten. Es gibt nun erstmals für Berufsgenossenschaften und Unfallversicherungsträger der öffentlichen Hand eine einheitliche und gleichlautende Vorgabe zur Konkretisierung des Arbeitsschutzgesetzes (ArbSchG). Im Mittelpunkt der Reform steht das neue Konzept der Regelbetreuung der Betriebe mit mehr als zehn Beschäftigten.

Die betriebsärztliche und sicherheitstechnische Betreuung besteht aus zwei ganz **neuen Komponenten:**

1. Eine Grundbetreuung, für die in der Unfallverhütungsvorschrift Einsatzzeiten vorgegeben werden – durch diese Grundbetreuung wird sichergestellt, dass für vergleichbare Betriebe identische Grundanforderungen bestehen.

2. Ein betriebsspezifischer Betreuungsanteil, der von jedem Betrieb selbst zu ermitteln ist – der betriebsspezifische Teil stellt sicher, dass der Betreuungsumfang passgenau den betrieblichen Erfordernissen entspricht.

Die Aufgaben für die betriebsärztliche und sicherheitstechnische Betreuung werden auf der Grundlage detaillierter Leistungskataloge ermittelt. Daraus lassen sich der notwendige Zeitaufwand und die personellen Ressourcen vom Betrieb ableiten. Ausgangspunkt sind stets die im jeweiligen Betrieb vorhandenen Arbeitsbedingungen und Gefährdungen. Statt der Vorgabe pauschaler Einsatzzeiten für den Betreuungsumfang – die bisher zudem zwischen den Unfallversicherungsträgern stark variierten – richtet sich der Betreuungsbedarf durchgängig nach den tatsächlich vorliegenden betrieblichen Gefährdungen und Bedürfnissen. Mit der Vorschrift 2 geht damit ein völlig neues Konzept zur betriebsärztlichen und sicherheitstechnischen Betreuung an den Start: Im Mittelpunkt stehen jetzt ein moderner, bedarfsorientierter Arbeitsschutz und die damit verknüpften Aufgaben und Leistungen der betrieblichen Akteurinnen und Akteure. Diese veränderte Philosophie fördert die aktive Auseinandersetzung mit dem Arbeitsschutz, stößt Debatten über seine effektive Ausrichtung an. Sie erfordert einen kontinuierlichen Dialog zwischen Betriebsarzt oder -ärztin, Fachkraft für Arbeitssicherheit und Unternehmen unter Beteiligung der betrieblichen Interessenvertretung. Längerfristig erhöht sich dadurch die Qualität der Arbeitssicherheit und des Gesundheitsschutzes.

Vgl. **www.dguv.de**.

i

Unfallanalyse durch die Berufsgenossenschaft

Der Arbeitgebervertreter berichtet weiter, dass ein Vertreter der Berufsgenossenschaft eine Unfalluntersuchung durchgeführt habe. Bei der Unfallanalyse wurde mit dem technischen Aufsichtsbeamten der Berufsgenossenschaft und der Fachkraft für Arbeitssicherheit vor Ort die Unfallsituation in Augenschein genommen und die Plausibilität des Unfallhergangs überprüft. In dem daraufhin erstellten Bericht an den Arbeitgeber steht, dass die Gefährdungsbeurteilung für diesen Arbeitsplatz unzureichend war, dadurch konnten bestehende Mängel nicht dargestellt werden. So war ein Unfall vorprogrammiert. In dem Bericht wurde der Arbeitgeber darüber belehrt, dass es seine Zuständigkeit ist, Beschäftigte in der Ausübung ihrer Arbeit vor Schaden zu schützen.

Die Berufsgenossenschaften sind die Träger der DGUV für die Unternehmen der Privatwirtschaft und deren Beschäftigte. Bei den Berufsgenossenschaften handelt es sich um Sozialversicherungsträger. Sie sind Körperschaften des öffentlichen Rechts und in Selbstverwaltungen organisiert. Die Mitgliedschaft in der jeweils zuständigen Berufsgenossenschaft ist für die Unternehmen Pflicht. Sie finanzieren sich ausschließlich aus den Beiträgen der Unternehmen. Beschäftigte, die einen Arbeitsunfall hatten oder an einer Berufskrankheit leiden, werden durch **Leistungen** der Berufsgenossenschaften medizinisch, beruflich und sozial rehabilitiert. Darüber hinaus ist es Aufgabe der Berufsgenossenschaften, die Unfall- und Krankheitsfolgen durch Geldzahlungen finanziell auszugleichen, also die Gewährung von Entschädigungsleistungen.

Ihre **Aufgabe** ist es, Arbeitsunfälle, arbeitsbedingte Gesundheitsgefahren und Berufskrankheiten zu verhüten.

Insbesondere werden zur Unfallverhütung

- berufsgenossenschaftliche Vorschriften erlassen,
- Sicherheitsbestimmungen (Richtlinien, Sicherheitsregeln, Merkblätter) erarbeitet,
- Arbeitsunfälle und Berufskrankheiten zur Ermittlung der Ursachen und Maßnahmen zur Vermeidung von Wiederholungsfällen untersucht,
- durch ihre technischen Aufsichtsbeamten die Mitgliedsbetriebe auf Einhaltung der Vorschriften und der sonstigen Sicherheitsbestimmungen überwacht,
- die Betriebe in allen Fragen der Arbeitssicherheit und des Gesundheitsschutzes beraten,
- sicherheitstechnische Überprüfungen von technischen Arbeitsmitteln durchgeführt,
- Vorsorge- und Überwachungsuntersuchungen besonders gefährdeter Arbeitnehmender durch das Aufstellen von Richtlinien geregelt,

- Sicherheitskräfte, Sicherheitsbeauftragte und sonstige Beschäftigte des Unternehmens in Fragen der Arbeitssicherheit ausgebildet sowie
- die Arbeitssicherheit durch Öffentlichkeitsarbeit gefördert.

Die Unfallverhütung wird jeweils im Betrieb durch das Unternehmen bzw. dessen Beauftragte durchgeführt. Die Berufsgenossenschaft übt nur Steuerungsfunktionen aus.

Siehe auch im 1. Teil – Grundlagen: „Fördermöglichkeiten und unterstützende und Institutionen".

i

Auflagenerteilung

Es wurde die Auflage erteilt, eine hydraulische Hebebühne mit Stufen und Geländer sowie eine Absturzsicherung an Ort und Stelle zur Verfügung zu stellen. Die Fachkräfte für Arbeitssicherheit im Unternehmen haben es übernommen, geeignete Angebote einzuholen.

Erste Zukunftspläne

Martin Schneppel weiß zu diesem Zeitpunkt noch nicht, wie es für ihn weitergeht; er fügt hinzu, dass der Arzt voraussage, er könne seine bisherige Arbeit nicht mehr ausführen. Seine Physiotherapeutin schätzt, dass der Genesungsprozess bis zu zwei Jahre dauern kann. „Das", so Schneppel, „heißt aber nicht, dass ich nicht schon eher arbeiten kann. Nun bin ich dabei, mich auf meinen linken, gesunden Arm zu konzentrieren. Er soll kräftiger werden, und das klappt auch schon ganz gut." Danach gefragt, welche Tätigkeit oder welchen Arbeitsplatz er sich für seine Zukunft vorstellen kann, weiß Schneppel spontan eine Antwort. Er möchte gern als Maler arbeiten. Er hat schon für die Schule seines Sohnes die Halle mit Motiven bemalt. Am und im Schiff gebe es doch sehr viele kleine Sachen zu malen. Das würde er gern übernehmen. Das Integrationsteam nimmt diese Aussagen als ersten Anhaltspunkt, um im Unternehmen nach weiteren Beschäftigungsmöglichkeiten für Martin Schneppel zu suchen. Zunächst aber wird er nun eine Rehabilitation in einer Fachklinik wahrnehmen. In dieser Zeit wollen beide Seiten Kontakt halten.

Inzwischen klären das Integrationsteam, Betriebsrat und Personalabteilung, ob im Unternehmen perspektivisch Stellen frei und besetzt werden sollen, die voraussichtlich für den erkrankten Mitarbeiter infrage kämen. Doch zu diesem Zeitpunkt kann dies noch nicht abschließend beantwortet werden, da noch nicht abzusehen ist, wie die körperlichen Einsatzmöglichkeiten Martin Schneppels nach der Rehabilitation sein werden.

Bereits vier Wochen später, er ist aus seiner Reha-Maßnahme zurück, kann Schneppel bei einem Besuch an seinem Arbeitsplatz feststellen, dass der Arbeitgeber schnell gehandelt hat und eine neue Hebebühne installiert ist. Hätte es diese bereits damals gegeben, wäre es sicher nicht zu dem Unfall gekommen.

Das zweite BEM-Gespräch: Neues lernen und das Hobby zum Beruf machen

Nach seinem Besuch geht er zu einem zweiten BEM-Gespräch, an dem dieses Mal, neben Vertretern des Arbeitgebers und des Betriebsrats aus dem BEM-Team, auch der Betriebsarzt und die Schwerbehindertenvertretung teilnehmen. Die Atmosphäre ist locker und fast gemütlich entspannt. Nachdem sich alle noch einmal vorgestellt haben, die Rahmenbedingungen und das Ziel des Gespräches durch den Arbeitgebervertreter geklärt sind, steht Schneppel nun im Mittelpunkt der Aufmerksamkeit: Es gehe ihm gut, berichtet er, die Schulter sei durch die Therapie beweglicher als erhofft. Er fühle sich erholt und voller Tatendrang.

Der Arbeitgebervertreter sieht gute Arbeitsmöglichkeiten für Schneppel im Betrieb. Es wird eine halbe Stelle in der Verwaltung frei. Mit einigen Nachqualifizierungen am PC kann er die Stelle sicher ausfüllen. Die Kosten für die dreimonatige Qualifizierung bei einem externen Bildungsträger übernimmt die Berufsgenossenschaft (§ 49 SGB IX).

Die andere Hälfte seiner Arbeitszeit kann er für Malerarbeiten im Schiff nutzen. Die Verwaltungsarbeiten sind zunächst auf zwei Jahre befristet. Dann könne man weiter sehen. Zusammen mit dem Betriebsarzt wird ein Wiedereingliederungsplan erstellt. Die Wiedereingliederung kann beginnen. Nach Abschluss der Heilbewährung wird voraussichtlich von der Berufsgenossenschaft eine MdE (Minderung der Erwerbsfähigkeit) festgestellt.

RESÜMEE

Hier hat ganz klar der vorbeugende Arbeitsschutz innerhalb des Unternehmens versagt. Bei einer Arbeitsplatzbewertung bzw. einer Gefährdungsanalyse hätten die unzulängliche Arbeitssituation deutlich werden und Maßnahmen zur Abhilfe getroffen werden müssen.

Nach § 20 ASiG begeht eine Ordnungswidrigkeit, wer vorsätzlich oder fahrlässig einer vollziehbaren Anordnung nach § 12 Abs. 1 ASiG zuwiderhandelt. Eine Ordnungswidrigkeit kann mit Geldbußen bis zu 25.000 Euro geahndet werden. Dem Arbeitgeber, der Arbeitsschutzvorschriften nicht beachtet, drohen also empfindliche Strafen.

Nach dem Unfall wurden allerdings dann in diesem Fall alle notwendigen Schritte umgehend umgesetzt. Auch für den Betroffenen wurde die notwendige Fürsorge übernommen.

Die einzelnen Schritte im Überblick

1. → Der Arbeitsunfall wird vom Arbeitgeber bei der Berufsgenossenschaft gemeldet.

2. → Der Verletzte muss einer Durchgangsärztin vorgestellt werden. Das ist eine Voraussetzung, damit ein Durchgangsverfahren eingeleitet wird und damit die Kostenübernahme für die medizinische und berufliche Rehabilitation durch die gesetzliche Unfallversicherung sichergestellt ist.

3. → Eine Unfallanalyse durch einen Vertreter der Berufsgenossenschaft wird ggf. eingeleitet. Resultate und Auflagen werden dem Arbeitgeber mitgeteilt.

4. → Der Verletzte wird nach (in diesem Fall) vier Monaten zu einem ersten BEM-Gespräch geladen. Erste Maßnahmen und Handlungsmöglichkeiten werden mit ihm und für ihn in Zusammenarbeit mit dem Berufshelfer der Berufsgenossenschaft erkundet.

5. → Nach der medizinischen Rehabilitation werden in einem zweiten Gespräch die Maßnahmen konkreter gefasst:

   - Für den Betroffenen werden im Unternehmen zwei neue Tätigkeitsbereiche festgelegt: eine halbe Stelle in der Verwaltung (zunächst befristet auf zwei Jahre) und eine halbe Stelle als Schiffsmaler.

   - Eine IT-Qualifizierung wird durchgeführt (§ 49 SGB IX).

   - Ein Wiedereingliederungsplan wird mit dem Betroffenen, dem Betriebsarzt und den jeweiligen Vorgesetzten vereinbart und begleitet.

5. SCHWERER WEGEUNFALL: GROSSE VERÄNDERUNGEN DER LEBENS- UND ARBEITSUMGEBUNG

André Laroché/32/Programmierer

STICHWORTE: Reha vor Rente, Kfz- und Parkplatzunterstützung

André Laroché ist 32 Jahre alt und seit acht Jahren Programmierer in einem IT-Unternehmen, in dem 47 Mitarbeitende beschäftigt sind. Im Betrieb wird Software für kleine und mittelständische Unternehmen mit individuellen Lösungen entwickelt. Es gibt einen Betriebsrat, und das BEM ist noch in den Anfängen.

Ein Autounfall mit schweren Folgen

Als Laroché an einem Dienstag im Juni zur Arbeit fährt, ist er an einem schweren Autounfall beteiligt. Er erleidet schwere Verletzungen und wird sofort in das berufsgenossenschaftliche Unfallkrankenhaus zur Akutversorgung gebracht. Von seinem Arbeitgeber wird ein Wegeunfall an die zuständige Berufsgenossenschaft gemeldet.

Laroché liegt drei Wochen im Koma. Nach seinem Erwachen und vielen neurologischen Untersuchungen wird eine Querschnittlähmung festgestellt. Bald darauf wird eine medizinische Rehabilitation eingeleitet.

In Fällen, in denen Heilbehandlungen und Reha-Maßnahmen nicht so erfolgreich sind, dass der oder die Versicherte wieder uneingeschränkt am Erwerbsleben teilnehmen kann, zahlen die Berufsgenossenschaften, Unfallkassen oder Gemeindeunfallversicherungsverbände eine Rente. Die Voraussetzung dafür ist eine andauernde MdE von mindestens 20 Prozent durch einen Arbeitsunfall, einen Wegeunfall oder eine Berufskrankheit.

Die Unfallversicherungsträger sorgen mit allen geeigneten Mitteln dafür, dass die Gesundheit der Verletzten/Erkrankten durch geeignete Maßnahmen der Akutversorgung und der medizinischen Rehabilitation möglichst wiederhergestellt wird. Dem Grundsatz „Rehabilitation vor Rente“ folgend soll eine optimale Genesung und Rückkehr an den Arbeitsplatz erreicht werden. Die Versicherten erhalten eine umfassende medizinische Versorgung, Betreuung und Beratung.

Wenn es trotz aller Bemühungen um Arbeitssicherheit und Gesundheitsschutz zu einem Unfall oder einer Berufskrankheit kommt, lautet auch der Grundsatz der Berufsgenossenschaft: **„Rehabilitation vor Rente"**. Das bedeutet, dass die optimale medizinische Versorgung der Versicherten und die berufliche und soziale Wiedereingliederung stets im Vordergrund stehen. Eine erforderliche Rehabilitation ist für die Versicherten immer die beste Lösung, darum werden alle geeigneten Mittel dafür eingesetzt. Daher wird eine Rente erst grundsätzlich dann bezahlt, wenn alle sinnvollen und zumutbaren Rehabilitationsmöglichkeiten ausgeschöpft sind, jedoch auch schon während der beruflichen Rehabilitation neben dem Übergangsgeld.

Die Entschädigung von Versicherten erfolgt nach dem Schadensersatzprinzip. Die Höhe der Rente richtet sich dabei nach mehreren Faktoren. Entscheidend sind im Regelfall der Grad der MdE und der Jahresarbeitsverdienst.

Weitere Infos: **www.dguv.de**.

i

Physische und psychologische Unterstützung

Durch einfühlsame Gespräche und nach vielfältiger Unterstützung lernt Laroché, seine Situation zu akzeptieren. Er lernt langsam, seine verbleibenden Kräfte sinnvoll einzusetzen. Seine Beine kann er nicht mehr bewegen, aber ein Rollstuhl und die Kraft seiner Arme machen ihn mobil. André Laroché hat einen starken Willen und war auch vor seinem Unfall ein ausdauernder und disziplinierter Sportler. Er ist mit seinem Rollstuhl sogar schneller als jeder andere und bewegt sich sehr geschickt. Er steht in ständigem Kontakt mit dem berufsgenossenschaftlichen Berufshelfer und mit der Hilfsmittelberatung.

Umbau im häuslichen Bereich

André Laroché lebt allein. Inzwischen ist der Schlafbereich im ersten Stock seiner Wohnung in einem Reihenhaus seinen Bedürfnissen angepasst. Es wird alles so gestaltet, dass er weitgehend selbstständig leben kann. Dazu gehört ein Treppenlift, um in die obere Etage zu gelangen. Das Badezimmer wird nach den DIN-Vorschriften für Rollstuhlfahrer umgebaut, außerdem werden alle Türen im Haus verbreitert. Die Küche wird unterfahrbar und mit höhenverstellbaren Oberschränken eingerichtet. Der Eingangsbereich des Hauses, mit bisher zwei Stufen, wird ebenerdig gebaut. Seine häusliche Situation ist bald behindertengerecht gestaltet.

Technische Anpassung am Arbeitsplatz

Laroché fühlt sich zunehmend den Anforderungen seines neuen Lebens gewachsen; er möchte und kann wieder arbeiten. Aber die Umgebung an seinem alten Arbeitsplatz ist keineswegs behindertengerecht. Der Berufshelfer ermutigt ihn. Er ist sich sicher, dass es dafür Lösungen gibt.

Kraftfahrzeughilfe

Das IT-Unternehmen befindet sich im zehnten Stockwerk eines zwölfstöckigen Hochhauses, das nach dem Zweiten Weltkrieg gebaut wurde und unter Denkmalschutz steht. Um in das Haus zu kommen, müssen im Eingangsbereich drei Stufen überwunden werden. Es gibt im Haus zwei Personenaufzüge, die nicht ausreichend Platz für einen Rollstuhl bieten. Ein vorhandener alter Lastenaufzug ist für die Personenbeförderung nicht zulässig. Was tun?

Der Berufshelfer der Berufsgenossenschaft organisiert mit dem Arbeitgeber, einem Vertreter der Hausverwaltung, mit einem Mitarbeiter der Behörde für Denkmalschutz und einer technischen Beraterin der Arbeitsschutzbehörde eine Begehung, um die Situation vor Ort zu besprechen. Nach einigen Diskussionen über die Machbarkeit wird man sich einig: Der vorhandene Lastenaufzug wird zu einem behindertengerechten Personenaufzug umgebaut. Im Eingangsbereich wird zur Niveauangleichung der Gehweg angehoben, sodass man ebenerdig mit dem Rollstuhl ins Gebäude gelangen kann. Ein Kostenvoranschlag wird eingeholt und die Erlaubnis zur Realisierung der Veränderungspläne beantragt.

Veränderungen sind auch am direkten Arbeitsplatz notwendig. Die Eingangstür zum Büro wird mit einem automatischen Türöffner versehen. Von den drei Toiletten auf der Firmenetage wurden zwei zusammengelegt und zu einem behindertengerechten WC umgebaut. Alle Türen werden daraufhin geprüft, ob sie die vorgeschriebene Breite für einen Rollstuhlfahrer aufweisen. Der Arbeitsplatz von Laroché erhält einen absenkbaren Schreibtisch, mit dem sich die individuelle Arbeitshöhe einrichten lässt.

Und wie kommt Laroché zur Arbeit? Auch hierfür wird eine Lösung gefunden: Er stellt einen Antrag auf Kraftfahrzeughilfe. Ein Auto wird für ihn umgebaut, und er absolviert ohne Probleme eine Fahrprüfung für die neue Technik, die auch den Rollstuhl automatisch verstaut. Nach kurzer Zeit kommt er auch mit dem Einsteigen ins Auto gut zurecht. André Laroché freut sich, sein Leben wieder selbstständig führen zu können und in das Arbeitsleben integriert zu sein.

Wenn ein Kraftfahrzeug infolge der Behinderung dauerhaft zum Erreichen des Arbeits- oder Ausbildungsplatzes erforderlich ist, können behinderte Menschen verschiedene Kraftfahrzeughilfen erhalten (§ 20 SchwbAV). Voraussetzungen, Antragstellung und Leistungsumfang sind durch die Kraftfahrzeughilfe-Verordnung (KfzHV) geregelt (siehe Anhang).

Die Leistungen können umfassen:

- Zuschüsse zur Beschaffung eines Fahrzeugs (zurzeit einkommensabhängig bis zu 9.500 Euro),

- volle Kostenübernahme für behinderungsbedingte Zusatzausstattung,
- Zuschüsse zum Erwerb der Fahrerlaubnis und
- Leistungen in Härtefällen (zum Beispiel zu Kosten für Reparaturen, Beförderungsdienste).

Erbracht werden die Leistungen – je nach Zuständigkeit – von den Rehabilitationsträgern (in diesem Fall der Berufsgenossenschaft) oder auch durch die Integrationsämter.

André Laroché bekommt nach der Heilbewährung einen Schwerbehindertenausweis zuerkannt mit dem Merkzeichen aG, das heißt:

- Personen mit diesem Ausweis sind außergewöhnlich gehbehindert. Dies ist bedeutend für die Kraftfahrzeugsteuerbefreiung und eventuell für einen Beitragsnachlass in der Kfz-Haftpflichtversicherung (Stichwort: Nachteilsausgleiche), die Freifahrt in öffentlichen Verkehrsmitteln und die Parkerleichterung. Letzteres erlaubt gebührenfreies Parken sowohl an Parkuhren und bei Parkscheinautomaten ohne zeitliche Begrenzung sowie das Parken auf reservierten Parkplätzen, die durch ein spezielles Schild mit dem Rollstuhlfahrersymbol gekennzeichnet sind.
- Mit der Bezeichnung aG kann beim Straßenverkehrsamt ein europäischer Parkausweis für behinderte Menschen beantragt werden.
- Vom zuständigen Polizeirevier kann ein Parkplatz vor der Wohnung und der Arbeit reserviert werden.

i

RESÜMEE

Es versteht sich von selbst, dass es ein sehr langer Weg für den Verunfallten war und noch ist. Verzweiflung, Schmerzen und eine Menge Mut gehören zu diesem Weg. Kompetente Beratung, Begleitung und materieller Rückhalt sind notwendige Bedingungen für das Gelingen einer Rehabilitation, die in solch einem Umfang die gesamte Innen- und Außenwelt des Betroffenen verändert.

Vor allem entscheiden die alltäglichen sozialen und materiellen Rahmenbedingungen über eine erfolgreiche Integration in die Gesellschaft und in die Arbeitsprozesse. Mit dem Arbeitgeber und dem Kollegium war und ist Laroché in ständigem Kontakt. Es wurde ihm angeboten, während der erforderlichen Umbauarbeiten im Betrieb zu Hause zu arbeiten. Das Angebot nahm er gerne an, obwohl dies für ihn nur eine Übergangslösung ist, denn er will wie alle anderen Beschäftigten seinen Arbeitsplatz im Betrieb nutzen. Mit einer langsamen Wiedereingliederung in den beruflichen Alltag kann er nun seine Belastbarkeit erproben.

Durch die optimale medizinische Betreuung, die im Vordergrund aller Bemühungen stand, sowie seine berufliche und soziale Wiedereingliederung wird hier, mit Unterstützung der Berufsgenossenschaft, die Integration von André Laroché ins Arbeitsleben mit hoher Wahrscheinlichkeit gelingen.

Die einzelnen Schritte im Überblick

1. → Akutversorgung des Verletzten in einem berufsgenossenschaftlichen Krankenhaus nach dem Unfall
2. → Meldung des Unfalls durch den Arbeitgeber als Wegeunfall bei der zuständigen Berufsgenossenschaft
3. → Kontaktaufnahme von BEM-Beauftragten oder der Disability-Managerin bzw. dem Disability-Manager mit dem Betroffenen (ggf. mit dem Berufsberater der Berufsgenossenschaft) zur Klärung von Fragen und zur weiteren Begleitung:
    - Wie geht es gesundheitlich weiter? (Achtung, die Diagnose ist vertraulich!)
    - Wie kann der Betroffene unterstützt werden?
    - Können technische Hilfen im Betrieb vorbereitet werden?
    - Sind Veränderungen oder ein Wechsel des Arbeitsplatzes nötig oder möglich?
4. → enge Zusammenarbeit mit dem Betroffenen und der Berufshelferin/der Beraterin der Berufsgenossenschaft und dem Arbeitgeber
5. → Bei anfallenden Anträgen wird er von der Berufshelferin unterstützt (zum Beispiel Kfz-Hilfe)
6. → Sobald die Heilung abgeschlossen ist, wird eine MdE festgesetzt werden. Ab einer MdE von 20 Prozent werden Geldleistungen als Unfallrente bewilligt. Die Entschädigung von Versicherten erfolgt nach dem Schadensersatzprinzip. Die Höhe der Rente richtet sich dabei nach mehreren Faktoren. Entscheidend sind im Regelfall der Grad der MdE in Prozent und der Jahresarbeitsverdienst. Im Rentenausschuss der Unfallversicherungsträger wird darüber entschieden, ob eine Rente gezahlt wird.

TEIL 3

Infos und Handreichungen für die Praxis

RECHTLICHE GRUNDLAGEN

Auf einen Blick

Hier sind die wichtigsten gesetzlichen Grundlagen (Stand Januar 2022) aufgeführt. Sie wurden zur Lösung der vorgestellten Praxisfälle angewandt.

Alle Texte der Sozialgesetzbücher im Onlinezugriff unter:
www.sozialgesetzbuch-sgb.de

Stand 22.11.2021

Sozialgesetzbuch (SGB) IX – Rehabilitation und Teilhabe behinderter Menschen

§ 167 Prävention
§ 2 Behinderung
§ 5 Leistungsgruppen
§ 6 Rehabilitationsträger
§ 14 Leistender Rehabilitationsträger (Zuständigkeitsklärung)
§ 15 Leistungsverantwortung bei Mehrheit von Rehabilitationsträgern
§ 28 SGB IX Ausführung von Leistungen
§ 44 Stufenweise Wiedereingliederung
§ 49 Leistungen zur Teilhabe am Arbeitsleben
§ 50 Leistungen an Arbeitgeber
§ 51 Einrichtungen der beruflichen Rehabilitation
§ 64 Ergänzende Leistungen
§ 74 Haushalts- oder Betriebshilfe und Kinderbetreuungskosten
§ 176 Aufgaben des Betriebs-, Personal-, Richter-, Staatsanwalts- und Präsidialrates
§ 185 Aufgaben des Integrationsamtes

Sozialgesetzbuch (SGB) VII – Gesetzliche Unfallversicherung

§ 8 Arbeitsunfall
§ 9 Berufskrankheit

Sozialgesetzbuch (SGB) V – Gesetzliche Krankenversicherung

§ 38 Haushaltshilfe
§ 44 Krankengeld
§ 48 Dauer des Krankengeldes
§ 74 Stufenweise Wiedereingliederung

Sozialgesetzbuch (SGB) III – Arbeitsförderung
§ 145 Minderung der Leistungsfähigkeit
§ 146 Leistungsfortzahlung bei Arbeitsunfähigkeit

Hinweis 1 zum Gesetz über Betriebsärzte, Sicherheitsingenieure und andere Fachkräfte für Arbeitssicherheit (ASiG)

Hinweis 2 zur DGUV-Vorschrift 2, seit 1. Januar 2011

Die Gesetze im Wortlaut

Sozialgesetzbuch: Neuntes Buch (SGB IX) – Rehabilitation und Teilhabe von Menschen mit Behinderungen

SGB IX zuletzt geändert 27.09.2021

Quelle: **www.sozialgesetzbuch-sgb.de**

§ 167 SGB IX **Prävention**

(1) Der Arbeitgeber schaltet bei Eintreten von personen-, verhaltens- oder betriebsbedingten Schwierigkeiten im Arbeits- oder sonstigen Beschäftigungsverhältnis, die zur Gefährdung dieses Verhältnisses führen können, möglichst frühzeitig die Schwerbehindertenvertretung und die in § 176 genannten Vertretungen sowie das Integrationsamt ein, um mit ihnen alle Möglichkeiten und alle zur Verfügung stehenden Hilfen zur Beratung und mögliche finanzielle Leistungen zu erörtern, mit denen die Schwierigkeiten beseitigt werden können und das Arbeits- oder sonstige Beschäftigungsverhältnis möglichst dauerhaft fortgesetzt werden kann.

(2) Sind Beschäftigte innerhalb eines Jahres länger als sechs Wochen ununterbrochen oder wiederholt arbeitsunfähig, klärt der Arbeitgeber mit der zuständigen Interessenvertretung im Sinne des § 176, bei schwerbehinderten Menschen außerdem mit der Schwerbehindertenvertretung, mit Zustimmung und Beteiligung der betroffenen Person die Möglichkeiten, wie die Arbeitsunfähigkeit möglichst überwunden werden und mit welchen Leistungen oder Hilfen erneuter Arbeitsunfähigkeit vorgebeugt und der Arbeitsplatz erhalten werden kann (betriebliches Eingliederungsmanagement). Soweit erforderlich, wird der Werks- oder Betriebsarzt hinzugezogen. Die betroffene Person oder ihr gesetzlicher Vertreter ist zuvor auf die Ziele des betrieblichen Eingliederungsmanagements sowie auf Art und Umfang der hierfür erhobenen und verwendeten Daten hinzuweisen. Kommen Leistungen zur Teilhabe oder begleitende Hilfen im Arbeitsleben in Betracht, werden vom Arbeitgeber die Rehabilitationsträger oder bei schwerbehinderten Beschäftigten das Integrationsamt hinzugezogen. Diese wirken darauf hin, dass die erforderlichen Leistungen oder Hilfen unverzüglich

beantragt und innerhalb der Frist des § 14 Absatz 2 Satz 2 erbracht werden. Die zuständige Interessenvertretung im Sinne des § 176, bei schwerbehinderten Menschen außerdem die Schwerbehindertenvertretung, können die Klärung verlangen. Sie wachen darüber, dass der Arbeitgeber die ihm nach dieser Vorschrift obliegenden Verpflichtungen erfüllt.

(3) Die Rehabilitationsträger und die Integrationsämter können Arbeitgeber, die ein betriebliches Eingliederungsmanagement einführen, durch Prämien oder einen Bonus fördern.

§ 2 SGB IX **Begriffsbestimmung** (Behinderung – relevant auch für „Gleichstellung")

(1) Menschen mit Behinderungen sind Menschen, die körperliche, seelische, geistige oder Sinnesbeeinträchtigungen haben, die sie in Wechselwirkung mit einstellungs- und umweltbedingten Barrieren an der gleichberechtigten Teilhabe an der Gesellschaft mit hoher Wahrscheinlichkeit länger als sechs Monate hindern können. Eine Beeinträchtigung nach Satz 1 liegt vor, wenn der Körper- und Gesundheitszustand von dem für das Lebensalter typischen Zustand abweicht. Menschen sind von Behinderung bedroht, wenn eine Beeinträchtigung nach Satz 1 zu erwarten ist.

(2) Menschen sind im Sinne des Teils 3 schwerbehindert, wenn bei ihnen ein Grad der Behinderung von wenigstens 50 vorliegt und sie ihren Wohnsitz, ihren gewöhnlichen Aufenthalt oder ihre Beschäftigung auf einem Arbeitsplatz im Sinne des § 156 rechtmäßig im Geltungsbereich dieses Gesetzbuches haben.

(3) Schwerbehinderten Menschen gleichgestellt werden sollen Menschen mit Behinderungen mit einem Grad der Behinderung von weniger als 50, aber wenigstens 30, bei denen die übrigen Voraussetzungen des Absatzes 2 vorliegen, wenn sie infolge ihrer Behinderung ohne die Gleichstellung einen geeigneten Arbeitsplatz im Sinne des § 156 nicht erlangen oder nicht behalten können (gleichgestellte behinderte Menschen)

§ 5 SGB IX **Leistungsgruppen**

Zur Teilhabe am Leben in der Gesellschaft werden erbracht

1. Leistungen zur medizinischen Rehabilitation,
2. Leistungen zur Teilhabe am Arbeitsleben,
3. unterhaltssichernde und andere ergänzende Leistungen,
4. Leistungen zur Teilhabe an Bildung und
5. Leistungen zur sozialen Teilhabe.

§ 6 SGB IX Rehabilitationsträger

(1) Träger der Leistungen zur Teilhabe (Rehabilitationsträger) können sein:
1. die gesetzlichen Krankenkassen für Leistungen nach § 5 Nummer 1 und 3,
2. die Bundesagentur für Arbeit für Leistungen nach § 5 Nummer 2 und 3,
3. die Träger der gesetzlichen Unfallversicherung für Leistungen nach § 5 Nummer 1 bis 3 und 5; für Versicherte nach
   - § 2 Absatz 1 Nummer 8 des Siebten Buches die für diese zuständigen Unfallversicherungsträger für Leistungen nach
   - § 5 Nummer 1 bis 5,
4. die Träger der gesetzlichen Rentenversicherung für Leistungen nach § 5 Nummer 1 bis 3, der Träger der Alterssicherung der Landwirte für Leistungen nach § 5 Nummer 1 und 3,
5. die Träger der Kriegsopferversorgung und die Träger der Kriegsopferfürsorge im Rahmen des Rechts der sozialen Entschädigung bei Gesundheitsschäden für Leistungen nach § 5 Nummer 1 bis 5,
6. die Träger der öffentlichen Jugendhilfe für Leistungen nach § 5 Nummer 1, 2, 4 und 5 sowie
7. die Träger der Eingliederungshilfe für Leistungen nach § 5 Nummer 1, 2, 4 und 5.

(2) Die Rehabilitationsträger nehmen ihre Aufgaben selbständig und eigenverantwortlich wahr.

§ 14 SGB IX Leistender Rehabilitationsträger

(1) Werden Leistungen zur Teilhabe beantragt, stellt der Rehabilitationsträger innerhalb von zwei Wochen nach Eingang des Antrages bei ihm fest, ob er nach dem für ihn geltenden Leistungsgesetz für die Leistung zuständig ist; bei den Krankenkassen umfasst die Prüfung auch die Leistungspflicht nach § 40 Absatz 4 des Fünften Buches. Stellt er bei der Prüfung fest, dass er für die Leistung insgesamt nicht zuständig ist, leitet er den Antrag unverzüglich dem nach seiner Auffassung zuständigen Rehabilitationsträger zu und unterrichtet hierüber den Antragsteller. Muss für eine solche Feststellung die Ursache der Behinderung geklärt werden und ist diese Klärung in der Frist nach Satz 1 nicht möglich, soll der Antrag unverzüglich dem Rehabilitationsträger zugeleitet werden, der die Leistung ohne Rücksicht auf die Ursache der Behinderung erbringt. Wird der Antrag bei der Bundesagentur für Arbeit gestellt, werden bei der Prüfung nach den Sätzen 1 und 2 keine Feststellungen nach § 11 Absatz 2a Nummer 1 des Sechsten Buches und § 22 Absatz 2 des Dritten Buches getroffen.

(2) Wird der Antrag nicht weitergeleitet, stellt der Rehabilitationsträger den Rehabilitationsbedarf anhand der Instrumente zur Bedarfsermittlung nach § 13 unverzüglich und umfassend fest und erbringt die Leistungen (leistender

Rehabilitationsträger). Muss für diese Feststellung kein Gutachten eingeholt werden, entscheidet der leistende Rehabilitationsträger innerhalb von drei Wochen nach Antragseingang. Ist für die Feststellung des Rehabilitationsbedarfs ein Gutachten erforderlich, wird die Entscheidung innerhalb von zwei Wochen nach Vorliegen des Gutachtens getroffen. Wird der Antrag weitergeleitet, gelten die Sätze 1 bis 3 für den Rehabilitationsträger, an den der Antrag weitergeleitet worden ist, entsprechend; die Frist beginnt mit dem Antragseingang bei diesem Rehabilitationsträger. In den Fällen der Anforderung einer gutachterlichen Stellungnahme bei der Bundesagentur für Arbeit nach § 54 gilt Satz 3 entsprechend.

(3) Ist der Rehabilitationsträger, an den der Antrag nach Absatz 1 Satz 2 weitergeleitet worden ist, nach dem für ihn geltenden Leistungsgesetz für die Leistung insgesamt nicht zuständig, kann er den Antrag im Einvernehmen mit dem nach seiner Auffassung zuständigen Rehabilitationsträger an diesen weiterleiten, damit von diesem als leistendem Rehabilitationsträger über den Antrag innerhalb der bereits nach Absatz 2 Satz 4 laufenden Fristen entschieden wird und unterrichtet hierüber den Antragsteller.

Die Absätze 1 bis 3 gelten sinngemäß, wenn der Rehabilitationsträger Leistungen von Amts wegen erbringt. Dabei tritt an die Stelle des Tages der Antragstellung der Tag der Kenntnis des voraussichtlichen Rehabilitationsbedarfs.

(Für die Weiterleitung des Antrages ist § 16 Absatz 2 Satz 1 des Ersten Buches nicht anzuwenden, wenn und soweit Leistungen zur Teilhabe bei einem Rehabilitationsträger beantragt werden.)

§ 15 SGB IX Leistungsverantwortung bei Mehrheit von Rehabilitationsträgern

(1) Stellt der leistende Rehabilitationsträger fest, dass der Antrag neben den nach seinem Leistungsgesetz zu erbringenden Leistungen weitere Leistungen zur Teilhabe umfasst, für die er nicht Rehabilitationsträger nach § 6 Absatz 1 sein kann, leitet er den Antrag insoweit unverzüglich dem nach seiner Auffassung zuständigen Rehabilitationsträger zu. Dieser entscheidet über die weiteren Leistungen nach den für ihn geltenden Leistungsgesetzen in eigener Zuständigkeit und unterrichtet hierüber den Antragsteller.

(2) Hält der leistende Rehabilitationsträger für die umfassende Feststellung des Rehabilitationsbedarfs nach § 14 Absatz 2 die Feststellungen weiterer Rehabilitationsträger für erforderlich und liegt kein Fall nach Absatz 1 vor, fordert er von diesen Rehabilitationsträgern die für den Teilhabeplan nach § 19 erforderlichen Feststellungen unverzüglich an und berät diese nach § 19 trägerübergreifend.
(3)Die Feststellungen binden den leistenden Rehabilitationsträger bei seiner

Entscheidung über den Antrag, wenn sie innerhalb von zwei Wochen nach Anforderung oder im Fall der Begutachtung innerhalb von zwei Wochen nach Vorliegen des Gutachtens beim leistenden Rehabilitationsträger eingegangen sind. Anderenfalls stellt der leistende Rehabilitationsträger den Rehabilitationsbedarf nach allen in Betracht kommenden Leistungsgesetzen umfassend fest.

(3) Die Rehabilitationsträger bewilligen und erbringen die Leistungen nach den für sie jeweils geltenden Leistungsgesetzen im eigenen Namen, wenn im Teilhabeplan nach § 19 dokumentiert wurde, dass
1. die erforderlichen Feststellungen nach allen in Betracht kommenden Leistungsgesetzen von den zuständigen Rehabilitationsträgern getroffen wurden,
2. auf Grundlage des Teilhabeplans eine Leistungserbringung durch die nach den jeweiligen Leistungsgesetzen zuständigen Rehabilitationsträger sichergestellt ist und
3. die Leistungsberechtigten einer nach Zuständigkeiten getrennten Leistungsbewilligung und Leistungserbringung nicht aus wichtigem Grund widersprechen.

Anderenfalls entscheidet der leistende Rehabilitationsträger über den Antrag in den Fällen nach Absatz 2 und erbringt die Leistungen im eigenen Namen.

(4) In den Fällen der Beteiligung von Rehabilitationsträgern nach den Absätzen 1 bis 3 ist abweichend von § 14 Absatz 2 innerhalb von sechs Wochen nach Antragseingang zu entscheiden. Wird eine Teilhabeplankonferenz nach § 20 durchgeführt, ist innerhalb von zwei Monaten nach Antragseingang zu entscheiden. Die Antragsteller werden von dem leistenden Rehabilitationsträger über die Beteiligung von Rehabilitationsträgern sowie über die für die Entscheidung über den Antrag maßgeblichen Zuständigkeiten und Fristen unverzüglich unterrichtet.

§ 28 SGB IX Ausführung von Leistungen

(1) Der zuständige Rehabilitationsträger kann Leistungen zur Teilhabe
1. allein oder gemeinsam mit anderen Leistungsträgern,
2. durch andere Leistungsträger oder
3. unter Inanspruchnahme von geeigneten, insbesondere auch freien und gemeinnützigen oder privaten Rehabilitationsdiensten und -einrichtungen nach § 36 ausführen. Der zuständige Rehabilitationsträger bleibt für die Ausführung der Leistungen verantwortlich. Satz 1 gilt insbesondere dann, wenn der Rehabilitationsträger die Leistung dadurch wirksamer oder wirtschaftlicher erbringen kann.

Die Leistungen werden dem Verlauf der Rehabilitation angepasst und sind darauf ausgerichtet, den Leistungsberechtigten unter Berücksichtigung der Besonderheiten des Einzelfalles zügig, wirksam, wirtschaftlich und auf Dauer eine den

Zielen der §§ 1 und 4 Absatz 1 entsprechende umfassende Teilhabe am Leben in der Gesellschaft zu ermöglichen.

§ 44 SGB IX **Stufenweise Wiedereingliederung**

Können arbeitsunfähige Leistungsberechtigte nach ärztlicher Feststellung ihre bisherige Tätigkeit teilweise verrichten und können sie durch eine stufenweise Wiederaufnahme ihrer Tätigkeit voraussichtlich besser wieder in das Erwerbsleben eingegliedert werden, sollen die medizinischen und die sie ergänzenden Leistungen entsprechend dieser Zielsetzung erbracht werden.

§ 49 SGB IX **Leistungen zur Teilhabe am Arbeitsleben, Verordnungsermächtigung**

(1) Zur Teilhabe am Arbeitsleben werden die erforderlichen Leistungen erbracht, um die Erwerbsfähigkeit von Menschen mit Behinderungen oder von Behinderung bedrohter Menschen entsprechend ihrer Leistungsfähigkeit zu erhalten, zu verbessern, herzustellen oder wiederherzustellen und ihre Teilhabe am Arbeitsleben möglichst auf Dauer zu sichern.

(2) Frauen mit Behinderungen werden gleiche Chancen im Erwerbsleben zugesichert, insbesondere durch in der beruflichen Zielsetzung geeignete, wohnortnahe und auch in Teilzeit nutzbare Angebote.

(3) Die Leistungen zur Teilhabe am Arbeitsleben umfassen insbesondere

1. Hilfen zur Erhaltung oder Erlangung eines Arbeitsplatzes einschließlich Leistungen zur Aktivierung und beruflichen Eingliederung,
2. eine Berufsvorbereitung einschließlich einer wegen der Behinderung erforderlichen Grundausbildung,
3. die individuelle betriebliche Qualifizierung im Rahmen Unterstützter Beschäftigung,
4. die berufliche Anpassung und Weiterbildung, auch soweit die Leistungen einen zur Teilnahme erforderlichen schulischen Abschluss einschließen,
5. die berufliche Ausbildung, auch soweit die Leistungen in einem zeitlich nicht überwiegenden Abschnitt schulisch durchgeführt werden,
6. die Förderung der Aufnahme einer selbständigen Tätigkeit durch die Rehabilitationsträger nach § 6 Absatz 1 Nummer 2 bis 5 und
7. sonstige Hilfen zur Förderung der Teilhabe am Arbeitsleben, um Menschen mit Behinderungen eine angemessene und geeignete Beschäftigung oder eine selbständige Tätigkeit zu ermöglichen und zu erhalten.

(4) Bei der Auswahl der Leistungen werden Eignung, Neigung, bisherige Tätigkeit sowie Lage und Entwicklung auf dem Arbeitsmarkt angemessen berücksichtigt. Soweit erforderlich, wird dabei die berufliche Eignung abgeklärt oder eine Arbeitserprobung durchgeführt; in diesem Fall werden die Kosten nach Ab-

satz 7, Reisekosten nach § 73 sowie Haushaltshilfe und Kinderbetreuungskosten nach § 74 übernommen.

(5) Die Leistungen werden auch für Zeiten notwendiger Praktika erbracht.

(6) Die Leistungen umfassen auch medizinische, psychologische und pädagogische Hilfen, soweit diese Leistungen im Einzelfall erforderlich sind, um die in Absatz 1 genannten Ziele zu erreichen oder zu sichern und Krankheitsfolgen zu vermeiden, zu überwinden, zu mindern oder ihre Verschlimmerung zu verhüten. Leistungen sind insbesondere
1. Hilfen zur Unterstützung bei der Krankheits- und Behinderungsverarbeitung,
2. Hilfen zur Aktivierung von Selbsthilfepotentialen,
3. die Information und Beratung von Partnern und Angehörigen sowie von Vorgesetzten und Kollegen, wenn die Leistungsberechtigten dem zustimmen,
4. die Vermittlung von Kontakten zu örtlichen Selbsthilfe- und Beratungsmöglichkeiten,
5. Hilfen zur seelischen Stabilisierung und zur Förderung der sozialen Kompetenz, unter anderem durch Training sozialer und kommunikativer Fähigkeiten und im Umgang mit Krisensituationen,
6. das Training lebenspraktischer Fähigkeiten,
7. das Training motorischer Fähigkeiten,
8. die Anleitung und Motivation zur Inanspruchnahme von Leistungen zur Teilhabe am Arbeitsleben und
9. die Beteiligung von Integrationsfachdiensten im Rahmen ihrer Aufgabenstellung (§ 193).

(7) Zu den Leistungen gehört auch die Übernahme
1. der erforderlichen Kosten für Unterkunft und Verpflegung, wenn für die Ausführung einer Leistung eine Unterbringung außerhalb des eigenen oder des elterlichen Haushalts wegen Art oder Schwere der Behinderung oder zur Sicherung des Erfolges der Teilhabe am Arbeitsleben notwendig ist sowie
2. der erforderlichen Kosten, die mit der Ausführung einer Leistung in unmittelbarem Zusammenhang stehen, insbesondere für Lehrgangskosten, Prüfungsgebühren, Lernmittel, Leistungen zur Aktivierung und beruflichen Eingliederung.

(8) Leistungen nach Absatz 3 Nummer 1 und 7 umfassen auch
1. die Kraftfahrzeughilfe nach der Kraftfahrzeughilfe-Verordnung,
2. den Ausgleich für unvermeidbare Verdienstausfälle des Leistungsberechtigten oder einer erforderlichen Begleitperson wegen Fahrten der An- und Abreise zu einer Bildungsmaßnahme und zur Vorstellung bei einem Arbeitgeber, bei einem Träger oder einer Einrichtung für Menschen mit Behinderungen, durch die Rehabilitationsträger nach § 6 Absatz 1 Nummer 2 bis 5,

3. die Kosten einer notwendigen Arbeitsassistenz für schwerbehinderte Menschen als Hilfe zur Erlangung eines Arbeitsplatzes,
4. die Kosten für Hilfsmittel, die wegen Art oder Schwere der Behinderung erforderlich sind
   a) zur Berufsausübung,
   b) zur Teilhabe an einer Leistung zur Teilhabe am Arbeitsleben oder zur Erhöhung der Sicherheit auf dem Weg vom und zum Arbeitsplatz und am Arbeitsplatz selbst, es sei denn, dass eine Verpflichtung des Arbeitgebers besteht oder solche Leistungen als medizinische Leistung erbracht werden können,
5. die Kosten technischer Arbeitshilfen, die wegen Art oder Schwere der Behinderung zur Berufsausübung erforderlich sind und
6. die Kosten der Beschaffung, der Ausstattung und der Erhaltung einer behinderungsgerechten Wohnung in angemessenem Umfang.

Die Leistung nach Satz 1 Nummer 3 wird für die Dauer von bis zu drei Jahren bewilligt und in Abstimmung mit dem Rehabilitationsträger nach § 6 Absatz 1 Nummer 1 bis 5 durch das Integrationsamt nach § 185 Absatz 5 ausgeführt. Der Rehabilitationsträger erstattet dem Integrationsamt seine Aufwendungen. Der Anspruch nach § 185 Absatz 5 bleibt unberührt.

(9) Die Bundesregierung kann durch Rechtsverordnung mit Zustimmung des Bundesrates Näheres über Voraussetzungen, Gegenstand und Umfang der Leistungen der Kraftfahrzeughilfe zur Teilhabe am Arbeitsleben regeln.

§ 50 SGB IX Leistungen an Arbeitgeber

(1) Die Rehabilitationsträger nach § 6 Absatz 1 Nummer 2 bis 5 können Leistungen zur Teilhabe am Arbeitsleben auch an Arbeitgeber erbringen, insbesondere als
1. Ausbildungszuschüsse zur betrieblichen Ausführung von Bildungsleistungen,
2. Eingliederungszuschüsse,
3. Zuschüsse für Arbeitshilfen im Betrieb und
4. teilweise oder volle Kostenerstattung für eine befristete Probebeschäftigung.

(2) Die Leistungen können unter Bedingungen und Auflagen erbracht werden.

(3) Ausbildungszuschüsse nach Absatz 1 Nummer 1 können für die gesamte Dauer der Maßnahme geleistet werden. Die Ausbildungszuschüsse sollen bei Ausbildungsmaßnahmen die monatlichen Ausbildungsvergütungen nicht übersteigen, die von den Arbeitgebern im letzten Ausbildungsjahr gezahlt wurden.

(4) Eingliederungszuschüsse nach Absatz 1 Nummer 2 betragen höchstens 50 Prozent der vom Arbeitgeber regelmäßig gezahlten Entgelte, soweit sie die tariflichen Arbeitsentgelte oder, wenn eine tarifliche Regelung nicht besteht, die für

vergleichbare Tätigkeiten ortsüblichen Arbeitsentgelte im Rahmen der Beitragsbemessungsgrenze in der Arbeitsförderung nicht übersteigen. Die Eingliederungszuschüsse sollen im Regelfall für höchstens ein Jahr gezahlt werden. Soweit es für die Teilhabe am Arbeitsleben erforderlich ist, können die Eingliederungszuschüsse um bis zu 20 Prozentpunkte höher festgelegt und bis zu einer Förderungshöchstdauer von zwei Jahren gezahlt werden. Werden die Eingliederungszuschüsse länger als ein Jahr gezahlt, sind sie um mindestens 10 Prozentpunkte zu vermindern, entsprechend der zu erwartenden Zunahme der Leistungsfähigkeit der Leistungsberechtigten und den abnehmenden Eingliederungserfordernissen gegenüber der bisherigen Förderungshöhe. Bei der Berechnung der Eingliederungszuschüsse nach Satz 1 wird auch der Anteil des Arbeitgebers am Gesamtsozialversicherungsbeitrag berücksichtigt. Eingliederungszuschüsse sind zurückzuzahlen, wenn die Arbeitsverhältnisse während des Förderungszeitraums oder innerhalb eines Zeitraums, der der Förderungsdauer entspricht, längstens jedoch von einem Jahr, nach dem Ende der Leistungen beendet werden. Der Eingliederungszuschuss muss nicht zurückgezahlt werden, wenn
1. die Leistungsberechtigten die Arbeitsverhältnisse durch Kündigung beenden oder das Mindestalter für den Bezug der gesetzlichen Altersrente erreicht haben oder
2. die Arbeitgeber berechtigt waren, aus wichtigem Grund ohne Einhaltung einer Kündigungsfrist oder aus Gründen, die in der Person oder dem Verhalten des Arbeitnehmers liegen, oder aus dringenden betrieblichen Erfordernissen, die einer Weiterbeschäftigung in diesem Betrieb entgegenstehen, zu kündigen.

Die Rückzahlung ist auf die Hälfte des Förderungsbetrages, höchstens aber den im letzten Jahr vor der Beendigung des Beschäftigungsverhältnisses gewährten Förderungsbetrag begrenzt; nicht geförderte Nachbeschäftigungszeiten werden anteilig berücksichtigt.

§ 64 SGB IX **Ergänzende Leistungen**

(1) Die Leistungen zur medizinischen Rehabilitation und zur Teilhabe am Arbeitsleben der in § 6 Absatz 1 Nummer 1 bis 5 genannten Rehabilitationsträger werden ergänzt durch
1. Krankengeld, Versorgungskrankengeld, Verletztengeld, Übergangsgeld, Ausbildungsgeld oder Unterhaltsbeihilfe,
2. Beiträge und Beitragszuschüsse
   a) zur Krankenversicherung nach Maßgabe des Fünften Buches, des Zweiten Gesetzes über die Krankenversicherung der Landwirte sowie des Künstlersozialversicherungsgesetzes,
   b) zur Unfallversicherung nach Maßgabe des Siebten Buches,
   c) zur Rentenversicherung nach Maßgabe des Sechsten Buches sowie des Künstlersozialversicherungsgesetzes,

   d) zur Bundesagentur für Arbeit nach Maßgabe des Dritten Buches,
   e) zur Pflegeversicherung nach Maßgabe des Elften Buches,
3. ärztlich verordneten Rehabilitationssport in Gruppen unter ärztlicher Betreuung und Überwachung, einschließlich Übungen für behinderte oder von Behinderung bedrohte Frauen und Mädchen, die der Stärkung des Selbstbewusstseins dienen,
4. ärztlich verordnetes Funktionstraining in Gruppen unter fachkundiger Anleitung und Überwachung,
5. Reisekosten sowie
6. Betriebs- oder Haushaltshilfe und Kinderbetreuungskosten.

(2) Ist der Schutz von Menschen mit Behinderungen bei Krankheit oder Pflege während der Teilnahme an Leistungen zur Teilhabe am Arbeitsleben nicht anderweitig sichergestellt, können die Beiträge für eine freiwillige Krankenversicherung ohne Anspruch auf Krankengeld und zur Pflegeversicherung bei einem Träger der gesetzlichen Kranken- oder Pflegeversicherung oder, wenn dort im Einzelfall ein Schutz nicht gewährleistet ist, die Beiträge zu einem privaten Krankenversicherungsunternehmen erbracht werden. Arbeitslose Teilnehmer an Leistungen zur medizinischen Rehabilitation können für die Dauer des Bezuges von Verletztengeld, Versorgungskrankengeld oder Übergangsgeld einen Zuschuss zu ihrem Beitrag für eine private Versicherung gegen Krankheit oder für die Pflegeversicherung erhalten. Der Zuschuss wird nach § 174 Absatz 2 des Dritten Buches berechnet.

§ 74 SGB IX **Haushalts- oder Betriebshilfe und Kinderbetreuungskosten**

(1) Haushaltshilfe wird geleistet, wenn
1. den Leistungsempfängern wegen der Ausführung einer Leistung zur medizinischen Rehabilitation oder einer Leistung zur Teilhabe am Arbeitsleben die Weiterführung des Haushalts nicht möglich ist,
2. eine andere im Haushalt lebende Person den Haushalt nicht weiterführen kann und
3. im Haushalt ein Kind lebt, das bei Beginn der Haushaltshilfe noch nicht zwölf Jahre alt ist oder wenn das Kind eine Behinderung hat und auf Hilfe angewiesen ist.

§ 38 Absatz 4 des Fünften Buches gilt entsprechend.

(2) Anstelle der Haushaltshilfe werden auf Antrag des Leistungsempfängers die Kosten für die Mitnahme oder für die anderweitige Unterbringung des Kindes bis zur Höhe der Kosten der sonst zu erbringenden Haushaltshilfe übernommen, wenn die Unterbringung und Betreuung des Kindes in dieser Weise sichergestellt ist.

(3) Kosten für die Kinderbetreuung des Leistungsempfängers können bis zu einem Betrag von 160 Euro je Kind und Monat übernommen werden, wenn die

Kosten durch die Ausführung einer Leistung zur medizinischen Rehabilitation oder zur Teilhabe am Arbeitsleben unvermeidbar sind. Es werden neben den Leistungen zur Kinderbetreuung keine Leistungen nach den Absätzen 1 und 2 erbracht. Der in Satz 1 genannte Betrag erhöht sich entsprechend der Veränderung der Bezugsgröße nach § 18 Absatz 1 des Vierten Buches; § 160 Absatz 3 Satz 2 bis 5 gilt entsprechend.

(4) Abweichend von den Absätzen 1 bis 3 erbringen die landwirtschaftliche Alterskasse und die landwirtschaftliche Krankenkasse Betriebs- und Haushaltshilfe nach den §§ 10 und 36 des Gesetzes über die Alterssicherung der Landwirte und nach den §§ 9 und 10 des Zweiten Gesetzes über die Krankenversicherung der Landwirte, die landwirtschaftliche Berufsgenossenschaft für die bei ihr versicherten landwirtschaftlichen Unternehmer und im Unternehmen mitarbeitenden Ehegatten nach den §§ 54 und 55 des Siebten Buches.

§ 176 SGB IX Aufgaben des Betriebs-, Personal-, Richter-, Staatsanwalts- und Präsidialrates

Betriebs-, Personal-, Richter-, Staatsanwalts- und Präsidialrat fördern die Eingliederung schwerbehinderter Menschen. Sie achten insbesondere darauf, dass die dem Arbeitgeber nach den §§ 154, 155 und 164 bis 167 obliegenden Verpflichtungen erfüllt werden; sie wirken auf die Wahl der Schwerbehindertenvertretung hin.

§ 185 SGB IX Aufgaben des Integrationsamtes

(1) Das Integrationsamt hat folgende Aufgaben:
1. die Erhebung und Verwendung der Ausgleichsabgabe,
2. den Kündigungsschutz,
3. die begleitende Hilfe im Arbeitsleben,
4. die zeitweilige Entziehung der besonderen Hilfen für schwerbehinderte Menschen (§ 200).

Die Integrationsämter werden so ausgestattet, dass sie ihre Aufgaben umfassend und qualifiziert erfüllen können. Hierfür wird besonders geschultes Personal mit Fachkenntnissen des Schwerbehindertenrechts eingesetzt.

(2) Die begleitende Hilfe im Arbeitsleben wird in enger Zusammenarbeit mit der Bundesagentur für Arbeit und den übrigen Rehabilitationsträgern durchgeführt. Sie soll dahingehend wirken, dass die schwerbehinderten Menschen in ihrer sozialen Stellung nicht absinken, auf Arbeitsplätzen beschäftigt werden, auf denen sie ihre Fähigkeiten und Kenntnisse voll verwerten und weiterentwickeln können sowie durch Leistungen der Rehabilitationsträger und Maßnahmen der Arbeitgeber befähigt werden, sich am Arbeitsplatz und im Wettbewerb mit nichtbehinderten Menschen zu behaupten. Dabei gelten als Arbeitsplätze auch

Stellen, auf denen Beschäftigte befristet oder als Teilzeitbeschäftigte in einem Umfang von mindestens 15 Stunden, in Inklusionsbetrieben mindestens zwölf Stunden wöchentlich beschäftigt werden. Die begleitende Hilfe im Arbeitsleben umfasst auch die nach den Umständen des Einzelfalles notwendige psychosoziale Betreuung schwerbehinderter Menschen. Das Integrationsamt kann bei der Durchführung der begleitenden Hilfen im Arbeitsleben Integrationsfachdienste einschließlich psychosozialer Dienste freier gemeinnütziger Einrichtungen und Organisationen beteiligen. Das Integrationsamt soll außerdem darauf Einfluss nehmen, dass Schwierigkeiten im Arbeitsleben verhindert oder beseitigt werden; es führt hierzu auch Schulungs- und Bildungsmaßnahmen für Vertrauenspersonen, Inklusionsbeauftragte der Arbeitgeber, Betriebs-, Personal-, Richter-, Staatsanwalts- und Präsidialräte durch. Das Integrationsamt benennt in enger Abstimmung mit den Beteiligten des örtlichen Arbeitsmarktes Ansprechpartner, die in Handwerks- sowie in Industrie- und Handelskammern für die Arbeitgeber zur Verfügung stehen, um sie über Funktion und Aufgaben der Integrationsfachdienste aufzuklären, über Möglichkeiten der begleitenden Hilfe im Arbeitsleben zu informieren und Kontakt zum Integrationsfachdienst herzustellen.

(3) Das Integrationsamt kann im Rahmen seiner Zuständigkeit für die begleitende Hilfe im Arbeitsleben aus den ihm zur Verfügung stehenden Mitteln auch Geldleistungen erbringen, insbesondere

1. an schwerbehinderte Menschen
   a) für technische Arbeitshilfen,
   b) zum Erreichen des Arbeitsplatzes,
   c) zur Gründung und Erhaltung einer selbständigen beruflichen Existenz,
   d) zur Beschaffung, Ausstattung und Erhaltung einer behinderungsgerechten Wohnung,
   e) zur Teilnahme an Maßnahmen zur Erhaltung und Erweiterung beruflicher Kenntnisse und Fertigkeiten und
   f) in besonderen Lebenslagen,
2. an Arbeitgeber
   a) zur behinderungsgerechten Einrichtung von Arbeits- und Ausbildungsplätzen für schwerbehinderte Menschen,
   b) für Zuschüsse zu Gebühren, insbesondere Prüfungsgebühren, bei der Berufsausbildung besonders betroffener schwerbehinderter Jugendlicher und junger Erwachsener,
   c) für Prämien und Zuschüsse zu den Kosten der Berufsausbildung behinderter Jugendlicher und junger Erwachsener, die für die Zeit der Berufsausbildung schwerbehinderten Menschen nach § 151 Absatz 4 gleichgestellt worden sind,
   d) für Prämien zur Einführung eines betrieblichen Eingliederungsmanagements und
   e) für außergewöhnliche Belastungen, die mit der Beschäftigung schwerbehinderter Menschen im Sinne des § 155 Absatz 1 Nummer 1 Buch-

stabe a bis d, von schwerbehinderten Menschen im Anschluss an eine Beschäftigung in einer anerkannten Werkstatt für behinderte Menschen oder im Sinne des § 158 Absatz 2 verbunden sind, vor allem, wenn ohne diese Leistungen das Beschäftigungsverhältnis gefährdet würde,

3. an Träger von Integrationsfachdiensten einschließlich psychosozialer Dienste freier gemeinnütziger Einrichtungen und Organisationen sowie an Träger von Inklusionsbetrieben,
4. zur Durchführung von Aufklärungs-, Schulungs- und Bildungsmaßnahmen,
5. nachrangig zur beruflichen Orientierung,
6. zur Deckung eines Teils der Aufwendungen für ein Budget für Arbeit oder eines Teils der Aufwendungen für ein Budget für Ausbildung.

(4) Schwerbehinderte Menschen haben im Rahmen der Zuständigkeit des Integrationsamtes aus den ihm aus der Ausgleichsabgabe zur Verfügung stehenden Mitteln Anspruch auf Übernahme der Kosten einer Berufsbegleitung nach § 55 Absatz 3

(5) Schwerbehinderte Menschen haben im Rahmen der Zuständigkeit des Integrationsamtes für die begleitende Hilfe im Arbeitsleben aus den ihm aus der Ausgleichsabgabe zur Verfügung stehenden Mitteln Anspruch auf Übernahme der Kosten einer notwendigen Arbeitsassistenz. Der Anspruch richtet sich auf die Übernahme der vollen Kosten, die für eine als notwendig festgestellte Arbeitsassistenz entstehen.

(6) Verpflichtungen anderer werden durch die Absätze 3 bis 5 nicht berührt. Leistungen der Rehabilitationsträger nach § 6 Absatz 1 Nummer 1 bis 5 dürfen, auch wenn auf sie ein Rechtsanspruch nicht besteht, nicht deshalb versagt werden, weil nach den besonderen Regelungen für schwerbehinderte Menschen entsprechende Leistungen vorgesehen sind; eine Aufstockung durch Leistungen des Integrationsamtes findet nicht statt.

(7) Die §§ 14, 15 Absatz 1, die §§ 16 und 17 gelten sinngemäß, wenn bei dem Integrationsamt eine Leistung zur Teilhabe am Arbeitsleben beantragt wird. Das Gleiche gilt, wenn ein Antrag bei einem Rehabilitationsträger gestellt und der Antrag von diesem nach § 16 Absatz 2 des Ersten Buches an das Integrationsamt weitergeleitet worden ist. Ist die unverzügliche Erbringung einer Leistung zur Teilhabe am Arbeitsleben erforderlich, so kann das Integrationsamt die Leistung vorläufig erbringen. Hat das Integrationsamt eine Leistung erbracht, für die ein anderer Träger zuständig ist, so erstattet dieser die auf die Leistung entfallenden Aufwendungen.

(8) Auf Antrag führt das Integrationsamt seine Leistungen zur begleitenden Hilfe im Arbeitsleben als Persönliches Budget aus. § 29 gilt entsprechend.

Sozialgesetzbuch VII – Gesetzliche Unfallversicherung

Stand: Zuletzt geändert durch Art. 41 G v. 20.8.2021 I 3932

§ 1 SGB VII **Prävention, Rehabilitation, Entschädigung**

Aufgabe der Unfallversicherung ist es, nach Maßgabe der Vorschriften dieses Buches

1. mit allen geeigneten Mitteln Arbeitsunfälle und Berufskrankheiten sowie arbeitsbedingte Gesundheitsgefahren zu verhüten,
2. nach Eintritt von Arbeitsunfällen oder Berufskrankheiten die Gesundheit und die Leistungsfähigkeit der Versicherten mit allen geeigneten Mitteln wiederherzustellen und sie oder ihre Hinterbliebenen durch Geldleistungen zu entschädigen.

§ 8 SGB VII **Arbeitsunfall** (gilt seit 18.06.2021)

(1) Arbeitsunfälle sind Unfälle von Versicherten infolge einer den Versicherungsschutz nach § 2, 3 oder 6 begründenden Tätigkeit (versicherte Tätigkeit). Unfälle sind zeitlich begrenzte, von außen auf den Körper einwirkende Ereignisse, die zu einem Gesundheitsschaden oder zum Tod führen. Wird die versicherte Tätigkeit im Haushalt der Versicherten oder an einem anderen Ort ausgeübt, besteht Versicherungsschutz in gleichem Umfang wie bei Ausübung der Tätigkeit auf der Unternehmensstätte.

(2) Versicherte Tätigkeiten sind auch

1. das Zurücklegen des mit der versicherten Tätigkeit zusammenhängenden unmittelbaren Weges nach und von dem Ort der Tätigkeit,
2. das Zurücklegen des von einem unmittelbaren Weg nach und von dem Ort der Tätigkeit abweichenden Weges, um
   a) Kinder von Versicherten (§ 56 des Ersten Buches), die mit ihnen in einem gemeinsamen Haushalt leben, wegen ihrer, ihrer Ehegatten oder ihrer Lebenspartner beruflichen Tätigkeit fremder Obhut anzuvertrauen oder
   b) mit anderen Berufstätigen oder Versicherten gemeinsam ein Fahrzeug zu benutzen,

2a. das Zurücklegen des unmittelbaren Weges nach und von dem Ort, an dem Kinder von Versicherten nach Nummer 2 Buchstabe a fremder Obhut anvertraut werden, wenn die versicherte Tätigkeit an dem Ort des gemeinsamen Haushalts ausgeübt wird,

3. das Zurücklegen des von einem unmittelbaren Weg nach und von dem Ort der Tätigkeit abweichenden Weges der Kinder von Personen (§ 56 des Ersten Buches), die mit ihnen in einem gemeinsamen Haushalt leben, wenn die Abweichung darauf beruht, daß die Kinder wegen der beruflichen Tätigkeit dieser Personen oder deren Ehegatten oder deren Lebenspartner fremder Obhut anvertraut werden,

4. das Zurücklegen des mit der versicherten Tätigkeit zusammenhängenden Weges von und nach der ständigen Familienwohnung, wenn die Versicherten wegen der Entfernung ihrer Familienwohnung von dem Ort der Tätigkeit an diesem oder in dessen Nähe eine Unterkunft haben,
5. das mit einer versicherten Tätigkeit zusammenhängende Verwahren, Befördern, Instandhalten und Erneuern eines Arbeitsgeräts oder einer Schutzausrüstung sowie deren Erstbeschaffung, wenn diese auf Veranlassung der Unternehmer erfolgt.

(3) Als Gesundheitsschaden gilt auch die Beschädigung oder der Verlust eines Hilfsmittels.

§ 9 SGB VII Berufskrankheit

(1) Berufskrankheiten sind Krankheiten, die die Bundesregierung durch Rechtsverordnung mit Zustimmung des Bundesrates als Berufskrankheiten bezeichnet und die Versicherte infolge einer den Versicherungsschutz nach § 2, 3 oder 6 begründenden Tätigkeit erleiden. Die Bundesregierung wird ermächtigt, in der Rechtsverordnung solche Krankheiten als Berufskrankheiten zu bezeichnen, die nach den Erkenntnissen der medizinischen Wissenschaft durch besondere Einwirkungen verursacht sind, denen bestimmte Personengruppen durch ihre versicherte Tätigkeit in erheblich höherem Grade als die übrige Bevölkerung ausgesetzt sind; sie kann dabei bestimmen, daß die Krankheiten nur dann Berufskrankheiten sind, wenn sie durch Tätigkeiten in bestimmten Gefährdungsbereichen verursacht worden sind. In der Rechtsverordnung kann ferner bestimmt werden, inwieweit Versicherte in Unternehmen der Seefahrt auch in der Zeit gegen Berufskrankheiten versichert sind, in der sie an Land beurlaubt sind.

(1a) Beim Bundesministerium für Arbeit und Soziales wird ein Ärztlicher Sachverständigenbeirat Berufskrankheiten gebildet. Der Sachverständigenbeirat ist ein wissenschaftliches Gremium, das das Bundesministerium bei der Prüfung der medizinischen Erkenntnisse zur Bezeichnung neuer und zur Erarbeitung wissenschaftlicher Stellungnahmen zu bestehenden Berufskrankheiten unterstützt. Bei der Bundesanstalt für Arbeitsschutz und Arbeitsmedizin wird eine Geschäftsstelle eingerichtet, die den Sachverständigenbeirat bei der Erfüllung seiner Arbeit organisatorisch und wissenschaftlich, insbesondere durch die Erstellung systematischer Reviews, unterstützt. Das Nähere über die Stellung und die Organisation des Sachverständigenbeirats und der Geschäftsstelle regelt die Bundesregierung in der Rechtsverordnung nach Absatz 1.

(2) Die Unfallversicherungsträger haben eine Krankheit, die nicht in der Rechtsverordnung bezeichnet ist oder bei der die dort bestimmten Voraussetzungen nicht vorliegen, wie eine Berufskrankheit als Versicherungsfall anzuerkennen, sofern im Zeitpunkt der Entscheidung nach neuen Erkenntnissen der medizi-

nischen Wissenschaft die Voraussetzungen für eine Bezeichnung nach Absatz 1 Satz 2 erfüllt sind.

(2a) Krankheiten, die bei Versicherten vor der Bezeichnung als Berufskrankheiten bereits entstanden waren, sind rückwirkend frühestens anzuerkennen

1. in den Fällen des Absatzes 1 als Berufskrankheit zu dem Zeitpunkt, in dem die Bezeichnung in Kraft getreten ist,
2. in den Fällen des Absatzes 2 wie eine Berufskrankheit zu dem Zeitpunkt, in dem die neuen Erkenntnisse der medizinischen Wissenschaft vorgelegen haben; hat der Ärztliche Sachverständigenbeirat Berufskrankheiten eine Empfehlung für die Bezeichnung einer neuen Berufskrankheit beschlossen, ist für die Anerkennung maßgebend der Tag der Beschlussfassung.

(3) Erkranken Versicherte, die infolge der besonderen Bedingungen ihrer versicherten Tätigkeit in erhöhtem Maße der Gefahr der Erkrankung an einer in der Rechtsverordnung nach Absatz 1 genannten Berufskrankheit ausgesetzt waren, an einer solchen Krankheit und können Anhaltspunkte für eine Verursachung außerhalb der versicherten Tätigkeit nicht festgestellt werden, wird vermutet, daß diese infolge der versicherten Tätigkeit verursacht worden ist.

(3a) Der Unfallversicherungsträger erhebt alle Beweise, die zur Ermittlung des Sachverhalts erforderlich sind. Dabei hat er neben den in § 21 Absatz 1 Satz 1 des Zehnten Buches genannten Beweismitteln auch Erkenntnisse zu berücksichtigen, die er oder ein anderer Unfallversicherungsträger an vergleichbaren Arbeitsplätzen oder zu vergleichbaren Tätigkeiten gewonnen hat. Dies gilt insbesondere in den Fällen, in denen die Ermittlungen zu den Einwirkungen während der versicherten Tätigkeit dadurch erschwert sind, dass der Arbeitsplatz des Versicherten nicht mehr oder nur in veränderter Gestaltung vorhanden ist. Die Unfallversicherungsträger sollen zur Erfüllung der Aufgaben nach den Sätzen 2 und 3 einzeln oder gemeinsam tätigkeitsbezogene Expositionskataster erstellen. Grundlage für diese Kataster können die Ergebnisse aus systematischen Erhebungen, aus Ermittlungen in Einzelfällen sowie aus Forschungsvorhaben sein. Die Unfallversicherungsträger können außerdem Erhebungen an vergleichbaren Arbeitsplätzen durchführen.

(4) Besteht für Versicherte, bei denen eine Berufskrankheit anerkannt wurde, die Gefahr, dass bei der Fortsetzung der versicherten Tätigkeit die Krankheit wiederauflebt oder sich verschlimmert und lässt sich diese Gefahr nicht durch andere geeignete Mittel beseitigen, haben die Unfallversicherungsträger darauf hinzuwirken, dass die Versicherten die gefährdende Tätigkeit unterlassen. Die Versicherten sind von den Unfallversicherungsträgern über die mit der Tätigkeit verbundenen Gefahren und mögliche Schutzmaßnahmen umfassend aufzuklären. Zur Verhütung einer Gefahr nach Satz 1 sind die Versicherten verpflichtet,

an individualpräventiven Maßnahmen der Unfallversicherungsträger teilzunehmen und an Maßnahmen zur Verhaltensprävention mitzuwirken; die §§ 60 bis 65a des Ersten Buches gelten entsprechend. Pflichten der Unternehmer und Versicherten nach dem Zweiten Kapitel und nach arbeitsschutzrechtlichen Vorschriften bleiben hiervon unberührt. Kommen Versicherte ihrer Teilnahme- oder Mitwirkungspflicht nach Satz 3 nicht nach, können die Unfallversicherungsträger Leistungen zur Teilhabe am Arbeitsleben oder die Leistung einer danach erstmals festzusetzenden Rente wegen Minderung der Erwerbsfähigkeit oder den Anteil einer Rente, der auf eine danach eingetretene wesentliche Änderung im Sinne des § 73 Absatz 3 zurückgeht, bis zur Nachholung der Teilnahme oder Mitwirkung ganz oder teilweise versagen. Dies setzt voraus, dass infolge der fehlenden Teilnahme oder Mitwirkung der Versicherten die Teilhabeleistungen erforderlich geworden sind oder die Erwerbsminderung oder die wesentliche Änderung eingetreten ist; § 66 Absatz 3 und § 67 des Ersten Buches gelten entsprechend.

(5) Soweit Vorschriften über Leistungen auf den Zeitpunkt des Versicherungsfalls abstellen, ist bei Berufskrankheiten auf den Beginn der Arbeitsunfähigkeit oder der Behandlungsbedürftigkeit oder, wenn dies für den Versicherten günstiger ist, auf den Beginn der rentenberechtigenden Minderung der Erwerbsfähigkeit abzustellen.

(6) Die Bundesregierung regelt durch Rechtsverordnung mit Zustimmung des Bundesrates

1. Voraussetzungen, Art und Umfang von Leistungen zur Verhütung des Entstehens, der Verschlimmerung oder des Wiederauflebens von Berufskrankheiten,
2. die Mitwirkung der für den medizinischen Arbeitsschutz zuständigen Stellen bei der Feststellung von Berufskrankheiten sowie von Krankheiten, die nach Absatz 2 wie Berufskrankheiten zu entschädigen sind; dabei kann bestimmt werden, daß die für den medizinischen Arbeitsschutz zuständigen Stellen berechtigt sind, Zusammenhangsgutachten zu erstellen sowie zur Vorbereitung ihrer Gutachten Versicherte zu untersuchen oder auf Kosten der Unfallversicherungsträger andere Ärzte mit der Vornahme der Untersuchungen zu beauftragen,
3. die von den Unfallversicherungsträgern für die Tätigkeit der Stellen nach Nummer 2 zu entrichtenden Gebühren; diese Gebühren richten sich nach dem für die Begutachtung erforderlichen Aufwand und den dadurch entstehenden Kosten.

(7) Die Unfallversicherungsträger haben die für den medizinischen Arbeitsschutz zuständige Stelle über den Ausgang des Berufskrankheitenverfahrens zu unterrichten, soweit ihre Entscheidung von der gutachterlichen Stellungnahme der zuständigen Stelle abweicht.

(8) Die Unfallversicherungsträger wirken bei der Gewinnung neuer medizinisch-wissenschaftlicher Erkenntnisse insbesondere zur Fortentwicklung des Berufskrankheitenrechts mit; sie sollen durch eigene Forschung oder durch Beteiligung an fremden Forschungsvorhaben dazu beitragen, den Ursachenzusammenhang zwischen Erkrankungshäufigkeiten in einer bestimmten Personengruppe und gesundheitsschädlichen Einwirkungen im Zusammenhang mit der versicherten Tätigkeit aufzuklären. Die Verbände der Unfallversicherungsträger veröffentlichen jährlich einen gemeinsamen Bericht über ihre Forschungsaktivitäten und die Forschungsaktivitäten der Träger der gesetzlichen Unfallversicherung. Der Bericht erstreckt sich auf die Themen der Forschungsvorhaben, die Höhe der aufgewendeten Mittel sowie die Zuwendungsempfänger und Forschungsnehmer externer Projekte.

(9) Die für den medizinischen Arbeitsschutz zuständigen Stellen dürfen zur Feststellung von Berufskrankheiten sowie von Krankheiten, die nach Absatz 2 wie Berufskrankheiten zu entschädigen sind, Daten verarbeiten sowie zur Vorbereitung von Gutachten Versicherte untersuchen, soweit dies im Rahmen ihrer Mitwirkung nach Absatz 6 Nr. 2 erforderlich ist; sie dürfen diese Daten insbesondere an den zuständigen Unfallversicherungsträger übermitteln. Die erhobenen Daten dürfen auch zur Verhütung von Arbeitsunfällen, Berufskrankheiten und arbeitsbedingten Gesundheitsgefahren gespeichert, verändert, genutzt, übermittelt oder in der Verarbeitung eingeschränkt werden. Soweit die in Satz 1 genannten Stellen andere Ärzte mit der Vornahme von Untersuchungen beauftragen, ist die Übermittlung von Daten zwischen diesen Stellen und den beauftragten Ärzten zulässig, soweit dies im Rahmen des Untersuchungsauftrages erforderlich ist.

Sozialgesetzbuch (SGB) V – Gesetzliche Krankenversicherung

Stand: Zuletzt geändert durch Art. 6 G v. 22.11.2021 I 4906

§ 1 SGB V Solidarität und Eigenverantwortung

Die Krankenversicherung als Solidargemeinschaft hat die Aufgabe, die Gesundheit der Versicherten zu erhalten, wiederherzustellen oder ihren Gesundheitszustand zu bessern. Das umfasst auch die Förderung der gesundheitlichen Eigenkompetenz und Eigenverantwortung der Versicherten. Die Versicherten sind für ihre Gesundheit mitverantwortlich; sie sollen durch eine gesundheitsbewußte Lebensführung, durch frühzeitige Beteiligung an gesundheitlichen Vorsorgemaßnahmen sowie durch aktive Mitwirkung an Krankenbehandlung und Rehabilitation dazu beitragen, den Eintritt von Krankheit und Behinderung zu vermeiden oder ihre Folgen zu überwinden. Die Krankenkassen haben den Versicherten dabei durch Aufklärung, Beratung und Leistungen zu helfen und unter Berücksichtigung von geschlechts-, alters- und behinderungsspezifischen Besonderheiten auf gesunde Lebensverhältnisse hinzuwirken.

§ 38 SGB V Haushaltshilfe

(1) Versicherte erhalten Haushaltshilfe, wenn ihnen wegen Krankenhausbehandlung oder wegen einer Leistung nach § 23 Abs. 2 oder 4, §§ 24, 37, 40 oder § 41 die Weiterführung des Haushalts nicht möglich ist. Voraussetzung ist ferner, daß im Haushalt ein Kind lebt, das bei Beginn der Haushaltshilfe das zwölfte Lebensjahr noch nicht vollendet hat oder das behindert und auf Hilfe angewiesen ist. Darüber hinaus erhalten Versicherte, soweit keine Pflegebedürftigkeit mit Pflegegrad 2, 3, 4 oder 5 im Sinne des Elften Buches vorliegt, auch dann Haushaltshilfe, wenn ihnen die Weiterführung des Haushalts wegen schwerer Krankheit oder wegen akuter Verschlimmerung einer Krankheit, insbesondere nach einem Krankenhausaufenthalt, nach einer ambulanten Operation oder nach einer ambulanten Krankenhausbehandlung, nicht möglich ist, längstens jedoch für die Dauer von vier Wochen. Wenn im Haushalt ein Kind lebt, das bei Beginn der Haushaltshilfe das zwölfte Lebensjahr noch nicht vollendet hat oder das behindert und auf Hilfe angewiesen ist, verlängert sich der Anspruch nach Satz 3 auf längstens 26 Wochen. Die Pflegebedürftigkeit von Versicherten schließt Haushaltshilfe nach den Sätzen 3 und 4 zur Versorgung des Kindes nicht aus.

(2) Die Satzung kann bestimmen, daß die Krankenkasse in anderen als den in Absatz 1 genannten Fällen Haushaltshilfe erbringt, wenn Versicherten wegen Krankheit die Weiterführung des Haushalts nicht möglich ist. Sie kann dabei von Absatz 1 Satz 2 bis 4 abweichen sowie Umfang und Dauer der Leistung bestimmen.

(3) Der Anspruch auf Haushaltshilfe besteht nur, soweit eine im Haushalt lebende Person den Haushalt nicht weiterführen kann.

(4) Kann die Krankenkasse keine Haushaltshilfe stellen oder besteht Grund, davon abzusehen, sind den Versicherten die Kosten für eine selbstbeschaffte Haushaltshilfe in angemessener Höhe zu erstatten. Für Verwandte und Verschwägerte bis zum zweiten Grad werden keine Kosten erstattet; die Krankenkasse kann jedoch die erforderlichen Fahrkosten und den Verdienstausfall erstatten, wenn die Erstattung in einem angemessenen Verhältnis zu den sonst für eine Ersatzkraft entstehenden Kosten steht.

(5) Versicherte, die das 18. Lebensjahr vollendet haben, leisten als Zuzahlung je Kalendertag der Leistungsinanspruchnahme den sich nach § 61 Satz 1 ergebenden Betrag an die Krankenkasse.

§ 44 SGB V Krankengeld

(1) Versicherte haben Anspruch auf Krankengeld, wenn die Krankheit sie arbeitsunfähig macht oder sie auf Kosten der Krankenkasse stationär in einem Krankenhaus, einer Vorsorge- oder Rehabilitationseinrichtung (§ 23 Abs. 4, §§ 24, 40 Abs. 2 und § 41) behandelt werden.

(2) Keinen Anspruch auf Krankengeld haben
1. die nach § 5 Abs. 1 Nr. 2a, 5, 6, 9, 10 oder 13 sowie die nach § 10 Versicherten; dies gilt nicht für die nach § 5 Abs. 1 Nr. 6 Versicherten, wenn sie Anspruch auf Übergangsgeld haben, und für Versicherte nach § 5 Abs. 1 Nr. 13, sofern sie abhängig beschäftigt und nicht nach den §§ 8 und 8a des Vierten Buches geringfügig beschäftigt sind oder sofern sie hauptberuflich selbständig erwerbstätig sind und eine Wahlerklärung nach Nummer 2 abgegeben haben,
2. hauptberuflich selbständig Erwerbstätige, es sei denn, das Mitglied erklärt gegenüber der Krankenkasse, dass die Mitgliedschaft den Anspruch auf Krankengeld umfassen soll (Wahlerklärung),
3. Versicherte nach § 5 Absatz 1 Nummer 1, die bei Arbeitsunfähigkeit nicht mindestens sechs Wochen Anspruch auf Fortzahlung des Arbeitsentgelts auf Grund des Entgeltfortzahlungsgesetzes, eines Tarifvertrags, einer Betriebsvereinbarung oder anderer vertraglicher Zusagen oder auf Zahlung einer die Versicherungspflicht begründenden Sozialleistung haben, es sei denn, das Mitglied gibt eine Wahlerklärung ab, dass die Mitgliedschaft den Anspruch auf Krankengeld umfassen soll. Dies gilt nicht für Versicherte, die nach § 10 des Entgeltfortzahlungsgesetzes Anspruch auf Zahlung eines Zuschlages zum Arbeitsentgelt haben,
4. Versicherte, die eine Rente aus einer öffentlich-rechtlichen Versicherungseinrichtung oder Versorgungseinrichtung ihrer Berufsgruppe oder von anderen vergleichbaren Stellen beziehen, die ihrer Art nach den in § 50 Abs. 1 genannten Leistungen entspricht. Für Versicherte nach Satz 1 Nr. 4 gilt § 50 Abs. 2 entsprechend, soweit sie eine Leistung beziehen, die ihrer Art nach den in dieser Vorschrift aufgeführten Leistungen entspricht.

Für die Wahlerklärung nach Satz 1 Nummer 2 und 3 gilt § 53 Absatz 8 Satz 1 entsprechend. Für die nach Nummer 2 und 3 aufgeführten Versicherten bleibt § 53 Abs. 6 unberührt. Geht der Krankenkasse die Wahlerklärung nach Satz 1 Nummer 2 und 3 zum Zeitpunkt einer bestehenden Arbeitsunfähigkeit zu, wirkt die Wahlerklärung erst zu dem Tag, der auf das Ende dieser Arbeitsunfähigkeit folgt.

(3) Der Anspruch auf Fortzahlung des Arbeitsentgelts bei Arbeitsunfähigkeit richtet sich nach arbeitsrechtlichen Vorschriften.

(4) Versicherte haben Anspruch auf individuelle Beratung und Hilfestellung durch die Krankenkasse, welche Leistungen und unterstützende Angebote zur Wiederherstellung der Arbeitsfähigkeit erforderlich sind. Maßnahmen nach Satz 1 und die dazu erforderliche Verarbeitung personenbezogener Daten dürfen nur mit schriftlicher oder elektronischer Einwilligung und nach vorheriger schriftlicher oder elektronischer Information des Versicherten erfolgen. Die Einwilligung kann jederzeit schriftlich oder elektronisch widerrufen werden. Die Krankenkassen dürfen ihre Aufgaben nach Satz 1 an die in § 35 des Ersten Buches genannten Stellen übertragen.

§ 48 SGB V **Dauer des Krankengeldes**

(1) Versicherte erhalten Krankengeld ohne zeitliche Begrenzung, für den Fall der Arbeitsunfähigkeit wegen derselben Krankheit jedoch für längstens achtundsiebzig Wochen innerhalb von je drei Jahren, gerechnet vom Tage des Beginns der Arbeitsunfähigkeit an. Tritt während der Arbeitsunfähigkeit eine weitere Krankheit hinzu, wird die Leistungsdauer nicht verlängert.

(2) Für Versicherte, die im letzten Dreijahreszeitraum wegen derselben Krankheit für achtundsiebzig Wochen Krankengeld bezogen haben, besteht nach Beginn eines neuen Dreijahreszeitraums ein neuer Anspruch auf Krankengeld wegen derselben Krankheit, wenn sie bei Eintritt der erneuten Arbeitsunfähigkeit mit Anspruch auf Krankengeld versichert sind und in der Zwischenzeit mindestens sechs Monate

1. nicht wegen dieser Krankheit arbeitsunfähig waren und
2. erwerbstätig waren oder der Arbeitsvermittlung zur Verfügung standen.

(3) Bei der Feststellung der Leistungsdauer des Krankengeldes werden Zeiten, in denen der Anspruch auf Krankengeld ruht oder für die das Krankengeld versagt wird, wie Zeiten des Bezugs von Krankengeld berücksichtigt. Zeiten, für die kein Anspruch auf Krankengeld besteht, bleiben unberücksichtigt. Satz 2 gilt nicht für Zeiten des Bezuges von Verletztengeld nach dem Siebten Buch.

§ 74 SGB V **Stufenweise Wiedereingliederung**

Können arbeitsunfähige Versicherte nach ärztlicher Feststellung ihre bisherige Tätigkeit teilweise verrichten und können sie durch eine stufenweise Wiederaufnahme ihrer Tätigkeit voraussichtlich besser wieder in das Erwerbsleben eingegliedert werden, soll der Arzt auf der Bescheinigung über die Arbeitsunfähigkeit Art und Umfang der möglichen Tätigkeiten angeben und dabei in geeigneten Fällen die Stellungnahme des Betriebsarztes oder mit Zustimmung der Krankenkasse die Stellungnahme des Medizinischen Dienstes (§ 275) einholen. Spätestens ab einer Dauer der Arbeitsunfähigkeit von sechs Wochen hat die ärztliche Feststellung nach Satz 1 regelmäßig mit der Bescheinigung über die

Arbeitsunfähigkeit zu erfolgen. Der Gemeinsame Bundesausschuss legt in seinen Richtlinien nach § 92 bis zum 30. November 2019 das Verfahren zur regelmäßigen Feststellung über eine stufenweise Wiedereingliederung nach Satz 2 fest.

Sozialgesetzbuch (SGB) III – Arbeitsförderung

Stand: Zuletzt geändert durch Art. 4 G v. 22.11.2021 I 4906

§ 1 SGB III Ziele der Arbeitsförderung

(1) Die Arbeitsförderung soll dem Entstehen von Arbeitslosigkeit entgegenwirken, die Dauer der Arbeitslosigkeit verkürzen und den Ausgleich von Angebot und Nachfrage auf dem Ausbildungs- und Arbeitsmarkt unterstützen. Dabei ist insbesondere durch die Verbesserung der individuellen Beschäftigungsfähigkeit Langzeitarbeitslosigkeit zu vermeiden. Die Gleichstellung von Frauen und Männern ist als durchgängiges Prinzip der Arbeitsförderung zu verfolgen. Die Arbeitsförderung soll dazu beitragen, dass ein hoher Beschäftigungsstand erreicht und die Beschäftigungsstruktur ständig verbessert wird. Sie ist so auszurichten, dass sie der beschäftigungspolitischen Zielsetzung der Sozial-, Wirtschafts- und Finanzpolitik der Bundesregierung entspricht.

(2) Die Leistungen der Arbeitsförderung sollen insbesondere
1. die Transparenz auf dem Ausbildungs- und Arbeitsmarkt erhöhen, die berufliche und regionale Mobilität unterstützen und die zügige Besetzung offener Stellen ermöglichen,
2. die individuelle Beschäftigungsfähigkeit durch Erhalt und Ausbau von Fertigkeiten, Kenntnissen und Fähigkeiten fördern,
3. unterwertiger Beschäftigung entgegenwirken und
4. die berufliche Situation von Frauen verbessern, indem sie auf die Beseitigung bestehender Nachteile sowie auf die Überwindung eines geschlechtsspezifisch geprägten Ausbildungs- und Arbeitsmarktes hinwirken und Frauen mindestens entsprechend ihrem Anteil an den Arbeitslosen und ihrer relativen Betroffenheit von Arbeitslosigkeit gefördert werden.

(3) Die Bundesregierung soll mit der Bundesagentur zur Durchführung der Arbeitsförderung Rahmenziele vereinbaren. Diese dienen der Umsetzung der Grundsätze dieses Buches. Die Rahmenziele werden spätestens zu Beginn einer Legislaturperiode überprüft.

Sonderformen des Arbeitslosengeldes

§ 145 SGB III Minderung der Leistungsfähigkeit

(1) Anspruch auf Arbeitslosengeld hat auch eine Person, die allein deshalb nicht arbeitslos ist, weil sie wegen einer mehr als sechsmonatigen Minderung ihrer Leistungsfähigkeit versicherungspflichtige, mindestens 15 Stunden wöchentlich umfassende Beschäftigungen nicht unter den Bedingungen ausüben kann, die auf dem für sie in Betracht kommenden Arbeitsmarkt ohne Berücksichtigung der Minderung der Leistungsfähigkeit üblich sind, wenn eine verminderte Erwerbsfähigkeit im Sinne der gesetzlichen Rentenversicherung nicht festgestellt worden ist. Die Feststellung, ob eine verminderte Erwerbsfähigkeit vorliegt, trifft der zuständige Träger der gesetzlichen Rentenversicherung. Kann sich die leistungsgeminderte Person wegen gesundheitlicher Einschränkungen nicht persönlich arbeitslos melden, so kann die Meldung durch eine Vertreterin oder einen Vertreter erfolgen. Die leistungsgeminderte Person hat sich unverzüglich persönlich bei der Agentur für Arbeit zu melden, sobald der Grund für die Verhinderung entfallen ist.

(2) Die Agentur für Arbeit hat die leistungsgeminderte Person unverzüglich aufzufordern, innerhalb eines Monats einen Antrag auf Leistungen zur medizinischen Rehabilitation oder zur Teilhabe am Arbeitsleben zu stellen. Stellt sie diesen Antrag fristgemäß, so gilt er im Zeitpunkt des Antrags auf Arbeitslosengeld als gestellt. Stellt die leistungsgeminderte Person den Antrag nicht, ruht der Anspruch auf Arbeitslosengeld vom Tag nach Ablauf der Frist an bis zum Tag, an dem sie einen Antrag auf Leistungen zur medizinischen Rehabilitation oder zur Teilhabe am Arbeitsleben oder einen Antrag auf Rente wegen Erwerbsminderung stellt. Kommt die leistungsgeminderte Person ihren Mitwirkungspflichten gegenüber dem Träger der medizinischen Rehabilitation oder der Teilhabe am Arbeitsleben nicht nach, so ruht der Anspruch auf Arbeitslosengeld von dem Tag nach Unterlassen der Mitwirkung bis zu dem Tag, an dem die Mitwirkung nachgeholt wird. Satz 4 gilt entsprechend, wenn die leistungsgeminderte Person durch ihr Verhalten die Feststellung der Erwerbsminderung verhindert.

(3) Wird der leistungsgeminderten Person von einem Träger der gesetzlichen Rentenversicherung wegen einer Maßnahme zur Rehabilitation Übergangsgeld oder eine Rente wegen Erwerbsminderung zuerkannt, steht der Bundesagentur ein Erstattungsanspruch entsprechend § 103 des Zehnten Buches zu. Hat der Träger der gesetzlichen Rentenversicherung Leistungen nach Satz 1 mit befreiender Wirkung an die leistungsgeminderte Person oder einen Dritten gezahlt, hat die Empfängerin oder der Empfänger des Arbeitslosengeldes dieses insoweit zu erstatten.

§ 146 SGB III Leistungsfortzahlung bei Arbeitsunfähigkeit

(1) Wer während des Bezugs von Arbeitslosengeld infolge Krankheit unverschuldet arbeitsunfähig oder während des Bezugs von Arbeitslosengeld auf Kosten der Krankenkasse stationär behandelt wird, verliert dadurch nicht den Anspruch auf Arbeitslosengeld für die Zeit der Arbeitsunfähigkeit oder stationären Behandlung mit einer Dauer von bis zu sechs Wochen (Leistungsfortzahlung). Als unverschuldet im Sinne des Satzes 1 gilt auch eine Arbeitsunfähigkeit, die infolge einer durch Krankheit erforderlichen Sterilisation durch eine Ärztin oder einen Arzt oder infolge eines nicht rechtswidrigen Abbruchs der Schwangerschaft eintritt. Dasselbe gilt für einen Abbruch der Schwangerschaft, wenn die Schwangerschaft innerhalb von zwölf Wochen nach der Empfängnis durch eine Ärztin oder einen Arzt abgebrochen wird, die Schwangere den Abbruch verlangt und der Ärztin oder dem Arzt durch eine Bescheinigung nachgewiesen hat, dass sie sich mindestens drei Tage vor dem Eingriff von einer anerkannten Beratungsstelle beraten lassen hat.

(2) Eine Leistungsfortzahlung erfolgt auch im Fall einer nach ärztlichem Zeugnis erforderlichen Beaufsichtigung, Betreuung oder Pflege eines erkrankten Kindes der oder des Arbeitslosen mit einer Dauer von bis zu zehn Tagen, bei alleinerziehenden Arbeitslosen mit einer Dauer von bis zu 20 Tagen für jedes Kind in jedem Kalenderjahr, wenn eine andere im Haushalt der oder des Arbeitslosen lebende Person diese Aufgabe nicht übernehmen kann und das Kind das zwölfte Lebensjahr noch nicht vollendet hat oder behindert und auf Hilfe angewiesen ist. Arbeitslosengeld wird jedoch für nicht mehr als 25 Tage, für alleinerziehende Arbeitslose für nicht mehr als 50 Tage in jedem Kalenderjahr fortgezahlt.

(3) Die Vorschriften des Fünften Buches, die bei Fortzahlung des Arbeitsentgelts durch den Arbeitgeber im Krankheitsfall sowie bei Zahlung von Krankengeld im Fall der Erkrankung eines Kindes anzuwenden sind, gelten entsprechend.

Hinweis 1: Bitte beachten Sie auch das „Gesetz über Betriebsärzte, Sicherheitsingenieure und andere Fachkräfte für Arbeitssicherheit (ASiG)"
Link: **www.gesetze-im-internet.de/asig/**

Hinweis 2: Ab dem 1. Januar 2011 trat die DGUV-Vorschrift 2 in Kraft. Der vollständige. Gesetzestext findet sich unter **http://www.dguv.de/**

MUSTER: ANTRAG „BETRIEBLICHE ANPASSUNGSMASSNAHME“

Susanne Musterfrau
Disability-Managerin
Hohenort 12
22222 Hamburg

Deutsche Rentenversicherung
Abteilung Rehabilitation
Dezernat 8099
Ruhrstraße 2
10704 Berlin

Hamburg, den 12. August 2021

Antrag auf eine betriebliche Anpassungsmaßnahme gemäß § 28 SGB IX
Sylvia Schönhuber, geb. 28.03.1961, Erzieherin, Versicherungsnummer 123456 D 4711

Sehr geehrte Damen und Herren,

Frau Sylvia Schönhuber wurde wegen einer psychischen Erkrankung mehrere Monate in einer Fachklinik behandelt. Ein Antrag auf eine anschließende Rehabilitationsmaßnahme wurde abgelehnt mit der Begründung, dies auch ambulant in Wohnortnähe durchführen zu können.

Sylvia Schönhuber befindet sich weiter in ambulanter Therapie und möchte im Rahmen einer stufenweisen Wiedereingliederung als betriebliche Anpassungsmaßnahme ihre Belastbarkeit erproben. Die Tätigkeit einer Erzieherin mit 38,5 Wochenstunden ist sehr fordernd. Lärm, Unruhe, Verantwortung, eine hohe Präsenz sowie ein hohes Maß an Einfühlungsvermögen für die Kinder und Anpassung an die unterschiedlichen Situationen sind erforderlich.

Frau Schönhuber ist hoch motiviert und möchte bald ihre volle Arbeitsleistung erbringen. Sie neigt jedoch nach meiner Einschätzung dazu, ihre Leistungsmöglichkeiten zu überschätzen. Aufgrund ihrer gesundheitlichen Situation halten der behandelnde Psychiater und die Betriebsärztin eine längere Wiedereingliederung mit einer Begleitung des Hamburger Fachdienstes für geboten. Frau Schönhuber hat noch fünf Wochen Krankengeldanspruch.

Da dies für eine Eingliederung nicht ausreicht, um die Teilhabe am Arbeitsleben verantwortlich abzusichern, wird für die restliche Zeit eine betriebliche Anpassungsmaßnahme beantragt. Dadurch soll die volle Arbeitsfähigkeit wieder erreicht werden.

Wir freuen uns auf eine zeitnahe Antwort.

Mit freundlichen Grüßen,

Susanne Musterfrau

Anlagen:
Antrag G 130 (früher: berufliche Förderung), Bescheinigung der Krankenkasse, Ablehnung Rehabilitationsmaßnahme, Wiedereingliederungsplan, Einverständniserklärung der Versicherten

CHECKLISTE FÜR BEM-GESPRÄCHE

Vor dem Gespräch

Was muss ich über die Betroffenen wissen?

- ☐ In welcher Form und wie lange treten die Fehlzeiten auf?
- ☐ Liegt eine Schwerbehinderung vor?
- ☐ Liegt für den Arbeitsplatz ein Fähigkeits- und Anforderungsprofil vor?

Setting (Situation) des Gesprächs

- ☐ Raum (buchen, herrichten)
- ☐ ausreichende Zeitplanung
- ☐ Störungen vorbeugen (Handy aus, keinen Durchgangsraum wählen, nicht „zwischen Tür und Angel" sprechen)

Persönliche Haltung überprüfen

- ☐ Das BEM ist ein Unterstützungsgespräch
- ☐ Positive mentale Haltung gegenüber den BEM-Berechtigten einnehmen
- ☐ Verinnerlichen: Souverän der Verfahren sind und bleiben die BEM Berechtigten
- ☐ Raum für die Ideen und Vorstellungen der BEM-Berechtigten lassen
- ☐ Kreativität und Knowhow für Lösungen einbringen
- ☐ Aber auch: Nicht mehr „arbeiten" (in der Beratung) als die BEM-Berechtigten
- ☐ Alle Maßnahmen nur mit Zustimmung der BEM-Berechtigten einleiten
- ☐ Alle abgestimmten Maßnahmen mit den BEM-Berechtigten die auch den Betrieb/das Unternehmen betreffen mit den Beteiligten abstimmen

Verantwortlichkeiten klären

- ☐ Wenn mehrere betriebliche Gesprächsteilnehmende anwesend sind: im Vorfeld Verantwortlichkeiten klären.
- ☐ Wer übernimmt die Gesprächsleitung?
- ☐ Wer schreibt das Protokoll?
- ☐ Wer ist an der Umsetzung von Maßnahmen beteiligt?

Nach dem Gespräch

- ☐ Gibt es geeignete Einsatzmöglichkeiten im Unternehmen ggf. an einem anderen Arbeitsplatz? (Wie ist die Personalplanung? Was braucht das Unternehmen?)
- ☐ Welche externen Fördermöglichkeiten gibt es (noch)?
- ☐ Ergebnisprotokoll an alle am Gespräch Beteiligten schicken. Die Betroffenen müssen dem Protokoll zustimmen.
- ☐ Es ist eine BEM-Akte (wenn das BEM eingeleitet wird) anzulegen und an einem gesicherten Ort aufzubewahren, mit Zugang ausschließlich für das Integrationsteam. Die BEM-Akte wird nicht in der Personalakte in der Personalabteilung aufbewahrt (siehe „Datenschutz-Kapitel" in Teil 1)!

Gute Voraussetzungen für ein Gespräch – zusammengefasst

- ☐ Störungen im Vorfeld und Mithörende ausschließen
- ☐ keinen Druck oder Stress erzeugen
- ☐ nicht aggressiv oder ironisch reagieren
- ☐ der oder dem Beschäftigten keine Lösungen aufzwingen oder auf Entscheidungen drängen
- ☐ keine Vergleiche mit eigenen Erfahrungen oder anderen Erkrankten herstellen
- ☐ Unbedingt zu vermeiden sind interne Interessenkonflikte und Kompetenzgerangel im Gespräch, die auf Kosten der Betroffenen gehen würden!

Nach unseren Erfahrungen ist jede und jeder Beschäftigte dafür dankbar, verständliche Informationen zu komplexen Abläufen im Betrieb zu bekommen. Das gilt auch für das BEM. Darum stellen wir eine Einladung, einen Flyer und von der BGW Muster in leichter und knapper Sprache zur Verfügung.

Bitte bedenken Sie, dass die folgenden Muster und Empfehlungen unbedingt an die Rahmenbedingungen der jeweiligen Unternehmen und Institutionen angepasst werden müssen. Berücksichtigen Sie insbesondere die Unternehmensabläufe und -prozesse und die Unternehmenskultur.

Überlegen Sie gut, welche Formen der Ansprache Sie speziell für Ihr Unternehmen wählen.

MUSTER: ERSTES INFORMATIONS-ANSCHREIBEN AN DIE BESCHÄFTIGTEN – IN LEICHTER SPRACHE

Diese Version ist gut verständlich für Unternehmen und Gewerbe mit bildungsfernen Beschäftigten oder weniger geübten Lesern der deutschen Sprache.

Frau/Herrn
Vorname Name
Straße
PLZ Ort

Datum

Einladung zu einem Informations-Gespräch zur Teilnahme am Betrieblichen Eingliederungsmanagement (gemäß § 167 Abs. 2 SGB IX)

Sehr geehrte(r) Frau/Herr,

Unserem Unternehmen ist es wichtig, dass Sie gesund sind und es bleiben. Deshalb bieten wir allen bei uns Beschäftigten Unterstützung an, wenn sie länger (innerhalb der vergangenen zwölf Monate insgesamt mehr als sechs Wochen) arbeitsunfähig waren oder es noch sind. Es ist egal ob das zusammenhängend oder unterbrochen der Fall war. Wir möchten Sie unterstützen und laden Sie herzlich zu einem Gespräch ein

Die Teilnahme an einem Gespräch ist freiwillig und in jedem Fall vertraulich! Wir empfehlen Ihnen zunächst an einem Informations- Gespräch teilzunehmen. Danach können Sie dann einem BEM-Verfahren zustimmen oder es ablehnen. Nutzen Sie es als Chance! Eine Beteiligung am BEM bietet die Möglichkeit, einen gemeinsamen Weg zu finden. Dafür werden Ihre Zustimmung und Mitwirkung gebraucht. Sie selbst entscheiden während des BEM-Verfahrens jederzeit darüber, welche Maßnahmen durchgeführt werden und welche nicht. Wenn Sie an keinem Info-Gespräch oder an keinem BEM-Gespräch teilnehmen möchten, können wir leider auch nicht klären, ob betrieblich etwas zu Ihrer Unterstützung getan werden kann.

Das passiert im Info-Gespräch: Wir möchten Sie über die Ziele und den Verlauf eines Verfahrens zum BEM informieren. Dazu gehört auch der Datenschutz, der uns wichtig ist. Wenn Sie sich für ein BEM entscheiden, können bereits erste Schritte zu Ihrer Unterstützung besprochen werden. Wenn Sie sich nicht melden, laden wir Sie in Kürze erneut ein.

Lassen Sie sich informieren, nehmen Sie Kontakt auf und vereinbaren Sie einen Termin!

Kontaktdaten:

Sie können eine Person Ihres Vertrauens zum Gespräch mitbringen. Bitte, informieren Sie die Beraterin bei der Terminabsprache, ob Sie einen barrierefreien Zugang benötigen oder ob das Gespräch in einer anderen Sprache geführt werden soll (bzw. ob ein Dolmetscher sinnvoll ist).

Weitere Informationen lesen Sie in dem beiliegenden Flyer zum BEM.

Haben Sie vorher noch Fragen? Rufen Sie uns gern an. Wir freuen uns auf Sie!

Mit freundlichen Grüßen
Ihr BEM-Team

Sie können auch mit diesen Personen ein erstes Gespräch führen. Wir sind für Sie da!

Personen des BEM-Teams mit Mailadresse und Telefonnummer:

1. BEM-Beauftragte des Arbeitgebers ______________________
2. BEM-Beauftragte des Arbeitgebers ______________________
3. BEM-Beauftragte des Betriebsrats ______________________
4. BEM-Beauftragte des Betriebsrats ______________________
5. Schwerbehindertenvertretung ______________________

Anmerkungen zur ersten Einladung in „leichten Sprache“:

1. Ein Antwortschreiben ist in dieser Version nicht notwendig, weil die Kontaktaufnahme dem BEM-Berechtigten überlassen wird. Für eine Wiederholung der Einladung (nach 8 – 14 Tagen) empfehlen wir eine formellere Ansprache (siehe 2. und 3. Einladung in den folgenden Mustern), denn Sie brauchen eine Reaktion der oder des Eingeladenen, um den Status eines Verfahrens festzustellen (Zusage oder Ablehnung eines BEM-Verfahrens).
2. Eine datenschutzrechtliche Einwilligung ist für ein BEM-Verfahren in jedem Fall notwendig. Bei dieser Art der Einladung zu einem Informationsgespräch sollte zunächst darauf verzichtet werden, ein entsprechendes Formular in der ersten Einladung mitzuschicken. Ob Sie sich dazu entscheiden, richtet sich jedoch entscheidend um die Zielgruppe! Es geht hier um den Abbau von Barrieren! Komplexe Sachverhalte sind im Gespräch zu erläutern. Das erlaubt der oder dem BEM-Berechtigten direkte Nachfragen und kann von der Beraterin individuell gestaltet werden. Allerdings ist absolut sicherzustellen, dass die informierende Kontaktperson weiß, wovon und wie sie redet. Sie muss also gut geschult sein!

MUSTER: FLYER

Auch hilfreich: Die BGW – Berufsgenossenschaft für Gesundheitsdienst und Wohlfahrtspflege stellt ein **Plakat** (im Internet) zum Aushang in den Betrieben, mit den wichtigsten Eckpunkten zur Verfügung: **www.bgw-online.de/bgw-online-de/service/medien-arbeitshilfen/medien-center/wiedereinstieg-nach-krankheit-20334**

Flyer außen

Da geht vieles ...
(Möglichkeiten)

Ihr seid in den letzten zwölf Monaten mehr als sechs Wochen krank gewesen? Zum Beispiel wegen Rückenschmerzen, eines Unfalls oder psychischer Überforderungen? Ihr habt chronische Beschwerden oder immer wiederkehrende Infekte?

Das BEM kann Euch helfen, den Einstig in den Arbeitsalltag zu erleichtern und arbeitsfähig zu bleiben. Etwa durch

- technische Hilfsmittel wie geeignete Soft- und Hardware bei starken Sehbeeinträchtigungen oder Schwerhörigkeit
- psychologische Beratung
- Anpassungen der Arbeitszeit und -organisation
- bedarfsgerechte Arbeitsumgebung
- Hilfen zur finanziellen Sicherung (etwa durch Rententräger)

Und vieles andere mehr ...

Datensicherheit

Vertraulichkeit garantiert:
- Daten werden nur mit Deiner Zustimmung erhoben.
- Die Beraterinnen und Berater nehmen Daten auf, die sicher aufbewahrt werden. Personenbezogene Daten werden nicht an die Personalabteilung weitergegeben.
- Alle BEM-Beraterinnen und -Berater haben eine Verpflichtung zur Vertraulichkeit unterschrieben.
- Nur mit Deiner schriftlichen Zustimmung werden Daten an Dritte weitergegeben – zum Beispiel: Anfragen bei Reha-Trägern.
- Drei Jahre nach Abschluss des BEM werden alle personenbezogenen digitalen BEM-Daten gelöscht.
- Die BEM-Akte aus Papier wird Dir dann übergeben.

Weiter Infos findest Du in der BEM-Betriebsvereinbarung in unserem Intranet:

Pfad ...

Das Betriebliche Eingliederungsmanagement

– BEM –

bei

Musterfirma

Flyer innen

Das BEM ist ...

- ein Angebot, um erfolgreich zurück in den Arbeitsprozess zu kommen
- ein Anspruch aller Beschäftigten, die in den letzten zwöl Monaten sechs Wochen arbeitsunfähig waren
- eine gesetzliche Verpflichtung des Arbeitgebers (§ 167.2 SGB IX)

Das BEM ist für Euch ...

- **freiwillig:** Die Entscheidung für ein BEM-Verfahren liegt bei Euch
- **vertraulich:** „Nichts über mich ohne mich"
- **selbstbestimmt:** keine Maßnahme ohne Zustimmung

So läuft es:

1. Das BEM-Team lädt alle Beschäftigten, die sechs Wochen arbeitsunfähig erkrankt waren oder sind, zu einem BEM-Erstgespräch ein.
2. Ihr nehmt Kontakt mit einer BEM-Beraterin oder einem BEM-Berater auf und lasst Euch zum BEM-Verlauf informieren. Dazu vereinbart Ihr einen Gesprächstermin.
3. Ihr entscheidet, ob Ihr dann ein BEM-Verfahren wollt oder nicht.
4. Zusammen mit der oder dem Beratenden werden Unterstützungsmöglichkeiten besprochen.
5. Die oder der Beratende begleitet die Maßnahmen und achtet mit darauf, dass die Unterstützung auch umgesetzt wird.
6. Ist alles umgesetzt, findet ein Abschlussgespräch statt. Das BEM ist beendet.

Infos und Beratung

Habt Ihr im Vorfeld Fragen zum BEM-Prozess? Euer BEM-Team ist für euch da:
Kontaktdaten

Unsere Beraterinnen und Berater sind fachlich informiert und gut vernetzt. Sie können viele Hinweise dazu geben, was hilfreich ist, um Eure Gesundheit und Arbeitsfähigkeit zu fördern.

Bitte bringt die vollständige Einladung zum ersten BEM-Gespräch mit!

Alle folgenden Muster sind in auf der Grundlage der datenschutzrechtlichen Ausführungen (im ersten Teil) von Eberhard Kiesche und von ihm oder in Zusammenarbeit mit ihm entstanden.

MUSTER ZU DEN ERFORDERLICHEN RAHMENBEDINGUNGEN IM BEM

zum Beispiel auch Muster für Anlagen zur BEM-BV

Muster 1: erstes Informationsanschreiben an die Beschäftigten Muster 1a: Antwortformular zur Zustimmung oder Ablehnung eines BEM-Erstgesprächs

Muster 1b: Formular zur Zustimmung oder Ablehnung eines BEM-Angebots für Personalakte

Muster 2: datenschutzrechtliche Einwilligung

Muster 3: erstes Erinnerungsschreiben

Muster 4: zweites Erinnerungsschreiben

Muster 5: Verpflichtung auf Vertraulichkeit

Muster 6: Einwilligung zur Weitergabe von Informationen/Daten an Personen und Stellen außerhalb des Unternehmens (Dritte)

Muster 7: Datenerhebung und -auswertung

Muster 7a: Datenblatt

Muster 7b: Daten in der Personalakte

Muster 7c: Daten in der BEM-Akte

Muster 7d: Datenverarbeitung (zum Beispiel Daten in BEMdok, SAP etc.) bei der Fallmanagerin

Muster 8: Mitglieder des BEM-Teams

Muster 9: Schweigepflichtentbindung

Muster 10: BEM-Abschlussgespräch – Beendigungsdokumentation

MUSTER 1

Erstes Informationsanschreiben an die Beschäftigten

Frau/Herrn
Vorname Name
Straße
PLZ Ort

Datum

Betriebliches Eingliederungsmanagement (BEM)

Sehr geehrte(r) Frau/Herr,

unser Unternehmen bietet Ihnen zu Ihrer Unterstützung ein Betriebliches Eingliederungsmanagement (BEM) an, denn Ihre Gesundheit ist uns wichtig. Darum möchten wir Sie zu einem BEM-Gespräch einladen.

Das BEM dient dazu, die aktuelle Arbeitsunfähigkeit möglichst zu überwinden, mit Leistungen, Hilfen oder Arbeitsplatzanpassungen erneuter Arbeitsunfähigkeit vorzubeugen und Arbeitsplätze langfristig zu erhalten. Der Gesetzgeber verpflichtet unser Unternehmen (§ 167 Abs. 2 SGB IX), das BEM als ergebnisoffenes Verfahren anzubieten, in das auch Sie Ihre Vorschläge einbringen können und sollen. Das BEM ist eine Aufgabe des Arbeitgebers und es liegt in seiner Verantwortung. Ohne Ihre Zustimmung und aktive Mitwirkung ist jedoch die Durchführung eines BEM nicht möglich.

Sie bekommen diese Einladung, weil Sie innerhalb der letzten zwölf Monate länger als sechs Wochen arbeitsunfähig waren und nun Anspruch auf unsere Unterstützung in einem BEM-Verfahren haben. Für ein unverbindliches Erstgespräch zum BEM stehen Ihnen die Fallmanagerinnen unseres BEM-Teams zur Verfügung. In diesem Gespräch können Sie sich alle Einzelheiten zum BEM erklären lassen.

Wir erläutern Ihnen die Ziele und Vorteile des BEM-Verfahrens bei uns. Wir weisen auf die möglicherweise beteiligten Personen, Ämter und Stellen hin und auf die damit verbundene Datenverarbeitung. Sie erfahren mehr über Ihr Recht auf Auskunft über alle zu Ihrer Person im BEM gespeicherten Daten (nach § 34 BDSG) und Ihre sonstigen Rechte nach der Datenschutz-Grundverordnung (Art. 12 ff. DSGVO). Eine erforderliche datenschutzrechtliche Einwilligung haben wir dieser Einladung bereits beigelegt. Weitere Informationen zum BEM entnehmen Sie bitte dem beiliegenden Infoblatt/Flyer.

Ganz wichtig: Das BEM und insbesondere alle möglichen Maßnahmen im Verfahren sind für Sie **freiwillig**. Sämtliche Gespräche, Informationen und erforderlichen Daten in diesem Zusammenhang unterliegen der strikten Vertraulichkeit und dienen nur der Zweckbestimmung des BEM. Sie entscheiden über die Verarbeitung und Weitergabe von personenbezogenen Daten, die Schritte im BEM und die Durchfüh¬rung von Maßnahmen.

Bitte teilen Sie uns jedenfalls bis zum ______________ (bitte ein Datum mit einer mindestens vierwöchigen Frist eintragen!) auf dem Antwortbogen mit, ob Sie ein Erstgespräch zum BEM in Anspruch nehmen möchten und mit welcher Person aus dem BEM-Team Sie das Gespräch führen möchten.

Wir freuen uns auf Ihre Antwort und hoffen auf eine gute und vertrauensvolle Zusammenarbeit. Telefonische Rücksprachen sind jederzeit möglich.

Mit freundlichen Grüßen
Ihr BEM-Team

Personen des BEM-Teams mit Mailadresse und Telefonnummer:

1. BEM-Beauftragte des Arbeitgebers ______________________________
2. BEM-Beauftragte des Arbeitgebers ______________________________
3. BEM-Beauftragte des Betriebsrats ______________________________
4. BEM-Beauftragte des Betriebsrats ______________________________
5. Schwerbehindertenvertretung ______________________________

Muster 1a
Antwortformular zur Zustimmung oder Ablehnung eines BEM-Erstgesprächs

An

Musterfirma

Datum

Teilnahme am Betrieblichen Eingliederungsmanagement (gemäß § 84 Abs. 2 SGB IX)

An dem vorgeschlagenen BEM-Erstgespräch nehme ich teil:

☐ Ja

☐ Ich **möchte nicht**, dass ein Betriebs-/Personalratsmitglied oder die Mitarbeitervertretung am Gespräch teilnimmt.

☐ Nein

☐ Ich möchte als Vertrauensperson zu dem Gespräch Herrn/Frau ______________________ mitnehmen.

______________________ ______________________

Datum Unterschrift

Muster 1b
Formular für die Personalakte: Zustimmung oder Ablehnung eines BEM-Angebots in bzw. nach einem Erstgespräch

Vorname Name Bereich

Die Informationen zum Betrieblichen Eingliederungsmanagement (BEM) nach § 167 Abs. 2 SGB IX habe ich erhalten und im Erstgespräch umfassend und verständlich erläutert bekommen.

☐ Ich möchte dieses Angebot eines BEM in Anspruch nehmen.

☐ Ich möchte dieses Angebot eines BEM nicht in Anspruch nehmen.

☐ Ich möchte dieses Angebot eines BEM zurzeit nicht in Anspruch nehmen und bitte um ein nochmaliges Angebot in ______ Monaten/Wochen.

______________________________ ______________________________

Datum Unterschrift

MUSTER 2

Datenschutzrechtliche Einwilligung in die Verarbeitung personenbezogener Daten zum BEM

Vorname, Name: ____

Mit dem Schreiben vom ____________ ist mir ein Gespräch im Rahmen des Betrieblichen Eingliederungsmanagements (BEM) angeboten worden. Die Einwilligung meinerseits ist die Rechtsgrundlage für die Verarbeitung meiner personenbezogenen Daten im BEM nach meiner erteilten Zustimmung zum BEM-Prozess.

Mit meiner Unterschrift willige ich in Folgendes ein:

Meine Daten werden im Rahmen des BEM ausschließlich zu dessen Durchführung und meiner Wiedereingliederung in den Betriebsablauf verarbeitet.

Im BEM werden meine personenbezogenen Daten, einschließlich meiner Gesundheitsdaten, ausschließlich für die Zwecke des BEM verarbeitet. Diese Daten sind nach Art. 9 DSGVO und § 26 Abs. 3 BDSG besonders geschützt. Zu meinen Gesundheitsdaten zählen unter anderem Daten über meine körperlichen Fähigkeiten, bestehende Einsatzeinschränkungen sowie grundsätzliche Einsatzmöglichkeiten. Ich kann selbst darüber entscheiden, an wen die sensiblen Daten weitergegeben werden.

Für die Verarbeitung meiner personenbezogenen Daten im BEM ist mir bekannt, dass mein Arbeitgeber datenschutzrechtlich verantwortlich ist.

Ich bin darüber aufgeklärt worden, dass nur im erforderlichen Umfang Daten über mich verarbeitet werden. Es handelt sich dabei ausschließlich um diejenigen Daten, die auf den Datenblättern in Anlage 4 aufgeführt sind. Diese Daten dürfen den Mitgliedern des BEM-Teams bekannt gegeben werden. Sie sind zur Verschwiegenheit und **Vertraulichkeit** verpflichtet.

Ich bin darüber informiert worden, dass im Rahmen des BEM meine personenbezogenen Daten von den Teilnehmenden des BEM und der Personalabteilung verarbeitet werden. An Dritte werden meine Daten nicht ohne meine Einwilligung weitergegeben. Im Rahmen des BEM verarbeitete Daten, Informationen und erstellte Protokolle werden vor dem Zugriff durch Dritte geschützt. Sie werden in einer von der Personalakte getrennten BEM-Akte aufbewahrt, die von Herrn/Frau ________________ geführt wird. Einsicht in meine BEM-Akte haben nur der BEM-Fallmanager und ich als betroffene Mitarbeiterin bzw. betroffener Mitarbeiter. Über die Verarbeitung der Daten in elektronischer Form bin ich aufgeklärt worden.

In der Personalakte werden nur die erforderlichen Daten und Informationen ohne Angabe von Gründen aufgenommen, die der Arbeitgeber für den Nachweis eines ordnungsgemäßen BEM bzw. BEM-Angebots benötigt.

Ich bin weiterhin damit einverstanden, dass die folgenden Verlaufsdaten im Rahmen des BEM bei Bedarf in meiner BEM-Akte dokumentiert und ausschließlich zum Zweck des BEM genutzt werden dürfen:

- Protokoll über Arbeitsversuche: Verlauf und Ergebnis
- Protokoll über „stufenweise Wiedereingliederung": Verlauf und Ergebnis.

Eine Übermittlung von Daten, die im Rahmen des BEM erhoben werden oder von sonstigen Angaben, die Rückschlüsse auf meine Person zulassen, an Dritte (zum Beispiel Einrichtungen der Rehabilitation) außerhalb des Unternehmens erfolgt nur nach vorheriger schriftlicher Einwilligung durch mich. Eine Weitergabe von personenbezogenen Daten und Informationen an weitere interne Personen/Stellen durch die BEM-Fallmanagerin erfolgt nur nach meiner vorherigen Zustimmung im Rahmen einer Schweigepflichtentbindung.

Ich bin darauf hingewiesen worden, dass ich jederzeit auch Einblick in meine Personalakte, meine BEM-Akte bei der Fallmanagerin und meine Patientenakte beim Betriebs-/Werksarzt nehmen kann. Zudem bin ich über meine Rechte nach Art. 15 bis 22 DSGVO belehrt worden. Dazu gehören das Recht auf Auskunft, Berichtigung, Löschung, Einschränkung der Verarbeitung, auf Datenübertragbarkeit sowie das Widerrufsrecht.

Ich erkläre, dass ich diese Einwilligung freiwillig abgebe und dafür umfassend informiert worden bin. Mir ist bekannt, dass ich meine Einwilligung mit Wirkung für die Zukunft jederzeit widerrufen kann. In diesem Fall endet das BEM mit dem Zeitpunkt meines Widerrufs. Meine personenbezogenen Daten dürfen ab diesem Zeitpunkt nicht mehr für den Zweck des BEM verarbeitet werden.

Ich bin auf mögliche Folgen der Verweigerung oder Rücknahme der Einwilligung hingewiesen worden.

Mir ist bekannt, dass ich mich bei Fragen und Beschwerden im Zusammenhang mit der Verarbeitung meiner personenbezogenen Daten und der mir zustehenden Rechte an die betriebliche Datenschutzbeauftragte wenden kann. Diese ist unter den folgenden Kontaktdaten erreichbar ________.________:____

Ich kann mich auch an die örtlich zuständige Aufsichtsbehörde für den Datenschutz wenden. Sie ist wie folgt zu erreichen:

____

______________________________ ______________________________

Datum Unterschrift

MUSTER 3

Erstes Erinnerungsschreiben

Frau/Herrn
Vorname Name
Straße
PLZ Ort

Datum

Betriebliches Eingliederungsmanagement (BEM) – Erinnerung

Sehr geehrte(r) Frau/Herr,

wir hatten Sie in unserem Schreiben vom ________ zu einem Gespräch im Rahmen eines betrieblichen Eingliederungsmanagements (BEM) zur Erleichterung des Wiedereinstiegs in Ihren Arbeitsalltag eingeladen.

Leider haben wir von Ihnen bislang noch keine Antwort erhalten, ob Sie das Erstgespräch zum BEM in Anspruch nehmen wollen oder das Angebot eines BEM ablehnen. Gerne sind wir auch bereit, Sie anzurufen oder zu besuchen, falls Sie dies wünschen, um Ihnen die Entscheidung zur Teilnahme am BEM zu erleichtern oder Fragen zu beantworten. Gerne können Sie auch Frau ________________ als BEM-Fallmanagerin unter der Telefonnummer ________________ anrufen.

Ihre Teilnahme ist **freiwillig** und kann durchaus bei der **Sicherung Ihres Arbeitsverhältnisses von Vorteil sein.**

Den Antwortbogen fügen wir diesem Schreiben noch einmal bei. Bitte senden Sie den ausgefüllten Bogen auf jeden Fall innerhalb der **nächsten drei Wochen** *(ggf. auch Datum vorgeben),* spätestens jedoch bis zum ____________ unterschrieben zurück, auch wenn Sie nicht an einem BEM interessiert sind. Vielen Dank.

Mit freundlichen Grüßen

i. A.

BEM-Fallmanagerin oder BEM-Team

MUSTER 4

Zweites Erinnerungsschreiben

Betriebliches Eingliederungsmanagement (BEM) – 2. Erinnerung

Sehr geehrte(r) Frau/Herr,

wir hatten Sie mit unseren Schreiben vom __.__.____ und vom __. __.____ über das Angebot eines betrieblichen Eingliederungsmanagements (BEM) nach § 167 Abs. 2 SGB IX informiert.

Die Teilnahme ist freiwillig und kann durchaus bei der Sicherung Ihres Arbeitsverhältnisses von Vorteil sein. Wir brauchen Ihre aktive Mitwirkung. Im BEM-Klärungsprozess suchen wir gemeinsam nach allen Möglichkeiten, wie Ihre bestehende Arbeitsunfähigkeit überwunden, neue Arbeitsunfähigkeit vorgebeugt und der Arbeitsplatz erhalten werden kann. Das BEM dient dazu, hierfür geeignete Maßnahmen **gemeinsam mit Ihnen** zu finden und durchzuführen.

Ihre Vorschläge für die Sicherung Ihres Arbeitsplatzes können Sie im BEM-Prozess unter Beteiligung von internen/externen Personen und Stellen einbringen. Wenn Sie nicht auf unsere Einladungen zum BEM reagieren, können wir keine eventuellen betrieblichen Ursachen für Ihre Erkrankung identifizieren. Wir können ohne Ihre Hilfe diese Ursachen nicht abstellen und geeignete Eingliederungsmaßnahmen vereinbaren.

Gegebenfalls kann Ihre gesundheitliche Situation bei weiterer Arbeitsunfähigkeit auch zur Kündigung des Arbeitsverhältnisses führen. Im Falle eines späteren Kündigungsprozesses können Sie sich dann nicht mehr darauf berufen, dass Ihr Arbeitgeber kein BEM angeboten hat oder eine leidensgerechte Anpassung des Arbeitsplatzes nicht versucht wurde. Damit erleichtern Sie die Voraussetzungen für den Arbeitgeber im Kündigungsprozess. Da ohne Ihre Teilnahme ein BEM nicht durchgeführt werden kann, sollten Sie bitte die Frage, *ob Sie am BEM teilnehmen oder nicht*, sehr sorgfältig bedenken.

Den Antwortbogen fügen wir diesem Schreiben noch einmal bei. Bitte senden Sie den ausgefüllten Bogen auf jeden Fall innerhalb der **nächsten sieben Tage** unterschrieben zurück, auch wenn Sie nicht an einem BEM interessiert sind. Ansonsten gilt unser BEM-Angebot als abgelehnt.

Mit freundlichen Grüßen

i. A.

Fallmanagerin/BEM-Team

MUSTER 5

für die BEM-Beraterinnen

Verpflichtung auf Vertraulichkeit

Ich verpflichte mich mit meiner Unterschrift, die Vertraulichkeit gemäß Art. 5 Abs. 1 Buchstabe e DSGVO zu wahren.

Hiermit erkläre ich, dass ich heute über das Recht auf informationelle Selbstbestimmung in Kenntnis gesetzt, über die sich daraus ergebenden besonderen Anforderungen an die Datensicherheit und den Datenschutz im BEM-Suchprozess hingewiesen und auf die Vertraulichkeit personenbezogener Daten verpflichtet wurde. Diese Verpflichtung auf die Vertraulichkeit umfasst auch die Einhaltung der DSGVO, des BDSG sowie des Telekommunikationsgeheimnisses.

Ich werde alle personenbezogenen Daten von betroffenen Beschäftigten wie zum Beispiel Behinderungen, Leistungseinschränkungen, Diagnosen, die ich im Laufe des jeweiligen BEM-Verfahrens erfahre, geheim halten und nicht unbefugten Personen im Unternehmen und Dritten offenbaren. Zu den Dritten gehören auch der Arbeitgeber und die Personalabteilung. Der Arbeitgeber bzw. die Personalabteilung dürfen von dem oder der unterzeichnenden Mitarbeitenden nicht verlangen, gegen oben genannte Verpflichtungen zu verstoßen.

Eine Datenschutzverletzung führt zu eventuellen Schadensersatzansprüchen des oder der betroffenen Beschäftigten und zu Bußgeldern, ggf. zu arbeits- und strafrechtlichen Maßnahmen und kann als Ordnungswidrigkeit oder Straftat geahndet werden. Der Bruch der Vertraulichkeit kann auch zu arbeitsrechtlichen Maßnahmen bis hin zur Beendigung des Vertragsverhältnisses führen.

Meine Verpflichtung endet nicht mit meinem Ausscheiden aus dem BEM. Sie besteht über das Ende der Tätigkeit im Unternehmen hinaus.

Meine Verpflichtung, die Vertraulichkeit in jedem BEM-Einzelfall zu wahren, habe ich zur Kenntnis genommen. Meine sich aus dem Arbeitsvertrag oder sonstigen gesetzlichen Vorschriften ergebenden Geheimhaltungsverpflichtungen werden durch diese Verpflichtung nicht berührt. Durch meine Unterschrift bestätige ich gleichzeitig den Empfang einer Ausfertigung der Verpflichtung.

Ort, Datum ______________________________

Unterschrift der Verpflichteten ______________________________

Unterschrift der Verpflichtenden ______________________________

Anhang zu Muster 5

zur Kenntnisnahme der BEM-Beraterinnen und BEM-Verantwortlichen, die einen Vertraulichkeitsverpflichtung unterschrieben haben

Datenschutzgrundsätze gemäß Art. 5 Abs. 1 DSGVO

Artikel 5

Grundsätze für die Verarbeitung personenbezogener Daten

1. Personenbezogene Daten müssen
   a) auf rechtmäßige Weise, nach Treu und Glauben und in einer für die betroffene Person nachvollziehbaren Weise verarbeitet werden („Rechtmäßigkeit, Verarbeitung nach Treu und Glauben, Transparenz");
   b) für festgelegte, eindeutige und legitime Zwecke erhoben werden und dürfen nicht in einer mit diesen Zwecken nicht zu vereinbarenden Weise weiterverarbeitet werden; eine Weiterverarbeitung für im öffentlichen Interesse liegende Archivzwecke, für wissenschaftliche oder historische Forschungszwecke oder für statistische Zwecke gilt gemäß Artikel 89 Absatz 1 nicht als unvereinbar mit den ursprünglichen Zwecken („Zweckbindung");
   c) dem Zweck angemessen und erheblich sowie auf das für die Zwecke der Verarbeitung notwendige Maß beschränkt sein („Datenminimierung");
   d) sachlich richtig und erforderlichenfalls auf dem neuesten Stand sein; es sind alle angemessenen Maßnahmen zu treffen, damit personenbezogene Daten, die im Hinblick auf die Zwecke ihrer Verarbeitung unrichtig sind, unverzüglich gelöscht oder berichtigt werden („Richtigkeit");
   e) in einer Form gespeichert werden, die die Identifizierung der betroffenen Personen nur so lange ermöglicht, wie es für die Zwecke, für die sie verarbeitet werden, erforderlich ist; personenbezogene Daten dürfen länger gespeichert werden, soweit die personenbezogenen Daten vorbehaltlich der Durchführung geeigneter technischer und organisatorischer Maßnahmen, die von dieser Verordnung zum Schutz der Rechte und Freiheiten der betroffenen Person gefordert werden, ausschließlich für im öffentlichen Interesse liegende Archivzwecke oder für wissenschaftliche und historische Forschungszwecke oder für statistische Zwecke gemäß Artikel 89 Absatz 1 verarbeitet werden („Speicherbegrenzung");
   f) in einer Weise verarbeitet werden, die eine angemessene Sicherheit der personenbezogenen Daten gewährleistet, einschließlich Schutz vor unbefugter oder unrechtmäßiger Verarbeitung und vor unbeabsichtigtem Verlust, unbeabsichtigter Zerstörung oder unbeabsichtigter Schädigung durch geeignete technische und organisatorische Maßnahmen („Integrität und Vertraulichkeit");

MUSTER 6

Einwilligung zur Weitergabe von Informationen/ Daten an Personen und Stellen außerhalb des Unternehmens (Dritte)

für die BEM-Berater*innen

Verpflichtung auf Vertraulichkeit

Ich verpflichte mich mit meiner Unterschrift, die Vertraulichkeit gemäß Art. 5 Abs. 1 Buchstabe e DS-GVO zu wahren.

Hiermit erkläre ich, dass ich heute über das Recht auf informationelle Selbstbestimmung in Kenntnis gesetzt, über die sich daraus ergebenden besonderen Anforderungen an die Datensicherheit und den Datenschutz im BEM-Suchprozess hingewiesen und auf die Vertraulichkeit personenbezogener Daten verpflichtet wurde. Diese Verpflichtung auf die Vertraulichkeit umfasst auch die Einhaltung der DS-GVO, des BDSG sowie des Telekommunikationsgeheimnisses.

Ich werde alle personenbezogenen Daten von betroffenen Beschäftigten wie z. B. Behinderungen, Leistungseinschränkungen, Diagnosen, die ich im Laufe des jeweiligen BEM-Verfahrens erfahre, geheim halten und nicht unbefugten Personen im Unternehmen und Dritten offenbaren. **Zu den Dritten gehören auch Arbeitgeber und die Personalabteilung.** Der Arbeitgeber bzw. die Personalabteilung darf von dem unterzeichnenden Mitarbeiter nicht verlangen, gegen oben genannte Verpflichtungen zu verstoßen.

Eine **Datenschutzverletzung** führt zu eventuellen Schadensersatzansprüchen des/der betroffenen Beschäftigten und zu Bußgeldern, ggf. zu arbeits- und strafrechtlichen Maßnahmen und kann als Ordnungswidrigkeit oder Straftat geahndet werden. Der Bruch der Vertraulichkeit kann auch zu arbeitsrechtlichen Maßnahmen bis hin zur Beendigung des Vertragsverhältnisses führen.

Meine Verpflichtung endet nicht mit meinem Ausscheiden aus dem Betrieblichen Eingliederungsmanagement. Sie besteht über das Ende der Tätigkeit im Unternehmen hinaus.

Meine Verpflichtung, die Vertraulichkeit in jedem BEM-Einzelfall zu wahren, habe ich zur Kenntnis genommen. Meine aus dem Arbeitsvertrag oder sonstigen gesetzlichen Vorschriften ergebenden Geheimhaltungsverpflichtungen werden durch diese Verpflichtung nicht berührt. Durch meine Unterschrift bestätige ich gleichzeitig den Empfang einer Ausfertigung der Verpflichtung.

Ort, Datum ____

Unterschrift der/des Verpflichteten______________________________

Unterschrift der/des Verpflichtenden ____________________________

Anhang zu Muster 6

Zur Kenntnisnahme der BEM-Berater*innen und BEM-Verantwortlichen, die einen Vertraulichkeitsverpflichtung unterschrieben haben

Datenschutzgrundsätze gemäß Art. 5 Abs. 1 DS-GVO

Artikel 5

Grundsätze für die Verarbeitung personenbezogener Daten

(1) Personenbezogene Daten müssen
   a) auf rechtmäßige Weise, nach Treu und Glauben und in einer für die betroffene Person nachvollziehbaren Weise verarbeitet werden („Rechtmäßigkeit, Verarbeitung nach Treu und Glauben, Transparenz");
   b) für festgelegte, eindeutige und legitime Zwecke erhoben werden und dürfen nicht in einer mit diesen Zwecken nicht zu vereinbarenden Weise weiterverarbeitet werden; eine Weiterverarbeitung für im öffentlichen Interesse liegende Archivzwecke, für wissenschaftliche oder historische Forschungszwecke oder für statistische Zwecke gilt gemäß Artikel 89 Absatz 1 nicht als unvereinbar mit den ursprünglichen Zwecken („Zweckbindung");
   c) dem Zweck angemessen und erheblich sowie auf das für die Zwecke der Verarbeitung notwendige Maß beschränkt sein („Datenminimierung");
   d) sachlich richtig und erforderlichenfalls auf dem neuesten Stand sein; es sind alle angemessenen Maßnahmen zu treffen, damit personenbezogene Daten, die im Hinblick auf die Zwecke ihrer Verarbeitung unrichtig sind, unverzüglich gelöscht oder berichtigt werden („Richtigkeit");
   e) in einer Form gespeichert werden, die die Identifizierung der betroffenen Personen nur so lange ermöglicht, wie es für die Zwecke, für die sie verarbeitet werden, erforderlich ist; personenbezogene Daten dürfen länger gespeichert werden, soweit die personenbezogenen Daten vorbehaltlich der Durchführung geeigneter technischer und organisatorischer Maßnahmen, die von dieser Verordnung zum Schutz der Rechte und Freiheiten der betroffenen Person gefordert werden, ausschließlich für im öffentlichen Interesse liegende Archivzwecke oder für wissenschaftliche und historische Forschungszwecke oder für statistische Zwecke gemäß Artikel 89 Absatz 1 verarbeitet werden („Speicherbegrenzung");
   f) in einer Weise verarbeitet werden, die eine angemessene Sicherheit der personenbezogenen Daten gewährleistet, einschließlich Schutz vor unbefugter oder unrechtmäßiger Verarbeitung und vor unbeabsichtigtem Verlust, unbeabsichtigter Zerstörung oder unbeabsichtigter Schädigung durch geeignete technische und organisatorische Maßnahmen („Integrität und Vertraulichkeit");

MUSTER 7

Datenerhebung und -auswertung (Datenblätter)

Diese Daten werden ausschließlich für die Zwecke des BEM verarbeitet und dürfen nur in nachweislich anonymisierter Form nach Beteiligung des Betriebsrats ausgewertet werden.

Muster 7a
Datenblatt

Das Datenblatt zum BEM (Vorblatt zur BEM-Akte) enthält folgende Datenfelder:

- Name
- Vorname
- Geschlecht
- Alter
- Abteilung/Bereich/Kostenstelle
- schwerbehindert oder gleichgestellt
- Ausbildung/Qualifikationen
- Arten von Schichtarbeit
- vorherige und aktuelle Tätigkeiten im Unternehmen

Muster 7b
Daten in der Personalakte

- Hinweis auf die BEM-Nebenakte
- Datum: BEM-Erstkontakt/Beginn des BEM
- Zustimmung oder Ablehnung zum BEM
- ggf. Antrag auf Teilnahme am BEM
- Durchschrift der datenschutzrechtlichen Einwilligung
- Nichtzustandekommen, Unterbrechung, Widerruf der Zustimmung/Einwilligung, Abbruch/Beendigung: ohne Angabe von Gründen, ggf. Hinzufügung einer Darstellung der oder des Beschäftigten
- Abschluss/Beendigung des BEM
- Ergebnisse der Eingliederung (umgesetzte BEM-Maßnahmen, die die Mitwirkung des Arbeitgebers und des Betriebsrats erforderten)

Muster 7c
Daten in der BEM-Akte

- Protokolle über Gespräche mit BEM-Team und externen Stellen
- Protokoll über Arbeitsversuche: Verlauf und Ergebnisse
- Protokoll zur stufenweisen Wiedereingliederung: Verlauf und Ergebnis
- Gutachten und Stellungnahmen der Rehabilitationsträger oder des Integrationsfachdienstes ohne medizinische Daten und Informationen
- Antragstellungen bei Sozialversicherungsträger
- Maßnahmenplan
- Präventionsplan und Abschlussprotokoll (Abschluss/Beendigung des BEM)
- Persönliche Stellungnahme(n) der oder des Beschäftigten

Muster 7d
Datenverarbeitung (zum Beispiel Daten in BEMdok, SAP etc.) bei der Fallmanagerin

Bei einer automatisierten Verarbeitung von BEM-Verlaufsdaten sind an dieser Stelle der Datenkatalog und Zugriffsberechtigungen aufzuführen. **Zum Beispiel:**

- Alle unter c) genannten Daten können auch digital verwaltet werden.
- Die Lizenzen für BEM-Software sind weder an das Intranet der Unternehmen noch im Internet angeschlossen.
- BEM-Software ist ausschließlich eine Einzelplatzsoftware.
- Zugriff hat nur die mit dem Fall betraute Fallmanagerin.
- Auch die digitale Verarbeitung unterliegt den vereinbarten Löschfristen.
- Ein anonymisierter und aggregierter Datenerhalt ist zu Zwecken statistischer Auswertungen möglich.

MUSTER 8

Mitglieder des BEM-Teams

Für die Besetzung des BEM-Teams werden folgende Mitarbeitende benannt:

- Beauftragte des Arbeitgebers ______________________________
- Beauftragte des Arbeitgebers ______________________________
- Beauftragte des Betriebsrats ______________________________
- Beauftragte des Betriebsrats ______________________________
- Schwerbehindertenvertretung (SBV) ______________________________

Die Mitglieder des BEM-Teams verpflichten sich, die Vertraulichkeit gemäß Bundesdatenschutzgesetz (BDSG) und Datenschutz-Grundverordnung (DSGVO) zu wahren.

____

MUSTER 9

Schweigepflichtentbindung

Einwilligung zur Weitergabe

von Informationen/personenbezogenen Daten und zur Hinzuziehung von weiteren Personen/Institutionen/Stellen in und außerhalb des Unternehmens (Dritte)/ Einwilligung in die Weitergabe von Informationen und Daten an Dritte außerhalb des BEM-Teams/Schweigepflichtentbindung im Rahmen des BEM

Hiermit erkläre ich, ________________, __________________ (Vorname, Nachname),

dass ich mit der Weitergabe der für das betriebliche Eingliederungsmanagement (BEM) erforderlichen personenbezogenen Informationen/Daten über

____

____

____

____

an folgende Personen/Funktionsträger/Rehabilitationsträger/Beratungsstellen/ Ämter

____

____

____

____

einverstanden bin.

Der ausschließliche Zweck der Datenweitergabe einschließlich der Hinzuziehung weiterer interner und externer Stellen und Personen ist die Unterstützung von Maßnahmen zum BEM nach § 167 Abs. 2 SGB IX. Ich entbinde insoweit die Mitglieder des BEM-Teams/die Fallmanagerin von ihrer Schweigepflicht im konkreten Einzelfall und bin mit der Weitergabe der genannten Informationen und Daten an die oben angeführten Personen und Stellen einverstanden.

Die Zustimmung zur Weitergabe meiner personenbezogenen Daten an Dritte kann ich für die Zukunft jederzeit widerrufen.

________________________________ ________________________________

Ort, Datum Unterschrift der oder des Mitarbeitenden

MUSTER 10

BEM-Abschlussgespräch – Beendigungsdokumentation

Betriebliches Eingliederungsmanagement für Frau/Herrn

Abschlussgespräch – Dokumentation

Datum ____________________

persönliche Ansprechpartnerin/Fallmanagement ____________________

Name der oder des Beschäftigten ____________________

Geburtsdatum ____________________

Abteilung/Bereich ____________________

gegenwärtige Tätigkeit ____________________

ggf. geänderte Tätigkeit ____________________

Anzahl der AU-Tage in den letzten zwölf Monaten ____________________

Derzeitiger Status ☐ arbeitsfähig ☐ arbeitsunfähig

Schwerbehinderung ☐ ja ☐ nein

I. Welche Maßnahmen sind bisher durchgeführt worden?

1. ____________________
2. ____________________
3. ____________________
4. ____________________
5. ____________________

II. Umsetzung von BEM-Maßnahmen

Sind aus Ihrer Sicht alle möglichen Maßnahmen umgesetzt worden?

☐ ja ☐ nein

Falls ja: Kann das BEM-Verfahren heute beendet werden?

☐ ja ☐ nein

Falls nein: Welche weiteren BEM-Maßnahmen schlagen Sie vor?

____

____

____

Beschluss BEM-Team:

Die von Herrn/Frau ____________________ vorgeschlagenen BEM-Maßnahmen werden durchgeführt:

☐ ja ☐ nein

Das BEM kann heute einvernehmlich beendet werden:

☐ ja ☐ nein

Das BEM wird heute beendet, ohne Zustimmung der oder des betroffenen Beschäftigten:

☐ ja

III. Zum Verlauf des gesamten BEM-Prozesses einschließlich Einleitung und Klärung: Einschätzung

1. Ist das BEM-Team im BEM-Prozess auf Ihre Bedürfnisse, Rechte (zum Beispiel auf Datenschutz) und Interessen eingegangen?

   ☐ ja ☐ nein

   Falls ja: Welche Unterstützungen oder Maßnahmen im Laufe des BEM-Prozesses waren Ihnen besonders wichtig?

   ____

   ____

   ____

   ____

   Falls nein: Welche Schwierigkeiten bzw. Stolpersteine sehen Sie in Ihrem BEM-Prozess, zum Beispiel unzulängliche Information, Aufklärung und Transparenz, zu schwieriges Anschreiben, Vertrauen in handelnde Personen im BEM, mangelnder Datenschutz/Vertraulichkeit, nicht ausreichende BEM-Maßnahmen, unzureichende Zeit für die Erprobung von Maßnahmen?

   ____

   ____

   ____

   ____

Ort, Datum ____

Unterschriften

______________________________ ______________________________

Mitarbeiter/-in BEM-Team

Dr. Eberhard Kiesche – für AoB Bremen (Stand: 6. September 2021)

Ausgewählte aktuelle Entscheidungen zum Betrieblichen Eingliederungsmanagement (BEM) gemäß § 167 Abs. 2 SGB IX

(Den Schwerpunkt bildet hier das „ordnungsgemäße BEM“. Die Sammlung wird regelmäßig ausgebaut, zuletzt auf Basis des Handbuchs: Stein, Jürgen vom; Rothe, Isabel; Schlegel, Rainer (Hrsg.), 2021: Gesundheitsmanagement und Krankheit im Arbeitsverhältnis. Handbuch, 2. Auflage, 2021; Anregungen und Hinweise sind jederzeit willkommen. Bitte entsprechende Mails an Dr. Eberhard Kiesche, **eberhard.kiesche@t-online.de**)

Gericht, Datum und Az.	Stichworte, Leitsätze, Orientierungssätze	Fundstelle
BAG, Urt. v. 10.12.2009 – 2 AZR 198/09	**Anforderungen an BEM** Orientierungssätze der Richterinnen und Richter des BAG: 1. Nach § 84 Abs. II SGB IX entspricht jedes Eingliederungsmanagement den gesetzlichen Erfordernissen, das die zu beteiligenden Personen und Stellen unterrichtet und sie – ggf. abhängig von ihrer Zustimmung – einbezieht, das ferner kein vernünftigerweise in Betracht zu ziehendes Ergebnis ausschließt und in dem die von diesen Personen und Stellen eingebrachten Vorschläge erörtert werden. 2. Das Gesetz schreibt für das BEM weder bestimmte Mittel vor, die auf jeden – oder auf gar keinen – Fall in Erwägung zu ziehen sind, noch beschreibt es bestimmte Ergebnisse, die das Eingliederungsmanagement haben muss oder nicht haben darf. Es besteht keine Verpflichtung, eine Verfahrensordnung aufzustellen. 3. Das Gesetz vertraut darauf, dass die Einbeziehung von Arbeitgeber, Arbeitnehmenden, Betriebsrat und externen Stellen sowie die abstrakte Beschreibung des Ziels ausreichen, um die Vorstellungen der Betroffenen sowie internen und externen Sachverstand in ein faires und sachorientiertes Gespräch einzubringen, dessen näherer Verlauf und dessen Ergebnis sich nach den – einer allgemeinen Beschreibung nicht zugänglichen – Erfordernissen des jeweiligen Einzelfalls zu richten haben. 4. Das BEM verlangt vom Arbeitgeber nicht, bestimmte Vorschläge zu unterbreiten. Vielmehr haben es alle am BEM Beteiligten – auch der oder die Arbeitnehmende – selbst in der Hand, alle ihm oder ihr sinnvoll erscheinenden Gesichtspunkte und Lösungsmöglichkeiten in das Gespräch einzubringen.	NZA 2010, 639, Rn. 17, 18 NZA 2010, Rn. 18 „Demnach geht es um die Etablierung eines unverstellten, verlaufs- und ergebnisoffenen Suchprozesses“.

Gericht, Datum und Az.	Stichworte, Leitsätze, Orientierungssätze	Fundstelle
BAG 10.12.2009 – 2 AZR 400/08, NZA 2010, 398	**Auswirkungen des BEM auf die Darlegungs- und Beweislast** Orientierungssätze der Richterinnen und Richter des BAG: 1. Die gesetzliche Pflicht des Arbeitgebers zur Durchführung eines BEM hat Auswirkungen auf die Verteilung der Darlegungs- und Beweislast im Kündigungsschutzprozess wegen krankheitsbedingter Kündigung. 2. Hat der Arbeitgeber vor Ausspruch der Kündigung kein BEM durchgeführt, hat er von sich aus darzulegen, weshalb denkbare oder von der oder dem Arbeitnehmenden aufgezeigte Alternativen zu den bestehenden Beschäftigungsbedingungen mit der Aussicht auf eine Reduzierung der Ausfallzeiten nicht in Betracht kommen. Das Gleiche gilt, wenn ein Verfahren durchgeführt wurde, das nicht den gesetzlichen Mindestanforderungen an ein BEM genügt. 3. Hat das ordnungsgemäß durchgeführte BEM zu einem negativen Ergebnis geführt, genügt der Arbeitgeber seiner Darlegungslast, wenn er auf diesen Umstand hinweist und vorträgt, es bestünden keine anderen Beschäftigungsmöglichkeiten. Es ist Sache der oder des Arbeitnehmenden, im Einzelnen darzutun, dass es entgegen dem Ergebnis des BEM weitere Alternativen gäbe, die entweder dort trotz ihrer Erwähnung nicht behandelt worden seien oder sich erst nach dessen Abschluss ergeben hätten. 4. Hat ein BEM stattgefunden und zu einem positiven Ergebnis geführt, ist der Arbeitgeber grundsätzlich verpflichtet, die betreffende Empfehlung umzusetzen. Kündigt er das Arbeitsverhältnis, ohne dies zumindest versucht zu haben, muss er von sich aus darlegen, warum die Maßnahme entweder undurchführbar war oder selbst bei einer Umsetzung nicht zu einer Reduzierung der Ausfallzeiten geführt hätte. 5. Bedarf es zur Umsetzung der Empfehlung einer Einwilligung oder Initiative des Arbeitnehmers, kann der Arbeitgeber dafür eine angemessene Frist setzen. Bei ergebnislosem Fristablauf ist eine Kündigung nicht wegen Missachtung der Empfehlung unverhältnismäßig, wenn der Arbeitgeber die Kündigung für diesen Fall angedroht hat. **Rn. 21** Danach entspricht jedes Verfahren den gesetzlichen Anforderungen, das die zu beteiligenden Stellen, Ämter und Personen einbezieht, das keine vernünftigerweise in Betracht zu ziehende Anpassungs- und Änderungsmöglichkeit ausschließt und in dem die von den Teilnehmenden eingebrachten Vorschläge sachlich erörtert werden.	NZA 2010, 639, auch Rn. 21 Beteiligung des Betroffenen, Rn. 25

Gericht, Datum und Az.	Stichworte, Leitsätze, Orientierungssätze	Fundstelle
LAG Berlin-Brandenburg (10. Kammer), Urt. v. 26.09.2019 – 10 Sa 864/19	**BEM und Kurzerkrankungen** **Amtlicher Leitsatz:** Ob die Zeiten einer Rehabilitationsmaßnahme als Arbeitsunfähigkeitszeiten anzusehen sind, bestimmt sich nach der Arbeitsunfähigkeitsrichtlinie. Wenn ein Arbeitgeber sich darauf beruft, dass ein BEM bei häufigen Kurzerkrankungen offensichtlich aussichtslos ist, hat er darzulegen, dass auch etwaige Maßnahmevorschläge der Berufsgenossenschaften und der DGUV konkret nicht umsetzbar wären oder nicht zu einer Reduzierung der Fehlzeiten geführt hätten.	BeckRS 2019, 34899
BAG, Beschl. v. 19.11.2019 – 1 ABR 36/18 (LAG Hamburg, Beschl. v. 9.8.2018 – 1 TaBV 4/18)	**Einigungsstellenspruch zum BEM** Orientierungs- bzw. Leitsatz der Richterinnen und Richter am BAG 3. Der konkret-individuelle Klärungsprozess des § 167 Abs. II 1 SGB IX findet nicht ohne Beteiligung des Arbeitnehmers statt (Rn. 23). 4. Das in einem BEM formulierte Recht der oder des betroffenen Arbeitnehmenden, zwischen der Durchführung eines BEM mit und ohne Beteiligung der Interessenvertretungen zu wählen, sowie ein Hinweis darauf, entspricht einem regelkonformen BEM. 5. Die Initiativlast für die Einbindung der in § 167 Abs. II 1 SGB IX genannten Stellen hat der Arbeitgeber. Dem darf eine (im Spruchwege beschlossene) Betriebsvereinbarung zur verfahrensmäßigen Gestaltung des BEM nicht zuwiderlaufen (Rn. 35). 6. Im konkret zu entscheidenden Fall war die von der Einigungsstelle beschlossene Betriebsvereinbarung „BEM" unwirksam. Nach den mit ihr festgelegten Verfahrenskriterien war die Hinzuziehung des Betriebsrats und ggf. der Schwerbehindertenvertretung zum konkreten Klärungsprozess teilweise in die initiative Verantwortung des betroffenen Arbeitnehmers gestellt (Rn. 35). **Rn. 19** (b) Dabei kommen als die Spruchkompetenz der Einigungsstelle vermittelnde Tatbestände das Mitbestimmungsrecht des Betriebsrats nach § 87 Abs. 1 Nr. 1 BetrVG, bei der Nutzung und Verarbeitung von (Gesundheits-)Daten das nach § 87 Abs. 1 Nr. 6 BetrVG und bei der Ausgestaltung des Gesundheitsschutzes das nach § 87 Abs. 1 Nr. 7 BetrVG in Verbindung mit 167 Abs. II 1 SGB IX in Betracht (vgl. BAG v. 22.3.2016 –1 ABR 14/14, NZA 2016, S. 1283, Rn. 9).	

Gericht, Datum und Az.	Stichworte, Leitsätze, Orientierungssätze	Fundstelle
	(b) *Fortsetzung:* Bei § 167 Abs. II 1 SGB IX handelt es sich bezogen auf Verfahrensregelungen über die „Klärung von Möglichkeiten" um eine die Mitbestimmung des Betriebsrats nach § 87 Abs. 1 Nr. 7 BetrVG auslösende Rahmenvorschrift (vgl. BAG v. 22.3.2016 –1 ABR 14/14, NZA 2016, S. 1283, Rn. 10). Die durch den Betriebsrat mitzubestimmende Ausgestaltung erstreckt sich allerdings nicht auf die Umsetzung konkreter Maßnahmen (vgl. BAG v. 22.3.2016 – 1 ABR 14/14, NZA 2016, S. 1283, Rn. 11). Mitzubestimmen ist das Aufstellen prozeduraler Vorgaben für die Durchführung des BEM. **Rn. 23** (a) Für die konkrete Suche nach Möglichkeiten zur Überwindung von Arbeitsunfähigkeit bzw. ihrer Vorbeugung ist mit Nr. 6 BV das BEM-Fallgespräch vorgesehen. Das bestimmt zugleich, dass der Suchprozess im Sinne von § 167 Abs. II 1 SGB IX diskursiv stattzufinden hat. Hierin liegt eine zwar rudimentäre, aber auch ausreichende Ausgestaltung im Sinne von § 87 Abs. 1 Nr. 7 BetrVG in Verbindung mit § 167 Abs. II 1 SGB IX. Sie enthält zugleich die prozedurale Festlegung einer kommunikativen Verständigung zwischen Betriebsrat und Arbeitgeber über die Möglichkeiten im Sinne von § 167 Abs. II 1 SGB IX. Auch diese erfolgt nach Nr. 6 BV im BEM-Fallgespräch, an dem der Betriebsrat bei einem entsprechenden Einverständnis der oder des betroffenen Arbeitnehmenden teilzunehmen hat. Der konkrete Klärungsprozess des § 167 Abs. II 1 SGB IX findet nicht ohne Beteiligung der oder des Arbeitnehmenden zwischen Betriebsrat und Arbeitgeber statt. Gegenteiliges ist auch der Entscheidung des Senats vom 22.3.2016 (BAG 1 ABR 14/14, NZA 2016, Rn. 29) nicht zu entnehmen (aA Kohte, jurisPR-ArbR 9/2017 Anm. 2). Soweit der Senat dort zur Vorgängerbestimmung des § 84 Abs. II SGB IX ausgeführt hat, eine Beteiligung der oder des Arbeitnehmenden am Klärungsprozess sei nicht vorgesehen, bezieht sich das auf die Ausgestaltung desselben.	

Gericht, Datum und Az.	Stichworte, Leitsätze, Orientierungssätze	Fundstelle
BAG, Urt. v. 17.4.2019 – 7 AZR 292/17 (LAG Hessen, Urt. v. 19.12.2016 – 17 Sa 530/16)	**Flugdienstuntauglichkeit als auflösende Bedingung – BEM** Orientierungssätze der Richterinnen und Richter des BAG 3. Der Arbeitgeber ist bei der Durchführung eines BEM zur Hinzuziehung der betrieblichen Interessenvertretung verpflichtet, wenn der Arbeitnehmer hiermit einverstanden ist. Ist die Hinzuziehung der betrieblichen Interessenvertretung unterblieben, ist das BEM nur dann ordnungsgemäß durchgeführt, wenn der Arbeitnehmer nach regelkonformem Ersuchen seine Zustimmung zur Durchführung des BEM unter der Maßgabe erteilt hat, der Beteiligung der betrieblichen Interessenvertretung werde nicht zugestimmt (Rn. 41).	NZA 2019, 1355; auch Rn. 39; siehe auch BAG: Beendigung des Arbeitsverhältnisses durch auflösende Bedingung – Fluguntauglichkeit, NZA 2019, 309; Rn. 38: Das betriebliche Eingliederungsmanagement nach § 84 Abs. II SGB IX aF ist auch dann durchzuführen, wenn keine betriebliche Interessenvertretung iSv § 93 SGB IX aF gebildet ist
BAG: BAG, Urt. v. 20.5.2020 – 7 AZR 100/19 (LAG Hessen, Urt. v. 1.2.2019 – 11 Sa 134/18)	**Eintritt auflösender Bedingung wegen Flugdienstuntauglichkeit – Durchführung eines BEM** Orientierungssätze der Richterinnen und Richter des BAG: 1. Das Arbeitsverhältnis eines flugdienstuntauglichen Flugbegleiters endet nicht aufgrund der in § 20 I Buchst. a MTV Nr. 2 geregelten auflösenden Bedingung, wenn eine Weiterbeschäftigungsmöglichkeit im Bodendienst besteht und der Arbeitnehmer eine solche Weiterbeschäftigung vom Arbeitgeber verlangt (Rn. 22). 2. Hat der Arbeitgeber entgegen IX § 84 Abs. II SGB IX in der bis zum 31.12.2017 geltenden Fassung (seit 1.1.2018: IX § 167 Abs. II SGB IX) ein betriebliches Eingliederungsmanagement (bEM) nicht durchgeführt, trifft ihn im Hinblick auf das Fehlen von Weiterbeschäftigungsmöglichkeiten im Bedingungskontrollrechtsstreit eine gesteigerte Darlegungslast. Dies gilt auch, wenn der Arbeitgeber ein gebotenes bEM nicht ordnungsgemäß durchgeführt hat. Er hat in diesen Fällen von sich aus denkbare oder vom Arbeitnehmer bereits genannte Weiterbeschäftigungsmöglichkeiten zu prüfen und im Einzelnen darzulegen, aus welchen Gründen eine Weiterbeschäftigung im Bodendienst nicht in Betracht kommt (Rn. 27).	(NZA 2020, 1194) Mindestbedingungen des BEM in Rn. 32! „in ihm [dem BEM] die von den Teilnehmern eingebrachten Vorschläge sachlich erörtert werden"

Gericht, Datum und Az.	Stichworte, Leitsätze, Orientierungssätze	Fundstelle
	3. § 84 Abs. II SGB IX (seit 1.1.2018: § 167 Abs. II SGB IX) schreibt in Bezug auf das bEM zwar weder konkrete Maßnahmen noch ein bestimmtes Verfahren vor. Es lassen sich aus dem Gesetz jedoch Mindeststandards ableiten, die vom Arbeitgeber zu beachten sind. Zu diesen gehört es, die gesetzlich dafür vorgesehenen Stellen, Ämter und Personen zu beteiligen und zusammen mit ihnen eine an den Zielen des bEM orientierte Klärung ernsthaft zu versuchen. Daher müssen vernünftigerweise in Betracht zu ziehende Anpassungs- und Änderungsmöglichkeiten, die von Teilnehmern des bEM vorgeschlagen werden, sachlich erörtert werden (Rn. 32). **Rn. 32** (a) § 84 Abs. II SGB IX (seit dem 1.1.2018: § 167 Abs. II SGB IX) schreibt zwar weder konkrete Maßnahmen noch ein bestimmtes Verfahren vor. Das bEM ist ein rechtlich regulierter verlaufs- und ergebnisoffener „Suchprozess", der individuell angepasste Lösungen zur Vermeidung zukünftiger Arbeitsunfähigkeit ermitteln soll (vgl. BAG v. 22.3.2016 –1 ABR 14/14, NZA 2016 S. 1283 Rn. 11; BAG v. 10.12.2009 –2 AZR 400/08, NZA 2010, S. 398 Rn. 20). Aus dem Gesetz lassen sich jedoch gewisse Mindeststandards ableiten. Zu diesen gehört es, die gesetzlich dafür vorgesehenen Stellen, Ämter und Personen zu beteiligen und zusammen mit ihnen eine an den Zielen des bEM orientierte Klärung ernsthaft zu versuchen. Ziel des bEM ist es festzustellen, aufgrund welcher gesundheitlichen Einschränkungen es zu den bisherigen Ausfallzeiten gekommen ist, und herauszufinden, ob Möglichkeiten bestehen, sie durch bestimmte Veränderungen künftig zu verringern, um so eine Beendigung des Arbeits-verhältnisses zu vermeiden (BAG v. 20.11.2014 –2 AZR 755/13, NZA 2015 S. 612 Rn. 30; BAG v. 10.12.2009 –2 AZR 400/08, NZA 2010 S. 398 Rn. 20). Danach entspricht ein bEM-Verfahren den gesetzlichen Anforderungen nur dann, wenn es keine vernünftigerweise in Betracht zu ziehenden Anpassungs- und Änderungsmöglichkeiten ausschließt und in ihm die von den Teilnehmern eingebrachten Vorschläge sachlich erörtert werden (Schmidt, Gestaltung und Durchführung des BEM, 2. Aufl., Rn. 116; Wullenkord, Arbeitsrechtliche Kernfragen des Betrieblichen Eingliederungsmanagements in der betrieblichen Praxis, 91 ff.).	

Gericht, Datum und Az.	Stichworte, Leitsätze, Orientierungssätze	Fundstelle
	(a) *Fortsetzung:* Übertragen auf die Situation der dauerhaften Flugdienstuntauglichkeit muss das Ziel darin bestehen, herauszufinden, ob es Möglichkeiten gibt, den Arbeitnehmer auf einem Bodenarbeitsplatz weiter zu beschäftigen, um so die Beendigung des Arbeitsverhältnisses aufgrund des Eintritts der auflösenden Bedingung zu vermeiden. Kommt es darauf an, ob bestimmte vom Arbeitgeber tatsächlich ergriffene Maßnahmen den Anforderungen eines bEM genügen, ist zu prüfen, ob sie sich als der vom Gesetz vorgesehene umfassende, offene und an den Zielen des bEM ausgerichtete Suchprozess erweisen (BAG v. 20.11.2014 –2 AZR 755/13, NZA 2015 S. 612 Rn. 33). Wird das durchgeführte Verfahren nicht einmal diesen Mindestanforderungen gerecht, kann das zur Unbeachtlichkeit des Verfahrens insgesamt führen (...).	
BAG, Urt. v. 13.5.2015 – 2 AZR 565/14	**Kündigung wegen krankheitsbedingter Leistungsunfähigkeit – Durchführung eines BEM** Orientierungssätze der Richterinnen und Richter am BAG 3. Um darzutun, dass die Kündigung dem Verhältnismäßigkeitsprinzip genügt und ihm keine milderen Mittel zur Überwindung der krankheitsbedingten Störung des Arbeitsverhältnisses als die Beendigungskündigung offenstanden, muss der Arbeitgeber, der entgegen § 84 Abs. II SGB IX kein BEM durchgeführt hat, dessen objektive Nutzlosigkeit darlegen. Hierzu hat er umfassend und detailliert vorzutragen, warum – auch nach ggf. zumutbaren Umorganisationsmaßnahmen – weder ein weiterer Einsatz auf dem bisherigen Arbeitsplatz noch dessen leidensgerechte Anpassung oder Veränderung möglich gewesen wären und der Arbeitnehmer auch nicht auf einem anderen Arbeitsplatz bei geänderter Tätigkeit hätte eingesetzt werden können, warum also ein BEM in keinem Fall dazu hätte beitragen können, neuerlichen Krankheitszeiten bzw. der Fortdauer der Arbeitsunfähigkeit entgegenzuwirken und das Arbeitsverhältnis zu erhalten.	NJW 2016, 106
BAG, Urt. v. 29.6.2017 – 2 AZR 47/16 (LAG Hessen, Urt. v. 22.4.2015 – 2 Sa 1305/14)		NZA 2017, 1605, 1608 Rn. 34 „Akzeptanz"

Gericht, Datum und Az.	Stichworte, Leitsätze, Orientierungssätze	Fundstelle
BAG, Urt. v. 20.11.2014 – 2 AZR 755/13 (LAG Hessen, Urt. v. 3.6.2013 – 21 Sa 1456/12)	**ordentliche Kündigung wegen häufiger Kurzerkrankungen – Unterlassen eines BEM** 1. Es ist Sache des Arbeitgebers, die Initiative zur Durchführung eines gesetzlich gebotenen BEM zu ergreifen. Dazu gehört, dass er die oder den Arbeitnehmende auf die Ziele des BEM sowie die Art und den Umfang der hierfür erhobenen und verwendeten Daten hinweist. 2. Hat der Arbeitgeber die gebotene Initiative nicht ergriffen, muss er zur Darlegung der Verhältnismäßigkeit einer auf krankheitsbedingte Fehlzeiten gestützten Kündigung nicht nur die objektive Nutzlosigkeit arbeitsplatzbezogener Maßnahmen im Sinne von § 1 Abs. II 2 KSchG aufzeigen. Er muss vielmehr auch dartun, dass künftige Fehlzeiten ebenso wenig durch gesetzlich vorgesehene Hilfen oder Leistungen der Rehabilitationsträger in relevantem Umfang hätten vermieden werden können. Orientierungssätze der Richterinnen und Richter des BAG: 2. Den Arbeitgeber trifft hinsichtlich der Durchführung eines bEM die Initiativlast. Um ihr nachzukommen, muss er den Arbeitnehmer auf die Ziele des bEM sowie die Art und den Umfang der dabei zu erhebenden Daten hinweisen. Zu diesen Zielen rechnet die Klärung, wie die Arbeitsunfähigkeit möglichst überwunden, erneuter Arbeitsunfähigkeit vorgebeugt und wie das Arbeitsverhältnis erhalten werden kann. Dem Arbeitnehmer muss verdeutlicht werden, dass es um die Grundlagen seiner Weiterbeschäftigung geht und dazu ein ergebnisoffenes Verfahren durchgeführt werden soll, in das auch er Vorschläge einbringen kann. Daneben ist ein Hinweis zur Datenerhebung und Datenverwendung erforderlich, der klarstellt, dass nur solche Daten erhoben werden, deren Kenntnis erforderlich ist, um ein zielführendes, der Gesundung und Gesunderhaltung des Betroffenen dienendes bEM durchführen zu können. 3. Die Inanspruchnahme des Sachverstands eines Betriebsarztes kann der Klärung dienen, ob vom Arbeitsplatz Gefahren für die Gesundheit des Arbeitnehmers ausgehen und künftig durch geeignete Maßnahmen vermieden werden können (§ 3 Abs. I 2 ASiG). Die betriebsärztliche Begutachtung steht aber für sich genommen der Durchführung eines bEM nicht gleich.	NZA 2015, 612 (siehe auch Rn. 32; BEM ist Rechtspflicht des Arbeitgebers – Rn. 31 Dem Arbeitnehmer muss verdeutlicht werden, dass es um die Grundlagen seiner Weiterbeschäftigung geht und dazu ein ergebnisoffenes Verfahren durchgeführt werden soll, in das auch er Vorschläge einbringen kann (Schmidt, Gestaltung und Durchführung des bEM, 2. Aufl. 2017, S. 24).

Gericht, Datum und Az.	Stichworte, Leitsätze, Orientierungssätze	Fundstelle
	Rn. 50 Das bedeutet nicht, dass der Arbeitgeber bei Unterlassen eines bEM, um die Verhältnismäßigkeit der Kündigung aufzuzeigen, für jede nur erdenkliche Maßnahme der Gesundheitsprävention – etwa bis zu möglichen Änderungen in der privaten Lebensführung des Arbeitnehmers – von sich aus darzulegen hätte, dass und weshalb sie zur nachhaltigen Verminderung der Fehlzeiten nicht geeignet gewesen sei. Es reicht aus, wenn er dartut, dass jedenfalls durch gesetzlich vorgesehene Hilfen oder Leistungen der Rehabilitationsträger künftige Fehlzeiten nicht in relevantem Umfang hätten vermieden werden können. Der Grundsatz der Verhältnismäßigkeit verlangt lediglich die Berücksichtigung solcher Präventions- und Rehabilitationsmaßnahmen, deren Beachtung dem Arbeitgeber zumutbar ist. Zumutbar wiederum ist nur eine Beachtung solcher Maßnahmen, deren Zweckmäßigkeit hinreichend gesichert ist. Auch muss deren tatsächliche Durchführung objektiv überprüft werden können. Beides trifft auf gesetzlich vorgesehene Leistungen und Hilfen, die der Prävention und/oder Rehabilitation dienen, typischerweise zu. Solche Maßnahmen muss der Arbeitgeber deshalb grundsätzlich in Erwägung ziehen. Hat er ein bEM unterlassen, muss er von sich aus ihre objektive Nutzlosigkeit aufzeigen und gegebenenfalls beweisen. Dabei kommt eine Abstufung seiner Darlegungslast in Betracht, falls ihm die Krankheitsursachen unbekannt sind. Für eine Maßnahme außerhalb des Leistungskatalogs der Rehabilitationsträger – und sei es ein fachkundig entwickeltes Konzept zur privaten Gesundheitsprävention – gilt dies dagegen in aller Regel nicht. Deren objektive Nutzlosigkeit braucht der Arbeitgeber nicht darzutun. Rn. 35 (a) Der Betriebsarzt wird § 84 Absatz II 2 SGB IX als ein Akteur erwähnt, der „bei Bedarf" zum bEM hinzugezogen wird. Dies entspricht der Aufgabe des Arztes, den Arbeitgeber beim Arbeitsschutz und bei der Unfallverhütung zu unterstützen und in Fragen des Gesundheitsschutzes zu beraten (§§ 1 Absatz I 1 ASiG). Die Nutzung seines Sachverstands kann der Klärung dienen, ob vom Arbeitsplatz Gefahren für die Gesundheit des Arbeitnehmers ausgehen und künftig durch geeignete Maßnahmen vermieden werden können § 3 Absatz I 2 ASiG). Die Inanspruchnahme des betriebsärztlichen Sachverstands steht einem bEM als Ganzem aber nicht gleich (vgl. Schmidt, Gestaltung und Durchführung des bEM, S. 24, 25).	

Gericht, Datum und Az.	Stichworte, Leitsätze, Orientierungssätze	Fundstelle
BAG, Urt. v. 18.10.2017 – 10 AZR 47/17	**Anforderungen an ein BEM und arbeitgeberseitiges Weisungsrecht** **Rn. 29** Nach ständiger Rechtsprechung ist die Durchführung des BEM keine formelle Wirksamkeitsvoraussetzung für eine krankheitsbedingte Kündigung. § 84 II SGB IX ist aber auch kein bloßer Programmsatz. Die Norm konkretisiert vielmehr den Verhältnismäßigkeitsgrundsatz. Mithilfe eines BEM können mildere Mittel als die Beendigung des Arbeitsverhältnisses, wie zum Beispiel die Umgestaltung des Arbeitsplatzes oder die Weiterbeschäftigung zu geänderten Arbeitsbedingungen auf einem anderen, ggf. durch Umsetzungen „freizumachenden" Arbeitsplatz erkannt und entwickelt werden. Nur wenn auch die Durchführung des BEM keine positiven Ergebnisse hätte zeitigen können, ist sein Fehlen unschädlich. Um darzutun, dass die Kündigung dem Verhältnismäßigkeitsgrundsatz genügt und ihm keine milderen Mittel zur Überwindung der krankheitsbedingten Störung des Arbeitsverhältnisses als die Kündigung offenstanden, muss der Arbeitgeber die objektive Nutzlosigkeit des BEM darlegen. **Rn. 33** Darüber hinaus übersieht das LAG, dass es im Rahmen der gerichtlichen Überprüfung einer Versetzung oder einer anderen Ausübung des Weisungsrechts nach § 106 GewO, § 315 BGB nicht auf die vom Bestimmungsberechtigten angestellten Erwägungen ankommt, sondern darauf, ob das Ergebnis der getroffenen Entscheidung die Grenzen billigen Ermessens wahrt (BAG, NZA 2017, S. 1452, Rn. 35 mit weiteren Nachweisen). Dies hat der Arbeitgeber darzulegen und zu beweisen. Auch wenn es dem Arbeitgeber – wie möglicherweise hier – um die Suche nach der unter gesundheitlichen Aspekten besten Einsatzmöglichkeit für eine oder einen Arbeitnehmenden geht, verlangt der Zweck des BEM nicht, die Maßnahme nur deshalb als unwirksam anzusehen, weil die oder der Arbeitnehmende ihre oder seine Interessen nicht zuvor selbst eingebracht hat. Entscheidend ist vielmehr, ob die Ausübung des Weisungsrechts auch diese Interessen der oder des Arbeitnehmenden im Rahmen der notwendigen Abwägung wahrt.	NZA 2018, 162, bezieht sich noch auf das BDSG aF

Gericht, Datum und Az.	Stichworte, Leitsätze, Orientierungssätze	Fundstelle
	Fortsetzung: Wenn der Arbeitgeber wegen des fehlenden BEM erhebliche Belange der oder des Arbeitnehmenden hingegen nicht hinreichend berücksichtigt hat, weil er sie deswegen beispielsweise gar nicht kannte, wird sich die Maßnahme im Rahmen der gerichtlichen Überprüfung regelmäßig als unwirksam erweisen, sofern nicht gleichwohl die von ihm angeführten Abwägungsgesichtspunkte die Wahrung billigen Ermessens begründen können (vgl. im Hinblick auf eine tarifvertragliche Verpflichtung zur Anhörung des Arbeitnehmers vor einer Versetzung BAG, NZA 2017, S. 1452, Rn. 35). Insofern kann das unterlassene BEM auch im Rahmen der Ausübung des Weisungsrechts zu Rechtsnachteilen für den Arbeitgeber führen	
LAG Hamburg, Urt. v. 8.6.2017 – 7 Sa 20/17	**Fehlerhafte Einladung zum betrieblichen Eingliederungsmanagement** **Rn. 43** Den vorgenannten Anforderungen wird das Anschreiben der Bekl. vom 10.3.2016 nicht gerecht, worauf bereits das ArbG verwiesen hat. Es fehlt eine hinreichende Darstellung der Ziele des BEM sowie ein Hinweis auf Art und Umfang der erhobenen und verwendeten Daten, wie sie die Rechtsprechung nach den vorstehenden Ausführungen verlangt. Dem Kl. ist nicht verdeutlicht worden, dass es um die Grundlagen seiner Weiterbeschäftigung geht und dazu ein ergebnisoffenes Verfahren durchgeführt werden soll, in das auch er Vorschläge einbringen kann. Zudem fehlt ein Hinweis zur Datenerhebung und Datenverwendung, der klarstellt, dass nur solche Daten erhoben werden, deren Kenntnis erforderlich ist, um ein zielführendes, der Gesundung und der Gesunderhaltung des Betroffenen dienendes durchführen zu können. Dem Kl. ist nicht mitgeteilt werden, welche Krankheitsdaten erhoben und gespeichert und inwieweit und für welche Zwecke sie dem Arbeitgeber zugänglich gemacht werden sollen. Damit fehlt es an einem Versuch einer ordnungsgemäßen Durchführung eines BEM.	NZA-RR 2018, 25, 28

Gericht, Datum und Az.	Stichworte, Leitsätze, Orientierungssätze	Fundstelle
LAG Hessen, Urt. v. 13.8.2018 – 16 Sa 1466/17	**Hinweispflichten des Arbeitgebers beim BEM** 1. Zum Umfang der Hinweispflicht des Arbeitgebers bei Einleitung eines BEM: Der Arbeitgeber muss darauf hinweisen, dass von ihm die örtlichen gemeinsamen Servicestellen (ab 1.1.2018: Rehabilitationsträger) hinzugezogen werden, sofern Leistungen zur Teilhabe oder begleitende Hilfen im Arbeitsleben in Betracht kommen. 2. Die Beteiligung der gesetzlich dafür vorgesehenen Stellen ist Mindeststandard eines BEM. Im Hinblick auf die bei der Klägerin wiederholt diagnostizierte depressive Episode lag es nahe, dass eine Reha-Maßnahme zu einer Verbesserung des Gesundheitszustands der Klägerin geführt hätte.	NZA-RR 2019, 26
LAG Hessen (10. Kammer), Urt. v. 9.2.2018 – 10 Sa 1063/17	**Arbeitnehmer, Arbeitsverhältnis, Betriebsrat, Beweislast, Erkrankung, Gesundheitsdaten, Gesundheitsprognose, Krankheit, Kündigung, Sozialwidrigkeit** **Rn. 49**(3) Ferner fehlt auch ein hinreichend klarer Hinweis auf die Zweckbindung der erhobenen Daten. **Rn. 50** Es ist bereits problematisch, ob der Arbeitnehmer erkennen konnte, welche Daten erhoben werden sollten. Dies könnte man allenfalls durch Auslegung und Rückschlüsse bejahen. Im vorletzten Absatz des Einladungsschreibens ist in Satz 1 nur allgemein die Rede von „Zur Durchführung des BEM können Daten ... erhoben ... werden". In Satz 2 des Absatzes ist von Gesundheitsdaten die Rede, in Satz 3 von Krankheitsdiagnosen und Angaben zur voraussichtlichen Entwicklung der Arbeitsunfähigkeit. Nach § 3 Abs. 9 BDSG sind personenbezogene Daten über die Gesundheit besonders sensible Daten. Nach § 4a Abs. 3 BDSG erfordert eine wirksame Einwilligung in die Erhebung solcher Daten, dass sich die Einwilligung ausdrücklich auf solche Daten bezieht. Mit der herausgehobenen datenschutzrechtlichen Bedeutung von Gesundheitsdaten verträgt es sich kaum, wenn sich die oder der Arbeitnehmende durch Lesen eines umfangreichen Texts selbst „zusammensuchen" muss, um welche konkreten Daten es geht. In der Literatur wird dementsprechend vorgeschlagen, dass Einladungsschreiben zum BEM eine nähere Aufschlüsselung mit Beispielen über die Art der erhobenen Daten enthalten müssten. Folgt man dem, hätte die Arbeitgeberin den Begriff der Gesundheitsdaten näher ausfüllen müssen, zum Beispiel mit Diagnosen, ärztlichen Attesten, Heilbehandlungen etc. (vgl. Vossen DB 2016, 1815, 1818, dort auch zur Bildung von verschiedenen Datenkategorien).	BeckRS 2018, 48732

Gericht, Datum und Az.	Stichworte, Leitsätze, Orientierungssätze	Fundstelle
	Rn. 51 Selbst wenn man unter diesem Aspekt das Einladungsschreiben aber noch als genügend ansehen wollte, fehlt es jedenfalls an einem klaren Hinweis darauf, dass die im Rahmen des BEM erhobenen Daten nur und ausschließlich für die dort vorgesehenen Zwecke erhoben und verwendet werden dürfen. Der Zweite Senat formuliert wie folgt: „Dem Arbeitnehmer muss mitgeteilt werden, welche Krankheitsdaten – als sensible Daten i. S. v. § 3 Abs. 9 BDSG – erhoben und gespeichert und inwieweit und für welche Zwecke sie dem Arbeitgeber zugänglich gemacht werden" (BAG 20.11.2014 – 2 AZR 755/13, Rn. 32, NZA 2015, 612). Dies zielt erkennbar auf den datenschutzrechtlichen Grundsatz der Zweckbindung von personenbezogenen Daten ab, vgl. §§ 28 ff. BDSG. **Rn. 52** Auch dies ist kein bloßer Selbstzweck. Im Vorfeld eines BEM besteht aufseiten der oder des Arbeitnehmenden typischerweise die Befürchtung, der Arbeitgeber könnte die im Rahmen des Verfahrens erhobenen Daten auch (zweckentfremdet) für arbeitsrechtliche Sanktionen bis hin zur Kündigung nutzen (vgl. Vossen DB 2016, 1814, 1819; Ritz/Schian in Cramer/Fuchs/Hirsch/Ritz SGB IX 6. Aufl. § 84 Rn. 44). Das Einladungsschreiben kam von der Personalabteilung und das Integrationsteam sollte auch aus einem Mitarbeiter der Personalabteilung bestehen. Vor diesem Hintergrund war objektiv unklar, in welchem Umfang die im Verlauf des Verfahrens erhobenen sensiblen Daten der Arbeitgeberin bzw. der Personalabteilung zur Kenntnis gelangen konnten. Der allgemeine Hinweis in Satz 1 des zweitletzten Absatzes „Zur Durchführung des bEM können Daten . erhoben. werden" ist vor diesem Hintergrund nicht ausreichend. Es war zum Beispiel nicht klar, ob die Daten gesondert in einer von der Personalakte zu unterscheidenden „BEM-Akte" geführt werden, wer darauf Zugriff hat etc. (ähnlich LAG Hamburg, 8.6.2017 – 7 Sa 20/17, Rn. 50, NZA-RR 2018, 25).	

Gericht, Datum und Az.	Stichworte, Leitsätze, Orientierungssätze	Fundstelle
LAG Rheinland-Pfalz Urt. v. 25.4.2018 – 7 Sa 477/17	**ordentliche personenbedingte Kündigung, BEM, Wirksamkeit, Kündigungsschutzklage, Arbeitsverhältnis, sozial ungerechtfertigt, krankheitsbedingte Kündigung, negative Gesundheitsprognose, Arbeitsleistung, unverhältnismäßig** **Rn. 49** Die Beklagte hat nicht ausreichend dargelegt, dass ein BEM objektiv nutzlos war. Da denkbar ist, dass ein BEM ein positives Ergebnis erbracht und Maßnahmen zum Abbau von Fehlzeiten Erfolg gehabt hätten, erweist sich der Ausspruch der Kündigung als „vorschnell" und damit unverhältnismäßig. Die Beklagte hat nicht dargetan und unter Beweis gestellt, dass aufgrund eines BEM keine Umgestaltung des Arbeitsplatzes oder eine Weiterbeschäftigung zu geänderten Arbeitsbedingungen auf einem anderen Arbeitsplatz erkannt oder entwickelt worden wäre. Aufgrund des Vortrags der Beklagten erschließt sich der Kammer nicht, wie viele Arbeitnehmende in den einzelnen Bereichen wie Hausmeisterei, Pflanzenaufzucht, Kommissioniertätigkeit und Versand tätig sind und inwieweit eine Umverteilung körperlich schwererer Tätigkeiten oder Überkopfarbeiten auf andere Arbeitnehmende möglich wäre. Ebenfalls nicht beurteilt werden kann, ob und auf welche Art und Weise körperlich schwere Tätigkeiten durch Hilfsmittel erleichtert werden könnten. **Rn. 50** Die Beklagte hat auch nicht ausreichend zu der von dem Kläger genannten Alternative der Tätigkeit in der Pflanzenaufzucht vorgetragen. So hat sie nicht zum Vortrag des Klägers Stellung genommen, er sei im Bereich der Pflanzenaufzucht bereits tätig gewesen und habe defekte Berieselungsdüsen ausgewechselt, Rohrzuleitungen verlegt und Folienzelte über den Pflanzen aufgebaut. Zum Vortrag des Klägers, in der Pflanzenaufzucht seien ausnahmslos angelernte Mitarbeitende tätig, hat die Beklagte nicht substantiiert Stellung genommen. So hat sie auch nicht dargelegt, welche konkreten erforderlichen Kenntnisse der Pflanzenaufzucht beim Kläger nicht vorhanden sind und aus welchen Gründen er sich diese nicht innerhalb einer zumutbaren Zeitspanne aneignen kann.	BeckRS 2018, 14618

Gericht, Datum und Az.	Stichworte, Leitsätze, Orientierungssätze	Fundstelle
LAG Köln (7. Kammer), Urt. v. 23.1.2020 – 7 Sa 471/19	**Hinzuziehung Rechtsanwalt zum BEM** amtliche Leitsätze: 1. Welche Mitarbeiterin oder welcher Mitarbeiter des Integrationsamts an einem BEM-Gespräch nach § 167 II 4 SGB IX teilnimmt, bestimmt das Amt selbst, nicht aber die oder der Arbeitnehmende, um die oder den es bei dem BEM geht. 2. Betroffene Arbeitnehmende haben in der Regel keinen Anspruch darauf, ihre Rechtsanwältin oder ihren Rechtsanwalt am BEM-Gespräch nach § 167 II SGB IX teilnehmen zu lassen.	BeckRS 2020, 13607
LAG Schleswig-Holstein, Urt. v. 3.6.2015 – 6 Sa 396/14 – juris	**BEM, Verpflichtung zu erneutem Angebot, krankheitsbedingte Kündigung, negative Prognose** **Rn. 113** Wie bereits ausgeführt, trifft den Arbeitgeber die Initiativlast für die Durchführung des BEM. Das BEM wird erforderlich, wenn die oder der Arbeitnehmende innerhalb eines Jahres länger als sechs Wochen arbeitsunfähig ist. Das ist gemäß § 191 BGB ein Zeitraum von 365 Tagen. Maßgeblich ist also der jeweils zurückliegende Jahreszeitraum. Im Zeitraum August 2013 bis Februar 2014 war der Kläger wieder an mehr als sechs Wochen arbeitsunfähig krank, nämlich an 65 Arbeitstagen. Das hätte die Beklagte veranlassen müssen, dem Kläger erneut ein BEM anzubieten. Die Ablehnung des BEM in der Vergangenheit wirkt nur so lange fort, bis sich in einem Zeitraum von maximal 365 Tagen abermals Fehlzeiten im in § 84 Abs. 2 Satz SGB IX genannten Umfang angesammelt haben. Denn die neuen Arbeitsunfähigkeitszeiten können die Haltung des Arbeitnehmers zum BEM ändern. Die Ablehnungsgründe können überholt oder entfallen sein.	Juris-Rechtsportal

Gericht, Datum und Az.	Stichworte, Leitsätze, Orientierungssätze	Fundstelle
LAG Schleswig-Holstein (6. Berufungskammer), Urt. v. 11.4.2018 – 6 Sa 361/17	**Wirksamkeit einer krankheitsbedingten Kündigung; Umsetzung von Maßnahmen** **Rn. 46b** Im vorliegenden Fall hat ein BEM mit einem positiven Ergebnis stattgefunden. Laut Abschlussbericht vom 22. April 2015 (Bl. 29 der Akte) hat der Betriebsarzt zur Vermeidung weiterer Krankheitsfälle empfohlen, die Klägerin an die Information zu versetzen oder eine Wechseltätigkeit zwischen Kasse und Information vorzusehen. Aus ärztlicher Sicht bestand also bei Umgestaltung des Arbeitsplatzes oder Weiterbeschäftigung auf einem anderen Arbeitsplatz die Aussicht, dass sich die Fehlzeiten der Klägerin künftig reduzieren. Hat ein BEM mit positivem Ergebnis stattgefunden, ist der Arbeitgeber grundsätzlich verpflichtet, die betreffende Empfehlung umzusetzen. Kündigt er, ohne das versucht zu haben, muss er darlegen, warum die Maßnahme entweder undurchführbar war oder selbst bei einer Umsetzung nicht zu einer Reduzierung der Ausfallzeiten geführt hätte (Schaub, Arbeitsrechtshandbuch/Linck § 131 Rn 9).	BeckRS 2018, 12823
LAG Nürnberg, Urt. v. 18.2.2020 – 7 Sa 124/19	**Wirksamkeit einer ordentlichen und krankheitsbedingten Kündigung** amtliche Leitsätze: 1. Bestreitet die oder der Arbeitnehmende im Kündigungsschutzprozess, dass ein BEM-Verfahren ordnungsgemäß eingeleitet und durchgeführt wurde, so muss der Arbeitgeber dies entsprechend darlegen. 2. Es liegt keine ordnungsgemäße Einladung der oder des Arbeitnehmenden zum BEM-Verfahren vor, wenn im Einladungsschreiben mitgeteilt wird, dass sich die oder der Arbeitnehmende vor dem BEM-Termin bei der Werksärztin oder dem Werksarzt einzufinden hat zur Erstellung eines positiven Leistungsprofils ohne Aufklärung darüber, dass die oder der Arbeitnehmende auch auf den Besuch bei der Werksärztin bzw. dem Werksarzt verzichten kann.	BeckRS 2020, 11989 Betriebs- oder Werksärztin oder -arzt

Gericht, Datum und Az.	Stichworte, Leitsätze, Orientierungssätze	Fundstelle
LAG Düsseldorf (12. Kammer), Urt. v. 9.12.2020 – 12 Sa 554/20	**BEM – Verhältnismäßigkeit einer krankheitsbedingten Kündigung** amtliche Leitsätze: 1. Berufungsbegründungsfrist: zum Gegenbeweis des in einem Empfangsbekenntnis angegebenen Zustelldatums des erstinstanzlichen Urteils 2. Der Arbeitgeber muss gemäß § 167 Abs. 2 SGB IX nach einem durchgeführten BEM erneut ein BEM durchführen, wenn die oder der Arbeitnehmende nach Abschluss des ersten BEM innerhalb eines Jahres erneut länger als sechs Wochen ununterbrochen oder wiederholt arbeitsunfähig wird. Der Abschluss eines BEM ist dabei der „Tag null" für einen neuen Referenzzeitraum von einem Jahr. Ein „Mindesthaltbarkeitsdatum" hat ein BEM nicht. Eine Begrenzung der rechtlichen Verpflichtung auf eine nur einmalige Durchführung des BEM im Jahreszeitraum des § 167 Abs. 2 Satz 1 SGB IX lässt sich dem Gesetz nicht entnehmen. 3. zu den Auswirkungen eines entgegen der rechtlichen Verpflichtung aus § 167 Abs. 2 SGB IX nicht erneut durchgeführten BEM auf die Verhältnismäßigkeitsprüfung einer krankheitsbedingten Kündigung	BeckRS 2020, 41435 „Das BEM hat kein Mindesthaltbarkeitsdatum"
BAG, Beschl. v. 22.3.2016 – 1 ABR 14/14 (LAG Hamburg, Beschl. v. 20.2.2014 – 1 TaBV) Ein Integrationsteam ist nicht erzwingbar. Aufgenommen in: BAG, Beschl. v. 19.11.2019 – 1 ABR 36/18 (LAG Hamburg, Beschl. v. 9.8.2018 – 1 TaBV 4/18)	**BEM – Grenzen der Mitbestimmung des Betriebsrats** 1. Durch einen Spruch der Einigungsstelle kann das Verfahren nach § 84 II 1 SGB IX über die Klärung von Möglichkeiten, eine bestehende Arbeitsunfähigkeit zu überwinden, erneuter Arbeitsunfähigkeit vorzubeugen und eine möglichst dauerhafte Fortsetzung des Beschäftigungsverhältnisses zu fördern, nicht auf ein Gremium übertragen werden, das aus Mitgliedern besteht, die Arbeitgeber und Betriebsrat jeweils benennen. 2. Die Beteiligung des Betriebsrats an dem Klärungsprozess nach § 84 II 1 SGB IX setzt das Einverständnis der oder des betroffenen Arbeitnehmenden voraus. Diese oder dieser ist im Rahmen der Unterrichtung nach § 84 Abs. II 3 SGB IX darauf hinzuweisen, dass von der Beteiligung des Betriebsrats abgesehen werden kann.	NZA 2016, 1283 Mitwirkungswiderspruch der Betroffenen!

Gericht, Datum und Az.	Stichworte, Leitsätze, Orientierungssätze	Fundstelle
BAG, Urt. v. 24.3.2011 – 2 AZR 170/10	**Berufungsurteil ohne Tatbestand – krankheitsbedingte Kündigung und Notwendigkeit eines BEM** Orientierungssätze der Richterinnen und Richter des BAG 4. Zwingende Voraussetzung für die Durchführung eines BEM ist das Einverständnis der oder des Betroffenen. Dabei gehört zu einem regelkonformen Ersuchen des Arbeitgebers um Zustimmung der oder des Arbeitnehmenden die Belehrung nach § 84 Abs. II 3 SGB IX über die Ziele des BEM sowie über Art und Umfang der hierfür erhobenen und verwendeten Daten. Sie soll der oder dem Arbeitnehmenden die Entscheidung ermöglichen, ob sie oder er ihm zustimmt oder nicht. Stimmt die oder der Arbeitnehmende trotz ordnungsgemäßer Aufklärung nicht zu, ist das Unterlassen eines BEM „kündigungsneutral".	NZA 2011, 992
BAG, Beschl. v. 13.3.2012 – 1 ABR 78/10 (LAG Berlin-Brandenburg)	**Unwirksamkeit der Zustellung eines Einigungsstellenspruchs per PDF-Datei** Orientierungssätze der Richterinnen und Richter des BAG 1. Bei der Ausgestaltung des BEM haben die Betriebsparteien für jede einzelne Regelung zu prüfen, ob ein Mitbestimmungsrecht des Betriebsrats besteht. Ein solches kann sich bei allgemeinen Verfahrensfragen aus § 87 Abs.1 Nr. 7 BetrVG, in Bezug auf die Nutzung und Verarbeitung von Gesundheitsdaten aus § 87 Abs. 1 Nr. 6 BetrVG und hinsichtlich der Ausgestaltung des Gesundheitsschutzes aus § 87 Abs. 1 Nr. 7 BetrVG ergeben. 2. Das Mitbestimmungsrecht des Betriebsrats setzt hierbei ein, wenn für den Arbeitgeber eine gesetzliche Handlungspflicht besteht und wegen des Fehlens zwingender Vorgaben betriebliche Regelungen erforderlich sind, um das von § 84 Abs. II SGB IX vorgegebene Ziel des Arbeits- und Gesundheitsschutzes zu erreichen. 3. Für die Bemessung des Sechswochenzeitraums des § 84 Abs. II 1 SGB IX sind die dem Arbeitgeber von der oder dem Arbeitnehmenden nach § 5 Abs I EFZG angezeigten Arbeitsunfähigkeitszeiten maßgeblich. 4. Die Zuleitung eines Einigungsstellenspruchs in Form einer PDF-Datei genügt nicht den gesetzlichen Anforderungen des § 76 Abs. 3 S. 4 BetrVG. Für die Einleitung eines BEM gibt § 84 Abs. III 1 SGB IX den Begriff der Arbeitsunfähigkeit zwingend vor. Dieser ist einer Ausgestaltung durch die Betriebsparteien nach § 87 Abs. I 7 BetrVG nicht zugänglich.	NJW 2012, 2830 NZA 2012, 748 Rn. 14: Ziele des BEM Rn. 12 wichtig!

Gericht, Datum und Az.	Stichworte, Leitsätze, Orientierungssätze	Fundstelle
BAG, Beschl. v. 7.2.2012 – 1 ABR 46/10 (Vorinstanz: ArbG Bonn, Beschl. v. 16.6.2010 – 5 BV 20/10)	**Überwachungsrecht des Betriebsrats beim BEM** Orientierungssätze der Richterinnen und Richter des BAG 1. Das Überwachungsrecht des Betriebsrats aus § 80 Abs. 2 S. 1 BetrVG ist weder von einer zu besorgenden Rechtsverletzung des Arbeitgebers beim Normvollzug noch vom Vorliegen besonderer Mitwirkungs- oder Mitbestimmungsrechte abhängig. 2. Die Mitteilung der Namen der für die Durchführung eines BEM in Betracht kommenden Arbeitnehmenden an den Betriebsrat ist zur Durchführung der sich aus § 80 Abs. 1 Nr.1 BetrVG, § 84 Abs. II S. 7 SGB IX ergebenden Überwachungsaufgabe erforderlich. 3. Der Arbeitgeber muss dem Betriebsrat die Namen der Arbeitnehmenden mit Arbeitsunfähigkeitszeiten von mehr als sechs Wochen im Jahreszeitraum auch dann mitteilen, wenn diese der Weitergabe nicht zugestimmt haben. Die Erhebung und Nutzung dieser Angaben ist zur Erfüllung der sich für den Arbeitgeber aus § 84 Abs. II SGB IX ergebenden Pflichten nach § 28 Abs. 6 Nr. 3 BDSG zulässig. Dies umfasst auch deren Übermittlung an den Betriebsrat. Der Betriebsrat kann verlangen, dass ihm der Arbeitgeber die Arbeitnehmenden benennt, welche nach § 84 Abs. II SGB IX die Voraussetzungen für die Durchführung des BEM erfüllen.	
BAG, Urt. v. 25.1.2018 – 2 AZR 382/17 (LAG Schleswig-Holstein, Urt. v. 15.2.2017 – 4 Sa 192/16)	**Außerordentliche Kündigung mit Auslauffrist – Verweigerung einer amtsärztlichen Untersuchung** Orientierungssätze des BAG 4. Hat der Arbeitgeber entgegen § 84 Abs. I SGB IX aF ein Präventionsverfahren nicht durchgeführt, trifft ihn eine erhöhte Darlegungslast im Hinblick auf denkbare, gegenüber einer Beendigungskündigung mildere Mittel, um die zum Anlass für die Kündigung genommene Vertragsstörung zukünftig zu beseitigen. Die erhöhte Darlegungslast entfällt nicht deshalb, weil das Integrationsamt der Kündigung nach § 91 Abs. IV SGB IX aF zugestimmt hat.	NZA 2018, 845; siehe auch BAG: Wirksamkeit einer Kündigung nach italienischem Recht – Geltung des § 85 SGB IX bei Sachverhalten mit Auslandsbezug (NZA 2016, 473), Rn. 76.

LITERATUR, BROSCHÜREN UND LINKS

Literatur

Eberhardt, Beate; Feldes, Werne; Grunewald, Bernhard; Ritz, Hans-Günther, 2015: Tipps für die betriebliche Vertretung behinderter Menschen. Aufgaben – Rechte – Kompetenzen, 2., überarb. Auflage, Frankfurt/Main

Kiesche, Eberhard, 2010: Gesundheitsdaten schützen, erst recht im Betrieblichen Eingliederungsmanagement. In: Gute Arbeit 6/2010, S. 19–23.

Ders., 2011: Krankenrückkehrgespräche und Fehlzeitenmanagement. Kurzauswertungen von Betriebs- und Dienstvereinbarungen im Auftrag der Hans Böckler-Stiftung, **www.boeckler.de/betriebsvereinbarungen**

Ders; mit Kohte, Wolfhard, 2020: Arbeits- und Gesundheitsschutz in Zeiten von Corona, 2. Auflage. München

Kohte, Wolfhard, 2010: Anforderungen an ein Betriebliches Eingliederungsmanagement. In: Juris PraxisReport. Arbeitsrecht 21/2010, Anm. 1, **https://kohte.jura.uni-halle.de/jurisPR-ArbR_21_2010.pdf**

Mehrhoff, Friedrich; Schian, Marcus (Hrsg.), 2009: Zurück in den Beruf. Betriebliche Eingliederung richtig managen. Berlin/New York

Ders., Friedrich; Schönle, Paul (Hrsg.), 2005: Betriebliches Eingliederungsmanagement. Leistungsfähigkeit von Mitarbeitern sichern (= Interdisziplinäre Schriften zur Rehabilitation). Stuttgart

Nebe, Katja, 2010: Die stufenweise Wiedereingliederung durch die gesetzliche Rentenversicherung, Diskussionsforum Rehabilitations- und Teilhaberecht, Forum A, Diskussionsbeitrag Nr. 3/2010, **www.reha-recht.de**.

Riechert, Ina, 2015, Psychische Störungen bei Mitarbeitern. Ein Leitfaden für Führungskräfte und Personalverantwortliche – von der Prävention bis zur Wiedereingliederung, 2., überarb. Auflage. Berlin/Heidelberg

Dies.; mit Habib, Edeltrud, 2017: Betriebliches Eingliederungsmanagement bei Mitarbeitern mit psychischen Störungen. Berlin/Heidelberg

Richter, Regina, Das Betriebliche Eingliederungsmanagement. 2. Auflage, 2014, wbv, Bielefeld

Dies., 2021: Unterstützungsstrukturen für Klein- und Mittelbetriebe. In: Feldes, Werner; Niehaus, Mathilde; Faber, Ulrich (Hrsg.), Werkbuch. BEM – Betriebliches Eingliederungsmanagement. Strategien und Empfehlungen für Interessenvertretungen, 2. überarb. Auflage. Berlin, S. 255–269

Schmidt, Bettina, 2017: Gestaltung und Durchführung des BEM, 2. Auflage. München

Schwarzer C., P. Buchwald, 2009, Beratung in der Pädagogischen Psychologie, Springer, Berlin Heidelberg

Literaturliste Eberhard Kiesche

Beck, Thorsten, 2017: Betriebliches Eingliederungsmanagement, Eine Zwischenbilanz nach 10 Jahren Rechtsprechung des BAG. In: NZA 2017, S. 81–87

Bode, Malin; Dornieden, Michael; Gerson, Harry, 2016: Das BEM – und der subjektive Faktor im Suchprozess. In: Faber, Ulrich; Feldhoff, Kerstin; Nebe, Katja; Schmidt, Kristina; Waßer, Ursula (Hrsg.): Gesellschaftliche Bewegungen – Recht unter Beobachtung und in Aktion. Festschrift für Wolfhard Kohte. Baden-Baden, S. 401–416

Dau, Dirk H.; Düwell, Fanz Josef; Joussen, Jacob; Luik, Steffen (Hrsg.), 2022: Sozialgesetzbuch IX. Rehabilitation und Teilhabe von Menschen mit Behinderungen. SGB IX, BTHG, SchwbVWO, BGG. Lehr- und Praxiskommentar (kurz: LPK-SGB IX), 6. Auflage. Baden-Baden, bes. § 167: Prävention, S. 1000–1023

Deinert, Olaf, 2010: Kündigungsprävention und betriebliches Eingliederungsmanagement. In: NZA 2010, S. 969–975

Edenfeld, Stefan, 2019: Betriebliches Eingliederungsmanagement rechtssicher gestalten. Betriebsvereinbarung und Mustervorlagen. In: Der Betrieb 22/2019, S. 1267ff.

Evermann, Nils, 2019: Die Verwendbarkeit von Erkenntnissen aus einem BEM-Verfahren bei Kündigungen. In: NZA 2019, S. 1465

Faber, Ulrich; Kiesche, Eberhard, 2015: Krankenrückkehrgespräche: Ein überholtes Fehlzeiten-Management. In: Gute Arbeit 11/2015, S. 24

Gagel, Alexander, 2004: Betriebliches Eingliederungsmanagement – Rechtspflicht und Chance. In: NZA 2004, S. 1359–1360

Glomm, Detlef, 2021: Betriebliches Eingliederungsmanagement aus betriebsärztlicher Sicht – Aufgaben, Rolle, Praxisimpulse. In: Feldes, Werner; Niehaus, Mathilde; Faber, Ulrich (Hrsg.), Werkbuch BEM – Betriebliches Eingliederungsmanagement. Strategien für Betriebs- und Personalräte, 2., überarb. Auflage. Frankfurt/Main, S. 184–201

Joussen, Jacob, § 21. Betriebliches Eingliederungsmanagement (BEM) – BEM und Datenschutz, Rn. 220–264. In: Stein, Jürgen vom; Rothe, Isabel; Schlegel, Rainer (Hrsg.), 2021: Gesundheitsmanagement und Krankheit im Arbeitsverhältnis. Handbuch, 2. Auflage. München

Kiesche, Eberhard, 2013: Betriebliches Gesundheitsmanagement. Frankfurt/Main

Ders., 2013: Rechtliche Anforderungen an ein ordnungsgemäßes betriebliches Eingliederungsmanagement. In: BPUVZ – Zeitschrift für betriebliche Prävention und Unfallversicherung 7/2013, S. 410–414

Ders., 2014: Datenschutz im BEM. In: RDV – Recht der Datenverarbeitung /2014, S. 321–327

Ders., 2019: Betriebliches Eingliederungsmanagement (BEM) und Datenschutz: Ein Update. In: sicher ist sicher 3/2019, S. 126–132

Ders., 2021: Krankenrückkehrgespräche und Betriebliches Eingliederungsmanagement. In: Feldes, Werner; Niehaus, Mathilde; Faber, Ulrich (Hrsg.), Werkbuch BEM – Betriebliches Eingliederungsmanagement. Strategien für Betriebs- und Personalräte, 2., überarb. Auflage. Frankfurt/Main, S. 91–104

Kohte, Wolfhard, 2008: Betriebliches Eingliederungsmanagement und Bestandsschutz. In: Der Betrieb 11/2008, S. 582–587

Ders., 2010: Das betriebliche Eingliederungsmanagement – ein doppelter Suchprozess. In: WSI-Mitteilungen 7/2010, S. 374–377

Nebe, Katja, 2010: Krankheitsbedingte Kündigung – Betriebliches Eingliederungsmanagement, Anm. zu BAG 30.9.2010 – 2 AZR 88/09, AP Nr. 49 zu § 1 KSchG 1969 Krankheit

Dies., 2015: Die Stufenweise Wiedereingliederung. In: SGb – Zeitschrift für die sozialrechtliche Praxis 2015, S. 125–134

Dies., 2018: SGB IX § 84 SGB IX Prävention. In: Kohte, Wolfhard; Faber, Ulrich; Feldhoff, Kerstin (Hrsg.), 2018: Gesamtes Arbeitsschutzrecht. Arbeitsschutz, Arbeitszeit, Arbeitssicherheit, Arbeitswissenschaft: Handkommentar, 2. Auflage. Baden-Baden, S. 467–489

Dies., 2021: Arbeitsschutz und betriebliches Eingliederungsmanagement. In: Feldes, Werner; Niehaus, Mathilde; Faber, Ulrich (Hrsg.), Werkbuch BEM – Betriebliches Eingliederungsmanagement. Strategien für Betriebs- und Personalräte, 2., überarb. Auflage. Frankfurt/Main, S. 212–223

Oberthür, Nathalie, 2018: Die anderweitige Verwertung von Erkenntnissen aus dem Betrieblichen Eingliederungsmanagement, DSGVO und BDSG n. F. setzen enge Grenzen. In: ArbR – Der Arbeits-Rechtsberater 10/2018, S. 304–307

vom Stein, Jürgen, 2018: Die krankheitsbedingte Kündigung im Licht des betrieblichen Eingliederungsmanagements, NZA 2020, 753

Welti, Felix, 2006: Das betriebliche Eingliederungsmanagement nach § 84 Abs. 2 SGB IX – sozial- und arbeitsrechtliche Aspekte. In: NZS 12/2006, S. 623–630

Bücher/Monografien/Veröffentlichungen

Feldes, Werner; Kohte, Wolfhard; Stevens-Bartol, Eckart (Hrsg.), 2018: SGB IX: Sozialgesetzbuch Neuntes Buch. Rehabilitation und Teilhabe von Menschen mit Behinderungen, 4. Auflage. Frankfurt/Main

Feldes, Werner; Niehaus, Mathilde; Faber, Ulrich (Hrsg.), 2021: Werkbuch BEM – Betriebliches Eingliederungsmanagement. Strategien für Betriebs- und Personalräte, 2., überarb. Auflage. Frankfurt/Main

Knickrehm, Sabine; Kreikebohm, Ralf; Waltermann, Raimund (Hrsg.): Kommentar zum Sozialrecht, 7. Auflage 2021. München

RE-BEM: Unterstützende Ressourcen für das Betriebliche Eingliederungsmanagement

Analyse der BEM-Einflussfaktoren und Erprobung eines modellhaften BEM-Ansatzes
Empirische Studie zum BEM, DGB Bildungswerk e. V. Düsseldorf
Gefördert aus den Leistungen des Ausgleichsfonds nach § 161 Sozialgesetzbuch IX in Verbindung mit § 41 Abs. 1 Nr. 4 Schwerbehinderten-Ausgleichsabgabeverordnung (SchwbAV) Abschlussbericht: Christine Zumbeck et al., 2018, Düsseldorf
Download: **www.re-bem.de**

Schmidt, Bettina, 2017: Gestaltung und Durchführung des BEM, 2. Auflage. München

Stein, Jürgen vom; Rothe, Isabel; Schlegel, Rainer (Hrsg.), 2021: Gesundheitsmanagement und Krankheit im Arbeitsverhältnis. Handbuch, 2. Auflage. München

Vossen, Kathrin, 2016: Das ordnungsgemäße Angebot eines Betrieblichen Eingliederungsmanagements. Überblick und Leitfaden zur Erstellung von vorschriftsmäßigen Einladungsschreiben. In: Der Betrieb 31/2016, S. 1814–1820

Wullenkord, Sandra, 2014: Arbeitsrechtliche Kernfragen des Betrieblichen Eingliederungsmanagements in der betrieblichen Praxis. Berlin

Broschüren, Leitfäden, Richtlinien

AOK-Bundesverband; BKK Dachverband; DGVU – Deutschen Gesetzlichen Unfallversicherung; vdek – Verband der Ersatzkassen e. V. (Hrsg.), September 2013: Betriebliches Eingliederungsmanagement in Deutschland – eine Bestandsaufnahme [iga.Reprt 24, Initiative Gesundheit und Arbeit] (E-Mail an: **projektteam@iga-info.de**)

BIH – Bundesarbeitsgemeinschaft der Integrationsämter und Hauptfürsorgestellen (Hrsg.), 2008: ABC Behinderung & Beruf. Handbuch für die betriebliche Praxis

Dies. (Hrsg.), 2018: ABC Fachlexikon. Beschäftigung schwerbehinderter Menschen, 6. Ausgabe [= ZB Lexikon. Behinderung und Beruf]. Wiesbaden, **https://www.integrationsaemter.de/files/11/ABC_Fachlexikon_2018_barrierefrei.pdf** (bestellbar beim regionalen Integrationsamt)

BMAS – Bundesministerium für Arbeit und Soziales (Hrsg.), Mai 2021: Schritt für Schritt zurück in den Job. Betriebliche Eingliederung nach längerer Krankheit – was Sie wissen müssen (Best. Nr. 748 auf der Webseite oder E-Mail an: **publikationen@bundesregierung.de**)

Danigel, Cornelia, 2018: **Handlungsleitfaden für ein Betriebliches Eingliederungsmanagement,** Hrsg. Hans-Böckler-Stiftung. Düsseldorf (E-Mail: **bestellservice@toennes-bestellservice.de**, auch als PDF-Download unter: **www.dgb.de**)

Deutsche Rentenversicherung Bund (Hrsg.), 7/2021, Erwerbsminderungsrente: Das Netz für alle Fälle, 16. Auflage

GDD – Gesellschaft für Datenschutz und Datensicherheit e. V. (Hrsg.), April 2020: GDD-Praxishilfe DS-GVO XVI – Videokonferenzen und Datenschutz, **https://www.gdd.de/downloads/praxishilfen/gdd-praxishilfe_xvi-videokonferenzen-und-datenschutz**

Richtlinie des Gemeinsamen Bundesausschusses über die Beurteilung der Arbeitsunfähigkeit und die Maßnahmen zur stufenweisen Wiedereingliederung nach § 92 Absatz 1 Satz 2 Nummer 7 SGB V (Arbeitsunfähigkeits-Richtlinie)
in der Fassung vom 14. November 2013 veröffentlicht im Bundesanzeiger (BAnz AT 27.01.2014 B4) in Kraft getreten am 28. Januar 2014
zuletzt geändert am 19. November 2021 veröffentlicht im Bundesanzeiger (BAnz AT 18.01.2022 B3) **in Kraft getreten am 19. Januar 2022**
LINK: **www.g-ba.de/richtlinien/2/**

Forschung

BMAS – Bundesministerium für Arbeit und Soziales (Hrsg.), 2007: Entwicklung und Integration eines Betrieblichen Eingliederungsmanagements. Bericht zur Umsetzung des Projekts EIBE. Bonn, **https://www.ssoar.info/ssoar/handle/document/26575**

RE-BEM: Unterstützende Ressourcen für das Betriebliche Eingliederungsmanagement. Analyse der BEM-Einflussfaktoren und Erprobung eines modellhaften BEM-Ansatzes. Empirische Studie zum BEM, Leitung: Christine Zumbeck, DGB Bildungswerk in Kooperation mit ipeco, Regina Richter, gefördert vom Bundesministerium für Arbeit und Soziales (BMAS), Laufzeit 1.10.2015–30.09.2018. Sie finden dort hilfreiche Informationen zum BEM und dessen Umsetzung: **www.re-bem.de**

Stegmann, Ralf; Schulz, Inga L.; Schröder, Ute B.; Sikora, Alexandra; Wegewitz, Uta, 2021: Psychische Erkrankungen in der Arbeitswelt: Betriebliche Wiedereingliederung aus der Perspektive der Zurückkehrenden, hrsg. von der baua – Bundesanstalt für Arbeitsschutz und Arbeitsmedizin. Dortmund, **https://www.baua.de/dok/8854882**

Links

www.arbeitsagentur.de

www.bgw-online.de/bgw-online-de/service/medien-arbeitshilfen/mediencenter/wiedereinstieg-nach-krankheit-20334

https://www.baden-wuerttemberg.datenschutz.de/datenschutzfreundliche-technische-moeglichkeiten-der-kommunikation/: Datenschutz und Datensicherheit in Videocalls

www.datenschutzzentrum.de: Unabhängiges Landeszentrum für Datenschutz Schleswig Holstein

www.dguv.de: Deutsche Gesetzliche Unfallversicherung

www.dguv.de/de/praevention/vorschriften_regeln/dguv-vorschrift_2/index.jsp
www.dguv.de/disability-manager/ausbild/index.jsp: Deutsche Gesetzliche Unfallversicherung
www.drv.de: Deutsche Rentenversicherung
www.deutsche-rentenversicherung.de/SharedDocs/Downloads/DE/Broschueren/national/erwerbsminderungsrente_das_netz_fuer_alle_faelle.pdf
www.integrationsaemter.de
www.iqpr.de: Institut für Qualitätssicherung in Prävention und Rehabilitation GmbH an der deutschen Sporthochschule Köln (IQPR)
www.lsv.de: Landwirtschaftliche Sozialversicherung
www.re-bem.de
www.rehakliniken.de
www.reha-servicestellen.de
www.sozialgesetzbuch-sgb.de

Weiterführende Literatur

Betriebliches Eingliederungsmanagement

BIH – Bundesarbeitsgemeinschaft der Integrationsämter und Hauptfürsorgestellen (Hrsg.), 2018: **ZB Info. Prävention und Betriebliches Eingliederungsmanagement**. Wiesbaden, als PDF unter **www.integrationsaemter.de**, Infothek, Arbeitshilfen

Landschaftsverband Rheinland – Integrationsamt- und Landschaftsverband Westfalen-Lippe (Hrsg.): **Handlungsempfehlungen zum Betrieblichen Eingliederungsmanagement,** 2018**;** als PDF Download unter **www.lvr.de**

Umfangreiches Material und Forschungsergebnisse des Projektes „RE-BEM" unter: **http://www.re-bem.de/**

Schwerbehindertenpolitik

Sozialgesetzbuch – Neuntes Buch – „Rehabilitation und Teilhabe behinderter Menschen" (SGB IX) mit Verordnungen zum Schwerbehindertenrecht. Aktuelle Auflagen kostenlos erhältlich über die Integrationsämter

alle Gesetzestexte der Sozialgesetzbücher unter: **www.sozialgesetzbuch-sgb.de**

BIH – Bundesarbeitsgemeinschaft der Integrationsämter und Hauptfüsorgestellen (Hrsg.), **ABC Fachlexikon – Beschäftigung schwerbehinderter Menschen**, 6. Ausgabe, 2018 Feldes, Werner; Klabunde, Rolf; Ritz, Hans Günther; Schmidt, Jürgen, 2019: **Praxis der Schwerbehindertenvertretung von A bis Z**. Das Lexikon für die Interessenvertretung von Menschen mit Behinderungen, 7., vollständig neu bearb. Auflage. Frankfurt/Main

Feldes,Werner; Helbig, Silvia; Krämer, Bettina; Rehwald, Rainer; Westermann, Bernd, 2020: **Schwerbehindertenrecht**. Basiskommentar zum SGB IX mit Wahlordnung, 15., überarb. u. aktual. Auflage. Frankfurt/Main

Die **BIH – Bundesarbeitsgemeinschaft der Integrationsämter und Hauptfürsorgestelle** – erstellt wesentliche Arbeitsgrundlagen für schwerbehinderte Menschen im Arbeitsleben und zum BEM, **bih@integrationsaemter.de**

BIH Integrationsvereinbarungen; Arbeitshilfe für die Verhandlungspartner im Betrieb und in der Dienststelle, unter **www.integrationsaemter.de**

Drei weitere wichtige Internetadressen, die zu dem Themenkomplex Arbeit und Behinderung fundiert und sachkundig Auskunft geben

www.rehadat.de
Die Datenbank **REHADAT** ist ein Informationssystem zur beruflichen Rehabilitation. Sie stellt kostenlos Informationen über die Themen Behinderung, Integration und Beruf zur Verfügung.

Die Themen untergliedern sich in folgende **Datenbanken**: Hilfsmittel, Praxisbeispiele, Literatur, Forschung, Recht, Adressen, Werkstätten, Seminare. Die Suchmaske „Themen“ recherchiert übergreifend in diesen Datenbanken und ergänzt damit die *globale Suche.*

Weitere Angebote sind:

- **REHADAT-Elan**, eine Software, die Arbeitgeber bei der Berechnung der Ausgleichsabgabe und der Erstellung der Anzeige nach § 80 Abs. 2 SGB IX unterstützt
- **REHADAT-BuRe**, ein Buchungssystem für berufliche Rehabilitationsleistungen
- eine Suchmaske für Bildungsangebote von Einrichtungen der beruflichen Rehabilitation
- Vorlagen von **Integrationsvereinbarungen** in anonymer Form, untergliedert in Branchen

Erweitert wird die Website durch das europäische **Hilfsmittelnetzwerk Eastin**, das **Verzeichnis der Rehawissenschaftler** in Deutschland, durch Gebärdensprachvideos und eine Linksammlung.

Unter den Menüpunkten „Inhaltsübersicht“ und „Über REHADAT“ findet man einen guten Einstieg in das Angebot. Das Rehadat wird gefördert durch das BMAS und ist ein Projekt des Instituts der deutschen Wirtschaft Köln.

www.rehadat-talentplus.de
Das Informationsportal **REHADAT-talent*plus*** ist ein Service von REHADAT zu den Themenkomplexen Arbeitsleben und Behinderung.

Das Portal verweist gezielt auf Kontaktadressen sowie Beratungs- und Unterstützungsmöglichkeiten für die Zielgruppe Arbeitgeber, Arbeitnehmende und betreuende Institutionen. Das „Lexikon A–Z“ bietet als umfangreiches Nachschlagewerk weitgehende Informationen zum Thema Arbeit und Behinderung. Ein weiteres Angebot ist die „Bewerber- und Stellenbörse“ für Auszubildende und Fachkräfte mit einer Schwerbehinderung.

Informationsangebote für Arbeitgeber

Rehadat-talentplus bietet für Arbeitgeber Orientierung und Informationen in Bezug auf **Ausbildung von behinderten Jugendlichen** und **Einstellung und Beschäftigung von behinderten Fachkräften** an.

- Das Portal informiert rund um die Einstellung, Weiterbeschäftigung und Fördermöglichkeit von schwerbehinderten Auszubildenden sowie über die Einstellung und Beschäftigung von schwerbehinderten Fachkräften. Darüber hinaus wird auf Rechtsgrundlagen verwiesen und über Ausgleichsabgaben informiert.
- Das Informationsportal gibt **Unterstützung bei bestehenden Arbeitsverhältnissen**, indem es informierend auf vier Themenkomplexe eingeht (1. frühzeitiges Handeln zur Vermeidung von Arbeitsplatzverlust kranker Mitarbeitender, 2. Handlungsmöglichkeiten bei neu eingetretener Behinderung bei Mitarbeitenden, 3. nachlassende Leistung von Mitarbeitenden, 4. Kündigung von schwerbehinderten Mitarbeitenden).

Informationsangebote für Arbeitnehmende

- Rehadat-talentplus informiert über **Ausbildungsberufe**, Berufsberatung und Arbeitsvermittlung, Bewerbungsverfahren, gesetzliche Grundlagen und begleitende Hilfen für Menschen mit Behinderung. Weitere Angebote sind Auflistungen von Kontaktadressen und Ansprechpartnern sowie eine Vermittlungsbörse von Ausbildungsplätzen und Praktikumsplätzen.
- Die Internetseite gibt Hilfe und Beratung zum Thema **neuer Job**. Es werden Hinweise zur Arbeitsplatzsuche, zur Probebeschäftigung und zur Einstellung gegeben. Finanzielle Fördermittel und Anlaufstellen zur Unterstützung im Prozess der Arbeitsplatzsuche finden ebenfalls ihre Erwähnung.
- Ein weiteres Informationsangebot besteht für die Problemlagen langer und häufiger Krankheit, abnehmender Leistungsfähigkeit, neu eingetretener Behinderung und drohender Kündigung bei **bestehenden Arbeitsverhältnissen**.

Präsentationsmöglichkeit für unterstützende Institutionen

Rehadat-talentplus gibt Institutionen und Dienstleistenden die Möglichkeit, sich mit ihren Dienstleistungen zum Thema Arbeit und Behinderung vorzustellen. Über die Kontaktadressen finden diese Daten Eingang in das Informationsportal Rehadat-talentplus.

www.integrationsämter.de
Die Bundesarbeitsgemeinschaft der Integrationsämter und Hauptfürsorgestellen (BIH) bietet auf ihrer Homepage umfassende Informationen über die Aufgabenbereiche der Integrationsämter, der Fachdienste und Integrationsfachdienste an. Über den Button „Kontakt" erhält man Zugriff auf die Suchmaschine zur Lokalisierung der Integrationsämter und Integrationsfachdienste deutschlandweit.

Unter dem Menüpunkt „Infotheke" sind Informationen rund um die berufliche Teilhabe schwerbehinderter Menschen erhältlich. BIH bietet:

- ein umfassendes und gut strukturiertes **Fachlexikon** zum Thema Behinderung und Beruf
- die ***Online*-Ausgabe der ZB** – Zeitschrift „Behinderte Menschen im Beruf" mit einem Archiv, das alle Ausgaben seit 1999 enthält
- **Arbeitshilfen** für die Schwerbehindertenvertretung und das betriebliche Integrationsteam
- **Gesetzestexte** aus dem Schwerbehindertenrecht
- **Kurs online**, Lernprogramme und Informationen zu Integrationsvereinbarungen und Schwerbehindertenvertretungswahl
- eine Übersicht über bundesweite **Publikationen**
- Programme der Integrationsämter zur **Fortbildung**
- **Daten und Fakten** zur Beschäftigung schwerbehinderter Menschen
- ein **Download-Archiv** mit Dokumenten und Formularen
- ein **Linkverzeichnis** mit wichtigen Adressen im Internet.

Weitere Informationsangebote der Integrationsämter sind:

- **begleitende Hilfen im Arbeitsleben** – Leistungen an schwerbehinderte Menschen und ihre Arbeitgeber
- besonderer **Kündigungsschutz** für schwerbehinderte Menschen – Prävention, Kündigungsschutzverfahren, Entscheidung des Integrationsamts über Kündigung
- **Seminare und Öffentlichkeitsarbeit** für das betriebliche Integrationsteam
- **Ausgleichsabgabe** – Erhebung und Verwendung, Berechnung, Anzeigeverfahren

Diese Angebote sind auf der Homepage unter dem Button „Aufgaben" zu finden und umfassen die im § 185 SGB IX verankerten Aufgabenbereiche der Ämter.

Unter „Service" findet sich das Leistungsangebot der Integrationsämter in den Bereichen **Beratung und Betreuung, Technische Beratung, Finanzielle Förderung** (Leistungen an Arbeitgeber, Leistungen an schwerbehinderte Menschen) und **Seminar und Informationsangebote**.

ZU DEN AUTORINNEN UND AUTOREN

Edeltrud Habib ist Expertin für das Betriebliche Eingliederungsmanagement mit langjährigen Erfahrungen. Sie ist Autorin des Buches „BEM-Wiedereingliederung in kleinen und mittleren Betrieben" (Bund-Verlag GmbH, Frankfurt/Main 2014).

Peter R. Horak ist Wirtschafts- und Sozialwissenschaftler, seit vielen Jahren im Bereich berufliche Weiterqualifizierung tätig. Zu seinen Schwerpunkten gehören Entwicklung und Evaluierung von Weiterbildungsinformationssystemen sowie Analysen statistischer Auswertungen. Mit dem BEM kam er durch die Beschäftigung mit dessen speziellen Dokumentationsanforderungen in Kontakt. In der Folge entwickelte er das Dokumentationswerkzeug BEMdok®, das speziell auf die Praxisbedingungen im BEM zugeschnitten ist. Er ist Herausgeber des „BildungsSpiegels", dem Fachportal für Weiterbildung und Personalentwicklung.
Kontakt: **prh@ipeco.de**

Dr. Eberhard Kiesche, DV-Betriebswirt, AOB Bremen, Datenschutz und Betriebsratsberater
Er ist seit über 25 Jahren als arbeitnehmerorientierter Berater für Interessenvertretungen tätig. Seit 2006 arbeitet er bundesweit als selbstständiger Berater. Seine Schwerpunkte liegen in der im Beschäftigtendatenschutz, dem Arbeits- und Gesundheitsschutz und dem Betrieblichen Eingliederungsmanagement.
Er ist Autor zahlreicher Fachbeiträge und Bücher. Seine Dienstleistungen sind Seminar- und Referententätigkeiten, Beratungen, Veröffentlichungsprojekte und Gutachten.

Prof. Dr. Wolfhard Kohte war von 1992 bis 2012 Inhaber der Gründungsprofessur Zivilrecht II an der Juristischen Fakultät der Martin-Luther-Universität Halle-Wittenberg mit den Aufgabengebieten Bürgerliches Recht, Deutsches und Europäisches Arbeits-, Unternehmens- und Sozialrecht.
Seit 2012 Forschungsdirektor am Zentrum für Sozialforschung Halle e. V. an der Martin-Luther-Universität Halle-Wittenberg, Mitherausgeber des Online-Forums **www.reha-recht.de**. Zahlreiche Veröffentlichungen zum deutschen und europäischen Arbeitsschutzrecht.

Dr. Regina Richter ist promovierte Wirtschafts- und Sozialwissenschaftlerin und seit 1981 selbstständige Unternehmerin. Sie ist ausgebildete Erwachsenenbildnerin (Universität Hamburg), Coach (IACC, Universität Hannover) und Certified Disability Professional Managerin (CDMP, DGUV). Seit 1997 arbeitet sie freiberuflich als Dozentin, Trainerin und Beraterin in der Personal-

entwicklung. Seit 2008 Arbeitsschwerpunkt: Beratungen und Schulungen in Unternehmen und Verwaltungen zum BEM und zur Schwerbehindertenpolitik im Kontext des demografischen Wandels. Sie ist Autorin diverser Fachbeiträge zum BEM und zur Inklusion von Menschen mit Beeinträchtigungen.
Kontakt: **buch@ipeco.de**

Ina Riechert ist Diplompsychologin, psychologische Psychotherapeutin und Disability-Managerin (CDMP). Sie arbeitete über 25 Jahren im Beruflichen Trainingszentrum Hamburg GMBH, einer Einrichtung der beruflichen Rehabilitation für Menschen nach psychischen Krisen und Erkrankungen. Freiberuflich ist sie tätig zum Themenbereich BEM, in der externen Mitarbeiterberatung und der Schulung von Personalverantwortlichen, Führungskräften, Betriebs- und Personalräten sowie BEM-Beauftragten im Umgang mit psychisch fehlbelasteten Mitarbeitenden im betrieblichen Alltag. Sie ist Autorin des Buches „Psychische Störungen bei Mitarbeitern“ (Springer, Heidelberg 2011). Und zusammen mit E. Habib, „Betriebliches Eingliederungsmanagement bei Mitarbeitern mit psychischen Störungen“, (Springer, Heidelberg 2017)

HANDLUNGSSPIELRÄUME NUTZEN, INDIVIDUELLE LÖSUNGEN FINDEN

Das BEM hilft, Arbeitsbedingungen zu verbessern, Motivation und Zufriedenheit zu steigern, Arbeitsplätze zu erhalten und auch körperlich oder psychisch beeinträchtigten Menschen die Teilhabe am Arbeitsleben zu sichern.

Die Autorinnen und Autoren zeigen nach den juristisch fundierten und praxisorientierten Darstellungen der Grundlagen in 25 Praxisbeispielen wie man die gesetzlichen Vorgaben des BEM für individuelle Lösungen nutzen kann und welche Handlungsspielräume zur Verfügung stehen.

Der Leitfaden richtet sich an BEM-Teams, BEM-Verantwortliche und Führungskräfte. Er ist aber auch denjenigen eine Anregung, die bislang wenig Erfahrung mit dem BEM haben. Das komplexe Thema ist klar strukturiert und verständlich dargestellt.

Die vollständig überarbeitete und um aktuelle juristische Entwicklungen erweiterte 3. Auflage zeigt umfangreiche Beispiele aus der BEM-Praxis. Sie stellt zahlreiche relevante Gesetzestexte, hilfreiche Muster von Texten (Einladungen, Info-Material), Formularen und Anträgen zur Verfügung.

Kontakt: **buch@ipeco.de**